MOEWIG
SACHBUCH

Noël Mostert

SUPER TANKER

MOEWIG

Titel der Originalausgabe: Supership

veröffentlicht 1974 in USA durch Alfred A. Knopf, Inc.,
1975 durch Macmillan London Ltd.
Aus dem Amerikanischen von Christian Spiel
Zeichnungen: Joachim Philipp

Lizenzausgabe mit Genehmigung des Verlags Ullstein GmbH
Umschlagfoto: Zefa/Skyfotos Ltd.
Umschlagentwurf und -gestaltung: Franz Wöllzenmüller, München
Verkaufspreis inkl. gesetzl. Mehrwertsteuer
Auslieferung in Österreich:
Pressegroßvertrieb Salzburg, Niederalm 300, A-5081 Anif
Printed in Germany 1981
Druck und Bindung: Mohndruck Graphische Betriebe GmbH, Gütersloh
ISBN 3-8118-3110-0

Einleitung

Mein Interesse, dieses Buch zu schreiben, bestand schon lange, wenn auch die ursprüngliche Absicht etwas anders aussah. Diese seltsamen, unattraktiven Riesenschiffe erschienen mir als ein neues und wichtiges Kapitel in der Geschichte der Seefahrt. Ich hatte mir eigentlich vorgenommen, nicht mehr als eine kurze Darstellung von Großtankern und von den Männern, die auf ihnen fahren, zu schreiben. Aber als ich 1966 selbst zum ersten Male auf einem großen Tanker fuhr, befanden sich Größe und Technologie dieser Schiffe in einer so stürmischen Entwicklung, daß das Fahrzeug, auf dem ich mitfuhr – es hatte nur 50 000 Tonnen –, als Vehikel meines Vorhabens eindeutig unzureichend war. Für jedermann an Bord stand fest, daß er keine Zukunft hatte. Doch je größer diese Schiffe wurden, desto mehr wuchsen bei den Firmen, die Tanker besitzen oder betreiben, die Bedenken, Fremde an Bord zu lassen, und ohne den hartnäckigen, zuweilen zornigen Zuspruch von Derek Morgan vom *New Yorker* wäre das ganze Unternehmen vielleicht gestorben. Ohne sein unablässiges Drängen hätte ich zweifellos die Waffen gestreckt. Ebenso möchte ich Mr. William Shawn, Chefredakteur des *New Yorker*, für sein mitfühlendes Interesse und seinen aufmunternden Beistand in einer äußerst kritischen Phase der Arbeit meinen tiefempfundenen Dank aussprechen.

Dennoch wäre das Buch ohne ein Schiff nicht zustande gekommen, und deshalb möchte ich dankbar die Freundlichkeit, Höflichkeit und große Aufmerksamkeit der P & O-Linie anerkennen, die mir gestattete, auf ihrem Tanker *Ardshiel* 1971 eine Fahrt mitzumachen.

Als ich die *Ardshiel* verließ, bewegten mich zu viele Fragen in bezug auf die allgemeinen Gefahren und Mängel dieses Schiffstyps, als daß ich, wie ursprünglich geplant, lediglich die Beschreibung eines bestimmten, seltsamen Rohöltransportschiffes hätte geben können. Der Versuch, diese Fragen zu beantworten, nahm drei Jahre in Anspruch. Der Nahostkrieg im Oktober 1973 und die sich anschließenden Ölpreissteigerungen haben zu großen Veränderungen im Tankergeschäft geführt. Die reduzierte Nachfrage nach Öl, eine Folge nicht nur der Preisentwicklung, sondern auch der Rezession in der Weltwirtschaft, verminderte den Bedarf an Tankern. Vor diesen für die Zukunft so bedeutsamen Ereignissen hatte das Tankergewerbe in begehrlicher Erwartung immenser Profite aus dem unersättlichen Ölhunger der Welt sich dem größten Schiffsbauboom in der Geschichte ergeben. Das Resultat ist, daß plötzlich Hunderte von Schiffen überflüssig geworden sind, Schiffe, die sich durch ein paar Fahrten bezahlt machen sollten; nun werden viele überhaupt nie ihre Kosten einfahren. Die Wahrscheinlichkeit spricht dafür, daß in Zukunft, wenn überhaupt, nur noch wenige übergroße Schiffe gebaut werden. Die Folgen, die dies mit sich bringt, sind dazu angetan, die allgemeine Besorgnis und die in diesem Buch ausgesprochenen Warnungen nicht zu verringern, sondern noch zu unterstreichen. Während ich an meinem Buch arbeitete, schien – infolge staatlichen und internationalen Drucks – immerhin die Aussicht zu bestehen, daß die künftigen Generationen von Supertankern eine stärkere Konstruktion aufweisen und über einen stärkeren Antrieb verfügen würden als die Mehrzahl derer, die wir schon besaßen. Nun werden wir mit den Schiffen leben müssen, wie wir sie heute haben, und ihre Unzuverlässigkeiten und Mängel sind ein Hauptgegenstand der Sorge, die sich in diesem Buch ausdrückt. Für eine relativ kurze Einsatzspanne gebaut, werden sie in Zukunft möglichst lange betrieben werden. Diese Tatsache sollte der Leser bei der Lektüre dieses Buches nicht aus den Augen verlieren.

Doch welches Unbehagen ich auch über die neue Art von Schiffen empfinde, der die *Ardshiel* angehört, so gab mir doch ihre Besatzung die beruhigende Gewißheit, daß trotz vieler Veränderungen vieles andere sich nicht verändert hat. Ihre jungen Offiziere verdienen besonderes Lob.

Besonders Alan Ewart-James, der Erste Offizier, erschien mir als ein vortreffliches Beispiel des neuen und notwendigen Typs von Seemann, bei dem ein andersgeartetes Spezialkönnen für eine andersgeartete und spezielle Verantwortung eingesetzt werden muß. Ohne seine wohlformulierten Auskünfte und sorgfältigen Erläuterungen, sowohl auf der Fahrt als auch noch einmal mehr als ein Jahr danach, wären vielleicht viele wertvolle Erfahrungen, die ich auf der *Ardshiel* gesammelt habe, verlorengegangen. Ich bin ihm zu großer Dankbarkeit verpflichtet und ebenso seinen Kollegen auf dem Schiff, besonders James Jackson und Peter Dutton, die sich alle Mühe gaben, mir zu erklären, wie Dampf und Automation funktionieren.

Ebenso möchte ich die ausgezeichnete Gastfreundschaft und Generosität von Commodore Basil Thomson dankend erwähnen.

Es wäre schwierig, all den vielen anderen zu danken, die zu irgendeinem Zeitpunkt zu Details und Struktur dieses Buches beigetragen haben; meine besondere Dankbarkeit gilt Mr. Patrick McTaggart-Cowan, Executive director des Science Council of Canada; Mr. M. W. Richey, Executive secretary des Royal Institute of Navigation, London; Mr. J. A. H. Paffett, Director an der Ship Division des National Physical Laboratory, Teddington, England; Herrn Per-Johan Borke Bogerud von Det Norske Veritas, Oslo; Herrn Erik Gjeruldsen, Abteilungsleiter der Norcontrol, Oslo; Mr. Norman Douglas von der Chamber of Shipping of the United Kingdom; dem Lloyd's Register of Shipping; Mr. John Kirby, ehemaligem Präsidenten der Chamber of Shipping of the United Kingdom und der Shell Tankers UK Limited; Comm. E. W. Platt und Mr. G. Sterry, British Petroleum (BP); Herrn I. P. I. Blom von der Hafenbehörde Rotterdam; Mr. N. R. Knowles und Mr. John Edmondson, Senior Pilots, Trinity House; Dr. Alan Langhurst, The Institute for Marine Environmental Research, Plymouth; Dr. Molly Spooner, The Marine Biological Laboratory, Plymouth; Sir George Deacon, früherem Direktor am National Institute of Oceanography, Wormley; Mr. Boyce Richardson, Montreal, für seinen unentbehrlichen Rat zu Umweltproblemen in der Arktis; Mr. Norman Pascoe vom *Montreal Star* für technische Beratung und Unterstützung in allen Angelegenheiten der *Arrow*-Katastrophe; Professor A. Westphal, University of Cape Town, und Mrs. Althea Westphal, South African Foundation for the Conservation of Coastal Birds, für ihre Unterstützung in allem, was den tragischen Kampf südafrikanischer Vögel gegen die Meeresverschmutzung betrifft; Mr. Mahmoud Younes, Beirut, ehemaligem Vorsitzenden der Suezkanalbehörde; Mr. Mashmur Ahmed Mashmur, gegenwärtigem Vorsitzenden der Suezkanalbehörde; Mr. Maurice Cooper, Präsidenten der Seabrokers Inc., New York; Mrs. Brenda Gerolomou für ihre redaktionelle Unterstützung und die Übersetzung von Baudelaires Gedicht über den Albatros. Für spätere Revisionen und Erörterungen der ersten Fassungen meines Buches möchte ich besonders Konteradmiral Robert I. Price, Leiter des Office of Marine Environment Systems, United States Coastguard, sowie Commander James Atkinson, Lieutenant Commander Bill Park und Mr. Benjamin Dixon von der United States Coastguard danken. Für Ratschläge und Unterstützung hinsichtlich der *Metula*-Katastrophe bin ich Dr. Roy W. Hann von der Texas A & M University, Mr. Ken Adamas von der U. S. Environmental Protection Agency und Mr. Charles Gunnerson, Leiter des Marine Ecosystem Analysis Program, zu Dank verpflichtet. Ebenso möchte ich Mr. Richard C. Vetter, Executive secretary des Ocean Affairs Board, National Academy of Sciences, Washington, für dokumentarisches Material zur allgemeinen Problematik der Meeresverschmutzung danken.

Zuletzt möchte ich, falls dieses Buch beim Leser ein teilnehmendes Interesse am Leben der Südmeere wecken sollte, das sich praktisch ausdrücken möchte, uneingeschränkt empfehlen, diese Regung der SANCOB, South African National Foundation for the Conservation of Coastal Birds (Südafrikanische Nationalstiftung für die Erhaltung der Vogelwelt an der Küste), Box 17, Rondebosch, Cape Town, zugute kommen zu lassen. Die SANCOB kann die höchste Erfolgsquote in der Rehabilitation von Vögeln aufweisen, sie führt aber auch wissenschaftliche Untersuchungen und Experimente von hoher Bedeutung für die Lebewesen in diesen Gewässern durch. Es ist eine Organisation auf freiwilliger Basis, die nur über bescheidene Mittel verfügt und vielleicht ihre schwierigsten Jahre noch vor sich hat.

Ich spreche diese Empfehlung aus, weil die SANCOB heute eine der wenigen Möglichkeiten bietet, sich für die Erhaltung des maritimen Lebens in den Südmeeren einzusetzen. Als im August 1974 in der Magellanstraße der Shell-Tanker *Metula*, 206 000 t, auf Grund lief und sich aus seinen Tanks mehr als 50 000 t arabischen Rohöls ins Meer ergossen, wurde das Schiff einerseits zum fortwirkenden Symbol dessen, wovon dieses Buch handelt, und andererseits zum Fanal der wachsenden Bedrohung für das Leben in den südlichen Meeren. Die Havarie der *Metula* war der größte Tankerunfall seit der Katastrophe der *Torrey Canyon*, doch wurden keine Versuche unternommen, das ausgelaufene Öl zu beseitigen, hingegen große Anstrengungen, das Schiff selbst zu bergen; der größte Teil des Öls wurde an Land geschwemmt und befindet sich noch heute dort, genau an der Stelle, wo Darwin vor mehr als einem Jahrhundert den Reichtum und die Vielfalt der Meeresflora und -fauna bewundert hatte. Eine Gruppe amerikanischer Wissenschaftler und Meeresbiologen vertritt die Ansicht, daß sich das Öl mindestens zehn Jahre dort halten und eine ständige Quelle der Verseuchung bilden wird. An der Stelle, wo es ins Meer sickert, kommen zweimal im Jahr Tausende von Pinguinen auf dem Weg zu und von ihren Brutgründen vorbei. Das maritime Leben des Gebiets, dessen Grenzen von der Antarktis und den Südspitzen Afrikas und Südamerikas markiert werden, stellt das letzte große natürliche Reservat auf der Erde dar, und seine Verteidigung ist mir ein zweites Anliegen, das ich den Leser zu bedenken bitte, während er den folgenden Text liest.

Noël Mostert

1

Es war an einem Junitag der letzten Jahre, einem warmen, aber dunstigen Morgen. Das größte Objekt, das in der Gironde-Mündung, der Ausfallpforte für den Seehandel von Bordeaux und Südwestfrankreich, zu sehen war, war die *SS Ardshiel*, ein englischer Supertanker mit einer Tragfähigkeit von 214 085 t, einer Länge von 1063 Fuß, einer Breite von 157 Fuß und neun Zoll sowie einer Ladekapazität von etwa 206 000 t Rohöl. Über dem Tanker wehte die Reedereiflagge der Peninsular and Oriental Steam Company, besser bekannt unter der Abkürzung P & O.

Die *Ardshiel* hatte den Rest einer Ladung Rohöl aus dem Persischen Golf an die Gironde gebracht, nachdem sie den Hauptteil in Rotterdam gelöscht hatte, wo ich an Bord ging. Ich hatte zwar schon oft den Nordatlantik auf den alten Cunard-*Queens*, der *Queen Mary* und der *Queen Elizabeth*, überquert und deshalb geglaubt, an die schiere Größe der Ozeanriesen gewohnt zu sein, doch die kurze Fahrt durch den Ärmelkanal und den Golf von Biscaya war nicht lang genug gewesen, um das neuartige Gefühl verblassen zu lassen, an Bord eines Handelsschiffes zu sein, das noch ungleich größer war als die alten Cunard-Pötte. Vor allem hatte ich mich noch nicht darauf eingestellt, daß ich hier mit einem anscheinend neuen Typus von Seemann beisammen war, der eine besondere Einstellung zur See und zu seinem Beruf hatte. Allein schon durch die Größe des Schiffes vom Meer abgeschnitten, vom Land getrennt durch die besondere Art, in der diese Schiffe reisen, war er ein Mann, in dem man eher einen Arbeiter in der Raumfahrt als einen Seefahrer vermutet hätte.

Im Persischen Golf hatte die *Ardshiel* ihre in fünf riesige Abteilungen gegliederten dreizehn Ladetanks an einem Pipeline-Terminal gefüllt, das ungefähr neun bis zehn Meilen vor dieser desolaten Küste im Meer verankert war, und anschließend war sie ohne Zwischenaufenthalt 11 000 Seemeilen um das Kap der Guten

Hoffnung bis nach Rotterdam gefahren. Sie war langfristig von der Shell Oil gechartert, und dies war ihre normale Route.

In Rotterdam hatte die *Ardshiel* zwar gut zwölf Stunden gebraucht, um den ersten Teil ihrer Ladung zu löschen, von Tagesanbruch bis zum Abend, aber niemand war von Bord gegangen. Es gab keine Zeit für einen Landgang. Die Instrumente, die das ausströmende Öl kontrollierten, mußten sorgfältig im Auge behalten werden. Selbst diejenigen, die ein paar Augenblicke hätten erübrigen können, um den Fuß an Land zu setzen, dachten nicht daran. Die Terminals, an denen Öltanker ihre Ladung löschen, sind zumeist von Raffinerien und Industriegebieten umgeben und kilometerweit vom nächsten städtischen Zentrum entfernt. Wer in der Innenstadt von Rotterdam ein Glas Bier hätte trinken wollen, hätte sich auf eine einstündige Taxifahrt einstellen müssen. Auf den meisten Fahrten hätte das Schiff die gesamte Ladung gelöscht und wäre wieder in See gegangen, sobald der letzte Tropfen Öl herausgepumpt war, zurück auf der eintönigen Route, ohne eine andere Abwechslung als den Klimawechsel, den die doppelte Überquerung des Äquators und ein kurzer Ausflug durch den Winter der südlichen Hemisphäre bringen. Diesmal jedoch, weil die halbe Ladung an die Gironde umgeleitet worden war, erlebte die Besatzung eine ungewohnte Unterbrechung ihres normalen Bordlebens.

Die *Ardshiel* hatte an der äußersten Nordspitze der Médoc-Halbinsel festgemacht, auf deren kreidehaltigem Boden einige der besten französischen Weine gedeihen. Es war nur ein kurzer Spaziergang von ihrem Liegeplatz in *Pointe de Grave* zu der kleinen Stadt Le Verdon, in Lebensart und Aussehen noch immer so schlicht und ländlich wie in der Zeit vor 1914, daß man sie sich unschwer auf den Flaschenetiketts eines der umliegenden Châteaux und seiner Weinberge vorstellen konnte. Auf den ersten Blick wirkte sie als einer der Orte in Europa, wo man zuallerletzt erwarten würde, einem *port petrolier* zu begegnen oder gar einem der größten Schiffe, die das Meer trug. Doch war man nicht mehr überrascht, wenn man an das nahe Bordeaux mit seiner Industrie und seinen Raffinerien dachte, die wie ihresgleichen überall in der Welt von heute einen unersättlichen Appetit auf Brenn- und Treibstoffe haben. Da die Fahrrinnen in der Gironde für Schiffe von der Größe der *Ardshiel* zu schmal sind, als daß sie Bordeaux selbst hätte erreichen können, mußte sie direkt am Beginn der Mündung anlegen, und deshalb war Le Verdon ihr Ankerplatz.

Das Städtchen hat eine wirklich reizende Umgebung, mit ihren Dünen und Pinien an der Küste, den Eichenwäldern, dazwischen den Obstgärten mit Kirsch-, Apfel- und Birnbäumen und dahinter den Weinbergen. Die große Stadt Royan, gegenüber von Le Verdon, mit ihrem breiten, geschwungenen weißen Sandstrand am Atlantik, ist ein beliebtes Ferienziel im Sommer. Zum Glück sind daher die Anlagen zum Be- und Entladen von Supertankern so kompakt, daß sie relativ wenig störend wirken. „Chiksans" genannt, sind sie Teil eines einfachen Stahlgerüstes, in das eine Reihe von 16 Zoll starken Röhren und dazu das Fallreep eingebaut sind, über die man das Schiff erreicht oder verläßt: Rohre und Fallreep werden automatisch angepaßt, wenn das Schiff beim Löschen sich allmählich hebt, und ebenso der wechselnden Wasserhöhe bei Ebbe und Flut.

Ein kleines Verwaltungsgebäude war das einzige andere Bauwerk auf dem Kai von Le Verdon. Die großen Lagertanks ganz in der Nähe, in die das Öl gepumpt wurde, waren geschickt bemalt, mit typisch gallischem Feingefühl, wie man wohlwollend feststellte. Manche trugen einen welligen Tarnanstrich in den Farben des Waldes, andere wieder waren mit ihren hellen und dunklen Tönen dem angeschwemmten Sand angepaßt, so daß sie nicht nur mit ihrem Hintergrund zusammenstimmten, sondern auch mit den verfallenden Blockhäusern, welche die deutschen Besatzer im Zweiten Weltkrieg gebaut hatten. Aus diesen Tanks holten unterirdische Rohre das Öl in die Raffinerien von Pauillac, etwa achtzig Kilometer flußaufwärts. Alles in allem schien die prachtvolle Zufahrt zur Gironde nicht übermäßig beeinträchtigt; nur das Schiff fiel aus dem Rahmen, und keineswegs unangenehm.

Selbst für diejenigen, die an Land gegangen waren, bot die schiere Größe des Schiffes vor der bewaldeten Küste mit den dahinterliegenden sumpfigen Marschen einen imposanten Anblick.

Royan ist nicht durch Hochhäuser entstellt und erinnerte einen daran, wie große Provinzstädte dieser Art früher einmal in ganz Europa ausgesehen haben. Dies war um so bemerkenswerter, als

Royan im Zweiten Weltkrieg durch einen fehlgeleiteten Angriff amerikanischer Bomber praktisch dem Erdboden gleichgemacht worden war. Es wurde in seinem bescheidenen vorigen Maßstab wiederaufgebaut, so daß man, wenn man von einem ausgezeichneten Mittagessen in der Stadt zurückkam, mit einiger Überraschung die imposante Wirkung der *Ardshiel* an der gegenüberliegenden Küste konstatierte und verstehen konnte, warum ganze Busladungen von Schaulustigen über die holprige Straße von Le Verdon gekommen waren, seit wir angelegt hatten. Auf eine Entfernung von mehreren Kilometern zog das gigantische Schiff unvermeidlich jedermanns Aufmerksamkeit auf sich, denn es hatte sichtlich von einem beträchtlichen Teil der Gironde-Mündung und dem Himmel darüber Besitz ergriffen. Der schmale, zerbrechliche Kirchturm von Le Verdon, der danebenstand, als sollte er den Maßstab abgeben, war kaum zu bemerken.

Optisch war die *Ardshiel* natürlich am eindrucksvollsten. Nun, da sie ihre ganze Fracht gelöscht hatte, wartete sie auf die Flut, um ihren Liegeplatz zu verlassen.

Die Schaulustigen stiegen aus den Bussen und Autos, standen in Gruppen umher, bewunderten laut die imposante Größe des Schiffes, machten Fotos, stiegen dann wieder in ihre Fahrzeuge und fuhren, nachdem ihre Neugier befriedigt war, wieder dorthin zurück, woher sie gekommen waren; aber wie groß ihre Überraschung und Neugier auch waren, sie waren nichts im Vergleich zu dem, was die Menschen auf dem Schiff selbst empfanden, angesichts des gänzlich Unerwarteten, der friedvollen Schönheit der ländlichen Umgebung und der Vorstellung, daß man das Schiff verlassen und zwischen Gärten und Bäumen, an denen schwer die Last der Kirschen hing, zu irgendeinem der guten Restaurants spazieren konnte, mit den Tischen im grünen Gras, die mit frisch gebügelter weißer Wäsche bedeckt waren. Vergessene Freuden. Ein Spaziergang durch die Gegend, andere Speisen, der Anblick fremder Menschen.

Die nautischen und technischen Offiziere waren Engländer, aber die Mannschaften und Stewards bestanden aus einem buntgemischten Verein von Pakistanis, Chinesen und Indern, diese vor allem Goanesen, was bedeutete, daß sie Katholiken waren und portugiesische Namen trugen. Viele der Offiziere waren schon seit

Monaten nicht mehr an Land gewesen, einige Männer der Mannschaft ein volles Jahr nicht oder noch länger. Die Pakistanis waren zumeist Pathanen, aus dem bäuerischen und kriegerischen Menschenschlag, der nördlich des Khyber-Passes lebt, und ihre Liebe zum Land und zu Pflanzen mußte sich normalerweise mit den Vasen voll Plastikrosen und -nelken begnügen, die viele von ihnen in der Kabine stehen hatten und die sie sorgsam abstaubten, bevor der Kapitän jeden Samstag seinen Rundgang machte. Sie gingen durch Le Verdon, diskutierten als Kenner über Obstgärten und Früchte, atmeten tief die Luft ein und blieben hin und wieder stehen, um sich die Hände mit Erde einzureiben, alles mit dieser spontanen Freude an der Abwechslung, die auch der Landbewohner empfindet, wenn er aus dem Innern an die salzige Küste kommt.

Obwohl ich erst drei Tage auf dem Schiff war, hatte es mich bereits in seine Grundstimmung der Isolation eingeschlossen, in das allgemeine Gefühl des Reisens, ohne anzukommen, so daß ich ihre Freude verstehen konnte und mich davon anstecken ließ.

Ich saß auf einer alten Steinbank am Ortsende von Le Verdon, eingelullt von der Hitze dieses Sommertages, dessen Stille nur flüchtig von menschlicher Betriebsamkeit unterbrochen wurde – dem hellen Geräusch einer Fahrradklingel, von einer Frau, die den Hauseingang fegte und mit jemandem im Innern des Hauses sprach, vom gleichmäßigen Scharren eines Rechens, der über Kies fuhr. Der Gedanke an die bevorstehende Fahrt zum Persischen Golf und wieder zurück und der Anblick des riesigen Gefährts, das so unwahrscheinlich hinter den Obstgärten auf dem Wasser thronte, erfüllten mich mit einem Gefühl des Abschieds und des Fortmüssens, wie ich es seit dem Krieg nicht mehr empfunden hatte. Die Fahrt kam mir unfaßbar lang und weit vor.

Schiffe haben wenigstens etwas Beruhigendes eigener Art, und den Hauptanteil daran hat der Anschein behaglicher Unabhängigkeit, den sie erwecken. Trotz ihrer Ausmaße vermittelte die *Ardshiel*, als ich kurz vor der Abfahrt auf sie zurückkehrte, die Atmosphäre einer verschworenen Gemeinschaft, woran sich zeigt, daß ein Schiff im Begriff ist, in See zu stechen. Man denkt an das Wort „Shipshape", und bei dieser angenehmen Alliteration sieht das geistige Auge ein Schiff, das sich plötzlich frei gemacht hat von dem Staub, dem Trubel und dem zwanglosen Kommen und Gehen zwischen Schiff und Land, die das Beladen und Löschen mit sich bringen. Es hat seine Decks für die Wiedervereinigung mit seinem Element geräumt und sich mit den Flaggen und Wimpeln geschmückt, die dieser Anlaß verlangt. Bei einem älteren Schiff bedeutet das, daß die Luken geschalkt und mit Leinwand bedeckt, Winden, Tauwerk und andere Geräte gesichert sind und der „blaue Peter" aufgezogen wird, eine dunkelblaue Flagge mit einem weißen Quadrat in der Mitte, Signal der Absicht, in See zu gehen. Die Schlepper warten schon. Besucher, die willkommen waren, sind es mit einemmal nicht mehr. Die kurze Verbundenheit mit dem Land ist zu Ende, mit ihren störenden Einflüssen wurde kurzer Prozeß gemacht. Abfälle wie Gangways sind beseitigt oder verstaut worden, mit dem Eifer und der Pedanterie puritanischer Wertmaßstäbe, die plötzlich wieder gelten.

Es herrscht eine bewußt distanzierte Stimmung; niemand läßt sich gehen, jeder ist auf seinem ihm zugewiesenen Platz.

Niemand ist mehr in Maschinistenkluft oder im Overall, alle tragen eine weiße, gestärkte Uniform. Und für diejenigen von uns, die vielleicht vom Land aus zuschauen, wird der Abstand zwischen Schiff und Land zum unüberbrückbaren Graben zwischen uns und der Erfüllung unserer Wünsche.

Dieses ganze Schauspiel, wie eine Gruppe von Seeleuten sich vom Land und seinen Fesseln losmacht und sich zugleich, wie um einen kurzen Schein zu wahren, gebärdet, als hätte sie einen hohen Auftrag zu erfüllen, gleichgültig ob auf einem kleinen Kohlenpott oder auf einem Schlachtschiff, war für mich immer eines der ungewöhnlichsten unserer einigermaßen gewöhnlichen Erlebnisse. Es ist doch, spürt man, nichts anderes als ein Sich-Absetzen, aufgeputzt mit falscher Feierlichkeit, in dem sich so viele unserer unedleren Eigenschaften ausdrücken – Arroganz, Selbstmitleid, Sentimentalität und schiere Verantwortungslosigkeit –, zugleich aber fast immer ein Hochgenuß.

Bei Öltankern liegen die Dinge etwas anders. Sie sind mit dem Land ungleich weniger vertraut als alle anderen Schiffe. Zumeist legen sie nur so kurz an, daß bei ihrem Auslaufen gar nicht erst irgendein verbindendes und sentimentales Gefühl des Abschiednehmens aufkommen kann. Man macht sich auch nicht die Mühe, den „blauen Peter“ aufzuziehen. Ohnedies sind ihre Liegeplätze zu abgelegen und zu gut bewacht, als daß unbefugte Besucher Zutritt fänden; und die eigentliche Arbeit des Be- und Entladens geht so reinlich und unsichtbar vor sich, daß auf den Decks kaum Unordnung entsteht. Trotzdem müssen die Männer an Bord sich in einem gewissen Maß auf das Ablegen vorbereiten, alles benützte Gerät verstauen und die notwendigen Flaggen aufziehen; und da die *Ardshiel* der P & O gehörte, einer Reederei, die an der Tradition festhält, vollzog sich der Aufbruch ebenso formell und korrekt wie bei einem Kreuzer, der auf Fahrt geht, um in fremden Häfen die Flagge zu zeigen. Selbstverständlich waren die Uniformen weiß und gestärkt, selbstredend hatte jeder die weiße Mütze auf.

Als aus dem Lautsprecher der Ruf „klar vorn und achtern“ ertönte, ein knappes Kommando des Kapitäns, das die *Ardshiel* noch mehr als Kriegsschiff erscheinen ließ, das sich zum Gefecht mit einem näher kommenden Gegner bereitmacht, ging ich zur Brücke, meinem Bereitschaftsposten während der Reise, da ich ein „Badegast“ an Bord war. Wie überall auf dem Schiff war auch hier die Größe das Hauptmerkmal; das Brückenhaus selbst war so breit wie die Gesamtbreite eines mittelgroßen Passagierdampfers. Außerhalb der Türen streckten sich die Brückennocken in langen Gängen aus, deren Enden über die Bordwand ragten. Unter den großen, nach vorn geneigten Fenstern war eine Reihe glänzender Konsolen gruppiert, auf denen sich die Knöpfe und Schalter für die komplexe elektronische Anlage befanden, auf die moderne Schiffe immer mehr angewiesen sind, während der hintere Teil des Brückenhauses einen abgeteilten Kartenraumbereich enthielt. Alles bot das makellose Bild eines Raumfahrt-Kontrollzentrums. Für einen Fremden wie mich jedoch war der stärkste Eindruck hier nicht die vertraute klinisch strenge Atmosphäre, sondern der überwältigende Ausblick auf den davor liegenden Teil des Schiffes.

Wir befanden uns fünf Decks und fünfundvierzig Fuß hoch über dem Hauptdeck und, da wir nur mit Ballast fuhren, 113 Fuß über dem Wasser; allein der Abstand vom Hauptdeck bis zur Wasseroberfläche betrug sechzig Fuß, womit es sich etwa auf gleicher Höhe befand wie das Promenadendeck auf den beiden ehemaligen *Queens*.

Nach vorn blickte man auf ein großes Feld aus rotgestrichenem Stahl mit einem höher gelegenen Laufsteg längs der Mittellinie des Schiffes, der sich, immer kleiner werdend, bis zum Bug erstreckte, fast eine Viertelmeile von der Brücke entfernt. Kleine, nicht zu unterscheidende Gestalten bewegten sich dort geschäftig hin und her, rollten die Leinen für die Schlepper aus und holten die anderen ein, mit denen die *Ardshiel* festgemacht gewesen war. Ihre Zurufe und Antworten auf Anweisungen waren ständig mit knackendem Begleitgeräusch in den UKW-Funkgeräten zu hören, die alle Offiziere bei sich tragen, ein wichtiges Verständigungsmittel auf einem solch großen Schiff, namentlich zwischen Deck und Brücke.

Auf der Brücke versammelt waren der Kapitän der *Ardshiel*, Basil Thomson, sechsundfünfzig Jahre, beträchtlich größer als 1,80 m und natürlich noch größer, wenn er seine Mütze trug; Alan Ewart-James, neunundzwanzig, der Erste Offizier; Stephen Davis, zwanzig, ein Navigationsoffiziersanwärter; am Ruder ein Pakistani, Haroon Rashid, dreißig, General Purpose Rating Erster Klasse; sowie der französische Lotse, der gelassen das Schiff vom Kai wegdirigierte, mit Argusaugen beobachtet und kontrolliert von Thomson, der in der rastlos suchenden Art entthronter Autorität hin und her schritt, unruhig wie alle Kapitäne, wenn ihr Schiff nicht ihrem eigenen Willen untertan ist.

Die *Ardshiel* war zwar leergepumpt, hatte aber durch den Ballast noch immer einen Tiefgang von 31 Fuß, nur drei Fuß weniger als die *Queen Mary* bei voller Belastung, so daß sie nur beim Gezeitenwechsel, keinen Augenblick zu früh oder zu spät, ihren Liegeplatz verlassen und in See gehen konnte. Die Gironde hat starke Strömungen, und mangelnde Präzision konnte dazu führen, daß ein solches Schiff auf eine Schlammbank auflief, wo es dann vielleicht tagelang festsaß, unter enormen Kosten für die Eigentümer und die Firma, die es gechartert hatte. Nominell hat zwar der Lotse das Kommando, doch gilt im allgemeinen der Kapitän als letztverantwortlich für alles, was schiefläuft. Dennoch muß schon eine außergewöhnliche Situation eintreten, ehe er einem Lotsen dreinredet oder ihm sein Amt abnimmt. Dieser Fall tritt sicher nur dann ein, wenn er die Überzeugung hat, daß sein Schiff durch die Anweisung des andern in unmittelbare Gefahr gerät, was kaum denkbar war bei einem Mann, der so kühl und sich seiner Sache so sicher wirkte wie unser Gironde-Lotse.

Das Schiff war am Pier so gelegen, wie es eingelaufen war, der Bug wies in die Mündung, das Heck zum offenen Meer. Die Strömungen, die uns vor dem Gezeitenwechsel an unserem Liegeplatz festgehalten hatten, konnten nun, sobald die *Ardshiel* ablegte, allen möglichen Schabernack mit dem massiven Schiffsrumpf spielen. Aber der französische Lotse, ein untersetzter, dunkelhaariger, noch jüngerer Mann, steuerte uns in fröhlicher Laune hinaus und tätschelte immer wieder die Reling, neben der er stand, als wollte er diesem schwerfälligen, aber gehorsamen Riesentier liebevoll zureden. Er rief seine Anweisungen mit klarer, voller Stimme. Der Erste Offizier, Ewart-James, der nicht von seiner Seite wich, rief sie über die Brücke, wo sie Rashid wiederholte, während er entsprechend das Ruder bewegte. Kadett Davis stand neben einer der Konsolen und hatte das Brückenbuch vor sich, in das er jede Einzelheit der Abfahrt und dazu die genaue Zeit eintrug.

„Ruder zwanzig Grad steuerbord“, rief der Lotse.

„Zwanzig Grad steuerbord“, wiederholte Ewart-James.

„Stopp!“

„Stopp!“

„Ruder mittschiffs.“

„Ruder mittschiffs.“

Es war eine Litanei des Zuredens, langsam und deutlich vom Priester und seinen Meßgehilfen gesungen, mit fester Stimme, frei von Zweifeln, in vollster Überzeugung, obwohl das Schiff schwerfällig schwankte, daß man das gewaltige, widerstrebende Gewicht spürte. Wie eine Messe in südlichen Ländern, bei der das Ritual nach vertrauter Sitte durch Geplauder und Lebhaftigkeit gestört wird, so wurde unsere Litanei begleitet von beiläufigen Gesprächsfetzen, tadelnden Bemerkungen und den Besserwissereien und kleinen Kommentaren, die Seeleute, wenn sie bei solchen Gelegenheiten herumstehen, gern von sich geben, entweder an die anderen gerichtet oder auch an niemand Bestimmten, nur so dahingesagt. In unserem Falle kamen diese Wortfetzen in der Hauptsache von Thomson, der sich drinnen in der Brücke aufhielt, eine einschüchternde Gestalt, außer wenn er sich plötzlich in einem der hohen sogenannten Kapitänssessel niederließ, die auf der Back- und Steuerbordseite des Brückenhauses standen, und wenn sein großer Körper zusammenzuknicken schien und seine Augen irgendeinen fernen Punkt in seinem eigenen Innern fixierten. Ebenso plötzlich erhob er sich dann wieder und begann erneut auf und ab zu gehen. Aber so unruhig er auch war, sein Körper wirkte langsam in den Bewegungen. Dennoch waren seine Augen gleichzeitig überall, und seine Stimme, wenn sie sich vernehmen ließ, klang dünn und grämlich; er war einer der Männer, bei denen ein hochgewachsener, wuchtiger Körper als passiver, aber williger Diener eines eigensinnigen Herrn wirkt, der irgendwo obendrauf sitzt, wie ein Kind, das auf einem Elefantenrücken reitet.

Nachdem er es sich in einem der Kapitänssessel gemütlich gemacht und sich dann abrupt wieder in Bewegung gesetzt hatte, blieb er plötzlich erzürnt neben dem Brückenbuch stehen. Der Offiziersanwärter Davis hatte einen Fehler gemacht, er hatte die Abkürzung VL benutzt, die „vessel“ (Fahrzeug) bedeutet.

„Was ist das?“ wollte Thomson wissen.

„Vessel“, antwortete Davis. Er war ein schmaler, blasser junger Mann mit feinen Gesichtszügen und einem schüchternen Gesichtsausdruck.

„Vessel? Das ist ein Schiff, verdammt noch mal, ein Schiff! Wir drehen uns, wir bewegen uns. Ein Schiff! Wie Schiffe, die in der Nacht vorbeifahren, obwohl wir das diesmal wider Willen bei Tageslicht tun. Ein ‚vessel‘*, das kann eine Urne sein, eine blöde Vase. Keine Abkürzungen in diesem Buch, junger Mann, nur solche, die schon verwendet wurden und die Sie hier finden, wenn Sie sich die Mühe machen, zurückzublättern und nachzusehn, was weiter vorn drinsteht.“

Der Lotse rief: „Langsam voraus.“

„Langsam voraus, Sir“, wiederholte Ewart-James und gab die Weisung über den Telegraphen an den Maschinenraum weiter.

„Langsam voraus befolgt“, meldete er.

Der Bug schwenkte nun sichtlich rascher, längs der grünen Küste und dann hinüber zu der hübschen Stadt Royan in der Ferne, von der wir nun Abschied nahmen.

* „Vessel“ bedeutet sowohl Fahrzeug als auch Gefäß.

„Sagen Sie ihnen, sie sollen sich bereit halten, loszuwerfen."

Ewart-James gab die Anweisung über sein UKW-Funkgerät an den Bug weiter und beobachtete dann die Reaktion durch ein Fernglas.

„Steuerbord. Nord, drei-sechs-null."

„Wegkommen geht schneller als ankommen", sagte Thomson mit stummem Vorwurf an die Adresse der Lotsen, die uns am Tag vorher nach Le Verdon gebracht und ihm dafür zu lange gebraucht hatten.

„Recht so."

„Recht so."

„Halbe Kraft voraus."

„Halbe Kraft voraus, Sir."

„Wir haben jetzt gedreht", sagte Thomson. „Sie sollen anfangen, loszuwerfen."

Die Gestalten vorn am Bug waren wie verrückt damit beschäftigt, die Leinen einzuholen.

„Jetzt ist der Schlepper auf Steuerbord weg."

„Drei-vier-fünf."

„Schlepper auf Backbord weg."

Die Schlepper blieben einer nach dem andern zurück, als sie von den Leinen befreit waren, und lagen kurze Zeit wie erschöpft von der Anstrengung still im Wasser. Dann tuteten sie zum Abschied und kehrten langsam zum Pier zurück. Die ganze Bucht drehte sich noch immer um das Schiff. Schließlich blieb sie stehen.

„Volle Kraft voraus." Dies war Manövriergeschwindigkeit.

Thomson fragte den Lotsen: „Wollen Sie auf der Steuerbordseite oder auf Backbord runter?"

„Wahrscheinlich backbord."

„Also dann", sagte Thomson, zu Ewart-James gewendet. „Sagen Sie den Leuten da vorn, sie können sichern und ausscheiden. Sonst brauchen wir jetzt wohl nichts mehr. Sie können mich jetzt hier allein lassen und auch essen gehen."

Ewart-James sagte „Aye" und ging nach unten. Seinen Platz auf der Brücke übernahm der Dritte Offizier Tucker, dreiundzwanzig.

„Drei-vier-zwei", rief der Lotse.

„Drei-vier-zwei", wiederholte Thomson und fragte: „Möchten Sie einen Kaffee?"

„*Oui*, ja. Oder vielleicht doch eine Tasse Tee."

Thomson betrachtete den Anstrich des Brückennocks und sagte: „An Land haben sie keine Ahnung, wenn Sachen für ein Schiff dieser Größe bestellt werden müssen. Um so ein Schiff anzustreichen, braucht man nach der Schätzung der Zentrale 5000 Pfund. Aber uns fragen sie nie. Es kommt nie auf weniger als 12 000, und dabei muß man noch mit der Farbe sparen. Man kann in Quadratfuß ausrechnen, wieviel nötig ist, aber sie setzen trotzdem einen unmöglichen Betrag fest."

„Wie oft streichen Sie das Schiff?" fragte der Lotse.

„Alle zwei Jahre. Wir tun es auf dieser Fahrt."

„Backbord."

„Backbord."

Thomson ging, als verstünde er erst jetzt, zur Wechselsprechanlage und sprach hinein: „Zuhören bitte, der Lotse geht backbord runter. Ich möchte, daß ihn dort jemand verabschiedet."

Ein Steward brachte ein Tablett, und der Lotse nahm seinen Tee entgegen.

„Das ist doch wohl nicht das Richtige für mich", sagte Thomson zu dem Steward und hob die Tasse von der Untertasse, in der ein kleiner brauner Teich stand. „Gehn Sie in die Pantry und säubern Sie diese Untertasse!"

„Wann kommt der Sommer?" fragte er den Lotsen, als die Tasse wiederkam.

„Nächstes Jahr, jetzt ist's zu spät."

„Wenigstens ist in Wimbledon das Wetter besser als hier", sagte Thomson, für die ganze Brücke bestimmt. „Aber das Tennis ist nicht mehr das wie früher. Es ist nur noch ein Gehetze. Wenn man jemanden einem Mann wie Rod Laver gegenüberstellt, kann er von Glück sagen, wenn er in einem Spiel oder auch nur in einem Satz zwei Bälle erwischt. Und dann, wenn sie den Koller kriegen, wenn Virginia Wade mit den Schlägern um sich wirft! Für mich ist Tennis eine Nachmittagsentspannung für Ladies und Gentlemen. Jetzt spielen sie richtig rachsüchtig gegeneinander. Ich hab' früher ein ziemlich schnelles Spiel gespielt, aber das ist alles vorbei. Hoher Blutdruck. Darf nicht einmal mehr schwimmen."

„Wie, überhaupt nicht mehr schwimmen?" fragte der Lotse teilnehmend und gleich anschließend: „Zwei-sieben-null."

„Zwei-sieben-null“, wiederholte Thomson. „Nein, ich geh' nie mehr ins Wasser, höchstens, wenn ich von diesem Schiff herunter muß. Ich bin im Krieg in Aden unter einem Geschütz gelegen, das versagt hat, einer schweren Flakkanone, und wollte sie in Ordnung bringen, als jemand den Abzug drückte. Seitdem ist's mit den Ohren nicht mehr wie zuvor.“

„Ganz klar“, sagte der Lotse. „Zwei-sechs-fünf.“

„Zwei-sechs-fünf.“

„Alles ist heute anders als früher“, sagte Thomson. „Nehmen Sie diese Schiffe. Je bequemer sie sind, desto mehr Zeit haben alle, daran herumzumäkeln und zu jammern.“ Er unterbrach sich und fragte: „Was tut denn der da unten?“ Er deutete auf einen Pakistani, der sich auf dem Deck unterhalb zu schaffen machte. „Dieser Bursche holt die verkehrte Lotsentreppe raus“, sagte er Tucker. „Sagen Sie ihm, der Lotse geht backbord runter.“

„Nein“, sagte er und nahm das Gespräch wieder auf. „Je schöner sie's heute haben, um so schlechter scheint es allen zu gehen. Im Krieg bin ich auf der alten *Britannic* von Kapstadt über Freetown nach Hause gekommen. Sechs Mann in einer ehemaligen Ein-Mann-Kabine, mit einem einzigen Ventilator. Wir hatten ein Waschbecken, wo jeden Morgen eineinhalb Stunden das Wasser lief. Wir haben uns abgewechselt, wenn wir aus der Koje raus zum Waschen und Rasieren sind. Aber es war eine lustige Fahrt. Genauso war's vor dem Krieg auf so vielen verschlampten alten Schiffen; auf den schlampigsten war's oft am lustigsten; manchmal waren die Zustände fürchterlich, gerade noch ein Ventilator zur Kühlung, wenn man in die Tropen kam, nicht viel zu essen und immer ein Fraß, aber man hat sie nicht jammern hören so wie heute. Heute verdienen die einfachen Offiziere soviel wie ein Minister vor dem Krieg, und sie haben das schönste Leben, wollen aber trotzdem nicht auf See bleiben. Wenn ich die Leute in der Zentrale frage, warum diese Burschen wieder an Land gehen und die Seefahrt aufgeben, bekomme ich niemals einen Grund zu hören. Vielleicht sind auch Leute wie ich zum Teil schuld dran. Manchmal haben Offiziere etwas gegen die Maßstäbe, an denen ich festhalte. Manche jungen Leute beschweren sich, weil ich sie nicht mit ‚Mister‘ anrede. Ich rede die höheren Offiziere mit ihrem Vornamen an, die niedrigeren und die Offiziersanwärter mit dem

Nachnamen. So war's in der Navy der Brauch. Als ich einmal in der Zentrale war, hat man mich ersucht, meine Einstellung in diesem Punkt zu ändern. Aber ich hab' ihnen gesagt, nach dreißig Jahren ist es schwierig, sich noch umzustellen."

„Zwei-sieben-fünf", sagte der Lotse.

„Zwei-sieben-fünf."

„Wir können jetzt allmählich langsamer werden, um den Lotsen abzusetzen", sagte Thomson zu Tucker. „In einer guten halben Meile ist's soweit." Aber der Kapitän übermittelte den Bescheid persönlich an den Maschinenraum und beobachtete die Küste, die nun rasch zurückglitt. Wir waren schon weit draußen, ganz niedrig erstreckte sich das Land ins Meer. Royan lag zu weit zurück, als daß man es noch hätte sehen können, und der Corduan-Leuchtturm vor der Küste am Eingang des Gironde-Kanals war die einzig deutlich sichtbare Erinnerung an die Stelle, wo wir vor Anker gelegen hatten.

Thomson begann rascher zu sprechen, als wollte er seine Gedanken zu Ende bringen, bevor der Franzose von Bord ging. „Sie finden, ich bin zu penibel, aber sie hätten vor vierzig Jahren bei der P & O sein sollen. Wir hatten einen Fleet Commodore, der mit niemandem sprach und den niemand anredete, höchstens um zu sagen: ‚Ja, Sir, nein, Sir, rutsch mir doch . . .'"

Eine Barkasse hatte sich von einem großen Lotsenversetzboot abgelöst und kam nun schaukelnd auf uns zu.

„Ganz langsam!"

„Ganz langsam, Sir."

„Wollen Sie jetzt von Bord gehen?" fragte Thomson den Lotsen.

„Ja, Sir." Er zog sich eine helle Überhose aus Kunststoff über, verabschiedete sich liebenswürdig von jedem von uns und stieg dann hinunter zum Hauptdeck. Dort senkte sich eine mit Druckluft betriebene Leiter über die Bordwand in die Tiefe. Der Lotse bestieg sie und verschwand. Als die Barkasse ablegte, ging Thomson auf die Brückennock hinaus, winkte und grüßte mit einem mehrmaligen langgezogenen Pfeifen des Tyfons. Das Lotsenboot antwortete.

Thomson kam wieder auf die Brücke und sagte zu Tucker: „Holen Sie die Lotsen-, die Explosivstoffe- und die französische

Flagge ein, aber lassen Sie meine oben. Nehmen Sie das Schiff von dieser Karte runter und tragen Sie es auf der anderen ein. Anfang der Seereise drei Uhr! Setzen Sie die Logge aus und vergessen Sie nicht, sie auf null zu stellen, wenn wir volle Fahrt haben.“

Tucker synchronisierte die Uhren, stellte die Logge auf null, bestimmte seine Position und rief, als es auf drei Uhr ging, die Ingenieure an und wartete, den Hörer in der Hand, bis die Zeiger auf drei Uhr standen.

„Es ist jetzt genau fünfzehn Uhr“, rief er, setzte die Logge in Gang, machte eine Eintragung in das Brückenbuch und rief: „Wir sind unterwegs.“

Die Reise hatte begonnen.

2

Die Öltanker, einst eine obskure und weitgehend übersehene Klasse von Schiffen, haben sich in den vergangenen fünfzehn Jahren als die dominierenden Seefahrzeuge unserer Zeit oder, wie auch behauptet wird, aller Zeiten durchgesetzt. In beiden Fällen ist die alleinige Voraussetzung ihre Größe. Sie sind die größten Schiffe, die es je gegeben hat, in ihren Ausmaßen eine der technologischen Verwegenheiten des Jahrhunderts. Vor allem aber liegt ihre Bedeutung darin, daß noch keine anderen Schiffe, zu keiner Zeit, weltweit so wichtig waren, so großes politisches Gewicht hatten. Sie waren die Vorboten jener neuen Manifestation von globaler Strategie und nationalem Egoismus, der Energiekrise; um ihre unbehinderte Fahrt zu sichern, landeten englische und französische Truppen 1956 am Suezkanal. Inzwischen ist die Abhängigkeit von ihrem ungestörten Verkehr noch viel umfassender geworden, ungleich weiter verästelt. Sie sind seit dem Suezkrieg von 1956 für einen viel größeren Teil der Welt unentbehrlich geworden, so daß sie heute in einem Maß, das man sich auch damals nicht leicht hätte vorstellen können, von wesentlicher Bedeutung für den Frieden in der Welt und die wirtschaftliche Existenz ganzer Staaten sind.

Für das Schicksal eines großen Teils der Menschheit haben häufig Schiffe verschiedener Art, zumeist Kriegsschiffe, eine Rolle gespielt, und hin und wieder war die Existenz einzelner Nationen vom Seeverkehr insgesamt abhängig, wie das Überleben Englands während eines gewissen Zeitraums im Zweiten Weltkrieg, aber es war noch nie vorgekommen, daß das Leben von Millionen Menschen in beiden Hemisphären unlösbar mit dem ununterbrochenen und unbehinderten Verkehr einer einzigen Klasse von Frachtschiffen verbunden war. Die Öltanker tragen als erste diese gefährliche Auszeichnung, weil sie ganz einfach das wichtigste Transportmittel sind, mit dem das Öl der Erde von dort, wo es sich befindet, dorthin befördert wird, wo es gebraucht wird. Ohne sie käme es zu einem großen Stillstand, und dabei wird es bleiben, bis das Erdöl als wichtigster Grundstoff für die Erzeugung von Energie, Treib- und Brennstoffen abgelöst ist, was nach Ansicht aller Sachkundigen nicht vor dem Ende dieses Jahrhunderts möglich sein wird. Wenn dieser Zeitpunkt eintritt, werden die Supertanker, diese Monsterschiffe, genauso verschwinden wie einst die Dinosaurier.

Vorläufig jedoch ist ihr Einfluß auf unser Leben und unser Wohlbefinden noch proportional ihrer Größe. Ja, einer der erstaunlichsten Aspekte dieser Schiffe liegt gerade in der Schnelligkeit, mit der die Welt immer abhängiger von ihnen geworden ist. Seit fast einem Jahrhundert galt das Erdöl in den Vereinigten Staaten mit solcher Selbstverständlichkeit als ein leicht zu beschaffender Brenn- und Treibstoff, der breite Verwendung fand, daß sich die Erkenntnis der Abhängigkeit erst sehr spät einstellte.

Anfang der dreißiger Jahre wurden noch 75 Prozent der Energieerzeugung in der ganzen Welt aus Kohle gewonnen. Der Anteil des Erdöls betrug nur fünfzehn Prozent, die zumeist in den Vereinigten Staaten verbraucht wurden. Schon 1950 stammten 25 Prozent der Energie, die in der Welt verbraucht wurde, aus Öl. 1965 war dieser Anteil auf 37 Prozent gestiegen. In den Industriegesellschaften der nichtkommunistischen Welt, die den größten Energieverbrauch haben, ist das Erdöl heute mit Abstand der wichtigste Energieträger. Diese Stellung verdankt es genau besehen der vermutlich wichtigsten wirtschaftlichen Veränderung nach dem Zweiten Weltkrieg, als Europa und Japan in ihrer Energieproduktion von Kohle zu Öl übergingen – während der sechziger Jahre stieg der Ölbedarf allein in Europa auf das Dreifache, in Japan sogar auf das Siebenfache.

Im Falle Europas war die Umstellung von Kohle auf Öl notwendig, um einer Energiekrise zu entgehen, die auf die Kriegsschäden, die beeinträchtigte Kohleproduktion und veraltete Förderanlagen zurückging. 1951 stammten erst fünfzehn Prozent des gesamten europäischen Energieverbrauchs aus Öl: etwa 73 Millionen Tonnen. Fünf Jahre später näherte sich der Anteil des Erdöls bereits der 25-Prozent-Marke. 1968 hatte das Öl schließlich die Kohle als den wichtigsten Energieträger in Westeuropa verdrängt. 56 Prozent des Energiebedarfs wurden mit Öl gedeckt, was eine jährliche Einfuhr von rund 500 Millionen Tonnen bedeutete. Die Ölimporte stiegen mit einer Jahresrate von acht bis zehn Prozent. Etwa die Hälfte kam aus dem Nahen Osten.

In Japan ging die Umstellung noch rascher vor sich. Ermuntert von Amerika, hatte sich das Land zunächst zögernd dem Öl zugewandt, als erkennbar wurde, daß die japanische Grubenindustrie nicht imstande sein würde, mit dem künftigen Entwicklungstempo der Wirtschaft Schritt zu halten. Die Kohlenreviere Japans liegen hauptsächlich im äußersten Norden und Süden des Archipels, auf Kyuschu und Hokkaido und damit weit entfernt von den wichtigsten Industriezentren auf Honschu. Die Gruben waren wie in Europa veraltet und ließen zudem in ihrer Produktivität immer stärker nach. 1950 deckte die Kohle noch sechzig Prozent des japanischen Energiebedarfs, Erdöl lediglich sieben Prozent; zehn Jahre später war das Verhältnis ausgeglichen. Heute ist Japan der größte Rohöl-Importeur der Welt. Das Land verbraucht mehr als 300 Millionen t jährlich, von denen neunzig Prozent importiert werden müssen, und von diesen wiederum achtzig Prozent durch die Straße von Malakka zwischen der Halbinsel Malakka und Sumatra, die nur eine geringe Wassertiefe aufweist.

Im Jahr 1972, das allen Ölverbraucherländern einen wirtschaftlichen Abschwung brachte, lag der Weltverbrauch an Öl bei 2,6 Milliarden t, von denen 55 Prozent durch Tanker befördert werden mußten; daran beteiligt waren außer dem 90prozentigen Importanteil Japans sechzig Prozent des europäischen und des australasiatischen Erdölbedarfs. Siebzig Prozent der gesamten Tanker-Tonnage wurden für Fahrten zum und vom Nahen Osten eingesetzt, was nur zu klar zeigt, warum der vierte arabisch-israelische Krieg, im Oktober 1973, so rasch zu einer wirtschaftlichen Krisensituation führte. Als die ersten Tanker infolge der gedrosselten Ölförderung nur mit sechzig Prozent ihrer normalen Ladung eintrafen, sahen sich Europa und Japan ernstlich gefährdet. Japan war durch ein Ausbleiben der Öllieferungen aus dem Nahen Osten ganz offensichtlich in seiner Existenz bedroht. Schon ihre zeitweilige Verringerung genügte, dem legendären Wirtschaftswunder ein Ende zu bereiten, und selbst wenn sich das Land von diesem Schlag wieder erholt, werden die alten Zeiten nie mehr zurückkehren, zumindest was den gelassenen, selbstsicheren Optimismus betrifft. Würden die Tanker mit ihren Ölladungen ganz ausbleiben, käme es zweifellos zu einer schweren sozialen Erschütterung.

Die Situation Westeuropas ist nur unwesentlich günstiger, trotz der Erdölfunde in europäischen Gewässern, und in den Vereinigten Staaten bewirkte die verminderte Anlieferung von Nahost-Öl in den Häfen der Ostküste, die davon zunehmend abhängig geworden ist, daß 1974 der Begriff der Energiekrise kein leeres Schlagwort mehr blieb. Wird Öl knapp, läßt sich der Mangel nur lindern, wenn die Knappheit verteilt wird, was erklärt, warum 1973 Länder wie Großbritannien und Frankreich, die die Gunst der Araber genossen, einer Verknappung des Öls nicht in dem Maße entgingen, wie sie gehofft hatten; Lieferungen aus nichtarabischen Staaten, wie Persien und Nigeria, die für britische und französische Häfen bestimmt waren, wurden in Länder umgeleitet, die vom arabischen Boykott betroffen waren. In diesem Schachspiel hatten natürlich die Tanker die Rolle der wichtigen Bauern. Einfach dadurch, daß sie von ihren riesigen Kommandozentralen aus gewissermaßen wie eine oberste Seekriegsleitung buchstäblich Stunde um Stunde ihre Tanker umdirigierten, behielten die Ölkonzerne vollkommene Kontrolle über die globale Verteilung des Erdöls. Und dabei wird es bleiben, solange sie die uneingeschränkte Kontrolle über die Ölschiffe behalten.

In dieser dritten Krise, in die die von den Öltankern abhängige Welt geriet, fanden sich die Vereinigten Staaten zu ihrer Verlegenheit als ein neues Mitglied in der Gemeinschaft der Notleidenden. Es war eine ungewohnte Situation. 1956, während des Suezkriegs, konnte Amerika den Ländern, die Öl brauchten, reichliche Lieferungen (nicht gerade billig) garantieren, und dies war sogar noch 1967 der Fall. Noch heute sind die Vereinigten Staaten der größte Ölproduzent der Welt (vor der Sowjetunion, Saudi-Arabien und dem Iran), aber ihre beträchtlichen Reserven gehen zurück und reichen ohnedies längst nicht mehr aus, um den galoppierenden Bedarf im Inland zu decken. Die USA waren in ihrer Energieversorgung so lange autark, daß sie es sich in ihrer Selbstzufriedenheit leisteten zu übersehen, daß sie mittlerweile ihren Bedarf zu einem Drittel mit importiertem Öl decken mußten. Diese Selbsttäuschung ist leicht zu erklären, da die Einfuhren hauptsächlich aus benachbarten Gebieten, Kanada und der Karibik, kamen.

Nach Angaben der Vereinten Nationen betrug der amerikanische Ölkonsum im Jahr 1970 pro Kopf 7,4 t; im Vergleich dazu lag der Durchschnittsverbrauch in der Welt bei 1,25 und in Großbritannien bei 3,6 t.

Der Druck dieses hohen Bedarfs in Verbindung mit dem Umstand, daß benachbarte Lieferanten seine Deckung nicht länger garantieren konnten, führte unausweichlich dazu, daß die USA als Käufer von Nahost-Öl auftreten mußten. 1972 hatten die Einfuhren aus jener Region zwar erst 24 Millionen t erreicht, aber die Importe lagen bereits beträchtlich höher, als der Oktoberkrieg 1973 sie abrupt drosselte. Bevor der Oktoberkrieg und der Ölboykott durch die arabischen Staaten die Vorhersagen und Berechnungen aller Beteiligten über den Haufen warfen, hatten die Ölexperten angenommen, daß die USA im Jahr 1980 – selbst wenn das Öl aus Alaska dann schon floß – ihren Bedarf zu mindestens 35 Prozent im Nahen Osten decken würden, wofür natürlich Flotten von Supertankern notwendig wären.

Öltanker sind in amerikanischen Gewässern durchaus nichts Neues. Die Prototypen der modernen Tanker wurden schon vor einem Jahrhundert entworfen und gebaut, um amerikanisches Öl nach Übersee zu befördern. Aber Ölschiffe wie die *Ardshiel* haben im Seeverkehr nicht nur eine neue Dimension erschlossen, sondern auch zu verblüffenden, komplexen, ja sogar verhängnisvollen Erfahrungen geführt. Sich allein die Tankerflotte der Welt vorzustellen, ob nun die einzelnen Schiffe oder die Gesamtheit, verlangt einige Anstrengung der Phantasie. So einfach wie möglich ausgedrückt: In diesem Augenblick bewegen sich Hunderte von Schiffen, jedes um ein Vielfaches größer als die alten *Cunard-Queens* und von unten bis oben mit Öl gefüllt, über die Weltmeere.

1974 standen 388 Schiffe mit einer Tragfähigkeit von 200 000 t oder mehr im Dienst, weitere 493 waren im Bau oder geordert. Davon gehörten 119 zur Klasse zwischen 260 000 und 280 000 t, 26 Tanker hatten mehr als 400 000 t Tragfähigkeit. Die *Ardshiel* mit ihren gut 200 000 t war, als sie an jenem Sommertag ihre lange Fahrt in den Nahen Osten und zurück antrat, nur ein ganz gewöhnliches, durchschnittliches Mitglied der 3359 Schiffe zählenden Tankerflotte, die gegenwärtig damit beschäftigt ist, das Öl und die Erdölprodukte der Welt an ihr Ziel zu befördern. Es wird geschätzt, daß es bis 1977 auf der Welt insgesamt an die 3000 Schiffe mit mehr als 50 000 t geben wird. 700 davon werden der Klasse von 250 000 t und darüber angehören.

Mitte 1973 hatte die gesamte Tankerflotte der Welt eine Tragfähigkeit von knapp über 200 Millionen t, mehr als die Hälfte der gesamten schwimmenden Tonnage. Allein die 45 Millionen t der im Bau befindlichen Supertanker, die 1974 ausgeliefert werden sollten, erreichten die Tonnage der Welt-Tankerflotte im Jahr 1957. Das American Committee for Flags of Necessity, eine Organisation amerikanischer Reedereien, die Schiffe unter „billigen Flaggen“ fahren lassen, schätzte in einer kürzlich erschienenen Studie, daß 1980 eine internationale Flotte mit einer Tonnage von 350 Millionen t – oder fast dem Doppelten des gegenwärtigen Bestands – notwendig sein werde, um allein die amerikanischen Öleinfuhren zu transportieren. Bei diesen Schiffen würde es sich zweifelsohne ausnahmslos um Supertanker unterschiedlicher Größe handeln.

Der Oktoberkrieg 1973 mit seinen Konsequenzen und die erklärte Entschlossenheit der Vereinigten Staaten, durch verschiedene Sparmaßnahmen und die verstärkte Suche nach Offshore-Lagerstätten wieder die Autarkie in der Ölversorgung anzustreben, könnten diese Vorhersagen korrigieren. Allerdings kaum in einem entscheidenden Maß, soweit es sich heute beurteilen läßt. Zwar werden die amerikanischen Öleinfuhren aus dem Nahen Osten vielleicht nicht so sprunghaft ansteigen, wie noch vor einiger Zeit angenommen wurde, aber sie werden gleichwohl stetig anwachsen, was bedeutet, daß die Flotte der Großtanker, die das Öl befördern, sich Jahr um Jahr vergrößern wird.

Supertanker sind nicht nur das Produkt eines expandierenden Ölbedarfs, sondern auch der Notwendigkeit, Erdöl über weite Entfernungen zu befördern, wie es die europäischen Staaten und Japan tun müssen. Dies erklärt, warum sie bisher in amerikanischen Gewässern nicht auftauchten. Der größte Teil des amerikanischen Importöls kam entweder durch Pipelines aus Kanada oder wurde in Form von Raffinerieprodukten auf kleinen Tankern aus der Karibik, wo die amerikanische Raffinerieindustrie ihre Investitionen konzentriert hatte, in die Vereinigten Staaten gebracht. In der Zukunft werden die Routen der Supertanker alle Küsten berühren. Sie werden Alaska-Öl zur Westküste befördern und Öl aus dem Nahen Osten zum Golf von Mexiko und weiteren Häfen entlang der Ostküste vom St.-Lorenz-Strom bis Delaware. Und während diese Ungetüme schließlich ein allgemein vertrauter Anblick werden, werden sich auch ihre vielen besonderen Probleme und manchmal verhängnisvollen Schwierigkeiten zeigen.

Es gibt Tanker und Supertanker, und Jahr um Jahr wird es schwieriger, zwischen ihnen zu unterscheiden: Was gestern noch ein Supertanker war, wird heute zum schlichten Ölkutter. Heute verkehren 100 000-Tonner als „Zwischenträger" zwischen den Terminals, wo die 300 000-Tonner ihre Fracht löschen, und den Häfen, die den größeren Schiffen nicht zugänglich sind.

Für viele von uns sind die alten Cunard-Liner *Queen Elizabeth* und *Queen Mary* die nächstliegenden Vergleichsobjekte, um die Größe von Schiffen zu bestimmen. Zwei Generationen lang waren sie Symbol der Spitzenleistung in der Schiffstechnologie, und noch vor ziemlich kurzer Zeit waren die meisten Seeleute der Ansicht, daß niemals Größeres gebaut werden würde. Sie hatten in gewisser Hinsicht recht. Was den sichtbaren Rumpf angeht, wird kein Schiff jemals den *Queens* gleichkommen, weil die Tage der Passagier-Liner, deren Klasse uns diese hochragenden Riesen schenkte, sich nun rasch dem Ende zuneigen. Und wenn noch große Schiffe wie die neue *Queen Elizabeth 2* gebaut werden, so macht es die heutige fortschrittliche Technologie möglich, innerhalb bescheidener Ausmaße die gleiche Zahl von Passagieren unterzubringen.

Was dem Vorstellungsvermögen der Schiffahrt-Propheten jedoch entging, war ein Frachtschiff von den Ausmaßen der alten *Queens*. Dieses Maß wurde von Supertankern vor mehr als einem Jahrzehnt überschritten, zu Beginn der sechziger Jahre.

Einen Supertanker wie die *Ardshiel* mit den alten Cunard-*Queens* zu vergleichen, hat allerdings seine Tücken; während ein großer Passagierdampfer sich in die Höhe türmt, breitet sich ein Tanker unter der Wasseroberfläche aus, nicht unvergleichbar einem Eisberg. Das Schiff liegt zu achtzig Prozent unter der Wasseroberfläche, was man sich vergegenwärtigen muß, falls man zufällig einen Supertanker in der Nähe der *Queen Mary* sieht, die heute am Rand von Long Beach Harbour in Kalifornien als schwimmendes Museum liegt. Die *Queen Elizabeth*, einst der größte Passagierdampfer der Meere, fiel 1972 im Hafen von Hongkong einem Brandanschlag zum Opfer und wurde vollständig zerstört.

Alle Schiffe drücken ihre Größe durch ihre Tonnage aus, und jeder Vergleich zwischen den *Queens* und Supertankern wird weiter durch den Umstand erschwert, daß Tanker nach Tragfähigkeit, Deadweight-Tonnage, gemessen werden, Passagierschiffe hingegen nach Bruttoregistertonnen, vor dem Zweiten Weltkrieg der Standard für die meisten Schiffe. Die Bruttotonnage ist der gesamte umbaute Raum eines Schiffes, eine Bruttoregistertonne entspricht dabei hundert Kubikfuß, das bei weitem effektivste Maß für ein Fahrgastschiff, dessen Bruttotonnage mit jedem Kabinendeck, um das die Aufbauten vermehrt werden, rasch steigt.

Die Deadweight-Tonnage hingegen ist das Gesamtgewicht an Fracht, Brennstoff, Vorräten und Ballast, gemessen in Tonnen, das es bis zur vorgeschriebenen Freibord- oder Plimsollmarke aufnehmen kann. Da Brennstoff, Vorräte und Ballast nur geringfügig dazu beitragen, wie tief ein Tanker im Wasser liegt, ist die Deadweight-Tonnage eine grobe Angabe, wieviel Öl das Schiff tragen kann, obwohl dies je nach Saison und verschiedenen Ölsorten etwas schwanken kann.

Längsseits der alten *Queen Elizabeth* gelegen, wäre die *Ardshiel* 33 Fuß länger und 39 Fuß breiter. Der normale Tiefgang der *Queen Elizabeth* betrug 39,5 Fuß; die *Ardshiel* hat bei voller Beladung 63 Fuß Tiefgang. Sie hat eine Bruttotonnage von 119677 gegenüber den 83 673 t der alten *Queen Elizabeth*, die man, um Verwechslungen mit ihrer Nachfolgerin *Queen Elizabeth 2* zu vermeiden, vielleicht als *Queen Elizabeth 1* bezeichnen sollte.

Wenn Supertanker entladen sind und nur in Ballast fahren, kommen sie optisch den alten Cunard-Linern wirklich gleich. Nach Löschung ihrer Fracht waren die Bordwände der *Ardshiel*, als sie seeklar am Kai von Le Verdon lag, praktisch ebenso hoch, wie es einst die der *Queen Elizabeth 1* gewesen waren – eine glatte, steile

Felswand, um so eindrucksvoller, als sie nicht von Bullaugen und Seitenpforten unterbrochen war.

Trotz ihrer Größe ist die *Ardshiel* um die Hälfte kleiner als die größten Tanker der Welt, die Schwesterschiffe *Globtik Tokyo* und *Globtik London*, die regelmäßig zwischen Japan und dem Persischen Golf eingesetzt werden und eine Tonnage von annähernd 476 000 dwt, eine Länge von 1243 Fuß und einen Tiefgang von 91 Fuß 11 Zoll haben.

Die Entwicklung der Supertanker vollzog sich in einem stupenden Tempo. Am Ende des Zweiten Weltkriegs hatten die größten Tanker eine Deadweight-Tonnage von 18 000 t. 1950 war ein 28 000-Tonner so sensationell, daß Prinzessin Margaret die Schiffstaufe vornahm. Schon 1956 verkehrten 45 000-Tonner auf den Meeren, wurde der Plan, einen 100 000-Tonner zu bauen, bekanntgegeben. Die ersten Schiffe dieser Größenordnung wurden Anfang der sechziger Jahre mit einem Schwall von Superlativen begrüßt, und solche Lobgesänge wurden jeweils auch den Tankern mit 150 000, 170 000, 200 000 und 250 000 t zuteil, die rasch aufeinanderfolgten. Als jedoch 1968 der erste aus einem Sextett von 326 000-Tonnern, von Gulf Oil gechartert, in Dienst gestellt wurde, waren die Bekundungen des Staunens vor Wiederholung schal geworden. Der Neuigkeitswert hatte sich erschöpft. Abgestumpft sagte man sich, daß nun auf See alles möglich sei. Ohnedies hatte sich die öffentliche Begeisterung bereits in Betroffenheit verwandelt, als der Supertanker *Torrey Canyon*, ein 120 000-Tonner unter liberianischer Flagge, Anfang 1967 mit voller Ladung vor den Scilly-Inseln auf felsigen Grund aufgelaufen war – mit verheerenden Auswirkungen für die nahe gelegenen Küstenabschnitte am Ärmelkanal. Dieses Vorkommnis ist zu einem Symbol der Gefahr für die Umwelt geworden, die Supertanker allgemein darstellen.

Der Titel des größten Schiffes der Welt ist ebenso kurzlebig geworden wie der einer Miß World. Wer könnte, falls er sie gesehen hat, die *Aquitania, Berengaria, Leviathan, Normandie, Rex, Bremen* und *Conte di Savoia*, alles einstige Riesenschiffe, vergessen, obwohl sie seit Jahrzehnten verschwunden sind? Supertanker jedoch zeichnen sich leider durch keine echte Besonderheit aus, die sie vor dem Sturz in die Anonymität bewahrt, sobald ihre Größe durch einen noch größeren Tanker übertroffen ist. Ich zweifle, ob irgendein Tanker-Sailor die aufeinanderfolgenden Titelinhaber aufzählen könnte, seit der erste 100 000-Tonner vom Stapel gelaufen ist. Andererseits möchte ich wetten, jeder einfache Matrose auf der *Queen Mary* 1939 wäre, wenn es darauf angekommen wäre, imstande gewesen, einen ziemlich akkuraten Überblick über die Gewinner des Blauen Bandes seit 1907 zu geben, als mit der *Lusitania* und *Mauretania* die Ära der schnellen Großschiffe begann, und dazu die Fahrzeit über den Atlantik zwischen dem Ambrose-Feuerschiff und Bishop's Rock.

Aber wie dem auch sei, als 1972 der 372 000-Tonner *Nisseki Maru* die 326 000-Tonner der Gulf Oil als größte Schiffe der Welt ablöste, erregte dies fast kein Aufsehen mehr, und die Bestellung der *Globtik Tokyo* ein Jahr später wurde eigentlich nur in der Schiffbaubranche registriert. Aber auch die *Globtik Tokyo* mit ihren 477 000 t mußte ins Glied zurücktreten, als die Shell 1973 die *Globtik London* mit 484 000 tdw in Dienst stellte. Japanische und andere Werften sind schon seit einiger Zeit mit Entwürfen und Dockvorbereitungen für das wohl gigantischste aller Schiffe beschäftigt, einen Ein-Millionen-Tonner. Allerdings ist es zweifelhaft geworden, ob während der gegenwärtigen wirtschaftlichen Rezessionsperiode ein solches Schiff gebaut werden wird.

Für die meisten Menschen – Seeleute eingeschlossen – übersteigt ein Schiff von einer Million Tonnen jedes Vorstellungsvermögen. Es wäre nicht nur ein Fahrzeug von geschmacklosen Dimensionen, eine Verzerrung der Maßbegriffe, wie sie bisher auf See galten, ja überhaupt aller Maßvorstellungen, sondern auch ein Gebilde, das jeden normalen Rahmen sprengen würde.

Ein derartiges Schiff hätte eine Länge von 1640 Fuß, 620 Fuß mehr als die alten *Queens*, eine Breite von 274 Fuß und einen Tiefgang von 100 Fuß. Fast alle großen Kathedralen Europas hätten leicht in einem der fünf großen Tanks Platz. Im beladenen Zustand könnte es in keinen der heutigen Häfen in der Welt einlaufen, ja an den meisten Küsten sich nicht einmal nahe an das Schelf heranwagen. Im Falle einer Havarie müßte es zu einem Trockendock geschleppt werden, wie es sie in dieser Größe nur in Europa, Asien und im Persischen Golf (im Bau befindlich) gibt. Es

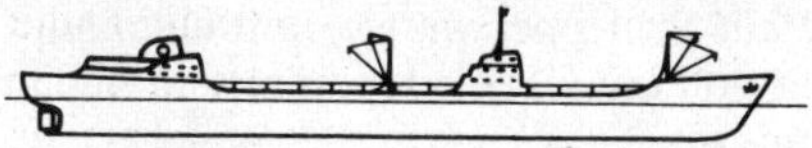

TT „Tina Onassis“, Baujahr 1953, Tragfähigkeit 45 000 tdw

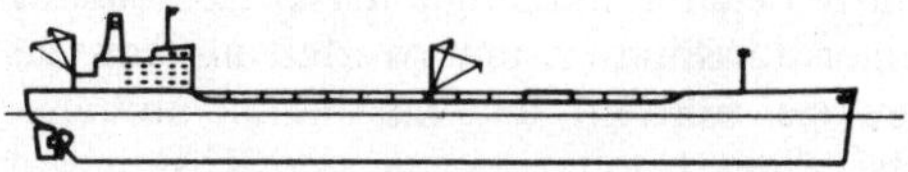

TT „Esso Deutschland“, Bj. 1963, Tr. 90 000 tdw

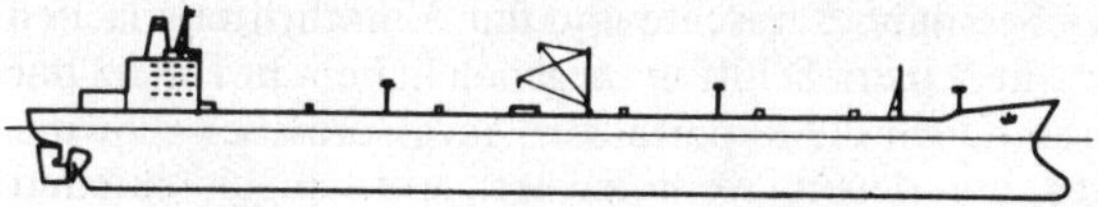

TT „Esso Malaysia“, Bj. 1967, Tr. 191 000 tdw

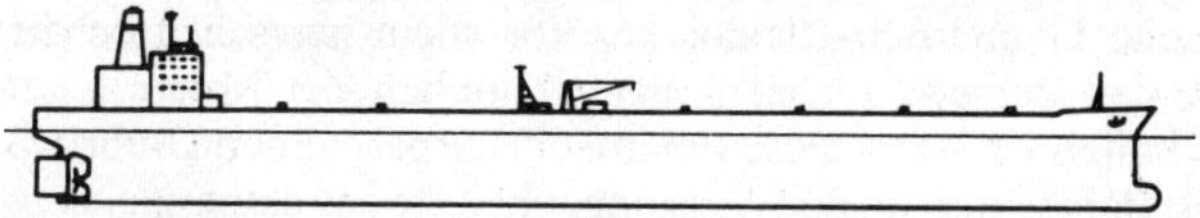

TT „Lagena“, Bj. 1974, Tr. 315 000 tdw

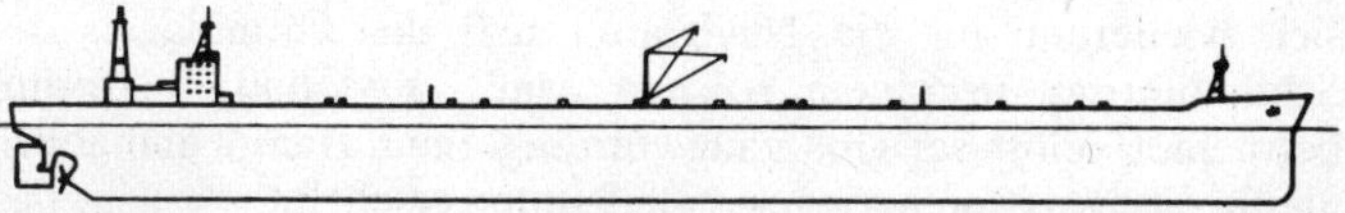

Standardtanker heute, Tr. 470 000 tdw

Größenentwicklung der Rohöltanker von 1953 bis heute
(tdw = Deadweighttons, internationales Maß für die Tragfähigkeit eines Schiffes).

ist eine unerträgliche Vorstellung, daß ein solches Schiff *irgendwo* hilflos im Meer treibt und auf Schlepper wartet, und überhaupt nicht auszudenken, wenn es voll mit Öl beladen wäre und sich in der Nähe einer Küste befände.

In den alten Zeiten, als das Bild der Seefahrt geprägt wurde, wie wir es kennen, verstehen und romantisch verklären, war das Meer eine leere Weite, die durch spätere internationale Übereinkunft drei Meilen vor der Küste begann; außerhalb dieser Begrenzung waren die Schiffe keiner Jurisdiktion unterworfen als der des Staates, dessen Flagge sie führten, und sie hatten keinerlei Verpflichtung gegenüber irgend jemandem an den Küsten, vor denen sie vorübersegelten oder -dampften; jeder Eingriff in diese altehrwürdigen Rechte war ein kriegerischer Akt oder Piraterie. Es war undenkbar, daß der Landbewohner sich neugierig in das Handwerk des Seemannes mischte und ihm Vorschriften machen wollte, wie er mit seinem Schiff umzugehen habe – unvorstellbar für beide Seiten. Doch die Supertanker, gewissermaßen schwimmende Ballons, aus denen, wenn sie leck werden, bis zu einer halben Million Tonnen Rohöl ins Meer ausströmen könnten, haben ein gründliches Umdenken, eine neue Einstellung zu den Meeren, zur Seefahrt und zu ihrer Bedeutung für die gesamte menschliche Gemeinschaft bewirkt. Vor allem herrscht nun die Einsicht, daß der alte Begriff von der Freiheit der Meere nicht mehr zu halten ist, denn diese Schiffe verkörpern einen Umbruch in der Seefahrt, der in der Vergangenheit kaum seinesgleichen findet. Ihre Größe allein hat Aussehen, Ästhetik, Entwurf und Bau von Schiffen verändert und damit die ganze konventionelle Einstellung zum Schiff. Und die Gefahr, die sie darstellen, wirkt sich wiederum auf die Navigation und die Grundlagen der Schiffsführung in einem solchen Maße aus, daß, insgesamt betrachtet, selbst der Übergang vom Segel zum Dampf allmählich als ein Ereignis von geringerer Bedeutung erscheint.

Was das Ästhetische betrifft, zahlen wir einen hohen Preis. Die Supertanker haben im großen und ganzen ein derart brutal und nackt funktionalistisches Aussehen angenommen, daß sie dem Betrachter eigentlich nicht mehr als Schiffe vorkommen, die gebaut wurden, um Öl zu befördern, sondern lediglich als riesige Tankkähne, ausgestattet mit Motoren und einem Aufbau zum

Steuern des Fahrzeugs und für die Unterbringung der Besatzung. Sogar die Männer, die darauf fahren, scheinen heute eine Abneigung dagegen zu haben, sie als Schiffe zu bezeichnen. Sie nennen sie einfach VLCCs, Very Large Crude Carriers. Auch diese Bezeichnung, die sich auf Schiffe mit mehr als 200 000 t bezieht, ist mittlerweile durch eine andere verdrängt worden. ULCCs, Ultra Large Crude Carriers, womit Fahrzeuge über 400 000 t gemeint sind. Die alte Vorstellung vom Schiff – es wird „sie" genannt – als einem weiblichen Wesen, das sich in besitzergreifender Hochzeit dem Meer und seinen Stimmungen vermählt, ist heute fast verschwunden, jedenfalls soweit es die Supertanker betrifft. Sie haben der Weite des Meeres ein Element des Monotonen, des Verlustes gegeben, und darum ergreift alle, die wie ich gern am Strand sitzen und den vorbeiziehenden Schiffen zusehen, eine trübe Stimmung.

Ihre Silhouette ist ohne Anmut, ihr Ziel und Zweck so klar, daß praktisch jedes Raten überflüssig wird. So stampfen sie in endloser Prozession vorüber und trüben die Phantasie des Betrachters. Ich wohne oberhalb der Straße von Gibraltar, im Vielle-Montagne-Viertel von Tanger, mit freiem Blick über die Meerenge, und wenn ich mit dem Fernglas das Meer absuche, zu jedem beliebigen Zeitpunkt, ist es leicht möglich, daß jedes der zwölf oder zwanzig Schiffe, die sich zeigen, ein Tanker ist.

Wenn ich zu Hause bin, nehme ich oft am Tag das Glas zur Hand, und ich bin entzückt, wenn ich mitten zwischen den schwerbeladenen oder hoch im Wasser liegenden, nur in Ballast fahrenden Tankern einen „Dreiinsel"-Frachter von mindestens vierzig Lebensjahren entdecke, der mit acht bis zehn Knoten kaum merklich vorwärtskriecht und in solchen Mengen Rauch ausstößt, daß man sofort weiß, er fährt mit Kohle. Ein „Dreiinselschiff" ist ein Fahrzeug mit der traditionellen Balance von Back, Brücke mit Besatzungsräumen mittschiffs und Poop. Das Schiff, das ich vielleicht sehe, ist höchstwahrscheinlich ein spanisches, es kann aber, da sich hier der Eingang zum Mittelmeer befindet, alles mögliche sein, portugiesisch, griechisch, türkisch, cypriotisch, maltesisch, algerisch – ein alter Pott, der vermutlich in einer Werft am Clyde oder Tyne gebaut und unter fünf oder sechs verschiedenen Namen bei Lloyd's versichert wurde, der als Trampschiff schon alles an Ladung geschleppt hat, was es auf der Welt so gibt, und nun in der Küstenschiffahrt im Mittelmeer seine alten Tage abdient, wobei es gerade noch bis Casablanca, Lissabon oder zu den Kanarischen Inseln reicht.

Ein solches Fahrzeug läßt wenigstens der Phantasie freien Lauf und weckt in uns sentimentale, nostalgische Empfindungen. Es sieht doch wie ein Schiff aus, reitet auf dem Meer, als wäre es ihm angepaßt, kann sich auf all seine Launen einstellen, weil es vor allem Sprung hat, die eingebogene Deckslinie in der Längsrichtung des Schiffes; und ebenso hat es mit seinen zwei hohen Masten und dem einzigen Schornstein Fall, diese schöne und genau berechnete Neigung, mit der Masten und Schornsteine von der Senkrechten abweichen. Der Fall, soweit es ihn noch gibt, wie bei den meisten älteren Passagierschiffen und Frachtern, ist im Zeitalter des Dampfschiffs das letzte schwache Erbe der Segelschiff-Ära: Die Neigung der großen Masten eines Rahseglers trug dazu bei, die enorme Belastung zu vermindern, der er durch die volle Takelung und das Stampfen und Rollen des Schiffes ausgesetzt ist. Durch die ausgeglichene Komposition der geneigten Masten und Schornsteine der Passagierschiffe, die über den Nordatlantik verkehrten, erreichten die Schiffskonstrukteure oft eine denkwürdige Schönheit, und man braucht nur Fotoaufnahmen von Schiffen wie den alten Cunard-Dampfern *Mauretania* (1907) und *Aquitania* (1914) zu betrachten, um dies bestätigt zu finden. Wenn sie und alle anderen Ozeanriesen der dreißiger Jahre in den Hudson einliefen und dann langsam Kurs auf die Narrows nahmen, zeigten sie eine Würde und Gelassenheit, die seltsam bewegend an solch großen und machtvollen Konstruktionen wirkten, und dieser Eindruck war besonders stark, wenn man sie vom Strand in Jersey oder von der Staten-Island-Fähre aus beobachtete und sie vor dem Hintergrund der Vertikalen Manhattans sah; wenn sie an den anmaßend und senkrecht hochragenden Wolkenkratzern vorüberglitten, drückte sich im leichten Fall ihrer Masten und Schornsteine die Einsicht in die schließliche Gebrechlichkeit allen Menschenwerks aus. Schon aus ihrer Haltung sprach die Achtung vor der See.

Wenn ich also eines dieser Dreiinsel-Relikte aus der jüngeren Vergangenheit der Handelsschiffahrt durch die Straße von Gibraltar schippern sehe, dann blicke ich voll echter Bewunderung auf die ästhetische Erscheinung, die vor nicht allzulanger Zeit praktisch jedes Schiff auszeichnete, vom größten bis zum kleinsten. Gerade das Ästhetische aber fehlt den Supertankern oder VLCCs, wie man sie vielleicht jetzt nennen sollte, fast immer.

Sie zeigen weder Fall noch Sprung. Soweit diese Schiffe Linien haben, sind sie so ziemlich alle gerade: Der Bug ist vielleicht leicht nach oben gezogen, zum Schutz gegen schwere See, aber der Rumpf erstreckt sich bis zum Heck wie ein breiter, gerader stählerner Kai. Das Heck selbst schließt den Rumpf nicht mit einer anmutigen Krümmung ab, sondern wirkt vielfach plump abgesägt. Die hochragenden, leicht nach hinten geneigten Masten von einst haben einem stählernen Turm über der Brücke weichen müssen; er trägt die Funk- und Radarantennen, die ja die Aufgabe des Matrosen im Krähennest, dem einsamen Ausguck auf halber Höhe des Fockmastes, übernommen haben.

Diese riesigen und komplexen Ölschiffe repräsentieren ein ganze neues Kapitel in der Seefahrt, doch liegt eine ihrer Merkwürdigkeiten darin, daß sie in so vielem an die Vergangenheit erinnern. Dieses Paradox ist in ihren Routen und in ihren weit ausgedehnten Fahrten begründet, die zurückführen zu den Tagen, als die Seefahrt zum großen Teil aus langen Reisen bestand, die mühselig langsam zum Ziel und wieder in die Heimat führten. Sie fahren um das Kap der Guten Hoffnung nach Osten wie die europäische Handelsschiffahrt in der Zeit vor der Eröffnung des Suezkanals und nehmen unterwegs vielleicht, wie einst die Schiffe der Ostindischen Kompanie und die China-Klipper, frische Vorräte an Bord; dann, wenn das Kap selbst in Sicht kommt, stampfen sie langsam durch die historische Abfolge von Kursänderungen, durch die vor fast fünf Jahrhunderten Bartholomäus Diaz den Seeweg nach Asien entdeckt hat. Nach dem Passieren des Kaps folgen die Tanker tatsächlich genau der Carreira da India, der Route, auf der einst die portugiesischen Schiffe nach Asien und zurück segelten. Es ist eine der ältesten, erinnerungsträchtigsten Seerouten der Welt, und die Tanker benutzen trotz ihrer gewaltigen Proportionen nach Möglichkeit viele der Naturphänomene wie den Südwestmonsun mit seiner Drift und den Mozambique- und Agulhasstrom, wie es vor ihnen die Portugiesen taten. Dies kann für Schiffe erstaunlich wichtig sein, weil sie Treibstoff und Zeit sparen, wenn sie in der gleichen Richtung unterwegs sind; ein Großtanker, der nur in Ballast fährt, leicht im Wasser liegt, das Hauptdeck etwa sechzig Fuß über der Wasserlinie und darüber vielleicht noch einmal vierzig Fuß an Aufbauten, bietet dem Wind eine breit ausgedehnte Stahlkonstruktion, was, wie manche Seeleute meinen, das Schiff um etwa einen Knoten schneller machen kann. Die dadurch gewonnenen Stunden können den Zeitverlust ausgleichen, der bei der Rückfahrt durch die gleichen Winde und Strömungen entsteht, jedenfalls gibt es offensichtlich den Menschen an Bord ein beflügelndes Gefühl, wenn ein VLCC ein wenig rascher vorankommt, so wie ehedem den Männern auf den Seglern. Sie geben sich kurze Zeit der Illusion hin, daß ihre scheinbar endlose Fahrt rascher zu Ende sein werde, denn ein Supertanker ist so lange ohne Zwischenaufenthalt unterwegs wie kein anderes Schiff seit dem Ende der Segelschiff-Ära. In den Blütezeiten der Trampschiffahrt waren die Männer an Bord dieser Schiffe natürlich viel länger der Heimat fern, doch sie hatten immer einen schon bekannten oder noch geheimnisvoll-unbekannten nächsten Hafen vor sich, bis zu dem es nur noch ein paar Tage, höchstens einige Wochen waren. Immer hatte man gerade etwas erlebt, über das man sich unterhalten, und Neues vor sich, auf das man sich freuen konnte.

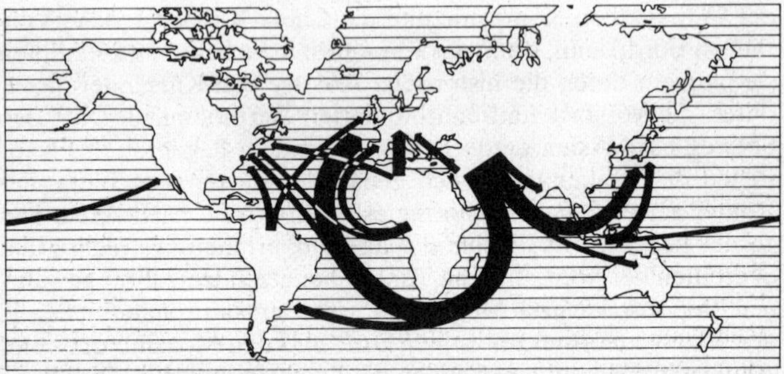

Seewärtige Rohölversorgung der westlichen Industrieländer.

Die beiden Routen, für die Supertanker hauptsächlich konstruiert werden – zwischen Europa und dem Persischen Golf auf dem Weg um das Kap der Guten Hoffnung sowie zwischen dem Golf und Japan durch die Straße von Malakka – sind ohnedies sehr lang. Auf der ersten beispielsweise beträgt die Entfernung zwischen London und Abadan am oberen Ende des Golfs 11 000 Meilen, so daß eine Fahrt dorthin und zurück ungefähr einer Reise um den Globus gleichkommt. Zudem geht sie quälend langsam vor sich, weil diese Schiffe aus Sparsamkeitsgründen nur mit einer mäßigen Geschwindigkeit fahren, zumeist zwischen vierzehn und fünfzehn Knoten (der ruhmreichste aller Schnellsegler, die *Cutty Sark*, schaffte oft siebzehn und ohne Schwierigkeit fünfzehn Knoten und hätte ein VLCC überflügeln können wie zu ihrer Zeit Passagier-Postdampfer mit ihren sechzehn Knoten; viele Frachter von heute bringen es im Durchschnitt auf achtzehn bis zwanzig, und die letzte Gewinnerin des Blauen Bandes, die *United States*, soll mehr als vierzig Knoten erreicht haben. Sie errang das Blaue Band mit einer Durchschnittsgeschwindigkeit von 35,59 Knoten); dies bedeutet, daß eine Fahrt von Europa zum Persischen Golf und zurück mindestens zweieinhalb Monate, gelegentlich sogar mehr, in Anspruch nimmt.

Während der Fahrt gibt es keinen Zwischenaufenthalt. Die Post und die frischen Vorräte, die am Kap an Bord genommen werden, werden entweder durch Hubschrauber gebracht, die sie auf das Deck des fahrenden Schiffes abwerfen, oder durch eine Barkasse zu einem vereinbarten Treffpunkt zwölf Meilen vor dem Hafen von Kapstadt. Wenn das Schiff an seinem Ziel im Persischen Golf eintrifft, nimmt es seine Ladung häufig an Plattformen an Bord, die bis zu fünfzehn Meilen vor der Küste liegen. Der ganze Vorgang dauert nur zwölf bis achtzehn Stunden, und unmittelbar danach tritt das Schiff die lange Rückreise nach seinem europäischen Zielhafen an, der sich während der Fahrt mehrmals ändern kann, je nach der gegebenen Bedarfssituation in Europa (ein früher Kälteeinbruch während des Herbstes in Norwegen, eine wärmere Periode im italienischen Winter oder schwere Schneefälle im Ruhrgebiet können dazu führen, daß Dutzende von Schiffen, die zum Kontinent unterwegs sind, auf andere Routen und zu anderen Entladehäfen umdirigiert werden).

Solche Umdisponierungen sind für die Schiffe selbst jedoch nur von flüchtigem Interesse, weil es den Männern an Bord ziemlich gleichgültig sein kann, ob sie ihre Fahrt im irischen Bantry Bay oder im süditalienischen Tarent beenden, abgesehen natürlich von dem Fall, daß sie Heimaturlaub nehmen wollen. Wenn dies nicht der Fall ist, gibt es beim Löschen der Fracht, das nur kurz dauert, so viel zu tun, daß nicht viel Möglichkeit besteht, an Land zu gehen, vorausgesetzt, es gibt überhaupt ein Ziel, da die Anlegeplätze der Tanker in der Regel am äußersten Rand des Hafens liegen. Zudem geht man in europäischen Gewässern zunehmend dazu über, die Tanker an Festmacher-Bojen vor der Küste anlegen zu lassen, so daß ein Schiff, das zwischen den Offshore-Terminals im Persischen Golf und in Europa verkehrt, nirgends am Land festmacht und immer auf See bleibt. Wahrscheinlich wird diese Praxis künftig auch auf die Tanker angewendet werden, die zwischen dem Golf und der amerikanischen Ostküste verkehren.

Supertanker laufen, wie Düsenflugzeuge, nach dem Prinzip, daß sie zu teuer sind, um nicht eingesetzt zu werden. Bis vor kurzem galt die grobe Regel, daß ein Schiff ein Drittel der Zeit im Hafen lag, wo es be- oder entladen wurde oder aufs Auslaufen wartete, und die anderen zwei Drittel auf See unterwegs war. Ein Tanker aber liegt weniger als zehn Prozent der Zeit im Hafen. Die geschätzten Betriebskosten basieren darauf, daß das Schiff jährlich 340 Tage auf See ist. Man unternimmt gezielte Anstrengungen, um auch diese Zahl noch zu erhöhen, und die Tankerkapitäne müssen buchstäblich für jede Minute Verzögerung Rechenschaft ablegen: Nach Berechnungen der Shell ließen sich jährlich zwei Millionen Pfund einsparen, wenn die Liegezeiten der Tanker des Konzerns – zirka 13 000mal im Jahr läuft ein Shell-Tanker einen Hafen an – um eine Stunde verkürzt würden. Zwischen sechs-und achttausend Dollar betragen die täglichen Unterhaltskosten für einen VLCC (dies sind die laufenden Kosten, aber die meisten Gesellschaften setzen 30 000 bis 50 000 Dollar an, worin Abschreibung und andere Buchkosten enthalten sind), der mit einer Reise einen Gewinn von nicht weniger als vier Millionen Dollar einfahren kann; jeder Zeitverlust, ob erzwungen oder nicht, wird daher zu einer beunruhigenden Sache.

All dies bedeutet, soweit es die Mitglieder der Tanker-

Besatzung betrifft, daß sie, sobald sie an Bord sind, nur selten vom Schiff herunterkommen, bevor die Zeit, für die sie sich zunächst verpflichtet haben, vorüber ist; es ist nicht ungewöhnlich, daß manche Besatzungsmitglieder ein ganzes Jahr oder noch länger an Bord sind, ohne einen Fuß an Land zu setzen, und man hört vielfach von noch längeren Zeiträumen. Der Erste Ingenieur eines Shell-Tankers, auf dem ich 1966 fuhr, erzählte mir, er sei einmal nacheinander zweimal um die Welt gefahren, durchs Mittelmeer, in den Fernen Osten, über den Pazifik zum Fidschiarchipel, durch den Panamakanal nach Curaçao in Südamerika und sonst noch an allen möglichen interessanten und exotischen Plätzen vorbei und habe von nichts etwas zu sehen bekommen – „nichts als die Scheißmaschinen und die Scheißwände in meiner Kabine und dem Alten seine Gin-Flasche von hinten".

Heute sehen die großen Ölkonzerne und alle verantwortungsbewußten Firmen, die Tanker im Betrieb haben, sorgfältig darauf, daß Dienst und Urlaub für die Besatzungen ihrer Supertanker regelmäßig wechseln. Die meisten Besatzungsmitglieder sind darauf eingestellt, daß sie zwei Fahrten nacheinander unterwegs sind, was bedeutet, daß man mindestens fünf, wahrscheinlich aber sechs Monate auf dem Schiff ist. Der Urlaub beträgt zwischen sechs Wochen und zwei Monaten, und danach geht es wieder auf eine neue Tour. Selbst dies ist manchmal für einige zuviel. 1971 wurden drei junge englische Besatzungsmitglieder eines Tankers zu Gefängnisstrafen verurteilt, weil sie versucht hatten, ihr Schiff, die *British Hussar*, beim Entladen in Triest in Brand zu stecken. Der Anklage zufolge waren sie des Lebens auf dem Schiff so überdrüssig, daß sie beschlossen, es anzuzünden, weil sie hofften, die Besatzung würde ausbezahlt und nach England geflogen werden. Dieser zweite Wunsch wurde ihnen immerhin erfüllt.

Mit der Größe der Supertanker wachsen auch die Schwierigkeiten. Ja, wenn es ein mathematisches Verhältnis zwischen den Problemen und der Schiffsgröße gäbe, würde sich vermutlich zeigen, daß mit jedem größeren Schiff auch die Schwierigkeiten proportional zunehmen. Die Navigation ist bei diesen Schiffen praktisch ein neues Handwerk, nicht zuletzt deswegen, weil Kräfte ins Spiel kommen, die in bezug auf Schiffe nie zuvor ernsthaft berücksichtigt wurden: Ihre Größe macht sie zu den ersten

Fahrzeugen auf der Erdoberfläche, die von der Wirkung der Erdumdrehung erfaßt werden.

Die Erdumdrehung wirkt auf große Massen ein, die sich auf der Erdoberfläche bewegen. Dieser Effekt wird Corioliskraft genannt, nach dem französischen Physiker Gaspard Gustave Coriolis, der sie zum erstenmal genau beschrieben hat. Sie verursacht auf der nördlichen Halbkugel eine Abweichung im Uhrzeigersinn, während auf der südlichen ein bewegliches Objekt nach links von seiner Richtung abgelenkt wird. Bisher war die Corioliskraft für Winde und Strömungen wichtig: Sie hat einen derart erheblichen Einfluß auf eine Masse wie den Nordatlantik, daß sie einen Anstieg der Ozeanoberfläche bewirkt, was dazu führt, daß diese im mittleren Atlantik achtundvierzig Zoll über dem Stand in den amerikanischen Küstengewässern liegt. Ihre Wirkungen auf Supertanker sind zwar bisher noch nicht zureichend bestimmt, aber doch so weit mit Sicherheit festgestellt, daß sie künftig möglicherweise bei der Schiffsführung berücksichtigt werden müssen, namentlich in gefährlichen Gewässern: Wenn ein genügend großes Stück Masse sich ostwärts bewegt, wird es durch die zentrifugale Reaktion in Richtung auf den Äquator abgelenkt; bewegt es sich westwärts, wird es infolge der geringeren Zentrifugalkraft zum Pol hingezogen.

Diese Schiffe richtig zu steuern, erfordert in vielem ein Umdenken, um beurteilen zu können, wozu ein solch langes, breites Fahrzeug im Hafen oder in einer Notsituation wie einer Kollision mit einem anderen Schiff imstande oder nicht imstande ist. Die ganze Sache ist so völlig verschieden vom Gewohnten und so gefahrenträchtig, daß die Esso Oil ihre Kapitäne auf maßstabgetreuen Miniatur-Modellen von VLCCs in einem acht Morgen großen See bei Grenoble schulen läßt, wo es Piers, Ladeplattformen, Festmacher-Bojen und typische schmale Fahrrinnen in maßstabgetreuer Nachbildung gibt; und im holländischen Delft können Tankerbesatzungen an einem Simulator ausgebildet werden, ähnlich wie er zum Training von Düsenjäger-Crews verwendet wird, wobei auch die genaue Nachbildung der Kommandobrücke eines 250 000-Tonnen-Tankers zur Verfügung steht. Es ist die einzige Anlage ihrer Art und vermittelt die exakte Erfahrung, diese Schiffe in einen Hafen zu bringen und bei jedem Wetter festzumachen oder abzulegen, dazu eine Einübung in mehrere Situationen, die auf hoher See eintreten könnten. Nur vergleichsweise wenige haben das Glück, zur Ausbildung nach Grenoble oder Delft geschickt zu werden – zumeist Kapitäne, die für die großen Ölkonzerne fahren. Die meisten VLCC-Kapitäne aber müssen ihre Erfahrungen in der Praxis erwerben, was für den Betreffenden eine bittere Sache sein kann. Immer muß er auf der Hut sein, immer ist er voll Unsicherheit.

Ein Schiff von einer Brücke aus zu lenken und zu steuern, die fast eine Viertelmeile vom Bug entfernt ist, ist erschreckend genug, wenn es der Betreffende nicht gewohnt ist, dazu aber befindet sich der Kapitän hundert Fuß über dem Wasser und hat einen Weg von 150 Fuß von Back- nach Steuerbord zurückzulegen, wenn er sehen will, wie es auf der anderen Seite aussieht. Selbst auf den *Queens* lag die Brücke einigermaßen nahe am Bug, und schon in ihrem Falle erforderte das An- und Ablegen eine gewaltige gemeinsame Anstrengung der Männer auf dem Schiff und an Land sowie auf der Flotte von Schleppern.

Selbst auf offener See brauchen Supertanker viel Spielraum. Sie sind außerstande, in Bruchteilen einer Sekunde zu reagieren. Ein 250 000-Tonner, der mit sechzehn Knoten läuft, benötigt mindestens drei Meilen bzw. einundzwanzig bis zweiundzwanzig Minuten, bis er zum Stehen kommt: Ein überlanger Rumpf löst unterschiedliche Schwungkräfte aus und bietet trotz seiner plumpen, schwerfälligen Form dem Wasser weniger Widerstand. Das schiere Gewicht scheint diesen Effekt noch zu verstärken und den Giganten immer noch weiter zu tragen. Die Schiffahrtsabteilung des National Physical Laboratory hat festgestellt, daß ein 100 000-Tonner, der stoppen will, unter Umständen nur einen Knoten Fahrt pro Minute verliert. Bei sehr niedrigen Geschwindigkeiten, wie sie sich bei Nebel empfehlen, können Mammutschiffe jegliche Manövrierfähigkeit verlieren. Bei einem Tempo zwischen vier und fünf Knoten kann es leicht geschehen, daß ein 30 000-Tonner seine Steuerfähigkeit einbüßt und von seinem Kurs abzuweichen beginnt, wenn nicht Ruder und Maschinen geschickt eingesetzt werden. Angesichts dessen ist auf offener See der Versuch, ein VLCC zum Halten zu bringen oder zu manövrieren, um eine Kollision zu vermeiden oder jemanden zu bergen, der über Bord gegangen ist, schon heikel genug, aber in engen, vielbefahrenen und seichten Gewässern noch unendlich schwieriger und manchmal überhaupt unmöglich.

Mit Ankern sind solche Schiffe nicht zum Halten zu bringen. Ein gewöhnliches Frachtschiff kann dies versuchen, aber auf diese Weise einen 200 000-Tonner, selbst wenn er nur mit geringer Fahrt läuft, zum Halten zu bringen zu wollen, würde nur dazu führen, daß die Ankerketten aus dem Deck gerissen würden. „Wir waren im Rotterdamer Fahrwasser, als die Maschinen aussetzten", erzählte mir Alan Ewart-James, der Erste Offizier der *Ardshiel*, von einem Vorfall, den er auf einem anderen 200 000-Tonner erlebt hatte. „Wir begannen mit der Strömung zu treiben, auf eine Sandbank zu. Wir ließen einen Anker fallen, aber er hielt nicht. Auf diesen Schiffen läßt man nicht zwei Anker hinunter; sie verheddern sich einfach, oder man riskiert, daß man beide verliert. Es gelang uns, die Ketten festzusetzen, bevor sie auf Kraft kamen, sonst hätten sie uns das Deck auseinandergerissen. Zum Glück haben die Maschinen wieder eingesetzt, und wir brachten das Schiff da raus, aber nur mit knapper Not." Experimente mit Bremsklappen, ja sogar mit Unterwasser-Bremsfallschirmen haben zu keinerlei praktisch brauchbaren Lösungen des Problems geführt, weil Tanker beim Stoppen stark nach der Seite ziehen.

In einem technischen Artikel über Schiffssteuerung, veröffentlicht in der Zeitschrift *Safety at Sea International*, Ausgabe September 1973, legte D. Clark, Forschungsleiter der British Ship Research Association, dar, daß die Zahl der Schiffslängen, die ein Schiff braucht, um anzuhalten, sogar proportional mit der zunehmenden Schiffsgröße steige. „Wenn man die Größenordnung mancher Quantitäten bedenkt, die hier im Spiel sind, kann man sich die Schwierigkeiten unschwer vorstellen", schrieb Clark. „Im Fall eines typischen 250 000-Tonnen-Tankers beträgt die Wasserverdrängung etwa 30 000 t, der Widerstand bei Dienstgeschwindigkeit nur 250 t, und die Schiffsschraube kann im Rückwärtsgang an die 120 t bringen. Wenn man an das zweite Newtonsche Gesetz erinnert, sieht man, daß allenfalls eine Verlangsamung von 0,001 g zu erwarten ist, sehr wenig im Vergleich zu dem Wert von 0,5 g, wie er für Kraftfahrzeuge gesetzlich vorgeschrieben ist. Diese Zahlen illustrieren ein Problem, das diesem Schiffstyp inhärent ist und an dem der Schiffskonstrukteur nicht viel ändern kann, es sei denn, man führt irgendeine bremsverstärkende Klappe oder ein Bremsgerät mit Fallschirmverwendung ein."

Supertanker fahren wie alle Schiffe nach einem international anerkannten Kodex von Regeln, die im wesentlichen ein Erbe aus dem 19. Jahrhundert sind. Sie haben der Seefahrt bisher gute Dienste geleistet, aber im Fall der Supertanker sich häufig als unpraktikabel oder sogar richtiggehend gefährlich erwiesen. Was passieren kann, erlebte vor nicht langer Zeit der Kapitän eines vollbeladenen 200 000-Tonnen-Tankers, als er auf dem Weg nach Rotterdam die Straße von Dover passierte. Als ein Schiff auf Kollisionskurs entgegenkam, stellte er fest, daß keine der vorgeschriebenen Verhaltensmöglichkeiten ihm etwas nützen würde, weil das Schiff nicht mehr rechtzeitig stoppen konnte und nur die Alternative blieb, den Kurs zu ändern, wodurch das Schiff auf Grund gesetzt worden wäre. Er war völlig auf den Grips, die Höflichkeit und die Wachsamkeit des anderen Schiffes angewiesen, eines kleineren, konventionellen Handelsschiffes, das zum Glück die heikle Lage des Tankers erkannte und dementsprechend reagierte.

Ebenso haben auch die Positionslichter, die in der Seestraßenordnung zur Identifizierung eines Schiffes und seines Kurses bei Nacht vorgeschrieben sind, Verwirrung gestiftet, die katastrophale Folgen haben kann. Es wurde von vielen Fällen berichtet, in denen kleinere Schiffe versuchten, *zwischen* dem hinteren und vorderen Toplicht eines Supertankers hindurchzusteuern, weil sie begreiflicherweise annahmen, der große Abstand zwischen den beiden Lichtern deute auf zwei verschiedene Schiffe.

Die Größe der Supertanker schafft eine solche Distanz zwischen dem Meer und den Besatzungen, daß diese es vielleicht gar nicht bemerken, wenn sie über ein kleineres Fahrzeug hinwegfahren. Das unerklärliche Verschwinden von Trawlern und kleinen Küstenschiffen wird manchmal Großtankern angelastet. Durch einen solchen Zwischenfall ging im August 1973 der südafrikanische Trawler *Harvest del Mar* mit der gesamten Besatzung unter, als der spanische Tanker *Mostoles* über ihn hinwegfuhr. Der Trawler wurde in den Grund gebohrt, ohne daß die Tankerbesatzung auch nur etwas bemerkt hätte. Als der Kapitän der *Mostoles* schließlich an einer geringfügigen Beschädigung des Bugs erkannte, daß er etwas gerammt hatte, meldete er, er sei gegen ein „halb untergetauchtes Objekt" gestoßen.

Um es den Supertankern und den Schiffen in ihrer Nähe leichter zu machen, wurde inzwischen die Seestraßenordnung umfassend revidiert. Die Großschiffe werden in stark befahrenen Gewässern Vorfahrt haben und sollen spezielle Lichter zeigen; außerdem wird ihnen künftig gestattet sein, ihre Manöver durch Licht- und Schallsignale anzuzeigen.

Veränderungen der internationalen Schiffahrtsregeln brauchen immer viel Zeit. Das Kontrollorgan, das für diese Fragen zuständig ist, beziehungsweise sie zu regeln versucht, ist die Inter-Governmental Martime Consultative Organization, abgekürzt IMCO, eine Spezialbehörde der Vereinten Nationen mit Sitz in London. Die IMCO ist die einzige internationale Organisation, die überhaupt über seerechtliche Befugnisse verfügt, aber jede rechtliche Neuerung muß von den nationalen Parlamenten ratifiziert werden, und dies braucht selbst bei der Handvoll von IMCO-Mitgliedsstaaten mehrere Jahre.

Die Fahrt in flachen Gewässern ist für Supertanker schon allein wegen ihres Tiefgangs mit großen Risiken verbunden. Bei voller Beladung ist vielen der Zugang zur Ostsee völlig verwehrt, und in manchen Gebieten, die sie häufig befahren, wie der Nordsee, der Straße von Malakka und der Straße von Dover, müssen sie die größte Behutsamkeit an den Tag legen.

Diese und ähnliche Gewässer mit geringer Tiefe waren für die Schiffahrt schon immer heikel, niemals aber in dem beunruhigenden Maße wie heute für den VLCC-Kapitän, der feststellen muß, daß auf die Karten und Fahrtanweisungen, nach denen man sich Jahrzehnte, ja in manchen Fällen mehr als ein Jahrhundert zuverlässig richten konnte, kein Verlaß mehr ist. Sie sagen ihm nicht immer, woran ihm am meisten gelegen ist, beispielsweise nichts über die Beschaffenheit des Meeresgrundes, der uns wegen der Supertanker mehr denn jemals zuvor Sorge bereitet. Vor allem ist er viel mehr Veränderungen unterworfen, als man bisher angenommen hat, und es ist offensichtlich geworden, daß jeder Schiffsverkehr, bei dem nicht nur die obere Wasserschicht betroffen ist – mehr oder minder der bisherige Zustand –, weit mehr

Wissen verlangt als das, mit dem wir uns bisher beholfen haben, und auch eine feinere instrumentelle Ausrüstung, als sie bisher benutzt worden ist. Technisch besteht das Problem darin, daß Supertanker teils als Unterwasser-, teils als Überwasserfahrzeuge zu behandeln sind: Der tiefreichende Rumpf dieser Schiffe hat der Seefahrt eine neue Dimension zugefügt, da die Unterwasser-Navigation zwangsläufig Tiefen erfaßt, die vordem nur für U-Boot-Kapitäne von Bedeutung waren. Die Erfahrungen, die U-Boote in diesem Bereich machten, sind jedoch kaum ergiebig, da sie nur selten in manchen Gewässern operieren, durch die die Supertanker-Routen führen, wie beispielsweise im Ärmelkanal, der für Tauchfahrzeuge noch nie als sicher gegolten hat.

In vielen küstennahen Gebieten fahren Supertanker mit einer Bodenfreiheit von nicht mehr als zwei bis drei Fuß. Die Gefahr, auch nur gegen ein kleines Hindernis auf dem Meeresgrund zu stoßen, wird noch dadurch verstärkt, daß Supertanker dazu neigen, mit dem Bug tiefer im Wasser zu liegen, bei Schiffen über 200 000 Tonnen manchmal nicht weniger als drei bis vier Fuß, was durch ganz gewöhnliche Wellenbewegungen, die Gezeitenströme und Strömungen noch verschlimmert wird.

Die Schiffahrtsabteilung des National Physical Laboratory hat auch festgestellt, daß diese Schiffe durch flache Gewässer beeinflußt werden, selbst wenn sie genügend Wasser unter dem Kiel haben. Ihre Manövrierfähigkeit sinkt drastisch, sobald die Wasserhöhe unterm Kiel das Äquivalent von vierzig Prozent ihres Tiefgangs erreicht. Wenn beispielsweise ein Schiff mit fünfzig Fuß Tiefgang noch zwanzig Fuß Wasser unter dem Kiel hat, ist sein Wendekreis doppelt so groß, wie er es in tieferem Wasser wäre. Das Gefährliche daran ist, daß der Schiffskompaß selbst einen normalen Bogen anzeigt, während das Schiff tatsächlich einen viel größeren Kreis beschreibt, als der Kapitän möglicherweise annimmt.

Wenn ein VLCC nur noch drei Fuß Wasser unter sich hat, ist es nach Feststellungen der Schiffahrtsabteilung des National Physical Laboratory praktisch steuerungsunfähig. In der Straße von Dover auf den sandigen Grund aufzulaufen, ist nicht so gefährlich wie das gleiche Malheur in der Straße von Malakka, wo der Meeresboden aus Granit besteht!

Einmal wurden in der Malakka-Straße im Abstand von nur einer Woche zwei japanische VLCCs unerklärlicherweise durch Auflaufen beschädigt, obwohl sie, wie die Schiffsführung glaubte, genügend Wasser unter dem Kiel hatten. Am 12. März 1973 stieß der italienische 160 000-Tonner *Igara*, mit einer Öl- und Erzladung an Bord, gegen einen auf den Karten nicht verzeichneten Felsen im Südchinesischen Meer bei Singapur und wurde, wie später verlautete, zum größten Versicherungsfall in der Geschichte der Seefahrt. Das Schiff war ein Jahr vorher in Dienst gestellt und, wie es hieß, nach Karten gesteuert worden, die auf mindestens 65 Jahre alten Vermessungen nur mit dem Senkblei beruhten und auf denen das Riff, an dem die *Igara* scheiterte, nicht verzeichnet war.

Als während des Zweiten Weltkriegs die *Queen Mary* ein ähnliches Tiefgang-Problem zu bewältigen hatte, wurden außergewöhnliche Vorkehrungen getroffen, um zu verhüten, daß der Boden des Schiffes beschädigt wurde. Es ging darum, den Ozeanriesen, der als Truppentransporter eingesetzt wurde, bei Nippflut durch das flache Wasser über dem Hudson-Tunnel zu bringen, und jeder der 15 000 Soldaten an Bord mußte sich absolut ruhig verhalten, bis der Tunnel passiert war. Man befürchtete, daß die Bewegungen so vieler Menschen an Bord dem Schiff eine leichte Schlagseite geben und dadurch den Tiefgang um nicht weniger als zwei Fuß vergrößern könnten. In diesem Falle wäre es möglich gewesen, daß das Schiff den Tunnel aufschürfte.

In einem 1970 veröffentlichten Bericht stellte Konteradmiral G. S. Ritchie, Chefhydrograph der Royal Navy, fest: „Angesichts des gegenwärtigen Standes der hydrographischen Vermessungswissenschaft und angesichts der flachen und veränderlichen Gewässer um Nordwesteuropa, die mit Wracks aus zwei Weltkriegen übersät sind, sieht man mit Sorge, welche Mindestwerte für die Bodenfreiheit von Tankergesellschaften hingenommen werden."

Eine andere dringliche Warnung sprach 1974 Konteradmiral Ritchies Amtsnachfolger, Konteradmiral G. P. D. Hall, in seinem Bericht über das vergangene Jahr aus. Er schrieb: „Mit zunehmender Besorgnis sind die Risiken zu vermerken, die Schiffe mit großem Tiefgang eingehen, wenn sie ihre Bodenfreiheit in relativ seichten Gewässern in bezug auf vorhergesagte Hochwasserstände kalkulieren. Sorge bereiten auch die möglichen Auswirkungen für die umliegenden Küstenbereiche, wenn Riesentanker stranden, weil der tatsächliche Wasserstand niedriger ist." Er fuhr fort: „Bei den vorhergesagten Hochwasserständen bleiben meteorologische Faktoren unberücksichtigt – und diese können ‚Wallungen' verursachen, welche den Wasserstand um ein Maß steigern oder senken, das möglicherweise über die kalkulierte Bodenfreiheit hinausgeht. Im zweiten Fall (d. h. einer negativen Wallung) könnten katastrophale Folge eintreten."

„Wenn der Hydrograph sich zu einem solchen Kommentar veranlaßt fühlt", heißt es in einem Leitartikel der Fachzeitschrift *Tanker and Bulk Carrier* vom Juni 1974, „sollte man meinen, daß die Seefahrt insgesamt – und vermutlich Tanker-Eigner im besonderen – es für notwendig hält, aufmerksam zuzuhören und sich vielleicht ernste Gedanken zu machen." In dem Artikel heißt es weiter: „Auf einer Konferenz über Schiffstechnologie, die 1973 in Washington stattfand, sagte ein Lloyd's-Makler: ‚Ich bezweifle, ob irgend jemand von Ihnen mit einem guten Gefühl vom Dulles-Airport abfliegen würde, wenn er wüßte, daß die Karte des Navigators aus der Zeit stammt, bevor die Gebrüder Wright zum ersten Male flogen.' Aber in eine ähnliche Situation könnten die großen Schiffe von heute und die noch viel größeren von morgen durchaus geraten – wenn nicht irgend jemand etwas unternimmt."

Shell Tankers UK Ltd., die größte Firma, die Tanker betreibt und in Charter laufen läßt und daher ein Schrittmacher auf diesem Gebiet ist, erklärte 1967, sie verlange bei ihren Schiffen ein Minimum von zwei Fuß Bodenfreiheit. In einem Artikel, der in der Juniausgabe 1971 der Fachzeitschrift *Safety at Sea International* erschien, bemerkte dazu Fregattenkapitän M. B. F. Ranken, ein englischer Schiffahrtsspezialist: „Dies mag zwar in gutgehaltenen, ständig ausgebaggerten Fahrrinnen mit Sand- oder Schlammgrund ausreichen, sicher aber genügt es nicht auf offener See, zumal dann, wenn der Boden felsig ist oder aus Korallengestein besteht, wenn Schiffswracks in dem betreffenden Gebiet liegen, wenn stürmisches Wetter herrscht oder wenn eine exakte Positionsfeststellung kaum möglich ist."

Die hydrographische Abteilung der britischen Admiralität schätzt, daß allein im Ärmelkanal neben den 3500 kartierten Wracks mit Sicherheit noch weitere liegen, die nicht auf Karten verzeichnet sind. Was aber am stärksten beunruhigt, ist, daß man bei dieser genaueren Untersuchung des Meeresgrundes gewaltige, sich verändernde Sandwellen entdeckt hat, die sich in bestimmten Gebieten auf dem Boden vorwärtsbewegen und häufig nicht weniger als zwanzig Fuß hoch sind, ja sogar eine Höhe von fünfzig Fuß erreichen können. Weite Gebiete mit diesen unterseeischen Wanderdünen sind im Ärmelkanal und in der Nordsee festgestellt worden, davon zumindest drei, durch die die wichtigsten Tankerrouten führen; der britischen Admiralität liegt zumindest ein Bericht vor, in dem der Kapitän eines 200 000-Tonners meldete, daß sein Schiff an einer Stelle den Grund berührt habe, wo nach den Karten zwanzig Fuß Bodenfreiheit hätten sein müssen.

Den Grund für eine so wichtige Lücke auf den Seekarten erläutert Fregattenkapitän Ranken in seinem Artikel in der *Safety at Sea International*:

„Bis vor etwa vierzig Jahren wurden alle Lotungen von Hand, mit der Senkschnur, oder mit der Lotmaschine vorgenommen. Die Echolotung zur Messung der Wassertiefe zwischen Schiffs- und Meeresboden hat sich erst in jüngerer Vergangenheit richtig durchgesetzt. Zwar läßt sich damit die Vermessungsgeschwindigkeit enorm steigern, aber es ist eine große Zahl paralleler Lotungslinien erforderlich, um die Topographie des Meeresgrundes festzustellen, und selbst dann bleiben zwangsläufig nicht vermessene Abschnitte zwischen jedem Linienpaar, in denen verborgene Hindernisse liegen können. Man könnte zwar diese ‚übersehenen' Gebiete ähnlich wie beim Minenräumen durch einen Draht erfassen, der über den Boden gezogen wird, aber dies ist ein mühseliges, ungemein zeitraubendes und daher kostspieliges Unternehmen."

An späterer Stelle schreibt Ranken in seinem Artikel:

„Die hydrographische Vermessung erfordert die exakte Positionsbestimmung in drei Dimensionen, und ein sehr großes Schiff durch flache Gewässer zu führen, verlangt in zunehmendem Maße eine fast ebenso akkurate Navigation. Schiffseigner wie Behörden müssen sich darüber im klaren sein, daß viele Seekarten von heute für diese übergroßen Fahrzeuge einen niedrigen Genauigkeitsgrad aufweisen, was die Gefahr des Auflaufens heraufbeschwört. Diese Feststellung richtet sich nicht gegen die Vermesser, die die Karten vielleicht erst vor zehn Jahren angefertigt haben, als ein Tiefgang von fünfzig Fuß noch die Ausnahme war; viele Tiefwasserlotungen sind seit dem letzten Jahrhundert nicht mehr überprüft worden, sogar in manchen vielbefahrenen Schiffahrtsstraßen."

Um dieses Problem anzupacken, müssen die Meere und die Schiffahrtswege neu vermessen und die Seekarten revidiert werden. Die Kriegsmarinen der Welt haben sich diese Aufgabe von jeher angelegen sein lassen, namentlich die Royal Navy, denn mehr als ein Jahrhundert war das Interesse Englands daran reines Selbstinteresse. Aber heute verfügen die Marinen, auch die Royal Navy, nicht mehr über die reichlichen Mittel wie früher – in England wurde das British Hydrography Office bereits verkleinert –, so daß das große und kostspielige Unternehmen, die Routen der großen Schiffe wirklich zu sichern, nicht leicht zum Ziel zu führen sein wird. Unterdessen hat die englische Regierung Mittel für die Entwicklung neuer Sonar-Geräte bereitgestellt, die einen genaueren Überblick über den Meeresboden ermöglichen werden. Doch die gefährliche Beweglichkeit der Sandwellen würde verlangen, daß so erstellte Karten ständig revidiert werden, so daß der Kapitän eines Supertankers, der den Ärmelkanal oder die Straße von Malakka durchfährt, jederzeit genau weiß, was auf dem Meeresboden unter dem Kiel seines Schiffes liegt. Von noch größerem Nutzen wird möglicherweise ein neues akustisches System sein, das mittels weitreichender, nach vorne gerichteter Sonar-Strahlen Hindernisse unter Wasser aufspürt. Es wurde für die Oberste Handelsschiffahrtsbehörde der USA entwickelt.

Als die Supertanker immer größer wurden, erwies es sich zunehmend als schwierig, sie in einen Hafen und an ihre Anlegestelle zu bugsieren. Normalerweise geschieht das so, daß das Schiff in eine parallele Lage zum Kai gebracht und dann mit Hilfe von Schleppern und eigener Maschinenkraft vorsichtig heranmanövriert wird. Dies erfordert große Behutsamkeit und ist äußerst schwierig durch den Kapitän oder den Lotsen zu beurteilen, die auf der Brücke stehen, hundert Fuß über dem Wasser und eine Viertelmeile vom Vorderteil des Schiffes entfernt. Ein 250 000-Tonnen-Tanker mit voller Ladung hat ein effektives Gewicht von 300 000 bis 310 000 t (Tragfähigkeit plus Gewicht des Stahls und der übrigen Bauteile des Schiffes), und selbst wenn seine Aufprallgeschwindigkeit nur einen Viertelknoten beträgt, das heißt nur etwas mehr als fünfundzwanzig Fuß pro Minute, muß dies zu schweren Beschädigungen an Schiff und Pier führen und zu der Gefahr, daß das Schiff leck wird und Öl ausströmt oder daß es, noch schlimmer, zu einer Explosion kommt. Einige Tanker sind inzwischen mit Querstrahlruder ausgerüstet worden, um ein besseres Manövrieren zu ermöglichen. Man hat Kaimauern mit starken Federn bewehrt, um die Wucht des Anpralls aufzufangen und abzuleiten. Ebenso wurden Schallgeräte zur Erleichterung des Anlegens installiert. Sie messen die Schiffsbewegung bis auf vier Fuß in der Minute und den Abstand zum Kai bis auf zwei Fuß herab. Im Rotterdamer Hafen werden Verkehrsampeln mit Rot-, Gelb- und Grünlicht verwendet, die sofort anzeigen, wenn sich ein Supertanker der Kaimauer mit ab- oder zunehmender Geschwindigkeit nähert.

Die ersten VLCCs, die die Werften verließen, waren praktisch Schiffe ohne Häfen. Nicht einmal ein Dutzend Häfen in aller Welt besaßen die Anlagen, sie aufzunehmen, und selbst heute sind es nur sehr wenige, die von Schiffen mit mehr als sechzig Fuß Tiefgang – soviel hat ein beladener 200 000-Tonner – angelaufen werden können. Überall, wo sie verkehrten, erzwangen sie eine Neuorientierung der Hafenentwicklung. Die Holländer haben viele hundert Millionen Dollar für die Vertiefung der Nordsee und die Schaffung von Hafeneinrichtungen in Rotterdam aufgewendet, das heute der größte Ölhafen der Welt ist. Ein derartiges Unternehmen wird, sobald es einmal begonnen hat, praktisch niemals abgeschlossen sein, solange die Tanker immer größer werden. Nachdem man die Fahrrinnen für Schiffe mit fast sechzig Fuß, dann zweiundsechzig Fuß Tiefgang ausgebaggert hatte, mußte man sie noch einmal um drei Fuß vertiefen, und heute wird daran gearbeitet, auch Schiffen mit fünfundsiebzig Fuß Tiefgang die Zufahrt zum Hafen zu ermöglichen. Im Fall Rotterdams *muß* hier die Grenze erreicht sein, weil schon die Verhältnisse in der Nordsee keine Schiffe zulassen, die noch viel tiefer im Wasser liegen. Das gleiche wurde in Le Havre in Angriff genommen, wo gegenwärtig die Zufahrten erneut vertieft und ausgebaggert werden, um auch die neue Klasse der 500 000-Tonner unterbringen zu können. Im großen und ganzen jedoch hat es sich als die beste Lösung erwiesen, neue Häfen an Stellen zu errichten, wo man sonst nie einen Seehandelsplatz erwartet hätte, oder aber die Schiffe legen an künstlichen Inseln vor der Küste oder an Festmacher-Bojen an wie im Persischen Golf.

Beim Bau neuer Häfen wird die Standortwahl durch die Wassertiefe beeinflußt, und da in Europa große Wassertiefen an der Küste sich häufig in landschaftlich reizvollen Gegenden finden – wie den irischen Buchten, den „Lochs“ in Schottland und den norwegischen Fjorden –, darf man erwarten, dort bald die größten Giganten zu sehen, wie sie im Windschatten der schönen Küsten-Kulisse pompös in ihren Hafen gleiten.

Die Gefährdung dieser Gegenden wurde deutlich, als am 22. Oktober 1974 in der Bantry Bay mehr als 2000 t Rohöl ins Meer strömten und sich auf der Wasseroberfläche und den Stränden verbreiteten. Ursache war ein Ventil in einem der Tanks des 800 000-Tonners *Universe Leader*, eines von Gulf Oil gecharterten Tankers unter liberianischer Flagge, das man etwa eine halbe Stunde offengelassen hatte. Die Küste wurde auf zwanzig Meilen Länge in Mitleidenschaft gezogen, eine Ölschicht bedeckte Felsen und Strände.

Gulf Oil wählte die Bantry Bay, eine der schönsten Gegenden Irlands, als Standort für den Terminal, an dem die sechs 326 000-Tonner der Gesellschaft ihre Fracht löschen. Eigentlich ist Bantry Bay ein Transithafen; von dort wird das Rohöl auf 100 000-Tonnern zu Raffinerien in Wales, Dänemark, Holland und Spanien weiterbefördert. Dieses Transithafen-Konzept spielt heute die zentrale Rolle in allen Planungen von Anlagen für die allergrößten Schiffe, oberhalb der 300 000-Tonnen-Marke; es wurde auch bei den ersten Löscheinrichtungen für Großtanker in nordamerikanischen Gewässern angewendet.

VLCCs werden zwar auch in den Vereinigten Staaten gebaut, aber keiner der Giganten kann voll beladen einen Hafen an der amerikanischen Ostküste anlaufen. Die geringe Wassertiefe über dem Kontinentalschelf hält sie fern. Tiefwasser unmittelbar vor der Küste beginnt im Osten in Maine und im Westen im Puget Sound. Weite Strecken der kanadischen Küsten, sowohl im Westen wie im Osten, haben Tiefwasser, und die ersten VLCC-Terminals wurden bislang vor allem an der Ostküste errichtet, in Neubraunschweig,

Neuschottland, Quebec und Neufundland. Wie nicht anders zu erwarten, befinden sich alle Tiefwassergebiete im Norden vor einigen der schönsten Landschaften Nordamerikas von herrlicher Unberührtheit. Neuschottland hat bereits erfahren müssen, was es kostet, Tankern Gastfreundschaft zu gewähren. Die erste Ölflut aus einem leckgeschlagenen Tanker erreichte die nordamerikanische Küste am 4. Februar 1970, als der liberianische Tanker *Arrow*, nach Port Hawkesbury unterwegs (das nebenbei die zweifelhafte Auszeichnung besitzt, das größte Schiff aufgenommen zu haben, das jemals in einem nordamerikanischen Hafen angelegt hat, den 326 000-Tonner *Universe Japan*), in der Chedabucto Bay in der Straße von Canso auf Grund lief und sich 11 000 t Rohöl ins Meer ergossen.

Die Vereinigten Staaten selbst entgingen nur mit knapper Not einem viel schlimmeren Desaster, als im Januar 1972 der japanische 92 000-Tonnen-Tanker *Kaiko Maru*, mit etwa 90 000 t Rohöl an Bord und siebenundvierzig Fuß Tiefgang, vor Delaware auf Grund lief. Die *Kaiko Maru* ist ungefähr der größte Supertanker, dem gegenwärtig die Zufahrt zu einem Hafen der amerikanischen Ostküste offensteht. Es war vorgesehen, daß sie um einen großen Teil ihrer Ladung geleichtert werden sollte, ehe sie am Kai anlegte, um den Rest zu löschen.

Die Zufahrt nach Delaware besteht aus zwei Fahrrinnen, vierzig bzw. fünfzig Fuß tief. Die *Kaiko Maru* wählte die falsche Fahrrinne und lief noch auf offener See auf Grund. Selbst in der tieferen Fahrrinne hätte sie nur drei Fuß Bodenfreiheit gehabt, was äußerste Vorsicht erfordert hätte. Da der Kapitän des Schiffes unterwegs gestorben war, führte der Erste Offizier das Kommando.

Das Schiff hatte zwar kein Leck bekommen, aber das Wetteramt hatte einen aufziehenden Sturm gemeldet. Wäre es auseinandergebrochen, so hätte es möglicherweise eine Katastrophe wie bei der *Torrey Canyon* gegeben. Die Ölflut hätte sich über die Badestrände von Delaware und des südlichen New Jersey ergossen. Daß die Vereinigten Staaten damals nicht den vielleicht schlimmsten Fall von Ölpest erlebten, den es bis dahin gegeben hatte, war allein dem raschen und sachverständigen Handeln der Bergungsfirma Murphy Pacific Marine Salvage Company zu verdanken, die das

Schiff leichterte und bei Temperaturen unter Null und zunehmender Wetterverschlechterung flottmachte. Die Firma hat in den letzten Jahren wiederholt Unheil von amerikanischen Küstengewässern abgewendet, beispielsweise 1960 in New York, als der panamesische Tanker *Alkaid* mit 22000 t Rohöl aus Kuwait an Bord im East River, im Schatten des Gebäudes der Vereinten Nationen, auf Grund lief. Das Schiff wäre vielleicht im East River mit seinen starken Strömungen auseinandergebrochen, wenn nicht die *Murphy Pacific* es noch rechtzeitig flottgemacht hätte.

Es kann kein Zweifel bestehen, daß es in der Zukunft zu weiteren derartigen Zwischenfällen kommen wird, die vielleicht nicht so glimpflich ablaufen. Dies war auch der Grund, warum Versuche, die kanadische Kette von Tiefwasserhäfen nach Maine hinein zu verlängern, auf starken Widerstand gestoßen sind. Geplant sind Häfen für VLCCs in Portland und Eastport. Im letzteren Fall hat sogar die kanadische Regierung Bedenken gegen das Projekt vorgebracht, weil die engen Zufahrten, die durch schwierige Wasser führen, hauptsächlich kanadischer Hoheit unterstehen. Aber auf dem einen oder anderen Weg muß dafür gesorgt werden, daß diese Riesenschiffe und ihre kleineren Geschwister ihre Fracht löschen können, wenn die Vereinigten Staaten bis zum Ende dieses Jahrzehnts ihren Energiebedarf decken sollen. Wegen des flachen Kontinentalschelfs wären Tanker von mittlerer Größe die idealen Fahrzeuge für die amerikanischen Ölimporte gewesen. Von New Orleans bis Quebec hätte man eine Kette neuer Terminals mit fortgeschrittener Technik für diese Schiffe schaffen können. Doch die zu erwartende massive Steigerung der amerikanischen Ölimporte in den noch vor uns liegenden siebziger Jahren und bis ins nächste Jahrzehnt trugen wesentlich zu der gewaltigen Zunahme der Großtankeraufträge im Jahre 1973 bei, wodurch die damalige Welttankerflotte nicht weniger als verdoppelt würde. Das Interesse der Öl- und Tankerindustrie, die Rentabilität dieser Investitionen zu sichern, wird sie veranlassen, ihren Einfluß für den Bau von Entladeanlagen für VLCCs längs der amerikanischen Küsten aufzubieten. Nach europäischen Maßstäben sind die Vereinigten Staaten in der Planung von Anlagen für die Aufnahme von VLCCs heute schon acht bis zehn Jahre hinterher. John I. Jacobs and Co. Ttd., ein englischer Verlag, der Spezialuntersuchungen und Statistiken über den Tankerverkehr herausgibt, prophezeite vor kurzem, der Mangel an Tiefwasserhäfen an der amerikanischen Atlantikküste werde zu Beginn der achtziger Jahre zu einem „beispiellosen Verkehrsstau“ samt allen damit verbundenen Gefahren für die Umwelt führen. Zu viele Schiffe würden in zu wenigen Häfen um Liegeplätze kämpfen oder ziellos und für den übrigen Verkehr gefahrvoll vor den Häfen kreisen, bis sie einlaufen können. Diese Vorhersage stammt ersichtlich noch aus der Zeit, bevor der Oktoberkrieg 1973, die Wirtschaftsrezession und die hohen Ölpreise solchen Prognosen die Basis entzogen. Dessenungeachtet werden die Vereinigten Staaten wahrscheinlich bis 1978 ihre ersten Tankeranlegestellen im Tiefwasser vor der Küste haben.

Sie werden vermutlich als Anlandeplätze für die amerikanischen Rohöleinfuhren aus dem Nahen Osten im Golf von Mexiko und vor der Ostküste liegen, als künstliche Inseln, die etwa fünfzehn Seemeilen vor der Küste verankert werden, wo die Wassertiefe hundert Fuß erreicht. Damit würden die Tanker von der Küste ferngehalten werden, und die amerikanische Küstenwache ist zuversichtlich, daß durch strenge Vorschriften eine Verschmutzung des Meeres beim Löschen verhindert werden kann. Diese Aufgabe hat sich anderwärts als sehr schwierig erwiesen. In Rotterdam, dem größten Ölhafen der Welt, wo eine rigorose Überwachung gegen die Verschmutzung des Wassers besteht, kommt es trotzdem immer wieder dazu, daß Öl ins Hafenbecken gerät. „Zu oft“, erklärte mir unlängst ein Beamter der Hafenverwaltung, „machen die Leute Fehler, öffnen ein falsches Ventil. Durch ein solches Versehen sind einmal zweitausend Tonnen in den Hafen gelaufen, weil jemand, der sich nicht richtig auskannte, ein Ventil aufgemacht hat, durch das das Öl ins Wasser statt an Land gelaufen ist. An Land tun wir alles, was möglich ist, aber wir können nichts dagegen machen, wenn auf den Schiffen Fehler begangen werden.“ Ein ähnliches Versehen auf einem Tanker führte auch dazu, daß im Oktober 1974 eine Viertelmillion Gallonen Öl in die Bantry Bay gepumpt wurden. „Wo man mit Öl umgeht, ist Verschmutzung unvermeidlich“, sagte mir Dr. Jennifer Baker vom British Field Studies Council, als wir über den Betrieb im großen englischen Tanker-Terminal bei Milford Haven sprachen, mit dem sie sich mehrere Jahre beschäftigt hatte. „Der Ölaustritt erhöht sich mit dem Laden und Löschen; je weniger geladen oder gelöscht wird, desto weniger Öl geht ins Wasser. Selbst wenn man alles tut, was sich tun läßt, kommt es unvermeidlich dazu, daß gelegentlich Öl ausläuft.“ Ein sich über drei Jahre erstreckendes Untersuchungsprogramm der Oil Pollution Unit ergab, daß kleine Ölmengen, die beim normalen Raffineriebetrieb austreten, langfristig der Ökologie des Küstengebiets größeren Schaden zufügten als eine einmalige Ölschwemme aus einem havarierten Tanker wie der Torrey Canyon. Am problematischsten, so hieß es in der Studie, seien die scheinbar unbedeutenden Ölspuren in Raffinerieabwässern und die geringfügigen Ölmengen, die beim Laden und Löschen von Zeit zu Zeit über Bord spritzen. Diese chronische Verschmutzung führe auf lange Sicht zur Schädigung des Tier- und Pflanzenlebens im Meer und sogar zu einer Verschlechterung des Sand- und Schlickgrunds, in dem Meeresorganismen leben.

Der stets erfinderische Aristoteles Onassis hatte eine Idee entwikkelt, die das Schiff und das Zwischenhafen-Konzept einer Verwendung zuführt, mit der die äußersten Grenzen ihrer praktischen Nutzung erreicht scheinen. Die Entwürfe für den 1 000 000-Tonnen-Tanker, den er bauen lassen wollte, sahen ein Fahrzeug mit vier Tanks zu je 250 000 Tonnen vor, die vom Schiff abgelöst werden können. Der 1 000 000-Tonner würde im ganzen an einem Offshore-Terminal eintreffen, worauf Schlepper die Tanks wegziehen und das Mutterschiff zurücklassen wie einen filierten Fisch, der Bug- mit dem Heckteil durch ein Rückgrat mit riesigen Querwänden verbunden, zwischen die die leeren Tanks zurückgeschoben werden.

Die Inspektion eines solchen Schiffes durch die Besichtiger erfordert eine neue Technik, die erst noch geschaffen werden muß. Schon die Kontrolle eines normalen VLCC ist eine neue und ungemein anspruchsvolle Aufgabe, für die nur begrenzte Erfahrungen zur Verfügung stehen, da es die Schiffe erst so kurz gibt. Die Kontrollen haben die wichtige Funktion, Beschädigungen und Materialfehler an Rumpf oder Tanks festzustellen. Im Falle der

Tanks müssen die Besichtiger mit der größten Aufmerksamkeit nach Korrosionsspuren suchen. Ein 25 000-Tonnen-Tanker hat in seinen Tanks etwa 400 000 Quadratfuß Beplattung, ein 350 000-Tonner ungefähr drei Millionen, und die Tanks selbst können eine Tiefe von hundert Fuß erreichen. F. N. Boylan, Stellvertreter des Chefbesichtigers beim Lloyd's Register, und F. H. Atkinson, ebenfalls Schiffsbesichtiger mit hohem Rang, nennen die Aufgabe des Kontrolleurs auf einem VLCC „ungefähr einem Aufstieg zum Mount Everest vergleichbar, wenn man noch 6000 Fuß vor sich hat." Physisch bedeutet das einen Weg von 35 000 Fuß Länge, auf dem 257 Meilen lange Schweißnähte verschiedener Art inspiziert werden müssen. Doch ist dies nicht die einzige Arbeitserschwernis, welche die Schiffsgiganten den Besichtigern beschert haben. Die Kontrolleure sind sich bislang nicht sicher, wie die Korrosion solche großen Tanks befällt. In kleinen Tanks neigt sie zur Gleichförmigkeit. „Bei einem übergroßen Tank wäre es schwierig, diese Art gleichmäßiger Korrosion zu extrapolieren. Die Art der Korrosion und das Ausmaß, in dem sie eintritt, können in verschiedenen Teilen des Tanks höchst unterschiedlich sein", heißt es in einem unlängst erschienenen Artikel in der Lloyd's-Hauszeitschrift *100A1*.

Bei Lloyd's sind alle Tanker einer Klasse zugeteilt, die „100A1 Öltanker" heißt. Damit ein Tanker in dieser Versicherungskategorie bleibt, verlangen die Vorschriften bei Lloyd's, daß das Schiff annähernd alle zwei Jahre im Trockendock inspiziert werden muß. Was die Supertanker betrifft, so war bei der Kontrolle das Hauptproblem das gleiche wie bei Schiffsreparaturen: Wo sollte sie vorgenommen werden? Ende 1972 gab es in der ganzen Welt noch immer nur einundzwanzig Dockmöglichkeiten, zehn davon in Japan. Weitere zehn befanden sich in Europa, gleich zwei davon in Lissabon. Ein Reparaturdock für Großtanker stand in Griechenland zur Verfügung. Dies bedeutete, daß ein Supertanker, wenn er irgendwo zwischen diesen Punkten seeuntüchtig wurde, über Tausende von Meilen zum nächsten Dock geschleppt werden mußte. Nicht einmal im Persischen Golf gab es eine Dockmöglichkeit, was sich erst Ende 1975 ändern wird. Bis 1976, so schätzt man, wird es in der ganzen Welt zweiundvierzig Großdocks geben, die VLCCs aufnehmen können.

So wie die Dinge gegenwärtig liegen, haben angeschlagene Supertanker auf der langen Strecke zwischen dem Persischen Golf und Europa praktisch keine Zufluchtsmöglichkeit und ebensowenig die Möglichkeit, sich selbst zu reparieren. Kapstadt, die wichtigste Hilfsstation an dieser Route, kann nur VLCCs ohne Ladung aufnehmen und ohnedies keine größeren Schiffe als 260 000-Tonner. Um diese prekäre Situation zu lindern, erwägen heute einige Gesellschaften, die Tanker betreiben, die Wartung ihrer Schiffe der Methode anzupassen, die bei Flugzeugen verwendet wird; das heißt, am Ende einer festgesetzten „Lebensdauer" bestimmte Teile automatisch auszuwechseln, gleichgültig, ob sie schadhaft sind oder nicht, um das Risiko eines Versagens zu reduzieren. Doch auch damit ist das Problem eines großen, vollbeladenen Schiffes nicht gelöst, das seeuntüchtig geworden ist und in ein Trockendock gebracht werden muß, aber weit vom nächsten entfernt ist. Selbst wo es Docks gibt, ist häufig die Hafenverwaltung nicht bereit, Ölschiffe mit einer Leckage aufzunehmen. Tatsächlich kann es vorkommen, daß reparaturbedürftige Tanker an einer Tür nach der anderen anklopfen, um eingelassen zu werden, und währenddessen die See verschmutzen. 1971 wurde im Persischen Golf ein 200 000-Tonner durch eine Kollision beschädigt und mußte bis in den Fernen Osten geschleppt werden. Der Hafen, zu dem das Schiff zuerst geschleppt wurde, weigerte sich wegen der undichten Tanks, es aufzunehmen. Sechzig Tage wurde der Tanker von einem Hafen zum anderen geschleppt, bis man ihn endlich einließ.

Was wird geschehen, wenn solch ein vollbeladener Tanker im Winter vor Maine oder Neuschottland seeuntüchtig wird? Es könnte in jeder Jahreszeit geschehen, und wenn nicht dieses Jahr, dann im nächsten oder übernächsten – jedenfalls in naher Zukunft. Es ist unvermeidlich. Im Streit darum, ob Ölhäfen gebaut werden sollen oder nicht, scheint dies das einzig dringliche Problem zu sein, das man übersehen hat. Das Meer vor der amerikanischen Nordostküste ist im Winter kein freundliches Element. Ein vollbeladener 200 000-Tonner könnte an der Ostküste kein Trockendock aufsuchen, wenn er durch eine Kollision oder sonstwie beschädigt würde. Wenn er schwimmfähig bliebe, müßte er entweder auf See geleitet werden, was man sich in einem echten

Wintersturm schwer vorstellen kann, oder müßte über den winterlichen, sturmgepeitschten Nordatlantik geschleppt werden, und dies ist ebenso schwer vorstellbar. Aber Tanker geraten auch, von Kollisionen und ähnlichen Unfällen abgesehen, häufig durch Maschinen- oder einen anderen mechanischen Schaden in Schwierigkeiten. In diesem Fall kann es leicht geschehen, daß sie hilflos im Wasser liegen, was zu katastrophalen Folgen führen kann.

Im Februar 1971 wurde der liberianische Supertanker *Wafra*, 70 000 t, im Besitz der Getty Tankers, Sitz Wilmington, Delaware, durch einen relativ geringfügigen Schaden Opfer einer Havarie: Ein 28 Zoll starkes Einlaßrohr zwischen Maschinenraum und Bordwand war gebrochen. Das Schiff befand sich fünfzig Seemeilen von Kap Agulhas, dem südlichsten Punkt Afrikas, entfernt. Der Erste Ingenieur nahm an, das eingedrungene Wasser werde nicht weiter steigen, aber es stieg entgegen seiner Erwartung doch, bis die Maschinen stoppten und die Energie wegblieb. Das Schiff lief schließlich in der Nähe von Kap Agulhas auf ein Riff, worauf fast die Hälfte der Ladung von 63 000 t Rohöl ins Meer floß, zufällig in einer Gegend, wo sich die Brutplätze vieler Vogel- und Pinguinarten des südlichen Eismeers befanden. Tausende Pinguine wurden von der Dyer-Insel, einem besonders wichtigen Brutgebiet, weggebracht, um sie vor dem Öl zu retten; und in Kapstadt säuberten freiwillige Helfer Tausende von Seevögeln, deren Gefieder und Poren mit Öl verklebt waren.

Man mag all die ernsten und zahlreichen technischen Probleme der Schiffsführung und Navigation bei Supertankern aufzeigen, schließlich aber sind sie nur Einzelaspekte der nur zu begründeten und alles überschattenden Sorge, wie zu verhindern ist, daß diese Schiffe den Meeren und Küsten nicht wiedergutzumachenden Schaden zufügen – oder vielmehr zu verhüten, daß sie noch mehr Unheil anrichten, als sie bereits angerichtet haben. Auf den ersten Blick erscheint dies als ein vergeblicher Wunsch.

3

Im Mai 1970 lief der norwegische Tanker *Polycommander*, 50 380 t, voll mit Rohöl beladen, vor der Muxieirio-Landspitze bei Vigo an der spanischen Atlantikküste auf Grund und geriet in Brand. Etwa 16 000 t Öl, ein Drittel der Ladung, liefen aus; das Öl entzündete sich auf der Wasseroberfläche, und das Flammenmeer löste einen „Feuersturm" aus. Durch die enorme Hitzeentwicklung entstanden in der unmittelbaren Umgebung des beschädigten Schiffes Winde von hurrikanartiger Heftigkeit. Diese Winde wirbelten eine große Menge Öl auf, verteilten es zu einem feinen Nebel und trugen es in große Höhen. Der Nebel kondensierte zu Tropfen, und ein paar Tage später begann ein schwarzer Regen auf das Küstenland zu fallen – auf Äcker, Felder und Wiesen und auf die Dörfer Panjón und Bayona. Es entstand ausgedehnter Schaden an Gebäuden, Gärten und Saaten. Vieh verendete, nachdem es ölverseuchtes Gras gefressen hatte. Alles wäre noch viel schlimmer gewesen, wenn der schwarze Regen nicht hauptsächlich auf unbewohntes Busch- und Hügelland niedergegangen wäre.

Angesichts der von Tankern verursachten Verschmutzung war der Zwischenfall bei Vigo vergleichsweise eine Bagatelle, allerdings nicht für die Einwohner von Panjón und Bayona. Die *Polycommander* war im Vergleich zum Durchschnitt der Tanker von heute ein kleines Schiff und gehörte keineswegs zur Kategorie der VLCCs. Dennoch machten die unheilvollen Folgen des Brandes den Vorfall zu einem einzigartigen Ereignis. Der dadurch verursachte Schaden, nach vorsichtiger Schätzung an die 480 000 Dollar, war kaum zu vergleichen mit den verheerenden Auswirkungen des *Torrey-Canyon*-Desasters und ähnlicher Schiffsunfälle, aber der Vorfall trug eine neue Dimension zu der allgemeinen Besorgnis, um nicht zu sagen angstvollen Betroffenheit über Tankerunfälle bei. Denn von nun an muß auch mit den Folgen gerechnet werden, die sich ergeben, wenn den größten Schiffen das gleiche widerfährt. Wer kann sich die Konsequenzen ausmalen, wenn ein Feuersturm, wie ihn die *Polycommander* auslöste, von einem Schiff ausgeht, das zehn-, zwanzig- oder gar dreißigmal so groß ist, und ein Ölregen auf die grünen Weiden und Wälder von Schottland, Südwestfrankreich oder Neufundland niedergeht? Es müßten natürlich schon außergewöhnliche Umstände eintreten, bis ein solches Schiff völlig auseinanderbricht, aber die Annahme ist nicht aus der Luft gegriffen, daß zumindest zwei seiner Riesentanks bei einem Zusammenstoß aufgerissen werden und in Brand geraten könnten. Schon der Feuerball, den nur ein einziger geplatzter Tank auslösen würde, übersteigt wahrhaft jedes Vorstellungsvermögen.

Zahlreich und vielfältig sind die Möglichkeiten der Tanker, Unheil auf dem Meer anzurichten, von spektakulären Unfällen wie dem der *Torrey Canyon* bis hin zu der tückisch kumulativen Wirkung ständigen Ölaustritts und dem verantwortungslosen Ablassen von Tankrückständen auf See. Selbst wenn die Schiffsführung keine Sorgfalt vermissen läßt, gerät aus jedem Tanker eine gewisse Menge Öl auf die eine oder andere Weise ins Meer; schlecht geführte Schiffe verschmutzen die See pausenlos, und ihre Bahn läßt sich häufig wie der Kriechpfad einer Gartenschnecke an der schillernden Ölspur verfolgen.

Das Thema der Verschmutzung der Ozeane ist ungeheuer komplex geworden, weil daran eine so gewaltige Vielzahl von Abfällen und Abwässern aus Flüssen, Küstenstädten, undichten Ölplattformen vor der Küste und von schädlichen Stoffen, die wahllos ins Wasser gekippt werden, beteiligt ist. Die Beispiele sind Legion. Die Bundesrepublik und andere Rhein-Anliegerstaaten schicken jährlich eine halbe Million Tonnen chemischer Abfälle durch den Rhein in die Nordsee. 1969 kamen in der Irischen See aus geheimnisvoller Ursache etwa 12 000 Seevögel sowie Tausende von Fischen und Robben um. 1970 ergab eine Untersuchung von Plankton und Fischen, daß das Plankton im gesamten Atlantik bereits unerwartet hohe Mengen an einem industriellen Schadstoff enthielt, der dem DDT verwandt ist.

Der größte Verschmutzer des Meeres bleibt jedoch das Öl und der Tanker der größte Träger dieser Verschmutzung.

Niemand kann sagen, wieviel Öl bereits in den Meeren ist oder wieviel jährlich in die Ozeane gelangt. Eine präzise Mengenschätzung ist unmöglich.

Die Verschmutzung der natürlichen Umwelt durch Öl ist uralt. In der Hauptsache war davon das Festland betroffen, aber auch die See. Doch mußten erst der Mensch und seine Tanker kommen, um die Verschmutzung durch Erdöl zu einem Problem zu machen, das für das Leben in weiten Teilen unseres Planeten bedrohlich geworden ist.

Die Ölmengen, die im Lauf der Zeiten aus dem Boden ausgetreten sind, sind gewaltig. Nach Schätzungen, die die austretenden Mengen an großen natürlichen Austrittsstellen wie im westlichen Kanada zum Maßstab nehmen, hat die Erde auf diese Weise fünfzig- bis hundertmal soviel Öl verloren, wie heute noch in den Lagerstätten vorhanden ist. Der Ocean Affairs Board der Nationalen Akademie der Wissenschaften ist der Ansicht, daß aus unterseeischen Austrittsstellen – 190 in aller Welt – jährlich etwa 600 000 Tonnen Erdöl ins Meer sickern. Wissenschaftler bezweifeln, daß die Ölmengen, die früher in die Ozeane gelangten, über dem gegenwärtigen Niveau lagen; ja, sie nehmen an, daß sie geringer waren. Doch während des vergangenen Jahrzehnts hat der Mensch selbst durch die Vergrößerung der Tankerflotten und den dichter werdenden Verkehr der Ölschiffe Quantitäten ins Wasser geleitet, die in spektakulärer Weise anstiegen.

Über die Ölmenge, die jedes Jahr ins Meer gelangt, wurden zahlreiche Schätzungen angestellt, von den Vereinten Nationen, von Ozeanographen, von Meeresforschern wie Jacques Cousteau und Professor Jacques Piccard. Sie schwanken zwischen fünf und zehn Millionen Tonnen. Professor Piccard erklärte vor dem Beginn der UNO-Umweltschutzkonferenz, die 1972 in Stockholm stattfand, im Namen des Sekretariats, viele Fachleute seien der Ansicht, das Leben in den Meeren könnte in den kommenden fünfundzwanzig bis dreißig Jahren ausgelöscht werden, falls die Verseuchung der Ozeane nicht aufhöre.

Die präziseste Schätzung der Ölmengen, die ins Meer gelangen, findet sich in einem „Petroleum in der maritimen Umwelt" betitelten Bericht, der im Januar 1975 vom Ocean Affairs Board der Akademie der Wissenschaften veröffentlicht wurde. Nach einer Untersuchung, die sich über mehrere Jahre erstreckte, wurde eine Zahl von 6,1 Millionen t errechnet. Den größten Einzelposten, 2,1 Millionen, stellten Tanker und ihr Betrieb, heißt es in dem Bericht (ich muß hier anfügen, daß ich dies für eine äußerst vorsichtige Schätzung halte, wie ich bald erläutern werde).

Dennoch geht aus dem Bericht der Akademie klar hervor, daß es keine Anzeichen für eine Besserung der Situation gibt. Es heißt darin: „Die Menge des Öls, das aus transportbezogenen Quellen ins Meer gelangt, erhöht sich jedes Jahr; wenn man einen weiteren Anstieg in der Produktion und Beförderung annimmt, ist es möglich, daß transportbezogene Einleitungen weiterhin zunehmen, trotz des gegenwärtig tätigen Interesses an Beschränkungsmaßnahmen." Aus dieser akademischen Formulierung können wir möglicherweise das Todesurteil für die Ozeane herauslesen, denn wir sind verzweifelt schlecht ausgerüstet, um die wahrscheinlichen Auswirkungen der Ölverschmutzung auf die maritime Ökologie zu beurteilen. Kein heute lebender Wissenschaftler vermag uns dazu Zuverlässiges zu sagen. Die Schlußfolgerungen, zu denen die Akademie selbst kommt, sind zweideutig.

Die Ozeane, so erfahren wir aus dem Bericht, verfügten über eine beträchtliche Fähigkeit zur Selbstreinigung durch biologische und chemische Prozesse, aber sie seien ein ungeheuer komplexes System, und unser Wissen darüber sei „sehr unvollkommen". Es könnte sein, daß sie imstande sind, noch eine Ölverschmutzung zu verkraften, die weit über dem heutigen hohen Stand liegt. Andererseits heißt es in dem Bericht, sei das Niveau, auf dem Dauerschädigungen eintreten, möglicherweise bereits erreicht, denn wir hätten noch nicht die Grundfrage geklärt, von welchem Stand ab die Ölverschmutzung irreversiblen Schaden anrichten kann.

So vermag niemand zu sagen, was wir den Meeren, aus denen das Leben selbst gekommen ist und von dem schließlich sein Fortbestand großenteils abhängen kann, bereits angetan haben. Die Situation ist deswegen besonders ernst, weil unter den Gebieten, die am stärksten durch Öl verunreinigt sind, sich die Flußmündungen, küstennahen Gewässer und andere Bereiche befinden, wo sich die Fruchtbarkeit der Ozeane konzentriert. In den Flußmündungen finden viele wirtschaftlich wichtige Meerestiere wie Fische und Krabben im frühen Stadium ihrer Entwicklung Nahrung und

Zuflucht und ebenso Vögel Platz zum Nisten und Brüten. Am verletzlichsten aber ist das Plankton.

Plankton ist eine Substanz, die in den oberen Wasserschichten lebt. Es bildet die Grundform des Lebens in den Meeren und besteht aus dem Phytoplankton, dem „Gras“ der See, das mittels Fotosynthese mindestens ein Drittel des Sauerstoffs auf der ganzen Welt produziert, und aus dem Zooplankton, Kleinlebewesen, das die niedrigere Form tierischen Lebens im Meer bildet; das Phytoplankton verwandelt die Nährstoffe im Wasser in Zucker, Stärke und Proteine, auf die letzten Endes alle im Meer lebenden Tiere angewiesen sind. Das Zooplankton ernährt sich vom Phytoplankton, und die Tiere, die sich vom Zooplankton ernähren, dienen wiederum anderen als Nahrung. Die Seevögel holen sich selektiv ihre Nahrung aus diesem Kreislauf. Wie Professor Piccard darlegte, braucht man, um den Nahrungszyklus des Meeres aus dem Gleichgewicht zu bringen, lediglich das Phytoplankton zu zerstören, was schon eine dünne Ölschicht unschwer bewirkt.

Bis zu welchem Grad und wie oft müssen wir das empfindliche Leben in der oberen Wasserschicht der Ozeane durch Öl und andere Umweltgifte schädigen, bis das ganze System zusammenbricht oder entscheidend und irreversibel geschwächt ist?

Heute gibt es viele Gebiete in den Ozeanen, wo das Leben in der oberen Wasserschicht kaum noch die Chance hat, länger als ein paar Wochen, manchmal nur ein paar Tage unverseucht zu bleiben. Angesichts dessen, wie weit die Verschmutzung des Planktons im Atlantik anscheinend schon fortgeschritten ist, könnte es sein, daß die allgemeine Dezimierung der Lebewesen in großen Bereichen der offenen und scheinbar noch unberührten See bereits viel weiter gediehen ist, als wir ahnen. Wenn dies zutrifft, so wäre dies sicher die unheilvollste Tat, die der Mensch jemals begangen hat.

Daß unsere Meere zu einer Mülldeponie werden, ist wohl der wahre Alptraum an der ganzen Ausplünderung dieses Planeten, die sich täglich vor unseren Augen, vor unseren Ohren und unserer Nase vollzieht. Schließlich geben uns die Salzmeere die immerwährende Gewißheit, daß uns der Weg in eine Sphäre des Frischen und Sauberen offensteht; und darin, so vermute ich, liegt auch ein Rest eines atavistischen Instinkts, der unseren fernen Ursprung verteidigt, liegt die bitter notwendige Überzeugung, daß das Meer unverletzlich sei, daß es steigen und fallen und in seinen Tiefen unangefochten atmen wird, einerlei, welche Verwüstungen wir sonst auf der Erde anrichten, wie hoch wir auch Schutt und Asche auftürmen. Aber der Mißbrauch, den wir mit dem Meer treiben, nimmt derart rasch zu, daß er im Mittelmeer, in der Gegend, wo ich lebe, schon beinahe mit Augen zu sehen ist; der Zustand dieses Meeres verschlimmert sich, das ist ganz deutlich, mit jeder Jahreszeit. Noch schlimmer ist es in der Ostsee, wo weite Strecken über dem Grund heute schon biologisch tot sind und wo der Fischfang zum Erliegen kommt – einst die Heimat des Herings und der Quell, aus dem die Hanse ihren Reichtum schöpfte. Zwar bedeutet sie mir persönlich weniger, da ich sie nur einmal und das bei Nebel und Eis durchquert habe, aber ihr Zustand ist für mich ein Menetekel dessen, was allen unseren Meeren bevorstehen könnte.

Es gibt lange Küstenstreifen am Mittelmeer, wo ich nicht mehr ins Wasser gehen werde. Ein wichtiger Grund dafür sind die kommunalen und Industrieabwässer. Fünfundsiebzig Prozent der italienischen Küstengewässer sind mehr oder minder erheblich verschmutzt. Auch die Costa del Sol in Spanien, wo ich im vergangenen Jahrzehnt noch fröhlich badete, kann mich nicht mehr locken. Man hat oft das Gefühl, daß dort im Sommer die Gelbsucht ebenso endemisch ist wie im englischen Winter die schlichte Erkältung. Aber der Schaden, den das Öl anrichtet, bringt einen wirklich auf. Lokales Eigeninteresse und die touristische Attraktivität mögen dafür sorgen, daß das Abwasserproblem gelöst wird, aber man sieht nicht, daß damit viel gegen das Öl auszurichten ist.

Eine der schönsten Strandzonen in Südspanien war einmal der saubere weiße Sandstreifen zwischen Gibraltar und Algeciras, am Rand der Bucht von Algeciras.

Vor fünf Jahren wurde dort eine große Raffinerie gebaut, und das Wasser in ihrer Umgebung ist oft träge und schillernd, so stark ist es mit Öl vermengt. Das Wasser in der Straße von Gibraltar, die noch vor einem halben Jahrzehnt praktisch so rein wie in den Tagen Homers war, ist heute ständig und hochgradig verschmutzt, und die raschen Strömungen tragen dieses eklige Gemisch entweder tief ins Mittelmeer hinein oder hinaus in den Atlantik. Die marokkanischen Fischer mußten zusehen, wie ihre Fänge immer magerer wurden, und ich selbst habe beobachtet, daß die Zahl der Möwen in dem Gebiet Jahr um Jahr abnimmt, bis es fast keine mehr gibt. Zorn und Schmerz erfüllen mich, wenn ich hinunterfahre zur marokkanischen Küste, ungefähr gegenüber dem Herd dieser Verwüstung, das heißt zwischen Kap Malabata und Ceuta mit einigen der schönsten Strände der Welt, und feststellen muß, daß Sand und Felsen vom Öl geschwärzt sind. Und draußen bewegt sich ein mehrere Meilen langer Ölteppich mit der Strömung dahin wie eine ungeheuer lange scheußliche Schlange, die nach einer geeigneten Stelle sucht, um an Land zu kommen und ihren Dreck abzulagern. Zu manchen Zeiten scheint das Wasser die dichte Schwärze zu haben, die uns als unser letzter Lohn droht: ein schleimiges Leichentuch, das alle Küsten bedeckt und sich über alle Horizonte spannt. Wenn diese Vorstellung zu weit hergeholt erscheint, braucht man nur an die Idee eines Supertankers von einer Million Tonnen zu denken und sich zu fragen, was geschehen würde, wenn eines dieser Ungeheuer, mit denen wir beglückt werden sollen, als Wrack an einer unserer Küsten strandete und auseinanderbräche. Aus einem einzigen Schiff könnte an einer einzigen Stelle so viel Öl auslaufen, wie nach Professor Piccards Schätzung heute von der gesamten Welttankerflotte und anderen Fahrzeugen im Zeitraum eines Jahres ins Meer gelangt.

Schon das Öl, das überall nebenher ins Meer läuft, macht die Lage katastrophal genug. Es gibt keinen Ozean, der in dem Augenblick, da ich dies schreibe und der Leser das Geschriebene liest, nicht auf seiner gesamten Fläche zahllose Ölflecke trüge, in allen Größen von ein paar Metern bis zu vielen Meilen. In dem Logbuch, das er auf seinem Floß *Ra* führte, bemerkte der norwegische Forscher Thor Heyerdahl, daß „anscheinend endlos“ schwarze Ölklumpen über den Atlantik trieben. 1970 schrieb Sir Francis Chichester nach einer Segeltour durchs Mittelmeer in einem Leserbrief an die *Times*: „Ich kehre soeben von einer 4600 Meilen langen Probefahrt auf meiner *Gipsy Moth V* aus dem Mittelmeer zurück. Wir sind immer wieder durch Ölflecke und Ölfilm auf dem Wasser gesegelt. Kam Wasser über Bord, hinterließ es schwarze Ölklümpchen auf dem Deck und Flecke an den Segeln. Ich bemerkte in Abständen Anzeichen und Auswirkungen von Öl auf der ganzen Strecke vom Solent bis nach Gibraltar und im Mittelmeer selbst zwischen Gibraltar und Mallorca. Ich erwähne dies, da man wahrscheinlich von einer kleinen, niedrigen Jacht aus mehr davon bemerkt als von einem Dampfer. Heißt das nicht, daß das Öl, wenn es sich immer weiter verbreitet, schließlich das Leben im Meer töten wird?"

In einem Bericht über Meeresverschmutzung, 1970 in der Zeitschrift *Science* veröffentlicht, schrieben drei Meeresbiologen: „Zusammengefaßt ergeben unsere Beobachtungen, daß Erdöl in klumpenförmiger Verteilung in überraschend großen Mengen auf der Meeresoberfläche vertreten ist. Diese Klumpen stellen einen chronischen Typus der Verschmutzung durch Öl dar, der das Ökosystem der Meere erheblich zu beeinträchtigen vermag. Daraus ergibt sich klar, daß konzentrierte Forschungen durch interessierte Ozeanographen aus aller Welt notwendig sind, um die Verteilung von Öl auf und in den Ozeanen quantitativ zu erfassen, die physikalischen, chemischen, biologischen und mikrobiologischen Prozesse bei ihrer Verteilung und schließlich beim Abbau zu verstehen und die Auswirkungen auf das Ökosystem des Meeres abzuschätzen . . ."

Wir sind noch weit davon entfernt, auch nur ein erstes Bild von den Auswirkungen der Ölverschmutzung zu haben, aber wenigstens haben sich unsere Kenntnisse der *Quantität* verbessert. Eine kürzlich durchgeführte amerikanische Untersuchung hat ergeben, daß auf annähernd zehn Prozent der gesamten Ozeanfläche der Erde einschließlich des Nördlichen und Südlichen Eismeers mindestens 80 000 t teerhaltiger Rückstände schwimmen, ein bleibendes Erbe der Millionen Tonnen Öl, die in den vergangenen Jahren ins Meer gelangt sind und zersetzt oder absorbiert wurden. Die Konzentrationen schwanken. Man schätzt sie im Mittelmeer auf zwanzig Kilogramm, im Nordatlantik auf ein Kilogramm pro Quadratkilometer.

Teerklumpen treten heute in wachsenden Mengen in ehemals unverseuchten Gebieten wie an der afrikanischen Ostküste, den südfranzösischen Stränden und an den Küsten zahlreicher Inseln im Indischen Ozean wie im Atlantik auf, heißt es in dem Bericht der Akademie der Wissenschaften. Ja, der Augenschein spreche dafür, daß die gesamte Küste des Mittelmeers, des Roten Meers und ein großer Teil der übrigen afrikanischen Küste stark durch Teer verunreinigt seien. Untersuchungen hätten ergeben, daß am Strand von Bermuda vierzigmal soviel Teer angeschwemmt wurde wie an der amerikanischen Küste zwischen Miami und West Palm Beach. Die Insel diene gewissermaßen als Fangnetz, in dem sich sammelt, was aufs offene Meer hinaustreibt. Ein an der Südküste von Bermuda angeschwemmter Teerklumpen sei sechzehn Monate lang in Abständen untersucht worden. Selbst nachdem er ein volles Jahr der Witterung ausgesetzt gewesen sei, habe sich die ursprüngliche Zusammensetzung des paraffinhaltigen Rohöls erhalten.

Die internationale Besorgnis über die Verschmutzung der Meere ist bereits ein halbes Jahrhundert alt. Die Meeresverseuchung durch Öl im Ersten Weltkrieg erschien dem amerikanischen Kongreß derart beunruhigend, daß er die Abhaltung einer internationalen Konferenz vorschlug, die dann 1926 stattfand. Der Zwischenfall mit der *Torrey Canyon* mag die ersten intensiven Untersuchungen der Ölverschmutzung und ihrer Auswirkungen ausgelöst haben, doch er machte zugleich die Sache noch verwikkelter, denn die Chemikalien, die zur Reinigung der Meeresoberfläche und der Küstenabschnitte auf der englischen Seite des Ärmelkanals verwendet wurden, richteten ebensoviel Schaden an wie das Öl selbst, manchmal sogar noch mehr. Es liegen nicht genügend Daten vor, um die Auswirkungen der Verschmutzung exakt zu bewerten, weil wir noch nicht begonnen haben, das volle Ausmaß der von ihr ausgelösten Interaktionen in der See zu erforschen. Wir wissen zwar, daß alle Rohölarten für sämtliche im Meer lebenden Organismen giftig sind, aber wir müssen zumindest einigermaßen zuverlässig wissen, in welchem Grad sie für die verschiedenen Tiere und Pflanzen giftig sind, und vor allem müssen wir ihre Langzeitwirkungen kennenlernen.

Rohöl ist eine der kompliziertesten natürlichen chemischen Mischungen; seine Komponenten wechseln von Fundort zu Fundort. Es besitzt so viele chemische und physikalische Eigenschaften, derart viele lösliche, flüchtige und toxische Agentien, daß sein Zusammenwirken mit den ebenso vielfältigen Graden des Salzgehalts, der Temperatur und anderer Eigenschaften des

Meeres anscheinend unbegrenzte Möglichkeiten ergibt. Das, was uns bekannt ist, ist schon schlimm genug. Öl vergiftet, erstickt, verbrennt, verklebt, befleckt; es kann, um nur einige seiner Wirkungen zu erwähnen, karzinogene Prozesse bei Seetieren in Gang setzen, die Fortpflanzung beeinträchtigen und genetische Veränderungen auslösen; es schädigt die Atmungsorgane und verstopft die Filtermechanismen von Fischen; es beeinträchtigt, wie wir am Kap der Guten Hoffnung erlebt haben, Bewegungsfreiheit und Körperbalance eines Vogels wie des Pinguins; es bringt die Zyklen des pflanzlichen Lebens durcheinander, sofern dieses nicht überhaupt abgetötet wird; seine Abbauprozesse verbrauchen große Mengen gelösten Sauerstoffs, der für die Lebewesen im Meer lebensnotwendig ist.

Infolge der Abtötung der Meeresschnecken und Krustentiere, die das Wachstum des Seegrases unter Kontrolle halten, kann es dazu kommen, daß sich an den Stränden dichte Wälder davon bilden. Aber der Seetang selbst kann durch Petroleum beeinträchtigt werden; Heiz- und Dieselöl können die Fotosynthese in den Pflanzen stark hemmen. Die Reifung von Vogeleiern wird gehemmt, wenn diese durch das ölverklebte Gefieder ihrer Eltern mit Öl bedeckt werden. Öl in sehr niedriger Konzentration führt vielleicht in dem betroffenen Gebiet nicht zum Tod von Tieren, kann aber ganzen Populationen und tierischen Gemeinschaften im Meer insofern Schaden zufügen, als die Verträglichkeit unterschiedlich ist; empfindliche Arten gehen möglicherweise zurück, widerstandsfähige gedeihen, wodurch das ganze Gleichgewicht durcheinandergebracht wird, so daß es sich erst nach unbestimmter Zeit wieder einpendelt. Wenn Öl über Laichgründen nach unten sinkt, kann es Arten wie dem Hering, der seine Eier am Meeresgrund ablegt, Schaden zufügen.

Wie groß die Ungewißheit in bezug auf die Verschmutzung durch Öl ist, zeigte sich 1969 in den Vereinigten Staaten, nachdem zweimal große Mengen Öl ins Meer gelangt waren, einmal bei Santa Barbara, das andere Mal vor Falmouth, Massachusetts. Frau Dr. Dale Straughan von der Allan Hancock Foundation der Universität von Südkalifornien erklärte in ihrem Bericht über die Auswirkungen des Tankerunfalls bei Santa Barbara, bei dem 33 000 Barrel Rohöl ins Meer gelaufen waren, Untersuchungen hätten keinerlei Beeinträchtigung des Zoo- und Phytoplanktons im Santa-Barbara-Kanal ergeben. Ebensowenig seien die Meeresflora und die Produktion von Fischen und Larven dauerhaft geschädigt worden. Zum gegenteiligen Ergebnis kam Dr. Max Blumer vom Wood's Hole Ozeanographischen Institut in Massachusetts, nachdem er die Folgen des Tankerunfalls vor West Falmouth untersucht hatte, bei dem 4500 Barrel Heizöl sofort eine fast völlige Verwüstung bewirkten.

Diese Widersprüche lassen sich leichter klären, als es den Anschein hat. Die bisherige Erfahrung mit Ölunfällen zeigt, daß sie in ihren Folgewirkungen eine enorme und unberechenbare Verschiedenheit aufweisen können. „Jeder Ölunfall hat seine eigenen Merkmale, seine eigene Familie von Problemen", heißt es in dem kanadischen Bericht von 1970 über den Tanker *Arrow*, der vor Neuschottland strandete.

Zunächst einmal gehört das Öl, das ins Meer gelangt, verschiedenen Sorten an; selbst Rohöl gibt es von vielen verschiedenen Arten. Das Rohöl, das vor Santa Barbara ins Meer lief, ist, zumindest kurzfristig, weniger zerstörerisch als raffinierte Öle, wie sie vor Falmouth austraten. Dort gelangten zwischen 160 000 und 170 000 Gallons ins Wasser. Drei Tage später fuhren Ozeanographen mit einem Fischkutter durch das Gebiet und stellten fest, daß 95 Prozent ihres Fangs aus toten Fischen bestand. Noch ein Jahr danach starben die Lebewesen auf dem Meeresgrund ab.

Raffinierte Öle und Rohöl zeigen unterschiedliche Auswirkungen; und jede Kategorie besteht wiederum aus zahlreichen Sorten mit jeweils verschiedenen Folgewirkungen. Rohöl schwankt je nach Sorte in seiner Toxizität. Es verbrennt und vergiftet, doch viele seiner toxischen Bestandteile verdunsten entweder sofort oder lösen sich im Meerwasser. Bei einer durchschnittlichen Rohölsorte können etwa fünfzig Prozent der Kohlenwasserstoffe verdampfen. Durch die Lösung im Wasser werden die aromatischen Komponenten beseitigt, die zu den giftigsten gehören. Deshalb hat Rohöl die stärkste toxische Wirkung kurz nach dem Auslaufen, was der Hauptgrund dafür ist, daß man es in dem betreffenden Wrack verbrennt oder das Schiff samt seiner Fracht versenkt oder zumindest das Rohöl möglichst rasch herausholt. Noch lange, nachdem die Strände gesäubert worden sind, können sich diese Toxine im Sediment auf dem Meeresgrund halten und infolge der Wasserbewegung und der Strömungen langsam nach oben dringen. Diese Gefahr bestand in Santa Barbara. Zur Zeit des Tankerunfalls gingen in dem betroffenen Gebiet die schwersten Regenfälle seit vierzig Jahren nieder; der Treibsand, der dadurch ins Meer gespült wurde, verband sich mit dem Öl und sank mit ihm auf den Grund, wodurch er zu einem der wichtigsten Mittel für die Säuberung der Oberfläche wurde. Aber das Gebiet von Santa Barbara besitzt von jeher natürliche Erdöl-Austrittsstellen, und daher war es bei der Beurteilung der Folgen des Tankerunfalls eine Streitfrage, ob die Flora und Fauna dieses Seegebiets nicht im Lauf der Zeiten eine gewisse Immunität gegen Petroleum in ihrem Lebensraum entwickelt haben.

Aber wie dem auch sei, das ausgelaufene Öl befindet sich nach wie vor auf dem Meeresgrund und wird sich nur sehr allmählich und im Laufe vieler Jahre verteilen. Dies war der Grund, warum die Kanadier nach der Havarie der *Arrow* auf die Verwendung von Kreide verzichteten, eines der einfachsten und billigsten Mittel, Öl von der Wasseroberfläche zu beseitigen. In ihrem amtlichen Bericht über die *Arrow* erklärten sie, sie hätten befürchtet, daß Flora und Fauna des Meeresgrunds geschädigt würden und das Öl möglicherweise später wieder hochkommen werde. Der Bericht schließt mit der Feststellung: „Es besteht die Überzeugung, daß weitere Untersuchungen über die Entwicklung von Öl, das auf diese Weise behandelt worden ist, notwendig sind, ehe die Anwendung von Mitteln, die es in die Tiefe befördern, bei künftigen Ölunfällen ernsthaft in Betracht gezogen wird."

Wenn raffinierte Öle ins Meer gelangen, führt dies offensichtlich sofort zur völligen Verwüstung des betroffenen Gebiets, was auf den hohen Gehalt löslicher Toxine zurückzuführen ist. Diese Wirkung trat ein, als 1957 vor dem mexikanischen Baja California 60 000 Barrel Dieselöl aus der *Tampico Maru* ausliefen. Noch nach zwölf Jahren hatten sich einige Arten der Meeresfauna nicht völlig erholt. Fünf Jahre nach dem Ölunfall vor Falmouth war das Seegebiet nach wie vor für den Fang von Schalentieren gesperrt. Eine Bucht bei Milford Haven in England, die 1973 durch 1500 t raffiniertes Öl aus einem Tanker verseucht worden war, hatte sich bis 1975 noch nicht völlig erholt. Man rechnete damit, daß die betroffene Fauna und Flora sich erst nach sieben bis acht Jahren voll regeneriert haben werden.

Tankerunfälle, bei denen Rohöl ins Meer läuft, haben eine breitere Skala von Folgewirkungen. Sowohl die *Torrey Canyon* als auch die *Arrow* hatten Rohöl an Bord, aber selbst diese beiden Fälle lassen sich genaugenommen nicht vergleichen, weil das Öl an Bord der *Arrow* von der Kategorie Bunkeröl C war, eine im Vergleich zu anderen Rohölsorten vergleichsweise ungiftige Kategorie. Das Leben auf dem Meeresgrund in der Chedabucto Bay wurde durch den Ölunfall nicht geschädigt. Die Hummerfang-Saison begann wie üblich, die Erträge waren normal. Die Heringsfänge lagen über dem Normalwert. Dagegen kam der Muschelfang völlig zum Erliegen. Drei Monate nach dem Ölunfall waren fünfundzwanzig Prozent der Muscheln erstickt, weil das Öl ihre Kiemen verstopft hatte. Die Hauptopfer der *Arrow* waren mehr als siebentausend Seevögel, von denen die Mehrzahl auf der Insel Sable umkam, die vor der Atlantikküste von Neuschottland liegt und 125 Meilen von dem Wrack entfernt war. Sie waren natürlich durch die Ölpest getötet worden, die sich von der *Arrow* aus verbreitete. In dem kanadischen Bericht über den Vorfall hieß es abschließend: „... trotz der relativ großen Ölmenge, die aus dem Wrack austrat, waren Allgemeinwirkung und Dauereffekt auf Tierleben und Fischpopulation der Bucht nicht erheblich." In dem Bericht stand nichts über das Ausmaß des Schadens, den das Öl auf seinem Weg zur Insel Sable und darüber hinaus anrichtete.

Bisher bestand bei allen Ölunfällen durch Tanker die verständliche Tendenz, den betroffenen Bereich ungefähr mit dem Gebiet gleichzusetzen, das sichtbar durch Öl verseucht war, zuzüglich des darunter liegenden Tiefenbereichs. Welcher Schaden entsteht, wenn die Ölpest die Küste erreicht, hängt in starkem Maße von der örtlichen Gezeitenbewegung, von Strömungen, Winden, Temperaturen und anderen Wetter- und klimatischen Bedingungen ab. Im Persischen Golf verliert ausgelaufenes Rohöl einen großen Teil seines toxischen Gehalts infolge der raschen Verdunstung in dieser heißen Region, die auch dazu beiträgt, daß sich das Öl auf der Wasseroberfläche zersetzt. Auch in Zonen gemäßigten Klimas hofft man in den betroffenen Gebieten auf Hilfe durch das Wetter, um die Strände und Gezeitenzonen vor einer Ölpest zu bewahren.

Sir George Deacon, früher Leiter des englischen Nationalinstituts für Ozeanographie, sagte, die Chance, daß das Öl aus der *Torrey Canyon* die englische Küste nicht erreichte, sei nur fünfzig zu fünfzig gewesen, je nach dem herrschenden Wind. Dies gilt vermutlich für die meisten Küstengebiete, wo starke Winde und Gezeitenbewegungen herrschen und wo man, wenn eine Ölpest droht, unfehlbar alle Hoffnungen darauf setzt, daß sie ihre Richtung ändern und Kurs aufs offene Meer nehmen wird. Immer atmet man erleichtert auf, wenn sich der Ölteppich schließlich in Richtung auf den Horizont bewegt. Im großen und ganzen leben wir wohl alle nur für den heutigen Tag und denken nicht an morgen.

Man würde diese Einstellung vielleicht nicht ganz so ruhig hinnehmen, hätte sich schon eine Möglichkeit gefunden, mit Öllachen auf dem Meer fertig zu werden. Aber bisher gibt es keine Methode, die man wirklich als wirksam bezeichnen könnte. Praktisch alle Bekämpfungsmaßnahmen beschränken sich auf Strandzonen, küstennahe oder einigermaßen zugängliche Gebiete auf See. Doch auch von diesen ist keine voll wirksam. Als die Kanadier sich der Ölpest von der *Arrow* gegenübersahen, stellten sie fest, daß auf den Stränden und im seichten Wasser Stroh und Torfmoos am besten und zuverlässigsten das Öl aufsogen. Auf dem Wasser erwies sich der sogenannte „slick-licker" am brauchbarsten, eine Art Förderband, das getreu seinem Namen das Öl von der Wasseroberfläche wegleckt. Der Einsatz solcher Geräte wird allerdings durch das Wetter und die gegebene Situation beschränkt – es würde unendlich lange dauern, um auf diese Weise einen Ölteppich wie den von der *Wafra* aufzulecken, der 35 Meilen lang, mehrere Meilen breit und etliche Zoll dick war. Daneben sind alle möglichen anderen Vorrichtungen erfunden oder improvisiert worden, um ausgelaufenes Öl durch Dämme fernzuhalten, aus dem Wasser zu schöpfen oder einzudämmen, aber jede ist nur von begrenzter Wirksamkeit, und mit keiner einzigen wäre einem großen Ölteppich auf offener See, geschweige denn in stürmischen Gewässern, beizukommen.

Die beste Lösung besteht noch immer darin, ausgelaufenes Öl zu verbrennen, aber Öl, das auf bewegter oder rauher See schwimmt, nimmt große Mengen Meerwasser auf. Und wie der Fall der *Arrow* gezeigt hat, besteht wenig Aussicht, Ölteppiche, die mehr als ein paar Stunden schlechtem Wetter ausgesetzt waren, durch Verbrennen beseitigen zu können. Eine andere Möglichkeit wird gegenwärtig noch erforscht: Bakterien zu finden, die sich von Öl ernähren und ihrerseits absterben, wenn sie es ganz vertilgt haben. Bevor nicht eine solche Lösung gefunden ist, sollte niemand zu dankbar sein, wenn eine drohende Ölpest von Wind oder Flut auf die hohe See hinausgetrieben wird. Dann sind zwar die eigenen Strände gerettet, aber wohin wendet sich das Verhängnis?

Es ist praktisch unmöglich, alles ausgelaufene Öl zu registrieren, aber das englische „Beratungskomitee für die Ölverseuchung des Meeres“ berichtete 1973, daß im Vorjahr der durch Öl verschmutzte Teil der Küste Großbritanniens um ein Viertel größer geworden sei. Einundzwanzig Ölteppiche erreichten 1971 in der Nähe der Straße von Dover das Festland. 1972 waren es dreiunddreißig, von denen sechzig Meilen Küste in Lancashire und an der Irischen See betroffen wurden. Die Hauptursache dafür ist wohl darin zu suchen, daß Schiffe auf dem Weg zum Persischen Golf, oder wo immer sie neue Ladung an Bord nehmen, den Ölschlamm in ihren Tanks ins Wasser leiten. Manche warten damit, bis sie größere Meerestiefen erreichen, andere tun es nicht. Aber letztendlich kann man sich fragen, ob es eigentlich einen so großen Unterschied macht. Nach dem Desaster der *Torrey Canyon* gab es einen sprunghaften Anstieg von Meldungen, daß Schiffe dabei beobachtet worden seien, wie sie vor der englischen und französischen Küste Öl ins Meer abließen, obwohl darauf eine Buße bis zu tausend Pfund (inzwischen auf 50 000 Pfund erhöht) stand. Die englischen Küstenbehörden nahmen an, daß alle diese Schiffe sich die Katastrophe der *Torrey Canyon* zunutze machen wollten und hofften, die Ölreste, die sie selbst abließen, würden auf das Konto des Tankers gebucht werden. Nach dem Zwischenfall mit der *Arrow* geschah das gleiche vor der Küste von Neuschottland. Nachts säuberten Tanker ihre Tanks in der Nähe des Wracks, um den Dreck unentdeckt loszuwerden. Welche Hoffnung bleibt uns angesichts solcher Skrupellosigkeit? Keine, wie es scheint, wenn wir uns auf das Gewissen der modernen Seefahrt verlassen.

Es gibt keine wirksamen internationalen oder auch nur nationalen Mittel, mit einem solchen Problem fertig zu werden. Wenn ein

Tanker seine Ladung gelöscht hat, bleibt an den Tankwänden noch so viel Öl zurück, daß es bis zu einem Prozent der Ladung ausmacht, was bei einem 200 000-Tonner nicht weniger als 2000 t Öl bedeutet, wenn auch in der Praxis die Restmenge gewöhnlich zwischen ein- und zweitausend Tonnen liegt. Bedenkenlose Kapitäne könnten all dies ins Meer spülen und tun es zweifellos sehr oft, wodurch gefährliche Ölteppiche entstehen.

Noch immer gibt es kein von allen Staaten akzeptiertes Gesetz, das es verbietet, von Schiffen aus Öl ins Meer abzulassen. Dagegen ist es verboten, Öl von der Küste aus in die See zu pumpen. Wie zu erwarten, hat die Inter-Governmental Maritime Consultative Organization, IMCO, dafür gesorgt, daß diese Maßnahme getroffen wurde. Doch selbst wenn es ihr gelingt, ein völliges Verbot der Einleitung von Öl ins Meer zu erreichen, dürfte ein derartiges internationales Gesetz noch immer leicht zu umgehen sein. Es gibt keine wirksame Möglichkeit, ihm auf den Meeren Geltung zu verschaffen. Alles hängt dabei vom Eifer der Regierungen ab, der, gelinde ausgedrückt, schwankt. Wenn man von der Zeit ausgeht, die notwendig ist, um irgendeine gesetzliche Regelung für die internationale Schiffahrt durchzusetzen, die allgemeine Billigung findet, hat man den Eindruck, daß die Lebensfähigkeit und das Überleben der Ozeane bei den meisten Mitgliedern der IMCO eine niedrige Rangstellung einnehmen.

1954 unterbreitete die IMCO ihren Mitgliedern den Vorschlag, innerhalb einer 50-Meilen-Zone vor jeder Küste das Ablassen von Ölrückständen oder Öl in irgendeiner Form ins Meer zu untersagen. Volle acht Jahre vergingen, bis dieses Verbot ratifiziert wurde.

Inzwischen hatten jedoch die großen Ölkonzerne mit Rücksicht auf ihr Image und um dem zunehmenden öffentlichen Unmut über den Zustand der Meere zu begegnen, freiwillig ein System eingeführt – „load-on-top" –, um den größten Teil der Ölrückstände in den Tanks ihrer Schiffe zu beseitigen, ohne sie ins Meer abzulassen. Dabei wird das Meerwasser, das zur Spülung sämtlicher Tanks verwendet wird, in spezielle „Spülwasser"-Tanks gepumpt, wo das Öl schließlich an die Oberfläche steigt. Dieses Öl wird mit der nächsten Ladung vermischt, während das übrigbleibende Wasser ins Meer geleitet wird. Selbst bei diesem Wasser, dessen Ölgehalt schwankt, läßt man große Vorsicht walten. 1970 unterbreitete die IMCO einen neuen Vorschlag, nach dem es keinem Tanker erlaubt sein soll, mehr als ein Fünfzehntausendstel seiner gesamten Ladekapazität ins Meer abzulassen. Bei einem 200 000-Tonner würde dies etwa dreizehn Tonnen betragen, in etwa so viel wie der Ölgehalt des Restwassers. Die IMCO schlägt vor, daß dieses Wasser auf keinen Fall mehr als hundert Teile Öl auf eine Million Teile Wasser enthalten und daß es keinesfalls über eine Rate von sechs Litern pro Seemeile abgelassen werden soll. Angesichts des steigenden Ölverbrauchs in der Welt ist die IMCO der Ansicht, daß auch dies noch zuviel ist, und möchte bis zum Ende dieses Jahrzehnts erreichen, daß dann jegliches Ablassen von Öl ins Meer untersagt ist.

Dies ist eine vergebliche Hoffnung, solange nicht sämtliche Tankerrückstände unter absolute Kontrolle gebracht sind. Und dagegen spricht die Wahrscheinlichkeit, auch wenn in dem Bericht der Akademie der Wissenschaften die Zahlenangaben der Ölindustrie übernommen werden, nach denen ungefähr achtzig Prozent der Tanker angeblich das „load-on-top"-System verwenden und ihre ölhaltigen Rückstände an Bord behalten. Ich wollte, ich könnte diesen Optimismus teilen. Als ich vor vier Jahren mit den Vorarbeiten zu diesem Buch begann, sagte mir der damalige Chef der Tankerflotte der Shell, achtzig Prozent der Tanker in aller Welt seien zwar für die Anwendung des „load-on-top"-Systems ausgerüstet, tatsächlich aber würde es nur von fünfzig Prozent eingesetzt. Mir fällt es schwer zu glauben, daß die „Unabhängigen", die sechzig bis fünfundsechzig Prozent der Tankerflotten kontrollieren – ein beträchtlicher Teil davon fährt unter einer der Billigflaggen –, so rasch so überaus gewissenhaft geworden sein sollen. Und dies noch dazu in einer Periode, als ihre Unfallrate beängstigend anstieg und der Standard ihrer Schiffe, wie sich wiederholt enthüllt hat, geradezu jammervoll war. Meine Skepsis findet, wie ich meine, einen starken Rückhalt in der Feststellung des Akademie-Berichts, daß die Teermengen, die in steigendem Maß an Küsten in aller Welt angeschwemmt werden, in der Hauptsache aus den Ölrückständen gesäuberter Tanks bestehen. „Der Umstand", heißt es in dem Bericht, „daß diese Teerklumpen häufig Einschlüsse von Paraffinwachs aufweisen, wie es sich an den Tankwänden in Tankern bildet, und daß sie einen viel höheren

Eisengehalt haben als natürliches Petroleum, beweist, daß die meisten dieser Klumpen auf Rückstände aus gesäuberten Tanks und aus abgelassenem Bilgenwasser zurückgehen . . ."

Wenn die Tanksäuberung unter Kontrolle gebracht ist, warum nimmt dann die Meeresverschmutzung durch die Rückstände zu?

In dem Bericht „Petroleum in der maritimen Umwelt" heißt es, wenn das „load-on-top"-System nicht verwendet würde, würden jährlich mindestens 3,85 Millionen t Öl ins Meer gelangen. An Hand der Angaben der Ölindustrie schätzten die Verfasser des Berichts, daß nur ein gutes Viertel dieser Menge, 1,08 Millionen t, nach der Tanksäuberung abgelassen werde. Ich kann mich des Gefühls nicht erwehren, daß die reale Zahl viel höher liegt.

Letzten Endes hängt viel von der Wachsamkeit der Küstenstaaten selbst ab. Alle englischen Schiffe führen ein „Öl-Buch", in das alles Öl an Bord, ob Treibstoff oder Fracht, ausnahmslos für die Inspektion durch britische Beamte eingetragen werden muß. Die amerikanische Küstenwache läßt durch Flugzeuge eine hundert Meilen breite Zone vor der Küste überwachen, um Übeltäter ausfindig zu machen, die leicht durch die Ölspur auszumachen sind, die sie hinter sich herschleppen. Läuft ein solches Schiff einen amerikanischen Hafen an, kann es nach US-Gesetzen bestraft werden. Wenn es jedoch dabei ertappt wird, daß es auf See Öl abläßt, und bleibt es in internationalen Gewässern, so besteht nur die Möglichkeit einer Beschwerde bei dem Staat, unter dessen Flagge es fährt. Die IMCO-Regeln sehen vor, daß der betreffende Staat Strafen verhängen muß. Unglücklicherweise fährt ein großer Teil der Tankerflotte der Welt unter sogenannten Billigflaggen, das heißt, sie sind in kleinen Staaten ohne eigene Handelsflotte wie Liberia, Panama, Costa Rica, Honduras, Libanon oder Cypern registriert. Ein Kapitän, dessen Schiff unter einer der billigen Flaggen fährt und der Ölrückstände ins Meer abläßt, macht sich keine großen Sorgen über eine Bestrafung in seinem Heimathafen, wo man diese Dinge vielleicht mit einer gewissen Laxheit betrachtet und den ohnehin sein Schiff vermutlich nie angelaufen hat und wahrscheinlich auch niemals anlaufen wird.

Wie aus dem Bericht des Field Studies Council über die Umweltschäden in der Umgebung von Raffinerien hervorgeht, richten kleinere Ölflecke auf dem Wasser dann mehr Schaden an als ein einziger großer Ölunfall, wenn sie sich in dem betreffenden Gebiet lange halten. Das ständige Ablassen von Ölrückständen, ölhaltigem Wasser, mit dem die Tanks ausgespült wurden, sowie anderer Öle auf hoher See könnte dort die gleichen Wirkungen zeitigen. Es gibt sicher keinen Grund für die Annahme, daß die Wirkungen geringfügiger seien, im Gegenteil, manches spricht dafür, daß es umgekehrt ist. In küstennahen Gewässern vor Großbritannien behaupten sich mittlerweile infolge des Tankerverkehrs Ölflecke mit solcher Hartnäckigkeit, daß ernste Besorgnisse über die Zukunft der Seevögel laut geworden sind. Eine Untersuchung über die Vogelbrut, die 1970 durchgeführt und vom Torrey Canyon Appeal des World Wildlife Fund und der Königlichen Gesellschaft zum Schutz der Vogelwelt finanziert wurde, kam zu dem Ergebnis, daß an den englischen Küsten Seetaucher, Tordalken und Papageientaucher vom Aussterben bedroht sind, wenn nichts gegen die Ölverseuchung unternommen wird. Der Bericht stellte fest, daß der Schaden für die Gemeinschaften der Seevögel in der Hauptsache längst schon eingetreten war, ehe das Öl die englischen Küsten erreichte.

Ebenso hat die ständige Verseuchung des Meeres vor dem Kap der Guten Hoffnung, seitdem die Tanker infolge der Schließung des Suezkanals diese Route nehmen, dazu geführt, daß mindestens eine Pinguinart, der Brillenpinguin, vom Aussterben bedroht ist. Zehntausende von Pinguinen, Robben und Seevögeln der Arten, die in den milden Gewässern und reichen Futtergründen vor der südafrikanischen Küste brüten, sind schon dem Ölstrom, der sich ständig ins Meer ergießt, und Schiffsunfällen wie dem des Tankers *Wafra* zum Opfer gefallen.

Bislang hat die Welt, durch reines Glück, noch keinen größeren Ölunfall als den der *Torrey Canyon* erlebt, allerdings zahlreiche kleinere von ebenfalls verheerenden Folgen. Der schlimmste dieser Unglücksfälle, der nur von der Ölpest der *Torrey Canyon* übertroffen wurde, doch in seinen Auswirkungen letztendlich vielleicht noch ernster ist, betraf den Shell-Tanker *Metula*, 206 000 t. Die *Metula* lief am 9. August 1974 in der Magellan-Straße auf Grund – die erste ernste Havarie eines VLCC. Mehr als 50 000 t Öl, ein Viertel der Fracht (und etwa die Hälfte der Menge, die aus der *Torrey Canyon* ausströmte), ergossen sich in die dortigen

Gewässer, die so reich an antarktischer Fauna und Flora sind. Einer der Ölteppiche, die von dem Tanker ihren Ausgang nahmen, bedeckte tausend Quadratmeilen und überschwemmte die chilenische Küste auf einer Länge von etwa fünfundsiebzig Meilen. Die *Metula* wurde gemeinsam von einer holländischen Bergungsfirma und einer Einsatzgruppe der amerikanischen Küstenwache geborgen, die dafür zwei Monate brauchten.

Im Augenblick rangiert die *Metula* wegen eines technischen Aspekts hinter der *Torrey Canyon*, das heißt gemessen an der Ölmenge, die dem geborstenen Rumpf entströmte. Am 29. Januar 1975 streifte der dänische Tanker *Jakob Maersk* beim Einlaufen in den künstlichen Tiefwasserhafen von Oporto in Portugal eine durch die Strömung entstandene Sandbank. Das Schiff explodierte und geriet in Brand, wobei sechs Besatzungsmitglieder ums Leben kamen. Der Qualm, der von dem Wrack aufstieg, war so dicht, daß Dutzende von Einwohnern Oportos mit Rauchvergiftung ins Krankenhaus eingeliefert werden mußten und die Bevölkerung gewarnt wurde, in den Häusern zu bleiben und sämtliche Fenster zu schließen. Das Öl aus dem Wrack überflutete die Küste auf zwanzig Meilen Länge, doch der größte Teil der Fracht blieb in dem havarierten Schiff, das in seichtem Wasser auf Grund lag.

Vor dem Unfall der *Metula* hatte nur ein einziger Tanker von mehr als 200 000 t durch eine Strandung ernstlich Schaden genommen, wenn auch andere explodiert oder gesunken waren. Im Herbst 1970 strandete der englische VLCC *Esso Cambria* mit 241 000 t Rohöl in seinen Tanks im Persischen Golf. Zum Glück lief das Schiff nicht auf felsigen Grund, sondern auf eine Sandbank. Dennoch platzten zwei Tanks, aus denen 1500 t Öl ausliefen, die der Tanker tags vorher geladen hatte. Schon bald nach dem Zwischenfall mit der *Metula* liefen wiederum zwei Tanker auf Grund. Fünf Monate später, am 6. Januar 1975, widerfuhr in der Malakka-Straße, in der Nähe von Singapur, dem japanischen 236 000-Tonner *Showa Maru* das gleiche Mißgeschick, wobei fast 4000 t Öl ins Meer liefen. Zwei Wochen danach erlitt ein anderer VLCC, der griechische 250 000-Tonner *Michael C. Lemos*, vor St. Croix auf den Jungfraueninseln durch Bodenberührung Beschädigungen und verlor 500 t Öl. Überhaupt war der Januar 1975 kein freundlicher Monat für Tanker. Neben der *Jakob Maersk, Showa*

Maru und *Michael C. Lemos* sank im gleichen Zeitraum der englische Tanker *British Ambassador*, 50 000 t, der nach Los Angeles unterwegs war, mit einer vollen Ladung saudiarabischen Rohöls im Pazifik. An der amerikanischen Westküste strandete ein 80 000-Tonner, konnte aber zum Glück wieder flottgemacht werden. Vor New Hampshire erlitt der zypriotische Tanker *Athenian Star* in einem Wintersturm eine Rumpfbeschädigung. Durch das dabei entstandene Leck strömten tausend Gallonen Öl ins Meer, während das Schiff sich bemühte, den Hafen von Portsmouth zu erreichen. Zwei weitere Tanker stießen in der Malakka-Straße zusammen, und in Delaware entstanden auf einem liberianischen Tanker Brände und Explosionen, nachdem er von einem anderen Schiff gerammt worden war. Vor der südafrikanischen Küste geriet der griechische Tanker *Scapbay*, 12 927 t, in Brand und wurde von der Besatzung aufgegeben.

In den vergangenen Jahren hat sich die Sicherheit auf See ständig verschlechtert. Die Zahl der Schiffsunfälle steigt in alarmierendem Maß, wobei die Tanker einen bedeutenden Teil stellen. 1971 erlitt die Handelsschiffahrt der Welt ihren stärksten Verlust in Friedenszeiten seit 1891, als zum ersten Male die Schiffsverluste registriert wurden: gut eine Million Tonnen, was einem Sechstel der Tonnage entspricht, die 1942, dem erfolgreichsten Jahr der deutschen U-Boote, im Atlantik verlorenging. Ein Drittel dieser Bilanz entfiel auf Tanker: zweiundzwanzig Schiffe mit einer Gesamttonnage von 328 337 t. Seither halten sich die Verlustzahlen dicht an diesen Stand.

In den vier Jahren von 1969 bis 1973 gingen – dem Tanker Advisory Center in New York zufolge, das seine Daten aus der *Lloyd's List* bezieht – 82 Tanker von insgesamt 3 299 000 tdw und mit ihnen 451 Besatzungsmitglieder unter. Die Gesamtmenge des Öls, das dabei ins Meer gelangte, wurde auf 719 000 t berechnet. Dreißig dieser Tankerverluste wurden durch Schlechtwetter verursacht oder weil die Schiffe auf Grund gerieten, zwölf durch Kollisionen, siebenundzwanzig durch Feuer und Explosionen und fünf durch die Überflutung der Maschinenräume.

In der Zweimonatsperiode November-Dezember 1972 beispielsweise ereigneten sich folgende Tankerunfälle: Der rumänische Tanker *Ploiesti*, 12 440 t, sank nach einer Kollision in der

Straße von Messina, wobei drei Besatzungsmitglieder umkamen; der liberianische 100 000-Tonner *World Hero* stieß mit einem griechischen Kriegsschiff zusammen, das daraufhin sank und vierundvierzig Menschen mit in die Tiefe nahm; der unter der Flagge Singapurs fahrende Tanker *Cosmopolitan*, 8816 t, wurde in seinem Heimathafen durch Feuer schwer beschädigt; ebenfalls schwer beschädigt wurde der norwegische 12 000-Tonner *Texaco Britannia*, auf dem sich in Keelung eine Explosion ereignete, die zwölf Tote und zweiundvierzig Verletzte forderte; vor Brindisi explodierte der italienische Tanker *San Nicola*, wobei drei Besatzungsmitglieder den Tod fanden; der englische 200 000-Tonner *Fina Britannia* wurde im Indischen Ozean in vollbeladenem Zustand manövrierunfähig und machte den Einsatz von Schleppern erforderlich; im Persischen Golf geriet bei einem Zusammenstoß mit dem brasilianischen Tanker *Horta Barbosa* der vollbeladene koreanische Tanker *Sea Star*, 63 000 t, in Brand, explodierte und sank, wobei zwölf Besatzungsmitglieder umkamen; vor Ystad sank der schwedische Tanker *Nova*, 1500 t, nach einem Zusammenstoß mit einem griechischen Tanker; im Mittelmeer explodierte der italienische 26 000-Tonner *Bello* und brannte aus; auf dem spanischen Tanker *Alvaro de Bazan*, 85 982 t, brach im Persischen Golf Feuer im Maschinenraum aus, das Schiff wurde bewegungs- und manövrierunfähig und mußte schließlich bis nach Bombay geschleppt werden, wo das nächste Dock zur Verfügung stand. Diese traurige, doch keineswegs ungewöhnliche Bilanz von Gefahr und Zerstörung schließt den Verlust von einundsiebzig Menschenleben ein.

Im ersten Quartal des Jahres 1974 ereigneten sich in aller Welt 326 Tankerunfälle, verglichen mit 320 im gleichen Zeitraum des Vorjahres. Ein Schiff, ein italienischer 133 000-Tonner, ging nach einer Explosion in den Öltanks ganz verloren. Diese Liste umfaßt unter anderem achtzehn Tanker, die durch Brände und Explosionen, neunundzwanzig, die durch Stürme und schwere See beschädigt wurden, neunundzwanzig, die auf Grund liefen, und fünfzehn Schiffe, die an Kollisionen beteiligt waren. Dabei kamen fünfundzwanzig Menschen ums Leben oder wurden vermißt, neun erlitten schwere Verletzungen.

1973 waren vierundfünfzig Schiffe im Gesamtwert von 212

Millionen Dollar verlorengegangen. 1974 stieg die Zahl auf einundsiebzig beziehungsweise 279 Millionen Dollar.

Im gesamten Zeitalter der Segelschiffahrt war die Hauptgefahr ein Schiffbruch, entweder durch Stranden oder stürmisches Wetter. Als die Ära der Dampfschiffahrt begann, konnten die Schiffe die direktesten Routen nehmen, was bedeutete, daß sie in vielbeschäftigten Branchen der Handelsschiffahrt den gleichen Weg nahmen und dadurch der Abstand zwischen ihnen viel kleiner wurde als zu den Zeiten des Segelantriebs. So wurden Schiffskollisionen zur Hauptgefahr auf See, namentlich vor Landspitzen und in schmalen Durchfahrten, wo zahlreiche Routen zusammenlaufen. Seit Ende der fünfziger Jahre ist ein stetiger Anstieg der Zusammenstöße zu verzeichnen. Der Umstand, daß daran, ja an allen Unfällen auf See, in so hohem Maße Tanker beteiligt sind, hat zu einer bedrohlichen Gefährdung der internationalen Schiffahrt geführt und eine kritische Besorgnis ausgelöst, die über die betroffenen Kreise hinausreicht.

Aus einer Zusammenstellung von Tankerunfällen, die 1973 in England veröffentlicht wurde, geht hervor, daß sich in den zehn Jahren von 1959 bis 1968 insgesamt 11 501 Schiffsunfälle in nordwesteuropäischen Gewässern ereigneten; in 2749 Fällen waren Tanker betroffen oder beteiligt. Während der gleichen Periode betrug die Gesamtzahl der Tankerunfälle in aller Welt 13 379, bei einer Welttankerflotte von 50 559 Schiffen. Die meisten der großen Ölunfälle seit dem Untergang der *Torrey Canyon* wurden von Schiffen verursacht, die in eine Kollision verwickelt waren oder auf Grund liefen.

In einer ausführlichen Studie über fünfzig Schiffsunfälle der jüngeren Vergangenheit, die Ende 1972 erschien, erklärte die British Chamber of Shipping, die Mehrzahl der Kollisionen sei auf Leichtsinn bei der Schiffsführung zurückzuführen und hätte sich durch Wachsamkeit und Vorsicht vermeiden lassen. An den Vorfällen, bei denen Schiffe auf Grund liefen, sei in jedem Falle schlechte Navigation schuld. Eine eingehende Untersuchung der Shell Oil, die sich mit vierzig ernsten Tankerunfällen beschäftigte, bei denen es zur Verschmutzung des Meeres kam, führte zu dem Ergebnis, das gemeinsame Element dieser Vorkommnisse sei, daß „die Leute lächerliche Fehler begingen“.

Fehler dieser Art scheinen sich vor allem Schiffe zuschulden kommen zu lassen, die unter einer der billigen Flaggen fahren. Die betreffenden Staaten und mit ihnen einige andere, wie Griechenland, Formosa und die Philippinen, dominieren seit einigen Jahren auf der maritimen Verlustliste; im letzten halben Jahrzehnt war Liberia regelmäßig das Land, das die meisten Totalverluste verbuchen mußte.

Noch vor zwanzig Jahren war die internationale Schiffahrt großenteils eine westeuropäische Angelegenheit, mit eindeutiger Vorrangstellung Englands, das die meisten Schiffe besaß und betrieb; die einzigen Schiffahrtsnationen von Bedeutung außerhalb Europas waren die Vereinigten Staaten und Japan. Heute besitzt Liberia vor Japan und Großbritannien die größte Handelsflotte der Welt, und dieser Vorsprung vergrößert sich in raschem Tempo. Regelmäßig wachsen die Flotten der Billigflaggen-Länder doppelt so stark wie der Durchschnitt der anderen Staaten. Auf dem Papier besitzen Liberia und Panama heute fast ein Viertel der gesamten Tonnage der Welt. In den Flotten, die in diesen Staaten registriert, nicht aber beheimatet sind, dominieren die Tanker.

Fünfunddreißig bis vierzig Prozent der Tonnage Liberias gehört amerikanischen Eigentümern, weitere zehn Prozent sind mit

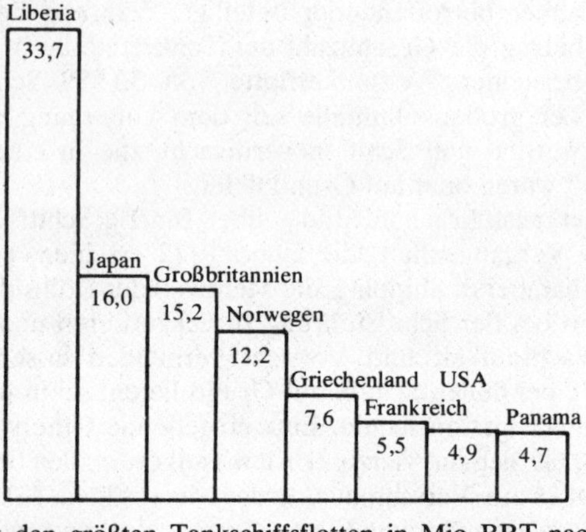

Staaten mit den größten Tankschiffsflotten in Mio BRT nach Lloyd's Register of Shipping 1974.

amerikanischem Geld finanziert, was unter anderem erklärt, wohin die amerikanische Handelsmarine verschwunden ist, die seit dem Ende des Zweiten Weltkriegs stetig abgenommen hat. Nach den US-Gesetzen müssen Schiffe unter amerikanischer Flagge in den Vereinigten Staaten gebaut werden und mit einer Besatzung bemannt sein, die zu drei Vierteln amerikanisch ist. Die Kosten des Schiffbaus lagen in den USA früher doppelt so hoch wie in anderen Ländern (die Inflation in anderen Staaten hat die amerikanische Position inzwischen wieder konkurrenzfähiger gemacht), und die Heuer für amerikanische Seeleute ist nach wie vor höher als die in anderen Staaten. Amerikanische Firmen, die Schiffe unter Billig-, „Konvenienz"-Flaggen fahren lassen, unter ihnen Gulf, Esso, Texaco, Getty Oil, Tidewater und Union Oil, haben argumentiert, daß nicht Gründe der Konvenienz, sondern Sachzwänge ihr Handeln bestimmten. Sie vertreten den Standpunkt, daß ohne die Billigflaggen die amerikanische Handelsflotte aus Kostengründen heute schon verschwunden wäre. Ja, so argumentieren sie, ihre Einstellung sei patriotisch, weil sie den Fortbestand einer Handelsflotte sichere, die im Kriegsfall von lebenswichtiger Bedeutung wäre. Allerdings hat man nie erläutert, wie es sich damit vereinbart, daß die Zahl ausgebildeter amerikanischer Seeleute laufend abnimmt, oder wie man in einem solchen Ausnahmefall die Loyalität der ausländischen Besatzungen sichern will und sicher sein kann, im Besitz der Schiffe zu bleiben.

Besitzer von Schiffen, die unter billigen Flaggen fahren, erklären häufig, ihre Schiffe, besonders viele von denen, die in Liberia registriert sind, gehörten zu den größten, bestausgerüsteten und modernsten auf der Welt. Dies mag zutreffen. Aber Schiffe sind nur so gut wie die Männer, die sie führen, und die Bilanz ist nicht eindrucksvoll. Alte Schiffe haben traditionsgemäß eine höhere Unfallrate als neue. Die Verluste an liberianischen Schiffen zwischen 1966 und 1970 lagen nicht nur im Durchschnitt doppelt so hoch wie die anderer Schiffahrtsnationen, sondern betrafen, der Regel entgegen, vor allem neue Schiffe. Liberianische Schiffe, die in diesem Zeitraum verlorengingen, waren im Durchschnitt 8,7, die japanischen und europäischen dagegen zwölf Jahre alt, also immerhin 3,3 Jahre älter.

An den Schiffsverlusten und -unfällen im Jahr 1972 waren die

Handelsschiffsflotten der billigen Flaggen mit 37 Prozent beteiligt. Zwischen 1968 und 1972 hatte ihr Anteil durchschnittlich 33 Prozent betragen.

In einem beunruhigenden Ausmaß werden seit einigen Jahren Ölfrachten auf Schiffen befördert, deren Offiziere ohne ausreichende Ausbildung und das entsprechende Patent sind und mit mangelhafter Ausrüstung navigieren. Einer der größten Tankerunfälle betraf ein Schiff in amerikanischem Besitz, das unter liberianischer Flagge fuhr und von einem Offizier geführt wurde, der überhaupt kein Patent besaß.

Nachdem der liberianische Tanker *Arrow* in der Chedabucto Bay auf Grund gelaufen war, stellte ein dreiköpfiges Untersuchungskomitee unter Leitung von Dr. P. D. Mac-Taggart-Cowan, Verwaltungsdirektor des Science Council of Canada, fest, daß auf der *Arrow*, die Aristoteles Onassis gehörte, fast die gesamte Navigationsausrüstung unbrauchbar gewesen war. Eine Stunde bevor das Schiff auflief, hatte die Radaranlage ausgesetzt; das Echolot war seit zwei Monaten nicht betriebsfähig, und der Kreiselkompaß, nach dem das Schiff auf Kurs gehalten wird, wies eine permanente Abweichung von drei Grad West auf.

Der Dritte Offizier, der zum Zeitpunkt des Unfalls die Wache hatte, besaß kein Patent. Die Untersuchungskomission erklärte, über Navigationskenntnisse habe kein einziges Mitglied der Besatzung verfügt außer dem Kapitän, „und sogar an seinen Fähigkeiten bestehen Zweifel“. Im Abschlußbericht der Kommission heißt es: „Wir sind uns durchaus bewußt, daß kein Transportmittel hundertprozentig zuverlässig sein kann, aber nach dem uns zur Verfügung stehenden Material ist der Standard im Betrieb der Tankerflotten der Welt, namentlich jener unter billigen Flaggen, derart erschreckend und so weit von dem Maß an Sicherheit entfernt, das Wissenschaft, Schiffbau und -technik allen, denen ernsthaft daran liegt, ermöglichen, daß die Welt sofortiges Handeln verlangen sollte.“

Wenn man von dem vorliegenden Material ausgeht, scheint es oft unwesentlich, ob ein Schiff unter einer der billigen Flaggen die neueste oder eine uralte Ausrüstung hat; allzu häufig kommt es vor, daß die Männer auf einer ultramodernen Brücke ihre Möglichkeiten nicht zu nutzen verstehen. Aber selbst wenn qualifizierte Männer ein Schiff vom modernsten Standard kommandieren, wie es bei der *Torrey Canyon* der Fall war, ist die Sicherheit des Schiffes nicht gewährleistet. Urteilsvermögen, Verantwortungsgefühl und seemännischer Sachverstand können durch Dienstbedingungen beeinflußt und beeinträchtigt werden, wie man sie auf einem englischen oder amerikanischen Schiff, ja auf den Schiffen aller großen Seefahrtsnationen, nicht tolerieren würde. Als die *Torrey Canyon* vor den Scilly-Inseln auf Grund lief, hatte der italienische Kapitän, der wegen seines seemännischen Könnens hohes Ansehen genoß, volle 366 Tage, einen Zeitraum von mehr als einem ganzen Jahr also, ohne Unterbrechung auf dem Schiff Dienst getan.

Wie die englischen und französischen Behörden auf der Suche nach dem Verantwortlichen feststellen mußten, ist ein gerichtlicher Zugriff im Falle eines Schiffes, das unter einer der billigen Flaggen fährt, so gut wie unmöglich. Eigentümerin der *Torrey Canyon* war die Barracuda Tanker Corporation, finanziell abhängig von der Union Oil Company of California, die das Schiff pachtete und ihrerseits weiterverpachtete an die British Petroleum Trading Ltd., eine Tochtergesellschaft der British Petroleum Company (BP). Das Schiff, in den Vereinigten Staaten gebaut und in Japan umgebaut, war in Liberia registriert, in London versichert und hatte eine italienische Besatzung. Für einen international tätigen Anwalt muß ein Prozeß, bei dem es um ein solches Schiff geht, aus dem Stoff sein, aus dem die Träume von einem Rechtsstreit ohne Ende gemacht sind. Die Engländer und Franzosen machten allerdings kurzen Prozeß. Sie stellten sich, als sähen sie nichts, und als ein Schwesterschiff der *Torrey Canyon*, die *Lake Palourde*, den ersten Hafen anlief, wo man strenge Gerichte vermutete, griffen sie zu und ließen das Schiff beschlagnahmen, bis die Versicherung, an die man sich allein halten konnte, als Schadensregelung 7 500 000 Dollar herausrückte.

Die meisten großen Ölunfälle der vergangenen sechs Jahre wurden von Schiffen verursacht, die unter liberianischer Flagge fuhren. Darunter waren die *Ocean Eagle*, deren Wrack 1967 die Strände von San Juan auf Puerto Rico verseuchte; die *Arrow*, deren ausgelaufenes Öl 1970 die Küste von Neuschottland verschmutzte; und die *Juliana*, die den Japanern 1971 ihre schlimmste Ölpest bescherte, als sie vor dem Hafen von Niigata einen Wellenbrecher rammte und in zwei Teile auseinanderbrach. Im Oktober 1970 stießen vor der Isle of Wright zwei vollbeladene Supertanker zusammen: die in chinesischem Besitz befindliche *Pacific Glory*, 77 648 t, und die griechische *Allegro*, 95 445 t, beide unter liberianischer Flagge fahrend und mit einer Gesamtfracht von 170 000 t Rohöl. Auf der *Pacific Glory* kam es zu einer heftigen Explosion, das Schiff brannte aus, und vierzehn Besatzungsmitglieder kamen ums Leben. Zum Glück blieb der größte Teil des Öls in ihren Tanks unberührt. Zur Zeit der Kollision hatten auf beiden Schiffen die Dritten Offiziere die Wache; der Dritte Offizier der *Allegro*, ein Grieche, besaß keinerlei Patent. Auch zwei ihrer Ingenieure, ebenfalls Griechen, hatten kein Patent. Auf der *Pacific Glory* war es das gleiche – zwei Ingenieure ohne Patent. Diese Kollision war der bis dahin schwerste Zusammenstoß zweier Schiffe, aber dabei blieb es nicht lange. Im August 1972 kollidierten neuerlich zwei Supertanker unter liberianischer Flagge: der voll beladene 95 000-Tonner *Oswego Guardian*, in amerikanischem Besitz, und die griechische *Texanita*, 100 000 t, nordöstlich von Kapstadt im Indischen Ozean. Die *Texanita*, die ohne Fracht fuhr, explodierte mit solcher Wucht, daß noch vierzig Meilen landeinwärts – der Unfall selbst ereignete sich dreiundzwanzig Meilen vor der Küste – Gebäude erzitterten und Menschen aus dem Schlaf gerissen wurden. Sie brach in zwei Teile auseinander und versank innerhalb von vier Minuten. Auf der *Texanita* kamen dreiunddreißig Menschen, auf der *Oswego Guardian* ein Besatzungsmitglied um. Beide Schiffe waren vor dem Zusammenstoß mit hoher Geschwindigkeit durch so dichten Nebel gefahren, daß der Kapitän der *Texanita*, der die Katastrophe überlebte, die Masten seines eigenen Schiffes nicht sehen konnte; obwohl beide Schiffe einander auf dem Radarschirm gesichtet hatten, drosselten sie die Fahrt nicht. Die *Texanita* versuchte zweimal, die Position des anderen Schiffes zu bestimmen, das zweite Mal, als es nur noch vier Meilen entfernt war ; die *Oswego Guardian* machte überhaupt keinen derartigen Versuch.

Der Erste Offizier des norwegischen Frachters *Thorswave* gab einen Bericht, den man die erste elektronische Augenzeugenaussage zu einem größeren Schiffsunglück nennen könnte. Sein eigenes Schiff befand sich in der Nähe, und er hatte auf dem Radarschirm beobachtet, wie es zu der Kollision kam. „Ich sah, wie diese beiden Schiffe einander näher kamen“, berichtete er der Zeitung *Cape Argus* in Kapstadt. „Dann sind die beiden Punkte verschmolzen. Im gleichen Moment hörten wir die fürchterliche Explosion und spürten, wie unser Schiff zweimal erschüttert wurde. Ich dachte, auf unserem eigenen Schiff wäre etwas passiert, weil die Explosion so laut war. Ein oder zwei Minuten später sah ich, wie die zwei Punkte sich wieder voneinander lösten. Dann verschwand einer plötzlich vom Schirm.“

Unmittelbar nach dem Zusammenstoß gab der Kapitän der *Oswego Guardian* den Befehl, den Schauplatz des Geschehens mit Höchstgeschwindigkeit zu verlassen. Der Tanker unternahm keinen Versuch, Überlebende zu bergen, die ihre Rettung anderen Schiffen in der Nähe, darunter der *Thorswave*, verdankten. Im SOS-Ruf der *Oswego Guardian* wurde eine falsche Position angegeben, was erst sechs Stunden nach der Katastrophe entdeckt wurde; zu keinem Zeitpunkt wurde die Angabe korrigiert. Der Kapitän der *Texanita* verlor sein Patent für achtzehn Monate, dem Kapitän der *Oswego Guardian*, einem Chinesen, wurde es aberkannt.

Jede zweite Schiffskollision in der Welt ereignet sich in dem Gebiet, das von der Elbmündung und vom Ärmelkanal begrenzt wird. In den meisten Fällen handelt es sich um einen Frontalzusammenstoß, und die weitaus überwiegende Mehrzahl der Unfälle spielt sich in oder nahe der Straße von Dover ab, die zu jedem Zeitpunkt von etwa vierzig Schiffen durchfahren wird. Diese drangvolle Enge und dazu die zahlreichen Schiffswracks und Sandbänke des Gebietes sind zum ärgsten Alptraum aller Supertanker- und VLCC-Kapitäne geworden. Und diesen Alptraum erleben sie immer wieder, da Rotterdam der wichtigste Ölhafen Europas und das Hauptziel der aus dem Persischen Golf kommenden Tanker ist.

Wie fast zu erwarten, sind hier Tanker am meisten von allen Schiffen in Unfälle verwickelt.

Zum Beispiel waren vom Oktober 1970 bis zum April 1971 zehn Tanker mit einer Gesamtfracht von etwa 300 000 t Rohöl in diesem Gebiet an schwerwiegenden Unfällen beteiligt. Die Hälfte fuhr unter der Flagge Liberias, darunter die *Pacific Glory* und die *Allegro.* Am 3. März 1971 lief der liberianische Tanker *Trinity Navigator* mit 32 000 t Öl an Bord vor der englischen Landspitze Berry Head auf Grund und wurde nach fünf Stunden von einem englischen Kanallotsen wieder flottgemacht, der später feststellte, die Radaranlage des Schiffes habe nicht funktioniert, und außerdem habe es über keinen UKW-Bordfunk verfügt. Außerdem sprach die chinesische Besatzung nicht Englisch, die internationale Sprache in der Luft wie auf See. Küstenwachen und ein Lotsenboot, die dem Schiff durch Lichtsignale zeigen wollten, daß es sich auf gefährlichem Kurs befand, erhielten keine Antwort. Am 4. April 1971 geriet der liberianische Tanker *Panther* mit 25 000 t Öl an Bord auf den Goodwin Sands auf Grund und wurde zwei Wochen danach von Schleppern wieder flottgemacht. Auch auf diesem Schiff war das Radar ausgefallen, wie der Lotse meldete, der an Bord ging. Kapitän W. L. D. Bayley vom Trinity House* schrieb in der Zeitschrift *Safety at Sea, International,* Dezember-Ausgabe 1969, Supertanker mit fehlerhaftem UKW-Funk oder Radar seien so häufig, daß die Kanallotsen sie gar nicht mehr meldeten. Ein weiteres Beispiel sträflichen Leichtsinns lieferte der in Zypern registrierte griechische Tanker *Aegis Star,* der im November 1972 an der schwedischen Küste strandete. Nach einem Bericht in der *Cape Times* stellte ein Besichtiger, der an Bord ging, nachdem das Schiff wieder flottgemacht worden war, fest, daß Kreiselkompaß, Echolot, Radar, Patentlogge, Geschwindigkeitsanzeiger und Ruderlage-Anzeiger sämtlich nicht in Ordnung waren.

Ein ranghoher Kanallotse von Trinity House, Kapitän N. R. Knowles, sagte mir vor kurzem, daß die Dinge keineswegs besser würden, sondern sich noch mehr verschlimmerten, und schilderte einen Zwischenfall mit einem liberianischen Schiff im Zielhafen Dünkirchen, das angewiesen worden war, vor dem Hafen zu bleiben, weil kein Liegeplatz frei war. Da kein Kapitän gezwungen werden kann, sich eines Lotsen zu bedienen, und viele Schiffe die Extraausgaben sparen wollen, hatte das fragliche Fahrzeug keinen

* Verband, der in Großbritannien die Aufsicht über Leuchtfeuer, See- und Lotsenzeichen ausübt und Lotsenlizenzen vergibt.

Lotsen angefordert. Als es vor Dünkirchen in einen Sturm geriet, dampfte es auf der Suche nach einem Ankerplatz nach Norden und dann durch den Kanal zurück nach Beachy Head auf der englischen Seite. Schließlich forderte der 57jährige Kapitän des Schiffes dringlich einen Lotsen an, der ihm einen sicheren Ankerplatz an der englischen Küste zeigen sollte. Er war der Erschöpfung nahe, als der Lotse an Bord kam. Er war der einzige Offizier auf dem Schiff, der ein Patent hatte; sein Erster Offizier fuhr erst dreieinhalb Jahre zur See. Abgesehen von der Gefahr, die Schiffe mit solch ungenügender Führung für den Tankerverkehr in diesem Gebiet bildeten, sagte Knowles, es sei der Zustand des Schiffes selbst typisch für viele Tanker gewesen, auf denen er an Bord gegangen sei.

Die Bedrohung, die Schiffe in solcher Verfassung und unter unzulänglicher Führung darstellen, war einer der bestimmenden Faktoren, warum zu Beginn dieses Jahrzehnts in sechsundsechzig Seegebieten mit hoher Verkehrsdichte zwei Schiffahrtsstraßen festgelegt wurden. Seitdem sollen sich die Schiffe innerhalb zweier Einbahn-„Straßen“ halten, wenn sie die betreffenden Gebiete durchfahren, darunter der Ärmelkanal, das Seegebiet um das Kap der Guten Hoffnung, die Straße von Malakka, die Häfen von San Francisco und New York, die Ostsee und die Straße von Gibraltar. Man war der Ansicht, diese Regelung würde zumindest dazu beitragen, die Risiken für schwer beladene Supertanker zu verringern. Leider aber halten sich zahlreiche Schiffe nicht an diese Straßen (die Übeltäter werden „Cowboys“ genannt), was zu tragischen Folgen führen kann.

Am 11. Januar 1971 lief der peruanische Frachter *Paracas*, 12 000 t, in den Ärmelkanal ein und nahm nicht wie vorgeschrieben die Fahrstraße in nördlicher Richtung, die vor der französischen Küste entlangführt, sondern die praktischere, weil kürzere, in der Gegenrichtung, längs der englischen Küste. Die *Paracas* stieß mit dem panamesischen Tanker *Texaco Carribean* zusammen. Die folgende Explosion ließ im fünf Meilen entfernten Folkestone die Fensterscheiben zerspringen. Das Schiff nahm neun Besatzungsmitglieder mit in die Tiefe.

Die Küstenbehörden markierten das gesunkene Wrack mit grünen Lichtern. Am folgenden Tag rammte der deutsche Frachter

Brandenburg, der nach Nordamerika unterwegs war, das Wrack und sank, wobei mehr als die Hälfte seiner 31 Mann starken Besatzung ums Leben kam. Die Engländer verstärkten die Warnmarkierung durch ein Feuerschiff und fünf Leuchtbojen, aber am 28. Februar stieß der griechische Frachter *Niki* gegen die beiden gesunkenen Schiffe und nahm alle einundzwanzig Mann seiner Besatzung mit in die Tiefe. Die Wracksammlung wurde durch ein zweites Feuerschiff und neun weitere Leuchtbojen gesichert, doch am 16. März ignorierte ein nicht identifizierter Supertanker ein Sperrfeuer von Leuchtraketen und Blinklampen von den Wachschiffen, durchbrach eine Bojen-Reihe, kam jedoch zu aller Überraschung davon und verschwand. Wie die englischen Küstenbehörden berichteten, mißachteten innerhalb von zwei Monaten sechzehn Schiffe die aufwendige Anordnung von Lichtern und Signalen und fuhren in das Gebiet um die Wracks ein, die inzwischen beseitigt wurden. Im Februar 1974 meldete der *Daily Telegraph*, daß nach wie vor täglich etwa dreißig Schiffe, darunter auch Supertanker, die „Rechtsverkehr"-Vorschriften in der Straße von Dover ignorierten.

Ein VLCC ist nach rund zehn Jahren abgeschrieben. Die meisten der ersten Welle der 200 000- bis 250 000-Tonner haben davon bereits die Hälfte oder mehr hinter sich. Diese Schiffe sind nicht auf Dauer gebaut. Wenn sie älter werden, wird es zusehends schwieriger, sie zusammenzuhalten. Immer häufiger treten Schäden auf; die Wartung wird zu einem mühseligen, ununterbrochenen Kampf. Wie das Muster der Unfälle der *Metula, Showa Maru* und der *Michael C. Lemos* zeigt, treten wir heute zweifelsohne in die Ära der Super-Ölkatastrophen ein, zu denen potentiell jede dieser drei Havarien hätte führen können. Und so dürfte es weitergehen. Die Meere werden mit jeder großen Ölflut mehr dahinsiechen, wenn die internationale Gemeinschaft sich nicht zu irgendeinem Kraftakt aufschwingt, um die Verhältnisse in der Seeschiffahrt unter Kontrolle zu bringen. Das Ganze hat einen merkwürdigen, unheilvollen Hauch von Alchimie an sich – schwarzes Gold verwandelt sich in den Händen derer, für die die Tanker fahren, in goldenes Gold und zuletzt in einen Haufen Müll. So wird, wenn sich nichts ändert, unsere Umwelt aussehen, und in diesem Unrat werden wir schließlich vegetieren müssen.

4

Die Supertanker gehören zu den Wahrzeichen unserer Epoche. Sie sind, ohne Rücksicht auf die Schlußbilanz, die Transporteure des Wohlstands der reichen Nationen; Rußland, China und die unterentwickelten Staaten verbrauchen nur etwa ein Viertel der gesamten Erdölproduktion der Welt, obwohl sie fast vier Fünftel der Weltbevölkerung stellen. Diese Schiffe sind ebenso schamlos symptomatisch für die Konsumgesellschaften mit ihrem enormen und potentiell zerstörerischen Appetit, wie es für die mageren dreißiger Jahre, als der Handel darniederlag, die Trampschiffe waren, die von Hafen zu Hafen schipperten, zu den billigen Tarifen der Depressionszeit nach Frachten suchten, zur Kohlenersparnis mit vier Knoten dahindampften und genauso schäbig und mutlos aussahen wie ihre Zeit.

Die Öltanker dagegen sind großmächtige Geschöpfe, wahrscheinlich die letzten echten Hätschelkinder einer altmodisch gewordenen Tycoon-Ära, was sie auch in manchen Kreisen zum Gegenstand einer gewissen respektvollen Bewunderung macht; denn so wie vor einem Jahrhundert mit den Güterzügen, die nach dem amerikanischen Westen rollten, läßt sich heute bei den richtigen Voraussetzungen mit nichts so schnell und so leicht Geld machen wie mit einem Öltanker, ausgenommen nur die Ölquelle selbst, aus der er vollgepumpt wird. Zwar hat der vierte arabisch-israelische Krieg einige Schocks gebracht, doch es gibt – trotz hin und wieder auftretender Wirtschaftsflauten – keinerlei Grund für die Annahme, daß jemand, der Öltanker fahren läßt und halbwegs rechnen kann, nicht seinen Schnitt macht, solange das Öl sprudelt. Es ist kein Zufall, daß die reichsten Leute der Welt anscheinend im Tankergeschäft ihr Geld verdienen, voran kein Geringerer als Paul Getty.

In den vergangenen fünfzehn Jahren haben die neuen Tycoons, zumeist Griechen, Chinesen, Amerikaner und Norweger, in einem

Ausmaß Geld verdient, wie es seit den Freibeuterzeiten des Laissez-faire im 19. Jahrhundert nicht mehr vorstellbar war. Viel spricht dafür, daß sie ihre goldenen Zeiten zwischen dem arabisch-israelischen Krieg 1967, durch den der Suezkanal unpassierbar wurde, und den ersten Kriegstagen im Oktober 1973 erlebten. Sie machten und vergrößerten ihr Vermögen, indem sie Tanker bauen ließen und charterten, entweder kurz- oder langfristig, im allgemeinen aber durch eine geschickte Mischung von beidem. Diese Tankerkönige heißen die Unabhängigen, und zu ihnen gehören beziehungsweise gehörten die beiden berühmtesten Griechen, Onassis und Niarchos, kleinere wie Minos Colocotronis (der 1964 mit fünf Schiffen im Wert von 1,2 Millionen Dollar ins Geschäft einstieg und heute eine Flotte unterhält, deren Gesamtwert auf das Vierzigfache geschätzt wird) und Aristomenus Karageorgis, die in Hongkong ansässigen Tankermagnaten C. Y. Tung (Eigentümer der *Queen Elizabeth,* als sie im dortigen Hafen ausbrannte) und Y. K. Pao, der Norweger Hilmar Reksten und der Inder Ravi Tikkoo. Was die meisten von ihnen verbindet – abgesehen vom Drang, Geld zu machen –, ist, daß sie ursprünglich in bescheidenem Maße mit Schiffen aus zweiter Hand spekulierten. Schiffahrtslinien wie die P & O, die sich ihre eigenen Tanker-Töchter zugelegt haben, werden ebenfalls zu den Unabhängigen gezählt.

Sie verchartern ihre Schiffe an die großen Ölkonzerne wie Shell, British Petroleum, Esso und Mobil Oil, die zwar ihre eigenen Flotten haben, aber damit nur etwa fünfunddreißig Prozent der gesamten Tankertonnage stellen. Die Ölkonzerne haben gute Gründe, warum sie einen so großen Teil ihrer Transporte den Unabhängigen überlassen. Auf diese Weise bleibt Kapital für andere Bedürfnisse frei und ist nicht unrentabel gebunden, falls die Nachfrage nach Öl zurückgeht und ein Teil der Tanker nicht eingesetzt werden kann. Die Unabhängigen verteilen ihre Flotte auf dem Weltmarkt und sind deshalb weniger Schwankungen ausgesetzt; vielfach betreiben sie außer Tankern auch noch andere Schiffstypen. Nach der Krise im Jahr 1967 charterte allein British Petroleum fünf Millionen Tonnen Tankerraum, was damals fast fünf Prozent der Welttankertonnage darstellte.

Das Spiel auf diesem Chartermarkt ist komplex, es erfordert kühle Instinkte und ein rasches Auge für Chancen. Die Grundregeln bestehen darin, seine Schiffe vor allem möglichst billig zu kaufen und dann ganz genau zu wissen, was man mit ihnen anfangen will. Mit Geschick und Glück haben sich Supertanker schon nach ein paar Fahrten amortisiert, und für die Großen der Branche bestand und besteht das wirkliche Spiel darin, diese ungeheuer teuren Riesenspielzeuge zu erwerben (gegenwärtig kann ein 300 000-Tonner zwischen siebzig und achtzig Millionen Dollar kosten), ohne allzuviel eigenes Geld oder – noch besser –, wenn es sich einrichten läßt, möglichst überhaupt keine Eigenmittel festzulegen, höchstens kurzfristig auf dem Papier. Eine hundertprozentige Fremdfinanzierung, in vierundzwanzig Jahren abzuzahlen, wie sie 1974 in den Vereinigten Staaten möglich war, tut es ebensogut: die cleverste Art, Geld mit anderer Leute Geld zu machen. Jedenfalls hat das Talent, all diese Partner und Möglichkeiten in der richtigen Reihenfolge zusammenzubringen, daß man dabei zu einem Schiff kommt, das sich praktisch selbst bezahlt hat, bevor irgend jemand Anspruch auf die erste Zahlung hat, die Manipulationskünste der Tankerherren zu ihrer höchsten Blüte gebracht. Nützlich ist es auch, im richtigen Moment zuzugreifen, wenn jemand Schiffe loswerden will. Minos Colocotronis kaufte seine fünf Schiffe 1964, als die Tankerschiffahrt durch eine Flaute segelte, aber sie waren die Basis, auf der er ein schnelles Vermögen machte, als drei Jahre später infolge des arabisch-israelischen Krieges der Suezkanal blockiert wurde.

Sobald er im Besitz seiner Schiffe ist, hat der unabhängige Tankerreeder die Wahl zwischen fünf Formen, sie zu verchartern. Bei vier davon handelt es sich um langfristige Verträge, bei der fünften um eine „Spot"-Charter für eine Einzelfahrt. Die Tankerfrachtraten schießen in die Höhe, wenn große Nachfrage nach Öl herrscht (ein kalter Winter in Skandinavien kann sich fühlbar auswirken), und sie fallen, wenn diese zurückgeht (bei einem milden Winter in Skandinavien). Langfristige Charterverträge schützen die Unabhängigen gegen solche Schwankungen, obwohl in diesen Fällen die Frachtraten niedriger liegen und manchmal nur die Hälfte der Sätze für Spot-Kontrakte erreichen. Die meisten Unabhängigen – das galt auch für Onassis – ziehen es vor, in der Hauptsache mit langfristigen Charterverträgen zu arbeiten, aber sie verstehen es auch glanzvoll, Geschäfte mit Einzelfahrt-

Kontrakten zu machen, wenn die Marktsituation günstig ist und sie über freien Schiffsraum verfügen. Als 1970 Onassis einen von ihm georderten 200 000-Tonner vorzeitig erhielt, stellte er ihn der Shell für eine einmalige Fahrt zum Persischen Golf und zurück zur Verfügung und machte dabei, wie geschätzt wird, einen Schnitt von gut vier Millionen Dollar, dem Gegenwert von einem knappen Drittel der Anschaffungskosten des Schiffes.

Die Frachtraten, von denen die Tankerherren leben und mit denen sie ihr Vermögen machen, basieren auf der sogenannten Worldscale. Diese ist eigentlich ein Buch mit Tausenden von Frachtraten für verschiedene Kombinationen von Häfen in aller Welt. Sämtliche in diesem Buch verzeichneten Frachtsätze werden mit Worldscale 100 bezeichnet und repräsentieren die Kosten für den Transport einer Tonne Öl in einem Tanker von 19 500 Tonnen, der mit vierzehn Knoten läuft. Darin sind berücksichtigt sämtliche Betriebskosten, Abschreibung und das, was das Öl-Busineß als eine „angemessene Gewinnmarge" bezeichnet. Je größer das Schiff ist, um so mehr verbilligt sich der Öltransport. Deshalb kann es sich der Besitzer eines 200 000-Tonners leisten, eine Frachtrate von weniger als Worldscale 100 zu akzeptieren; er macht trotzdem Gewinn, da seine Betriebskosten nicht viel höher liegen als bei einem 19 500-Tonner, die Zahl der beförderten Tonnen aber selbstverständlich ungleich höher ist. In der Praxis kann der Frachtsatz, bei dem weder Gewinn noch Verlust entsteht, um etliches unter Worldscale 100 liegen. Vor dem arabisch-israelischen Krieg im Oktober 1973 schwankte der Frachtenindex für Spot-Charters zum Persischen Golf um 300. Der Kriegsausbruch trieb ihn auf 450 hoch, einen bis dahin noch nie erreichten Stand. Zu dieser Zeit hätte ein 100 000-Tonner erst ab einem untersten Punkt zwischen Worldscale 25 und 35 Verlust eingefahren, was in bar ausgedrückt bedeutete, daß der Eigner an jeder Fahrt zwischen Europa und dem Persischen Golf etwa 3,6 Millionen Dollar verdiente. Aber in einer einzigen Woche sackte der Index für Spot-Charterverträge von 420 auf 80 ab. Ursache war das arabische Ölembargo, das den Bedarf an Tankern scharf drosselte. Vorübergehend fiel die Rate sogar bis auf Worldscale 47,5.

Dieser Sturz war typisch für die Chancen und Enttäuschungen, die über den Seelenfrieden eines Tankerherrn entscheiden, aber diese spezielle Grenze zwischen grenzenloser Erwartung und bitterer Desillusion, zwischen der Einstellung, die 1973 herrschte, und der im folgenden Jahr, verdient eine genauere Betrachtung.

Das Jahr 1973 wird in der Geschichte der Schiffahrt immer ein staunenswerter Einzelfall bleiben. Es wird sich nie wiederholen. Die Aussicht auf anhaltende und immerfort wachsende Gewinne, die sich mit Ölschiffen einfahren ließen, löste im Schiffbau eine beispiellose Hektik aus. Die Aufträge, die 1973 den Werften erteilt wurden, bedeuteten eine Verdoppelung der Welttankerflotte, die ohnedies schon kolossal war. Am Ende des Jahres waren Tanker mit einer Gesamttonnage von 212 Millionen Tonnen in Betrieb, während zum gleichen Zeitpunkt 1279 Schiffe mit insgesamt 194 Millionen Tonnen geordert oder im Bau waren. Mehr als die Hälfte davon wurde auf japanischen Werften gebaut. Niemand in der Tankerwirtschaft schien es für möglich zu halten, daß irgendein Ereignis eintreten könnte, das den gewaltigen Energieverbrauch in den industrialisierten Ländern drosseln könnte. Vor allem die gestiegene Abhängigkeit der USA von Öleinfuhren aus dem Nahen Osten galt als die große Chance für gewinnträchtige Investitionen im Tankergeschäft.

Ein Beispiel für den schwindelerregenden Aufstieg und Fall, den die Hoffnungen der Tankerherren in diesem Zeitraum erlebten, liefert die englische Firma Ocean Transport & Trading Ltd., die 1972 in Japan einen 260 000-Tonner zu einem Festpreis von 37,5 Millionen Dollar orderte. Kaum war der Vertrag unterschrieben, begann auch schon der Wert des Schiffes zu steigen. Der Bedarf an Tankern hatte zu einer Flut von Bauaufträgen geführt, während die Tankerpreise infolge der weltweiten Inflation ohnedies stiegen. Aus diesem Grund erwartete die Reederei, daß sie aus einem Verkauf des Kontrakts an den Meistbietenden (der Bau des Schiffes hatte noch nicht einmal begonnen) einen Preis von 65 Millionen Dollar erlösen könnte. Sie befand sich jedoch in einem Dilemma. Sollte sie diesen mühelosen Spekulationsprofit von 27,5 Millionen Dollar einstreichen oder einen auf vier Jahre laufenden Charterkontrakt über 50 Millionen akzeptieren, nach dessen Auslaufen das Schiff noch immer einen wertvollen Aktivposten darstellen würde? Ocean Transport ließ sich mit der Entscheidung

Zeit, und als sie endlich fiel, hatte der Oktoberkrieg 1973 die Landschaft verändert, und die Firma konnte für den Werftvertrag nur noch einen Preis aushandeln, der um zehn Millionen unter dem lag, den sie früher hätte erzielen können. Einige Wochen später stieg der prospektive Partner aus Furcht vor einer weltweiten Tankerschwemme wieder aus dem Vertrag aus, und Ocean Transport war wieder am Anfang angelangt, nur daß man inzwischen auch den Charterkontrakt eingebüßt hatte.

Als die durch den Oktoberkrieg 1973 bedingten Verknappungserscheinungen beseitigt waren, begann die Nachfrage nach Erdöl und Tankern zu sinken. Die Verbraucherländer verfügten über reichliche Ölvorräte, und zudem meldeten sich in den Industriestaaten die Vorboten einer Wirtschaftsflaute. Einträglich waren nun kleine Schiffe, die Öl direkt dorthin befördern konnten, wo es gebraucht wurde, besonders in die Häfen der amerikanischen Ostküste. Bäume, die noch ein paar kurze Monate vorher anscheinend endlos in den Himmel zu wachsen versprachen, erzitterten plötzlich. Statt wie vordem „Geld zu scheffeln wie die Banditen", wie sich ein amerikanischer Makler im Frühjahr 1973 mir gegenüber ausdrückte, mußten die Tankerkönige nun alle Anstrengungen unternehmen, um gegen die Konkurrenz mit ihren großen Schiffen noch Gewinne einzufahren. Aber sie machten weiterhin Profit, wenn auch viele der unabhängigen Schiffseigner mit Liquiditätsproblemen zu kämpfen hatten; sie mußten Schiffe abbezahlen, mit denen sie so viel zu verdienen gehofft hatten, daß bei der Auftragserteilung der Baupreis praktisch keine Rolle gespielt hatte. In der Tankerwirtschaft war man sich im klaren darüber, daß in der unmittelbaren und absehbaren Zukunft kleinere Schiffe am meisten gefragt sein würden. „Für den Petroleumtransport von den Raffinerien, die die Araber mit Sicherheit im [Persischen] Golf bauen werden, ist der 60 000-Tonner das Schiff der Zukunft", sagte mir im November 1974 ein Sprecher der Londoner Firma Mullion Tankers, Tankerreeder und -makler. Nachdem die Tankerwirtschaft jedoch im Jahr vorher eine Tonnage von 194 Millionen in Auftrag gegeben hatte, dachte sie offensichtlich nicht daran, ihre großen Schiffe abzuschreiben, die somit weiterhin die Meere und unsere Zukunft beherrschen sollten.

Die eigentlichen wirtschaftlichen Prinzipien, auf denen die atemberaubende Rentabilität von VLCCs ursprünglich beruhte, sind selbst eine der außergewöhnlichsten Erfindungen in der Geschichte des Welthandels. Es wäre vermutlich zutreffender, sie einen Lehrsatz zu nennen, aber die Schnelligkeit, mit der Mammuttanker entworfen und ausgeführt wurden, im wesentlichen in den sechziger Jahren, zeugt durchaus von Erfindungsgabe.

Diese Superschiffe verdanken ihr Entstehen nicht einem bestimmten Konstrukteur oder Innovator; sie entstammen nicht einer Vision oder einem Traum, wie ihre einzige wirklich vergleichbare Vorgängerin, Isambard Kingdom Brunels eisernes Riesenschiff *Great Eastern* von 1852; aber wenn auch kein Brunel hinter ihnen stand, so doch wenigstens eine Theorie, und diese Theorie wurde wahrscheinlich zum ersten Male in einem 1948 von der Society of Naval Architects of New York veröffentlichten Bericht aufgestellt. Wenn man, so hieß es darin, die Transportkosten für eine Tonne Öl pro Meile in einem mit zwölf Knoten laufenden 12 000-Tonner mit 100 ansetzt, betragen die Beförderungskosten in einem 50 000-Tonner bei siebzehn Knoten nur sechzig. Diese Idee, Kosten durch Schiffsgröße zu sparen, geht tatsächlich bis auf die *Great Eastern* zurück. Brunel glaubte, allein mit seinem Giganten den größten Teil des Verkehrs nach Indien und Australasien an sich ziehen zu können. Die *Great Eastern* war fünfmal so groß wie die größten Dampfschiffe ihrer Zeit; doch die Idee war damals, wie die *Great Eastern* selbst, ihrer Zeit zu weit voraus.

Als Schiffstyp sind die Öltanker noch kein Jahrhundert alt und wegen ihrer verschiedenartigen und risikoträchtigen Ladung von jeher Fahrzeuge etwas experimenteller Natur: Sie haben in diesem Jahrhundert den größten Teil wirklich radikaler Neuerungen im Schiffsbau gebracht. Schon seit der Zeit vor dem Ersten Weltkrieg werden die meisten Öltanker nach dem sogenannten Isherwood Longintudinal System gebaut, das einfach die traditionelle vertikale Festigkeit des Schiffskörpers durch eine horizontale ersetzte, was einen langen, flexiblen Rumpf ermöglicht, der tief im Wasser liegt und ein hohes Ladegewicht aufnehmen kann.

Die Griechen der Antike beförderten Petroleum als Angriffsmittel, und die Chinesen transportierten im achtzehnten Jahrhundert in speziell dafür gebauten Dschunken mit einer Tragfähigkeit von fünfzig Tonnen Öl von Burma nach Rußland, aber der moderne Öltransport über Meer begann erst, als Oberst Edwin Laurentine Drake 1859 die erste Ölquelle in den Vereinigten Staaten, in Titusville, anbohrte. Die damalige Situation bietet eine seltsame Parallele zu der, wie sie hundert Jahre später herrschte. Infolge des Niedergangs der Walfängerei machte sich in der erst jüngst mechanisierten Industrie Europas die Besorgnis breit, daß Schmieröle für die Maschinen knapp werden könnten. Ohne Öl aus einer anderen Quelle wäre die wirtschaftliche Entwicklung möglicherweise ernstlich beeinträchtigt worden. Im November 1861 ging aus Philadelphia die erste Fracht von Öl, das in Fässern abgefüllt war, nach Europa ab, an Bord der Brigg *Elizabeth* Watts, 224 t. Das Ölgeschäft nahm einen derart raschen Aufschwung, daß die Vereinigten Staaten bereits 1864 insgesamt 31 750 000 Gallonen Öl exportierten. Unvermeidlich mußte dies zur Entwicklung des Tankers als eines eigenen Schiffstyps führen. Die Fässer wurden von Frachttanks abgelöst, und 1886 wurde der erste Tankdampfer, die *Glückauf*, 2307 t, in Newcastle-on-Tyne für die Deutsch-Amerikanische Petroleumgesellschaft gebaut, in Dienst gestellt. Die Maschinenanlage des Schiffes befand sich achtern, die Brücke mittschiffs, womit die *Glückauf* das Vorbild für praktisch sämtliche Tanker bis zum Anfang der sechziger Jahre lieferte.

Schon zu Beginn des 20. Jahrhunderts gehörten Öltanker zu den größten Schiffen der Welt. Die *Narragansett* der Anglo-American Oil Company, die 1903 vom Stapel lief, hatte 12 500 tdw oder 9196 BRT, womit sie sich neben den 14 350 Tonnen der *Kaiser Wilhelm der Große* des Norddeutschen Lloyd, dem damals größten Schiff der Welt, durchaus sehen lassen konnte. 1907 wurde ein erster Versuch unternommen, Öl in wirklich ansehnlichen Mengen über den Atlantik zu transportieren, als der Tanker *Iroquois* gebaut wurde, der im Tandem-Gespann mit dem Tankschleppkahn *Navahoe* verkehren sollte. Beide Fahrzeuge hatten eine Tragfähigkeit von annähernd 10 000 Tonnen. In der Schiffahrt „der Karren und das Pferd“ genannt, führten sie ihre seltsame, aber erfolgreiche Partnerschaft bis 1930 fort.

Mit einiger Bestimmtheit läßt sich sagen, daß drei Männer das Geschäft mit dem Öl tatkräftig in die Ära des Supertankers geführt haben. Dies waren der texanische Ölmagnat Daniel K. Ludwig, Eigentümer einer der größten privaten Tankerflotten der Welt, Aristoteles Onassis und sein erbitterter Rivale Stavros Niarchos. Als der wahre Vater dieser ganzen Entwicklung muß jedoch Ludwig angesehen werden; diesen Ruhm genießt er zweifellos in Japan, weil er nach dem Zweiten Weltkrieg den Großschiffsbau ins Land brachte.

Alle drei betrieben 1955 Schiffe zwischen 40 000 und 50 000 t, und im selben Jahr orderte Ludwig einen 84 000-Tonner, die *Universe Leader*, die ihm, als der wahre Prototyp aller Großschiffe, die folgen sollten, den berechtigten Anspruch verschaffte, als Pionier der übergroßen Superschiffe zu gelten. Die *Universe Leader* war bereits vom Stapel gelaufen, als Onassis gegen Ende 1956 seinen ersten 100 000-Tonner in Auftrag gab. Daraufhin orderte Niarchos einen 106 000-Tonner, und Ludwig übertrumpfte sie beide, indem er gleich *vier* Schiffe mit je 100 000 Tonnen bestellte.

Die drei wären vielleicht ein Trio exzentrischer Spieler um große Schiffe geblieben, wäre es nicht 1956 zu der ersten Suezkrise mit der sich daran anschließenden allgemeinen politischen Instabilität im Nahen Osten gekommen, denn ein großer Teil der internationalen Schiffahrt, darunter andere Tankerbesitzer, betrachteten ihre Experimente zunächst mit Skepsis. Durch die Schließung des Suezkanals nach der Landung der Franzosen und Briten im November 1956 kam es zu einer Gefährdung des Seeverkehrs und auch eines großen Teils der Wirtschaftsproduktion der europäischen Staaten. Der Wiederaufbau, ja das Überleben der betroffenen Länder schien bedroht. Da das politische Zusammenspiel und das gemeinsame militärische Vorgehen Englands, Frankreichs und Israels eine Stabilisierung der Suez-Passage nicht zu erreichen vermocht hatte, blieb es den Tankerherren überlassen, sich baldestmöglich von dieser gefährdeten Durchfahrt unabhängig zu machen. Europa hatte zwar während der Blockierung des Kanals zur Überbrückung Öl von den Vereinigten Staaten und aus Südamerika gekauft, aber dieses war teurer als Nahost-Öl und mußte – was ebenso wichtig war – in knapper harter Währung bezahlt werden. Die Grundlage jeder Lösung bestand zwangsläufig darin, im Notfall das Öl um das Kap der Guten Hoffnung zu transportieren, was bedeutete, daß die Tankerkapazität beinahe verdoppelt werden mußte; auf der Kap-Route dauerte die Fahrt hin und zurück jeweils zwölf Tage länger, und die damalige Tankerflotte, die auf der 6000 Meilen langen Strecke durchs Mittelmeer etwa 95 Millionen Tonnen befördert hatte, konnte nur 50 Millionen transportieren, wenn sie den Weg ums Kap – 11 300 Meilen – nehmen mußte. Gemessen an der Zahl der Schiffe, bedeutete dies, daß für zehn Tanker auf der Suez-Route siebzehn auf der Strecke um das Kap der Guten Hoffnung nötig waren.

Man stand vor der Wahl, entweder mehr Schiffe oder aber weniger und größere zu bauen, nach dem Beispiel Ludwigs und der beiden Griechen. Es war eine schwierige Situation, und die Entscheidung fiel den Ölkonzernen und den Unabhängigen nicht leicht. Die Klugheit schien gegen Superschiffe zu sprechen. Ein 100 000-Tonner kam zwar in Bau und Unterhalt billiger als vier 25 000- oder drei 33 000-Tonner, aber in weiten Kreisen war man der Ansicht, daß diese Vorteile allzusehr vereinfacht worden seien.

Vier Monate nach dem Suezkrieg 1956, im März 1957, kommentierte der Schiffahrtsspezialist der *Times* das Erscheinen der 100 000-Tonner und prophezeite ihnen eine zweifelhafte Zukunft. Er schrieb: „Durch die Größe dieser runden Zahl mußte der 100 000-Tonner gewissermaßen zu einer Wegmarke in der Entwicklung des Schiffbaus werden; und dennoch . . . ist er, wie der Vier-Minuten-Rekord für die Meile, bereits an den ihm angemessenen Platz im Ablauf der Dinge verwiesen – nicht mehr als ein Punkt längs einer Linie des Fortschritts." Er schrieb weiter: „Diese Fahrzeuge werden nie mehr als einen kleinen Bruchteil des Schiffbauprogramms der Welt darstellen, und die englischen Werften sind, von drei oder vier Ausnahmen abgesehen, vielleicht gut beraten, ihren Bau anderen zu überlassen."

Basil Mavroleon, Vorsitzer und geschäftsführendes Vorstandsmitglied der London and Overseas Freighters Limited, einer großen Firma aus dem Bereich der Unabhängigen, pflichtete dieser Ansicht in einem Leserbrief an die *Times* bei: „Ganz abgesehen von den wenigen zur Verfügung stehenden Trockendocks, von den möglicherweise anfallenden Kosten und Ertragseinbußen, ist festzustellen, daß ein gewaltiger Zeitverlust entstehen könnte, wenn es nötig werden sollte, ein Schiff, das einen größeren Schaden erlitten hat, zum nächstgelegenen Trockendock zu schleppen. Dagegen wäre ein 25 000-Tonner aus einer Gruppe von vier Schiffen dieser Größe in einem Hafen in der Nähe rascher instand zu setzen, und während das Schiff repariert wird, würden die anderen drei weiter laufen."

Ob wirklich Mammutschiffe die entscheidende Lösung des Problems darstellten oder ob Flotten kleiner Tanker das gleiche geleistet hätten, ist im heutigen Abstand immer schwerer zu beweisen oder zu widerlegen. Unabhängig Denkende allerdings stellen sich nach wie vor dieser Frage, besonders wenn sie die Risiken für die Umwelt abwägen, die die Größe von Schiffen mit sich bringt. Das Tanker-Busineß hat bisher nie überzeugende Argumente aufzubieten vermocht. Üblicherweise werden altruistische Begründungen vorgebracht; die Superschiffe würden gebaut, um uns Geld zu sparen, weil sie Öl billiger transportierten, und um unsere Küsten zu retten, weil durch sie die Zahl der Tanker und damit die Gefahr von Kollisionen reduziert würde. Aber diese Rechtfertigungen wurden erst post festum vorgebracht und sind kaum zu halten. Die Schiffe sind Frucht der Spekulation mit den politischen Verhältnissen im Nahen Osten, sie wurden gebaut im Hinblick auf immense Profite, nicht mehr und nicht weniger.

Zusammen mit dem exorbitanten Auftragsboom für die Werften, den das Jahr 1973 brachte, könnte dies schließlich zur größten und verhängnisvollsten industriellen Fehlkalkulation aller Zeiten werden. In einem Bericht der Vereinten Nationen, im Frühjahr 1974 veröffentlicht, wurde festgestellt, daß der wirtschaftliche Vorteil der Superschiffe bereits geschwunden sei, wenn er überhaupt je existiert habe. Die gewaltige Zahl, in der diese Schiffe heute vorhanden sind, bedeutet, daß noch im Jahr 1980 ein Tankerüberschuß bestehen wird, selbst wenn keine Neubauten in Auftrag gegeben werden. 1973 konnte sich jeder Tankerbesitzer, der einen Baukontrakt mit einer Werft abschloß, praktisch der bestmöglichen Finanzierung sicher sein: bis zu hundert Prozent, wobei zuweilen nicht weniger als fünfzig Prozent der abzuzahlenden Summe erst nach der ersten Kreditfrist, die in der Regel acht Jahre betrug, fällig wurde. Schiffbauer wie internationale Finanzierungsbanken und -konsortien mußten enorme Verluste einstekken, als viele Schiffseigner sich nicht in der Lage sahen, ihre

Schulden gegenüber beiden abzuzahlen. Die englische Handelsbank Brandt's erklärte, wie die Finanzzeitschrift „Investors Chronicle and Stock Exchange Gazette“ in ihrer Ausgabe vom 10. Januar 1975 zitierte, daß die Reedereibranche zwischen dem damaligen Zeitpunkt und 1977 fünfzig Milliarden (!) Dollar benötigen würde, um georderte Neubauten, in der Mehrzahl Tanker, zu finanzieren.

Umfassender bewertete den zweifelhaften Wert der Superschiffe Dr. Patrick McTaggert-Cowan, Executive director des Science Council of Canada, der mir gegenüber erklärte: „Wenn man die sekundären Kosten einrechnet, wie etwa die Schaffung übergroßer und technisch komplizierter neuer Lösch- und Dockeinrichtungen, und berücksichtigt, daß ein Schiff in seiner Lebensspanne nicht immer ausgelastet ist, dann wird die angenommene Wirtschaftlichkeit durch Größe schnell zu einem Phantasiegespinst von Finanziers. Letzten Endes muß der Verbraucher die Zeche bezahlen. Dabei sind noch nicht einmal die möglichen Umweltkosten berücksichtigt.“

Zweifelsohne hätten kleinere Schiffe ihre Eigner und Nutzer reich genug gemacht; doch die Superschiffe versprachen einen ungleich größeren Reichtum, der alle herrschenden Vorstellungen von Profit weit übertraf, und da der Energieverbrauch der Industriestaaten immer ungezügelter ins Kraut schoß, schienen die Argumente, die für sie sprachen, auf der Hand zu liegen. 1966, neun Jahre nachdem der Schiffahrtsexperte der *Times* den englischen Werften emfohlen hatte, den Bau von Superschiffen anderen zu überlassen, hatte zumindest eine von ihnen, Harland & Wolff in Belfast, wo die *Titanic* gebaut worden war, Patente für den Entwurf eines 1 000 000-Tonners angemeldet. Damals begann der große Sprung nach vorn, nicht so sehr was die tatsächliche Größe als die Zahl der Bauaufträge betrifft. Die Folge war, daß die Meere, die Küsten, der Schiffbau, die gesamte Geographie des Welthandels, die Form aller künftigen Frachtschiffe und die Struktur der Treib- und Brennstoffnachfrage und des entsprechenden Angebots von ihnen beeinflußt wurden. Als dann der Nahostkrieg im Oktober 1973 ausbrach, hatte man sich schon so weit auf die Giganten festgelegt, daß es anscheinend keine Umkehr mehr gab.

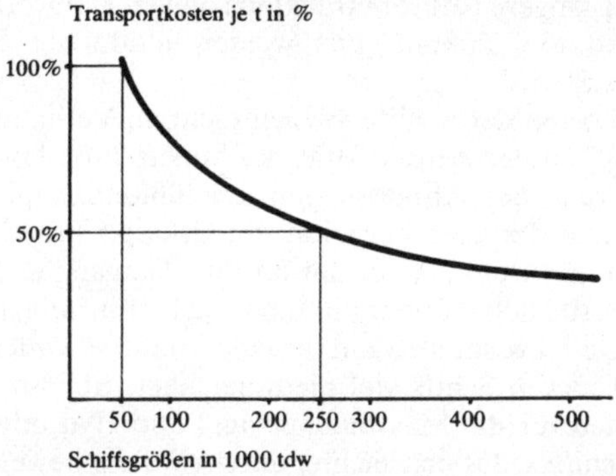

Kostentendenz bei Rohöltankern für die Route Persischer Golf – Westeuropa.

Die ausschlaggebenden Argumente für den Sprung in den Bereich der Super-Größe hörten sich in jeder Hinsicht überzeugend an. Schon die wirtschaftlichen Vorteile eines 100 000-Tonners gegenüber einer Flotte von 25 000-Tonnern waren beträchtlich, aber noch viel schöner wurde das Bild, wenn man den 100 000-Tonner selbst als Ausgangsbasis nahm und ihn mit Schiffen verglich, die ein Vielfaches seiner Tonnage hatten. Das Modell, das bei den meisten Tanker-Nutzern Anklang fand, war ein Schiff zwischen 200 000 und 250 000 Tonnen, die Klasse, zu der die *Ardshiel* gehört. Dies ist heute für die Tankereigner und die Ölkonzerne das Plateau des Superschiffbaus. Die in den letzten Jahren gebauten Supertanker gehören vornehmlich zu dieser Größenordnung. Heute stellen sie mehr als ein Viertel der schwimmenden Tankertonnage.

1967 betrugen für einen 80 000-Tonner auf der Strecke von Rotterdam bis Kuwait am nördlichen Ende des Persischen Golfs und zurück, in beiden Richtungen durch den Suezkanal, die Kosten für den Transport einer Tonne Öl drei Dollar und neunundzwanzig Cent. Ein Tanker von 200 000 Tonnen kann das Öl von Kuwait nach Rotterdam auf dem Weg um das Kap der Guten Hoffnung für weniger als zwei Dollar vierzig Cent pro Tonne befördern, wodurch die längere Route beträchtlich billiger als die traditionelle kürzere und die Zukunft des wieder geöffneten Suezkanals problematisch wird.

Die Baukosten der Schiffe stiegen nicht im Verhältnis zu ihrer Größe. Ein Teil der Attraktivität der Superschiffe lag darin, daß eine Steigerung der Abmessungen um fünfundzwanzig Prozent eine Zunahme der Ladekapazität um zirka 95 Prozent mit sich brachte: ein 200 000-Tonner hat 63 Fuß Tiefgang und übertrifft damit einen 100 000-Tonner nur um zehn bis fünfzehn Fuß, so daß das benötigte Gewicht an Stahl für jede Tonne beförderter Fracht bei dem größeren Schiff viel niedriger liegt. Ebenso sinken die Kapitalkosten für die Maschinenanlage. Die Hydrodynamik des größeren Schiffes, das sich leichter durchs Wasser bewegt, bringt es mit sich, daß entsprechend weniger Antriebskraft benötigt wird.

Für eine Fahrtgeschwindigkeit von sechzehn Knoten braucht ein 20 000-Tonner mindestens 10 000 PS, ein 37 000-Tonner etwa 14 000 und ein 100 000-Tonner nicht mehr als 21 000 PS. Ein großer Tanker benötigt nicht mehr Besatzungsmitglieder als ein kleiner, vielfach sogar weniger, und in dieser Hinsicht ist überhaupt kein Vergleich mit einem Passagierliner wie einer Cunard-*Queen* möglich. Ein Supertanker hat vielleicht eine Besatzung von neunundzwanzig bis vierzig Mann, die *Queen Mary* beispielsweise hatte dagegen 1285 Offiziere und Mannschaften an Bord, zumeist natürlich Stewards, die für die Bedürfnisse der Passagiere sorgten. Ein Schiff von 200 000 Tonnen erfordert weniger Betriebsausgaben als zwei 100 000-Tonner – nur eine Besatzung, nur für ein Schiff Reparatur- und Wartungskosten. Vor allem aber lassen sich, wenn statt zwei oder drei Schiffen nur ein einziges eingesetzt wird, Hafen- und Lotsengebühren sowie allgemeine Verwaltungskosten einsparen.

Dennoch läßt sich bezweifeln, ob die Supertanker ihre heutige Bedeutung erlangt hätten ohne den fanatischen Einsatz der Japaner, deren Engagement für diese Schiffe eine der stärksten Triebkräfte für ihren Bau war. Zweifellos wären die Tanker auch so größer geworden, aber nicht so frühzeitig und nicht in einem so raschen Tempo.

Die Japaner teilten mit Onassis, Niarchos und Ludwig (die alle vor 1956 kleine Supertanker in Japan hatten bauen lassen) die

Überzeugung, daß diese Schiffe unvermeidlich kommen müßten und daß die Entwicklung, die auf sie zuführte, nicht mehr rückgängig zu machen sei. Zu dieser Ansicht trugen natürlich ihre eigene zunehmende Abhängigkeit von Öleinfuhren und die weite Entfernung zwischen ihrem Land und ihren wichtigsten Bezugsquellen bei, aber eine wichtige Rolle spielte auch, daß das Land, während es sich von den Kriegsfolgen erholte, nach Möglichkeiten der technischen und industriellen Entfaltung Ausschau hielt und diese unter anderem im Schiffbau suchte. Dabei lag das Schwergewicht auf Supertankern. Angesichts entschlossener Schrittmacher unter den Unabhängigen und eines niedrigen Festpreises und fester Liefertermine sahen die Japaner kein Hindernis, die internationale Schiffahrt mit sich fortzureißen, und damit hatten sie recht.

Einige der ersten 100 000-Tonner wurden zwar in den Vereinigten Staaten gebaut, aber danach machten die Japaner den Bau von Superschiffen praktisch zu ihrem Monopol. Seit den späten sechziger Jahren entfällt jedes Jahr die Hälfte der Neubauten in der ganzen Welt auf Japan. In einem normalen Jahr bauten die Werften von Mitsubishi und Ishikawajiama-Harima zusammen mehr Tonnage als die Produktion anderer Schiffbaunationen wie beispielsweise Schwedens, der Bundesrepublik, Frankreichs und Spaniens zusammengenommen. Die Lieferung von Schiffen bildet mit rund neun Prozent den zweitgrößten Posten in der japanischen Exportbilanz, was allein auf den Bau von Supertankern zurückgeht. Japan baute den ersten 200 000-Tonner und die meisten seiner Schwesterschiffe; es baute die 326 000-Tonner, die 370 000-Tonner und die 470 000-Tonner. (Allerdings wagten sich zuerst die Franzosen an die 530 000-Tonner.)

Diese großen Schiffe so rasch und zu dem Preis zu bauen, zu dem sie angeboten wurden, machten neue Formeln und eine neue Technologie erforderlich, die mit großer Energie entwickelt wurden. Interessant war, welche Umstände dies den Japanern ermöglichten. Vor dem Zweiten Weltkrieg hatte das Land im Weltschiffbau an dritter Stelle gelegen, hinter Großbritannien und den Vereinigten Staaten, und die größten Schlachtschiffe der Welt gebaut, die *Yamato* und die *Masashi*. Unter dem Druck der sich verschlechternden Kriegslage mußten die Japaner neue halbautomatische und standardisierte Produktions- und Montagemethoden entwickeln, wie sie nur noch die Amerikaner beim Bau von Fahrzeugen wie den „Liberty“-Schiffen anwandten, die schon zehn Tage nach ihrer Kiellegung unter Dampf standen. Aber nichts kam dem Unternehmungsgeist der Japaner nach 1945 so zustatten wie der merkwürdige Zufall, daß trotz der systematischen und umfassenden Bombardierung durch die alliierten Luftflotten ihre Trockendocks und Schiffbauanlagen den Krieg ungeschoren überstanden. Sie wissen heute noch nicht, ob dahinter Absicht gesteckt hatte oder nicht. Besonders eigenartig mutet diese Fügung im Falle der großen Kriegsmarinewerft von Kure an, die bis auf die Schiffbauanlagen, das Trockendock und die Werkstätten völlig zerstört wurde. Der Umstand, daß das Trockendock, in dem das Schlachtschiff *Yamato* gebaut worden war, erhalten blieb, ermöglichte es dann den Japanern, ihre Führungsstellung im Bau von Mammutschiffen zu erlangen. In diesem Dock konnten Schiffe bis zu 150 000 Tonnen gebaut werden. Da General MacArthur den Schiffbau Japans mit scharfen Restriktionen belegte, wußten die Japaner nicht, was sie mit ihren Werften und ihrem Bestand an beschäftigungslosen, doch hochqualifizierten Konstrukteuren und Ingenieuren anfangen sollten. Für die Techniker bestand die Lösung darin, in ihrer freien Zeit nach Möglichkeiten zu suchen, ein Schiff so kostensparend wie möglich zu bauen und das Resultat bei Entwürfen für neue Spezialfahrzeuge anzuwenden. 1952 verband sich ihre visionäre Genialität mit dem Weitblick Daniel Ludwigs. Der amerikanische Tankerkönig pachtete von der japanischen Regierung die Werft in Kure. Ludwig brachte die gesamte fortgeschrittene Technologie der Vorfertigungs- und Standardisierungsmethoden mit, die während des Zweiten Weltkrieges in den Vereinigten Staaten entwickelt worden waren. Die Werft begann Schiffe zu planen und zu bauen, die viel größer waren als alle Einheiten, die sonst in der Welt projektiert wurden – das Zeitalter der VLCCs war angebrochen.

Die traditionelle Methode im Schiffbau besteht darin, auf einer Helling, einer zum Wasser geneigten Ebene, das Schiff vom Kiel bis zum Flaggenknopf zu bauen. Zuerst werden die Kielplatten gelegt, über denen langsam eine Rahmenstruktur aufsteigt. An den Spanten werden Stahlplatten befestigt, die die stählerne Außenhaut bilden. Vor dem Krieg wurden die Platten durch Nieten miteinander verbunden. Die Cunard-*Queens* und die *Normandie* wurden auf diese Weise gebaut; bei der *Normandie* beispielsweise waren Tausende von Stahlplatten zwischen acht und dreißig Fuß Länge notwendig, die der Reihe nach, mehr oder weniger eine nach der anderen, vernietet werden mußten. Dafür wurden elf Millionen Nieten gebraucht, deren Gewicht allein schon den Schiffskörper enorm belastete.

Die Technik der Japaner besteht darin, das Schiff aus riesigen geschweißten Teilen zusammenzubauen, wie beispielsweise dem Bug, dem Heck, den Aufbauten und verschiedenen Tanks. Diese großen Schiffsteile werden durch Kräne herangebracht, in einem Trockendock zusammengesetzt und anschließend miteinander verschweißt. Danach wird das Dock geflutet, und das Schiff schwimmt hinaus, bereit für seine Probefahrten. Bei der *Normandie* dauerte es volle einundzwanzig Monate, um nur den stählernen Schiffskörper ohne Einbauten für den Stapellauf fertigzustellen. Die japanische Werft Mitsubishi braucht sieben Monate, um den Konstruktionsplan für einen Supertanker von 260 000 Tonnen in ein Fahrzeug zu verwandeln, das seine Jungfernfahrt antreten kann.

1969 gab es in der Welt insgesamt dreißig Werften, auf denen Schiffe von 200 000 Tonnen und darüber gebaut werden konnten. Andere, die dem Beispiel der Japaner folgten, entwickelten ihre eigenen Variationen des Schiffbaus mit Fertigteilen. Immer ging es darum, das Schiff möglichst rasch fertigzustellen. In den Niederlanden wurden 200 000-Tonner in zwei Hälften gebaut, die getrennt vom Stapel gelassen und dann im Wasser zusammengeschweißt wurden. Deutsche und englische Werften hielten lieber am Bau des Schiffes auf einer Helling fest, auf der die vorgefertigten Teile des Rumpfes zusammengesetzt wurden, bevor man ihn in herkömmlicher Weise ins Wasser ließ. Auf einer schwedischen Werft wurden in mehreren Hallen hintereinander, ähnlich der Fließbandherstellung in einer Autofirma, ganze Schiffsteile montiert und anschließend in einem nahe gelegenen Dock zusammengesetzt. Zeigte sich darin ein bewundernswerter Erfindungsgeist, so begannen doch die Supertanker – einerlei, wo, von wem und nach welcher Methode sie gebaut wurden – bedenkliche Schwächen zu zeigen, besonders und in gefährlichem Ausmaß in ihrer Struktur.

Sie waren viel zu rasch viel zu groß geworden, ohne die entsprechende Kenntnis der Kräfte, die von dem gewaltigen Rumpf ausgelöst wurden. Da sich die Schiffe innerhalb der kurzen Spanne von sechs Jahren von 100 000 auf 300 000 Tonnen vergrößerten, hieß dies, daß zunächst – obwohl sie offensichtlich eine ganz eigene, neue Kategorie darstellten – ihr Wachstumstempo immer größer war als die Zunahme der angemessenen Erfahrung mit ihrer Seetüchtigkeit oder ihren Trageigenschaften. Niemand wußte wirklich, wie sie sich bewähren würden.

Der lange Rumpf dieser Superschiffe hatte längst nicht die geschätzte Festigkeit gezeigt. Er neigte dazu, sich zu verbiegen oder zu reißen, wenn er einem bestimmten Druck ausgesetzt wurde, zuweilen schon während des Baus, im Dock oder auf der Helling. Manche Schiffe erlitten beim Stapellauf ernste Beschädigungen, andere kehrten mit verbogenen inneren Verstärkungen von ihren Probe- oder ersten Einsatzfahrten zurück. 1968 waren in verschiedenen Teilen der Welt etwa zweihundert Supertanker von 150 000 Tonnen und mehr im Bau; bei den meisten verzögerte sich die Auslieferung wegen baulicher Änderungen.

Einige Tanker riß es in schwerer See einfach auseinander, was an viele aus Fertigteilen gebaute US-Schiffe erinnerte, die im Zweiten Weltkrieg auseinanderbrachen und mit dem blitzartigen Tempo von 5000 Fuß pro Sekunde versanken, als hätte sie eine Explosion zerrissen. Die amerikanischen Schiffe brachen auseinander, weil der Stahl des Schiffskörpers unzureichend Mangan enthielt, wodurch er bei tiefen Temperaturen brüchig wurde, denen vor allem Geleitzüge nach Rußland ausgesetzt waren. Es war der Preis, den man für Neuerungen bezahlen mußte, die in einer Notsituation in aller Eile entwickelt wurden. Dennoch scheinen diese Erfahrungen keinen Eindruck auf die Konstrukteure und Baumeister der ersten echten Mammuttanker gemacht zu haben, obwohl sie es mit einer Version derselben Techniken zu tun hatten, die ungleich größere Dimensionen betraf und unendlich anspruchsvoller und noch nicht erprobt war.

Die erste Buße für übergroße Eile ist schlechte Arbeitsqualität. Im Oktober 1972 rügte der japanische Verkehrsminister zwei der größten Werften seines Landes, Ishikawajima-Harima und Kawasaki, wegen Nachlässigkeiten beim Bau von Schiffen und weil wiederholt bei Fahrzeugen, nachdem sie in Dienst gestellt worden wären, Risse im Rumpf aufgetreten waren. Die Inspektoren des Ministeriums hatten einige Zeit hindurch in Japan gebaute Superschiffe, die zur Überholung einen japanischen Hafen anliefen, gründlich untersucht und an den zwischen 1962 und 1966 gebauten Fahrzeugen in zahlreichen Fällen mangelhafte Ausführungsqualität festgestellt. In der Periode von 1962 bis 1966 hatte die Supertankerproduktion ihren höchsten Stand erreicht. Einige Schiffe waren in See gegangen, obwohl elementare Teile des Schiffskörpers mangelhaft oder überhaupt nicht verschweißt waren. Bei einem 1964 gebauten 58000-Tonner waren vier Spanten nirgends verschweißt, bei einem 67000-Tonner, Baujahr 1967, durch fehlerhaftes Schweißen Risse im Rumpf aufgetreten. Die beiden Werften erklärten, die Schweißarbeiten seien durch das Personal beauftragter anderer Firmen ausgeführt worden, und riefen fünfundfünfzig Superschiffe, die sie für japanische, englische, griechische, liberianische, panamesische, jugoslawische, formosanische und holländische Kunden gebaut hatten, zu Reparaturen in die Werft zurück.

In übergroßer Eile eingeführte Neuerungen, wie sie alles prägen, was mit den Superschiffen zusammenhängt, sind dem Wesen der Seefahrt von jeher fremd gewesen, wenn wir es so sehen, wie Joseph Conrad es glanzvoll definiert und wie es sich tatsächlich in unserer Vorstellung vom Schiff und vom Seemannsleben im allgemeinen bis heute behauptet hat. In diesem Bild herrscht die See als ein Element, dessen launische und unberechenbare Natur selbst den besten Schiffen, mit allem wohlausgerüstet, eine solche Furcht einflößt, daß die Seemannskunst noch immer als höchste Entfaltung des menschlichen Selbst in seiner Wachsamkeit und intuitiven Vor-Sicht gilt. Die auf See gültigen Maßstäbe für konsequente Genauigkeit sind von jeher beispielhaft dafür gewesen, wie Dinge ordentlich zu tun sind.
Dieses respektvolle Lob des Festlandbewohners für den Seemann ist so alt wie das Wagnis der Seefahrt, eine Huldigung, die immer stärker wurde in den fünf Jahrhunderten maritimer Entwicklung, seit die Portugiesen mit der Suche nach dem Seeweg nach Indien

begonnen hatten. Dieser bahnbrechende Impuls des westlichen Menschen leitete ein neues Zeitalter ein und führte schließlich dazu, daß sich die Seefahrt systematisch die Hochsee erschloß.

Der Horizont des Meeres war der furchtgebietende Rand des erkundeten Universums, hinter dem das Nichterkundete lag. Das Schiff – auf diesen endlosen und unbekannten Wassern stets vom Untergang bedroht – war wahrhaft ein Mikrokosmos, eine kleine, auf sich angewiesene Welt. Und die Seefahrer waren wie niemand sonst dem Schicksal ausgeliefert. Ohne den Schutz der ungezählten Verstecke, Nischen und Zufluchtsmöglichkeiten auf dem festen Land erblickten sie von den Decks ihrer Schiffe aus das ganze Panorama der Launen, Wirrnisse, Tücken und sahen der schieren Hilflosigkeit menschlicher Existenz ins Auge. Sobald ein Schiff draußen auf dem Meer ganz auf sich allein angewiesen war, konnte es nur durch zweierlei bestehen: die Festigkeit des Schiffes selbst und die seemännische Kunst, die um die gewaltige Kraft des Wassers, die Unbeständigkeit von Winden und Strömungen, das trügerische Wechselspiel zwischen Meer und Land und die Grenzen der Belastbarkeit des Schiffes weiß.

Jede Fahrt war ein Kampf, in dem es keinen Pardon gab, verlangte alle Tugenden, alle Disziplin des Schlachtfelds: Mut, Solidarität, Gehorsam, Stehvermögen und Teamgeist; dazu die Fähigkeit, Strapazen, Entbehrungen, brutalen Schmerz und die ständige Gefahr eines Todes in besonders schrecklicher Gestalt auf sich zu nehmen. So ist es verständlich, daß so lange Jahrhunderte der Schiffbruch dem Menschen als Sinnbild der Verzweiflung am Rand der Rettung galt, wenn er versagte, obwohl er erwiesenermaßen sein Bestes gab und die Rettung ganz nahe war.

Angesichts eines solchen Gegners konnte nichts, gar nichts als selbstverständlich gelten, wurde nur selten etwas als selbstverständlich betrachtet. Nur auf das Erprobte und Richtige war Verlaß. Jede Neuerung wurde mit Argwohn betrachtet und mit Zurückhaltung behandelt, nicht grundsätzlich, sondern aus dem mißtrauischen Wissen, daß sie unvermeidlich ihren Preis fordern würde, zumeist in Menschen-, in Seemannsleben. Es gab keine andere Einstellung für den Seefahrer in der langen Ära der Segelschiffahrt, als die Schiffe dem Wind folgen mußten, was oftmals hieß, der gefahrvollsten Route, namentlich in den südlichen Breiten, wenn es um das Kap Hoorn ging. Hier konnte alles, was unter den lokalen Bedingungen nicht genügend erprobt war, zum Verhängnis werden. Als zum Beispiel Mitte des neunzehnten Jahrhunderts in der Takelage von Rahseglern Drahtseile die Hanfseile abzulösen begannen, brauchte es einige Zeit, gingen zahlreiche Masten über Bord und einige Schiffe ganz verloren, bis man erkannte, daß durch einen plötzlichen Ruck Stage und Brassen aus Drahtseil trotz ihrer scheinbaren Stärke glatt durchrissen, wie von einer riesigen Schere gekappt.

Vor dem Aufkommen der Supertanker entwickelten sich die Schiffe Schritt für Schritt, und so blieben sie von einem Zeitalter zum nächsten, von Jahrhundert zu Jahrhundert einander erkennbar ähnlich: Fahrzeuge, so gebaut, daß sie gemütlich auf oder zwischen den Wellen saßen. Nelsons Schiffe vor Trafalgar unterschieden sich noch nicht sehr von denen der Armada.

Der Übergang vom Segel- zum Dampfantrieb vollzog sich – abgesehen von Brunels *Great Eastern*, einer vereinzelten Mißgeburt – so allmählich, daß man während der ganzen Epoche dieses Übergangs, in der sich die Entwicklungen überlappten, zu keinem Zeitpunkt hätte sagen können, die Schiffe der Gegenwart unterschieden sich in Erscheinung oder Verhalten wesentlich von denen der vorhergehenden Generation.

Auch das Wachstum der Schiffe ging so allmählich vor sich, daß die *Queen Mary*, als sie Ende der zwanziger Jahre auf den Reißbrettern entworfen wurde, als die natürliche Nachfolgerin von Samuel Cunards *Britannia* von 1840 erschien, in ihren Ausmaßen eine völlig logische Fortentwicklung der Vorgängerin. Zu Beginn dieses Jahrhunderts, acht Jahre nach Einführung des Dampfantriebs für die Atlantikfahrt, waren noch ziemlich große Dampfschiffe mit Rahen und Rahsegeln am Hauptmast ausgerüstet, für den Fall, daß die Maschinen ausfielen. Noch in den zwanziger Jahren gab es Frachter mit ähnlicher Ausrüstung und wurden noch Rahsegler als Handelsfahrzeuge gebaut. Dies heißt, daß vor noch nicht langer Zeit die Kapitäne von Dampfschiffen einen guten Teil ihrer Ausbildung auf Segelschiffen erhalten hatten. Sie hielten an dem überlieferten Geist der Vorsicht fest und gaben ihn an ihre Untergebenen weiter, die heute in der Schiffahrt führend sind.

So setzte sich in der Ära des Dampfschiffes ganz natürlich die

Kontinuität in Einstellung und Gewohnheiten fort. Die Schiffe, wie massiv und mächtig sie auch gebaut waren, blieben verwundbar, und deshalb konnte die Haltung des Seemannes gegenüber seinem Element nach wie vor nur die der Demut sein. Jede Abweichung davon, jede trotzige übergroße Selbstzuversicht, wie sie der Vorstellung des Festlandbewohners vom Fortschritt als unerläßlich, ja als eine Tugend erscheint, würde bald die Rechnung präsentiert bekommen, wie der Kapitän der *Titanic*, Edward J. Smith, hätte bestätigen können, als er bemerkte, daß sein hellbeleuchtetes und scheinbar unüberwindliches Schiff sich zur Seite neigte, der Katastrophe entgegen.

Die *Titanic* und ihr Untergang symbolisierten einen Verstoß gegen die demütige Haltung gegenüber der See, nicht jedoch ein Versagen seemännischen Könnens, denn sie wurde besser geführt als vermutlich die meisten Schiffe, die heute die Meere befahren; allerdings war sie nicht unsinkbar. Zu ihrer Tragödie trugen vor allem riskante Mutmaßungen über ihre Schwimmfähigkeit und ihre hohe Fahrtgeschwindigkeit auf einer gefährlichen Route bei, die vor allem von Leuten auf dem Land, den Eigentümern und Nutzern, gehegt wurden. Für die Seeleute aber war aus dem Untergang der *Titanic* die Lehre zu ziehen, daß daran auch das ungenügende Zusammenwirken ihrer Offiziere, ob durch die Vorschriften erzwungen oder nicht, Schuld trug. Die Reformen, zu denen die Katastrophe führte, sollten vor allem sicherstellen, daß es in einem solchen Fall den Menschen an Bord an nichts fehlen sollte, was zu ihrer Rettung beitragen könnte; aber was die Führung eines Schiffes betrifft, so stärkte das Desaster erneut die alte Ehrfurcht und Demut des Seemannes, und die Seefahrt blieb in Praxis und Denkart tief konservativ, in ihren Gewohnheiten gesetzter und besonnener als jeder andere Beruf. Keine fundamentale Veränderung schien wahrscheinlich; schließlich war niemals zu erwarten, daß die See ihr unberechenbares Wesen ändern würde.

Daß diese Einstellung ihre Gültigkeit selbst noch für die späte Nachfolgerin der *Titanic*, die 83 000 Tonnen große *Queen Elizabeth*, behielt, zeigte sich, als auch dieser Ozeanriese während des Zweiten Weltkrieges beinahe einer entsetzlichen Katastrophe zum Opfer fiel. Als Truppentransporter eingesetzt, wurde sie vor

Grönland mit Tausenden von Soldaten an Bord um ein Haar unter einer Woge begraben, die nur zu sehr an die Tage der Segelschiffahrt erinnerte, als manchmal Schiffe von gewaltigen Wassermassen, die auf sie herabstürzten, einfach in die Tiefe gedrückt wurden.

Der Zwischenfall mit der *Queen Elizabeth* illustriert in aller Anschaulichkeit, welche Macht die See besitzt und welche Überraschungen sie bereithält. Bei der Fahrt durch einen schweren Sturm geriet der Bug des Schiffes in ein Wellental unterhalb einer riesigen Woge, die auf ihn herabstürzte und ihn unter sich begrub. Über diese Woge stürzte eine zweite, die den Bug noch tiefer ins Wasser drückte, so daß das Schiff praktisch auf der Nase stand. Der wachhabende Offizier, der von der Brücke aus nach vorn starrte, wo der Bug hätte sein sollen, schaute am Krähennest vorbei, das normalerweise hoch über ihm zu finden war, schräg hinab auf den Meeresgrund.

Ein solcher Zwischenfall, und dazu auf dem damals größten Schiff der Welt, wäre vielleicht für unglaubhaft gehalten worden, wären nicht die dicken Glasfenster der Brücke – normalerweise neunzig Fuß über der Wasserlinie – von der Woge eingedrückt worden, die den Mann am Steuer wegriß, als hätte er auf der offenen Poop eines Wolle-Klippers gestanden, der eben das Kap Hoorn umrundete, und ein anderes Besatzungsmitglied aus dem Ruderhaus selbst hinaus auf die Brückennock schwemmte. Dem „staff captain“ der *Queen Elizabeth*, der sich gerade in seiner Kabine unmittelbar unter der Brücke rasierte, flog ein großes Stück Tafelglas von seinen zertrümmerten Fenstern an den Kopf, und er fand sich halb betäubt bis zur Hüfte im Wasser sitzend. Das Vorderdeck des Schiffes wurde durch die Wucht des Aufpralls sechs Zoll tief eingedrückt, alles darauf befindliche Gerät beschädigt, sämtliche Anker festgeklemmt. Das größte Schiff der Welt lag neun Monate im Reparaturdock, und das in einer kritischen Periode des Kriegs, in der es dringend benötigt wurde.

Einem zweiten Passagierliner widerfuhr vor dem Ende der Ära der Ozeanriesen im Transatlantikverkehr das gleiche. Im April 1966 wurde der italienische 46 000-Tonnen-Liner *Michelangelo* in einem heftigen Sturm Opfer einer ähnlichen Woge. Die Wassermassen drückten die vorderen Aufbauten unterhalb der Brücke ein und zerstörten diese sowie die Quartiere der Offiziere und zwanzig Kabinen der Ersten Klasse. Zwei Passagiere und ein Besatzungsmitglied kamen ums Leben. Eine Frau konnte aus den Trümmern ihrer Kabine erst befreit werden, als Besatzungsmitglieder mit Beilen ein Loch in die Tür geschlagen hatten. Die Flagge des Schiffes wehte auf halbmast, als die *Michelangelo* in den Hafen von New York einlief.

Vor diesem Hintergrund muß man die übergroße Eile bei der Entwicklung der Supertanker sehen. Sechzehn Monate allein wurden Versuche in Tanks unternommen, um die Form des Rumpfes der *Normandie* experimentell zu entwickeln. Bei der *Queen Mary* führte man mehr als 8 000 Versuche mit zwanzig Modellen durch, die im Testtank ihrer Erbauerin, John Brown's Werft am Clyde, eine Entfernung von mehr als tausend Meilen hin und her zurücklegten. Die gründlichen und umfassenden Versuche, die für diese Ozeanriesen durchgeführt wurden, betrafen großenteils die Fahrtgeschwindigkeit, dabei wurde aber nicht die Rücksicht auf Stabilität und Seetüchtigkeit außer acht gelassen, die jede Vergrößerung der Dimensionen ihren Konstrukteuren und Erbauern abverlangte.

Die Belastungen, denen der Riesenrumpf eines Supertankers ausgesetzt sein würde, wurden zunächst theoretisch errechnet, wobei man von den Maßen und der Basiskonstruktion des Rumpfs ausging, die seit dem Bau der *Glückauf*, 1886, zuverlässige Dienste geleistet hatten. Die Abmessungen des Schiffsgerippes der ersten 200 000-Tonner waren damit lediglich Vergrößerungen der Standard-18 000-Tonner der Zeit unmittelbar nach dem Krieg, deren gesamte Fracht ein einziger der fünf Tanks in diesen Schiffen aufnehmen konnte. Dazu kam, daß man selbst bei einem so großen Rumpf Material zu sparen versuchte, indem man leichtere Schiffskörper baute, die weniger Stahl brauchten, denn die Menge des verbrauchten Stahls ist der kostspieligste Posten bei einem so gewaltigen Fahrzeug.

Schon bald kam man zu der Erkenntnis, daß es für den Bau eines größeren Schiffes nicht genügte, lediglich die Dimensionen eines kleineren zu erweitern; um bauliche Integrität zu erreichen, mußte es ein völlig anderes Schiff werden, bei dem die schwachen Punkte, die durch neue Belastungen entstanden, ausgeglichen wurden. Strukturanalyse unter Einsatz von Computern hat dazu beigetragen, in den aufeinanderfolgenden Tankergenerationen Schwächen zu verbessern, aber die See kennt kein System ihrer Stimmungen, auch nicht dort, wo sie am ehesten berechenbar sind, und im allgemeinen sind ihre Launen so wechselhaft, daß die volle Beanspruchung und Belastung einer neuen Rumpfform oder Ausrüstung vielleicht auf viele Jahre nicht richtig zu bewerten sind. Nach dem Krieg waren zehn Jahre intensiver Forschungsarbeiten notwendig, um festzustellen, warum die erwähnten amerikanischen Schiffe auseinandergebrochen waren. Trotz Computeranalysen wird es viel länger dauern, bis man wirklich die Grenzen der Belastbarkeit der größten Supertanker kennt.

Dieser Punkt kam zur Sprache, als ein Mitarbeiter des Lloyd's Register of Shipping, James I. Mathewson, im Frühjahr 1969 bei einer Tagung der Honourable Company of Master Mariners in London über Baufehler bei Großtankern sprach. Die Entwicklung des Supertankers innerhalb einer sehr kurzen Zeitspanne, erklärte Mathewson seinen Zuhörern, sei eines der spektakulärsten Ereignisse in der Geschichte der Schiffahrt gewesen. Dann erörterte er die technischen Details der Probleme und Mängel der riesigen Schiffsrümpfe und stellte fest, daß die praktischen Erfahrungen mit 200 000-Tonnern noch immer sehr begrenzt seien.

Einer seiner Zuhörer, ein Kapitän Watson, fragte: „Bis 1973 sollen über hundert 200 000-Tonner ausgeliefert werden. Da werden wir doch die Erfahrung bekommen?"

Mathewson: „. . .die kritische Einsatzzeit für Tanker . . .lag im allgemeinen zwischen acht und zehn Jahren nach der Fertigstellung, je nach der beförderten Ladung. Die heutigen Richtwerte der Längsfestigkeit beruhen auf Erfahrungswerten der zulässigen Höchstbelastung mit einer Wahrscheinlichkeit von eins in fünfundzwanzig Jahren, so daß es sein kann, daß beispielsweise in einer Fünf-Jahres-Periode die Wahrscheinlichkeit des Auftretens hoher Belastungen so gering ist, daß eine echte Praxiserfahrung fehlt.

Statistisch betrachtet, hat man den Eindruck, daß die praktische Erfahrung bislang ein zu kleines Sample abgibt, um daraus signifikante Folgerungen zu ziehen, die sich auf die Gesamtheit der Tanker anwenden ließen."

Im Licht dieser Aussage ist die Begegnung der *Queen Elizabeth* mit der „Sturzsee" vor Grönland, die sie ihrer größten Belastung aussetzte – diese teilweise Versenkung war das Schlimmste, was ihr widerfuhr, solange sie existierte –, vielleicht nicht ohne Belang. Die gesamte Biegebelastung ihres Rumpfes war entsprechend den extremsten Bedingungen angelegt, wie sie auf ihrer angenommenen Route möglicherweise auftreten würden. Die größte Welle, die jemals verzeichnet wurde, war 112 Fuß hoch. Über die Höhe der Woge, die den Bug der *Queen Elizabeth* in die Tiefe drückte, waren keine Schätzungen möglich, da sie zu jäh und mit zu großer Wucht auf das Schiff stürzte. Jedenfalls aber muß sie das Schiff bis dicht an seine Belastungsgrenze beansprucht haben.

Es kann kein Zweifel bestehen, daß es einem weniger starken Schiff viel schlimmer ergangen wäre und daß es das Abenteuer vielleicht nicht überstanden hätte. Bei der Konstruktion war die Möglichkeit, daß das Schiff Kreuzseen von solchen Ausmaßen begegnen könnte, nur als entfernt betrachtet worden, aber während des Krieges wurden die Cunard-*Queens* von Zeit zu Zeit auf nördlichen Routen eingesetzt, die sie normalerweise nicht benutzt hätten.

Heute durchqueren Supertanker und VLCCs das einzige Gebiet auf den Weltmeeren, wo solche Wellen und Wellentäler – oder Löcher im Meer, wie man sie genannt hat – endemisch sind. Diese Gewässer, vor dem Kap der Guten Hoffnung und längs der südafrikanischen Küste, gehören zu den gefährlichsten der Welt und haben bisher schon einen traurigen Zoll an Tankern gefordert. Ihre Gefährlichkeit zeigte sich sofort, nachdem 1967 der Suezkanal blockiert worden war und die Ölschiffe, die zwischen dem Persischen Golf und Europa verkehrten, den Umweg durch den Winter der südlichen Hemisphäre nehmen mußten. Was sich nun abspielte, war ein Schock sowohl für die Seeleute wie für die Versicherer, Schiffe erlitten Rumpfschäden; einige konnten sich retten, andere nicht; manche verschwanden, ohne eine Spur zu hinterlassen. Zu denen, die auseinanderbrachen und sanken, gehörte die *World Glory*, 46 437 t, einer der ersten Supertanker und einst das Juwel der Niarchos-Flotte; als sie 1954 die Werft der Bethlehem Steel Corporation in Quincy, Massachusetts, verließ, wurde sie in ihren Hauptabmessungen nur von fünf Passagierschiffen auf der ganzen Welt übertroffen, den beiden *Queens*, der *United States*, der *Liberté* und der *Ile de France*. 1968 brach sie während eines Sturms vor der südafrikanischen Küste in zwei Teile auseinander; der zersplitternde Stahl löste durch Funken eine Explosion aus, die das Zerstörungswerk noch vergrößerte und die Trümmer des Schiffes in Brand setzte. Die *World Glory* war nur eines von den vielen Schiffen, die in der ersten Zeit des Tankerverkehrs um das Kap der Guten Hoffnung verlorengingen oder schwer angeschlagen wurden. Seither hat eine enorme Zahl von Tankern dieses Schicksal erlitten, was daran erinnert, daß die Portugiesen diese Landspitze zuerst eigentlich Cabo Tormentoso (Kap der Leiden) nennen wollten. Eine nicht verbürgte Erzählung berichtet, Bartholomäus Diaz habe das Kap, nachdem er den Seeweg nach Indien entdeckt hatte, Tormentoso getauft wegen der Strapazen, die er dort auszustehen hatte, sei aber später von seinem Mentor, König Johann, korrigiert worden, der den Namen Kap der Guten Hoffnung ersonnen habe, als glückverheißender Wegweiser zu den Schätzen, zu denen es den Zugang eröffnete. Heute nimmt man an, Diaz selbst habe es Buena Esperanza genannt. Wie dem auch sei, die Portugiesen waren so gescheit, ihm beides, Leiden und Hoffnung, zuzuschreiben.

Das erstaunlichste an alledem ist vielleicht der Umstand, daß während des südlichen Winters jeder beladene Tanker, der das Kap umrundet, eine viel schwerere Fracht befördert, als man früher für sicher hielt, und damit gegen eine der ältesten – und sonst mit aller Strenge angewendeten – Regeln der maritimen Sicherheit verstößt: die Beladung des Schiffes nach den klimatischen Verhältnissen auf seiner Route auszurichten. Die Weltmeere sind in tropische, sommerliche und winterliche Freibordzonen eingeteilt; in tropischen Gewässern dürfen Schiffe am schwersten, in Gebieten, wo Winter herrscht, am geringsten beladen werden. Wenn ein Schiff eine Winterzone mit zu schwerer Ladung durchfährt, können durch die schwere See Platten und Spanten so sehr belastet werden, daß Lecks entstehen, die möglicherweise das Schiff sogar zum Sinken bringen können. Auf einer Fahrt vom Persischen Golf nach Europa, die, wie die unsrige auf der *Ardshiel*, in einer Zeit beginnt, in der im Norden Sommer herrscht, passiert der betreffende Tanker vier Klimazonen, tropisch, winterlich, wieder tropisch und schließlich sommerlich. Die Fahrt durch die Winterzone, um die Küste Südafrikas herum, nimmt drei bis fünf Tage in Anspruch. Ursprünglich bedeutete dies, daß das Schiff wegen des kurzen Stücks um das Kap nur bis zur Freibordmarke W (Winter) beladen werden durfte. Um dieser Vorschrift zu entsprechen, mußte es im Persischen Golf weniger Öl an Bord nehmen, als eigentlich Tankraum zur Verfügung stand. Bei der *Ardshiel* beispielsweise hätte dies ein Minus von 4000 Tonnen ausgemacht – ein beträchtliches Opfer, an Öl wie an Profit. Als 1966 die ersten VLCCs erschienen und damit die Route um das Kap der Guten Hoffnung zu einem festen Kalkulationsposten im Tankergeschäft wurde, ersuchte man die IMCO, die Angelegenheit zu überdenken, was auch geschah. Die Konvention über die Ladelinie wurde revidiert, und im Juli 1968 erhielten die Tanker die Erlaubnis, mit der Freibordmarke S (Sommer) das Kap zu umrunden. Sie bezahlten dafür dem Wetter Bußgeld, und Bußgeld bezahlten auch die Küstenabschnitte und die Gewässer, die sie durchfuhren. Der Kapitän eines schwedischen Tankers berichtete, er habe vom Bug her eine Welle über das Deck auf die Brücke zukommen sehen, die hoch genug war, sie zu überfluten und einzudrücken. Wenn ein Tanker tief beladen ist, hat er sehr wenig Freibord, und die Wellen schlagen über das Deck wie über ein Riff, das nicht weit über die Meeresoberfläche ragt. Einige der schlimmsten Ölteppiche in diesem Gebiet wurden, so wird angenommen, durch Kapitäne verursacht, die einen Teil ihrerÖlladung ins Meer abließen, weil sie um die Sicherheit ihrer Schiffe besorgt gewesen seien.

Aber Stürme stellen noch die geringste Gefahr für Supertanker dar. In ihren übergroßen Öltanks verbergen sich, wenn sie leer sind, furchtgebietende und bisher noch nicht völlig erforschte Kräfte. So wurden drei 200 000-Tonner durch Tankexplosionen aufgerissen, die so schwer waren, daß die langen Decks wie Deckel von Sardinendosen aufgerollt wurden. Der Shell-Tanker *Marpessa*, der am 15. Dezember 1969 sank, erwarb die traurige Ehre des bis dahin größten Havaristen. Er mußte diese Auszeichnung jedoch 1973 abtreten, als vor der westafrikanischen Küste ein liberianischer Tanker mit 216 326 Tonnen explodierte. So haben die Supertanker die Größenskala der Schiffskatastrophen ebenso extrem verändert wie alle gültigen Begriffe auf See.

5

Die *Ardshiel* glitt rasch durch eine feuchtsilberne See dahin; es war der fünfundzwanzigste Juni, und während die Küste an der Gironde-Mündung im Dunst verschwand, erfüllte mich das traurige Gefühl, daß der Horizont den ganzen Sommer mit sich nahm. Es war, wie ich feststellte, eine plötzliche, intensive Empfindung, die ich mit allen Menschen an Bord teilte. Die Blumen und das ländliche Grün von Le Verdon hatten alle, die schon seit einiger Zeit auf dem Schiff, aber auch jene, die in Rotterdam zugestiegen waren, mit einer tiefen Unrast erfüllt. Statt dessen konnten sie sich nun an der Aussicht auf zwei Äquator-Überquerungen – eine Woche im südlichen Winter und zwei im nördlichen Sommer – erfreuen, die alle fünf Wochen wiederkehrten.

Das Schiff wirkte ganz verändert, als ich nach unserem Aufbruch um drei Uhr von der Brücke herabstieg. Zum erstenmal wurde mir voll bewußt, wie riesig das Innere war. Das kam davon, weil es plötzlich so leer war. Alle Aktivität war erloschen. Keine Kommandos aus dem Lautsprecher. Kein Türenzuschlagen oder fernes Klingelgeräusch. Kein Auf und Ab auf den Treppen.

Auf dem Weg von Rotterdam war mir die *Ardshiel* so laut und überfüllt vorgekommen wie ein Passagierschiff. Die ablösenden Offiziere waren in Holland an Bord gegangen, aber da die Fahrt offiziell erst in Le Verdon mit der Löschung der Restladung beendet war, waren diejenigen, die abgelöst werden sollten, auf dem Schiff geblieben, bis wir an der Gironde ankamen. Bei sämtlichen Mahlzeiten hatten wir zwei Erste Offiziere und zwei Erste Ingenieure am Tisch des Kapitäns. Einige der Ehefrauen der Offiziere, die nicht von Bord gingen, waren für die kurze Fahrt durch den Kanal mit auf das Schiff gekommen. Alle jung und modisch-elegant, hatten sie das Schiff mit fröhlichem Geplauder erfüllt und ihm Farbe gegeben. Nun, da sie fehlten, wurde das Gefühl noch stärker, daß es mit der heiteren Jahreszeit vorbei war.

Die Offiziersmesse, wo sie jeden Abend unter zuckenden Diskothekenlichtern und bei einem Lärm getanzt hatten, der so laut war, daß er sogar das Schiff voranzutreiben schien, war nun leer. Wenn man durch die Fenster blickte, wirkte das Hauptdeck noch verlassener, und die Laufbrücke, die über die ganze Länge des Decks nach vorn führte und mit der Entfernung immer kleiner wurde, ließ an einen Weg denken, auf dem man vielleicht eines Tages einsam und allein dem Unbekannten entgegenging. Es war ein wehmütiger Gedanke.

Gegen ein so allgemeines und beunruhigendes Gefühl des Abstiegs und depressiver Selbstversenkung gibt es zu einer solchen Stunde nur ein einziges wirkungsvolles Mittel: das Ritual des englischen Nachmittagstees. Und als ich in meiner Kabine saß und über die vielen Wochen, ja Monate auf dem Schiff und auf See nachsann, begann draußen auf dem Korridor das gesellige Klappern des angerichteten Teetabletts die Stille zu stören. Es linderte die Melancholie und gebot eine gefaßtere, ruhigere Gemütsstimmung. Dieses köstliche Geräusch nach der Nachmittagsruhe kündigt zum Ende der Träumereien ein starkes Gebräu an; doch ist es eine Störung ohne alle Heftigkeit, sie schenkt einem eine behagliche Fürsorglichkeit, ein Gefühl häuslicher Stärkung, mit der man sich rüstet für die zwei schwierigen Stunden, die noch bis zur Abenddämmerung und zu substantielleren Genüssen bleiben. Das Tablett rechtfertigte, als es erschien, die schönsten Erwartungen: schimmerndes Porzellan und Silber auf einer gestärkten Serviette, heißer Tee, heißes Wasser, um die Kanne aufzufüllen, und heißer, knuspriger Toast, auf dem die Butter zerschmolz. Ein Teesieb lag daneben, und der Kanneninhalt hatte die Farbe von Teak, wie es sich gehört. Das Schiff rollte ganz leicht, und durch die Kabinenfenster fielen wechselnde Streifen harten, brüchigen Lichts auf den Fußboden. Es machte fast nichts aus. Nichts kann einen so angemessen gegen die Härte des Nachmittagslichtes abschirmen wie ein englisches Teetablett, es sei denn, es wäre ein schottisches mit heißen Haferkuchen. Dieses P & O-Tablett aber hatte durchaus genügend traditionelle Substanz. Gott sei Dank bist du auf einem englischen Schiff, schien es zu sagen. Oder war ich das, der dies sprach?

„Stark genug?" fragte der Steward.

„Ja, danke!“
„Noch ein bißchen heißes Wasser?“
„Nein, danke.“
„Möchten Sie noch etwas Toast?“
„Nein, danke. Oder vielleicht doch.“

Solche Augenblicke, so denkt man, sind die Angelpunkte, an denen der Fortgang des Lebens hängt.

Auf einem Supertanker, so scheint es einem, braucht man viele solcher Augenblicke, und die großen Tankerflotten lassen es sich angelegen sein, sie einem zu verschaffen. So karg sie äußerlich wirken, sind Supertanker doch oft bemerkenswert gut ausgestattet und mit Speise und Trank versehen. Glücklicherweise gehörte die *Ardshiel* zu ihnen.

Da Supertanker im Dutzend billiger sind, treten sie üblicherweise truppweise auf, sozusagen in ganzen Trauben von Schiffen, allesamt Abgüsse desselben Modells. Die *Ardshiel* war eines von vier gleichartigen Schiffen, die die P & O bei der japanischen Werft Mitsui Shipbuilding in Auftrag gegeben hatte. Die Kiellegung war am 18. Februar 1969, der Stapellauf am 4. August, und die Auslieferung erfolgte am 1. Dezember, womit sie der ersten Generation dieser Schiffe angehörte.

Auf dem Wasser wirkte die *Ardshiel* um etliches einnehmender als die meisten Riesentanker. Sie hatte nicht, wie so viele andere, funktionale, schilfrohrartige Abgaspfosten, sondern einen großen modernen Schornstein mit elegantem Fall. Auch ihre Decksaufbauten wirkten schiffsmäßig und nicht wie ein Hochhaus mit Sozialwohnungen. Jeder, der einen Blick für Schiffe hat, hätte erraten können, wer ihr Besitzer war, denn Traditionsfirmen in der Reederbranche haben eine Vorliebe für architektonische Kontinuität selbst noch bei ihren revolutionärsten Schiffen. Was auch die ultramoderne Technik beitragen mag, sie lassen gern, zumindest andeutungsweise, erkennen, was bei ihnen Tradition ist. Die P & O besitzt die größte Passagierflotte der Welt; daher kann es nicht überraschen, daß diese reiche Erfahrung auch auf die Tankerflotte abgefärbt hat. Die Aufbauten der *Ardshiel* ließen mit ihrer Vielzahl von Fenstern an einen Passagierliner denken,und man sah staunend die vier Hauptdecks, auf die alle diese Fenster führten, während sich hinter ihnen in der Hauptsache nur die Quartiere für vierzehn Schiffsoffiziere – und gelegentlich deren Ehefrauen – befanden. Die gesamten Unterkunftsräume, vom Mannschaftsdeck mit seinen Bullaugen unterhalb des Hauptdecks bis einschließlich der Kommandobrücke hoch darüber, umfaßten sieben Decks. Diese waren durch breite Treppen, alle gleichmäßig gelbschwarz gestrichen, sowie durch einen Aufzug verbunden, der in einem hundertfünfzig Fuß hohen Schacht vom Maschinenraum zur Brücke hinaufführte.

Der erste Eindruck innerhalb dieser Aufbauten war die großzügige Geräumigkeit, die nur durch die enorme Breite des Schiffes möglich war. Gänge, die quer übers Schiff führten, wirkten so lang wie die Korridore auf den Vorder- und Achterdecks vieler Passagierriesen; sie waren so breit wie Säle.

Wie auf einem Passagierdampfer, trug auch auf der *Ardshiel* jedes Deck der Aufbauten seine eigene Bezeichnung. Das höchstgelegene hieß Brückendeck, wo sich die Brücke selbst befand. Dieses Deck hatte eine besonders erfreuliche Eigenart. Die Reling, die es umgab, war entsprechend der Tradition aus Teakholz, alle anderen mit Ausnahme der um den Swimming-pool dagegen aus Metall. Es war nur eine Kleinigkeit, aber sie hatte etwas Anheimelndes; und wenn man abends oder wann immer aufs Meer hinausschauen wollte, zog es einen instinktiv auf dieses Deck, einfach weil es angenehm war, den Ellbogen auf eine breite, gemütlich warme, altmodische Reling aus Holz zu legen, wie man es von einem Passagierdampfer gewohnt war. Dieser warme Ton gab – Genüsse sind natürlich relativ – dem Bereich etwas von einem Garten, namentlich auch durch den Blick auf das grüne Wasser in dem großen Schwimmbecken und auf den Platz zum Sonnenbaden.

Die imposantesten Quartiere verteilten sich auf dem Deck darunter, dem Kapitänsbrückendeck. Drei ansehnliche Wohnungen nahmen praktisch den gesamten Raum auf diesem Deck ein: die des Kapitäns nach Steuerbord, des Leitenden Ingenieurs nach Backbord und dazwischen die des Besitzers. Die Wohnungen des Leitenden und des Kapitäns waren identisch – Arbeits- und Wohnraum mit einem Kühlschrank für Getränke und kleinen Imbiß. Schlafzimmer und Bad. Die Suite des Besitzers war ein großer Raum mit Unterteilungen, unpersönlich ausgestattet und möbliert, mit weichen Polstern, dicken Teppichen und schweren Vorhängen wie in einem Flughafen-Hotel. Sie wurde nur selten benutzt.

Im Oberen und Mittleren Brückendeck waren die anderen Offiziere sowie die Unteroffiziere untergebracht. Die beiden Zweiten Ingenieure und der Erste Offizier, die das erste bewohnten, hatten Wohnungen, die mit denen des Kapitäns und des Leitenden Ingenieurs praktisch identisch waren. Meine eigene Kabine auf dem Mittleren Brückendeck war typisch dafür, wie die rangniedrigeren Offiziere untergebracht waren. Von einer kleinen Diele führten Türen zu Duschraum und Toilette, die voneinander getrennt waren. Die Wohnung selbst wurde von zwei großen Fenstern beherrscht, die aufs Meer gingen und sich nahe an dem Doppelbett befanden (sämtliche Betten waren Doppelbetten für den Fall, daß Ehefrauen von ihrem Recht Gebrauch machten, ihren Gatten zu begleiten). Am anderen Ende der Kabine befand sich ein Arbeits- und Wohnbereich: ein langes Sofa, Teetisch, Sessel und ein breiter Schreibtisch mit starken Lampen. Wie alle Unterkunftsräume auf dem Schiff, war sie mit einem Spannteppich ausgelegt und hatte Air condition.

Die Mannschaft war ebenso gut untergebracht. Ihre Quartiere unter dem Hauptdeck waren mit Geschick entlang breiter, geschlossener, mit blauen Fliesen bedeckter Promenadendecks auf der Back- wie Steuerbordseite gruppiert und erhielten ihr Licht durch zwei Reihen eng beieinanderliegender Bullaugen. Die Kabinen, zumeist nur für einen Bewohner, waren ausgestattet mit Bett, Schreibtisch, Waschbecken, Schränken, Teppichen und Stühlen; große Glasfenster gaben den Blick auf das Promenadendeck mit seinem natürlichen Licht frei. Diese Quartiere wurden von vier Chinesen aus Hongkong, zehn Indern, zumeist aus Goa, und zwanzig Pakistanis bewohnt. Auf dem Hauptdeck darüber hatten sie ihre Messe und ihren Freizeitraum, durch dessen große Fenster man Heck und Kielwasser sah.

Das Untere Brückendeck zwischen dem Haupt- und dem Mittleren Brückendeck war das gesellschaftliche Zentrum des Schiffes; hier befanden sich ein Breitwandkino, Freizeitraum, Hospital sowie die Offiziersmesse, Bücherei und Speisesalon.

Auf diesem Deck erinnerte nur wenig an das Leben auf einem Schiff, wie es irgendeine frühere Generation von Seeleuten erlebt hatte. Schwimmbecken und Bordkino gelten heute nicht mehr als Luxus, sondern als unerläßlich für das Leben auf einem Supertanker, und von den beiden ist die Möglichkeit, Filme zu sehen, vermutlich noch wichtiger. Der Hauptfilm wechselte zweimal die Woche und wurde aus Kisten ausgewählt, die in den Terminals oder beim Passieren des Kaps der Guten Hoffnung aufs Schiff gebracht wurden. Die Filme werden, ob gut oder schlecht, immer wieder angesehen, selbst wenn versehentlich Streifen geliefert werden, die erst kurz vorher gezeigt wurden.

Der wichtigste gesellschaftliche Mittelpunkt des Schiffes war die Offiziersmesse, ein eleganter, klubartiger Raum mit teakgetäfelten Wänden. „Es ist nur furniert", hatte Basil Thomson auf meine anerkennende Bemerkung geantwortet, als er mich am Anfang herumführte, mit dem abschätzigen Ton eines Mannes, dessen Begriffe von Täfelung auf einem Schiff inmitten von solidem Teak, Mahagoni und Nußbaum geprägt worden waren. Dennoch gab es dem Raum und anderen Bereichen, in denen es verwendet wurde, einen angenehmen Ton von Wärme und Solidität, anders als Resopal und Kunststoff, das übliche Verkleidungsmaterial in Aufenthaltsräumen auf Tankern, das auch auf der *Ardshiel* vielfach anzutreffen war. In der Offiziersmesse wurde diese Wandverkleidung durch eine einfallsreiche Verwendung von Farbtönen in Schwarz, Orange und Hellbeige ergänzt. Lange schwarze Ledersofas und Sessel waren am einen Ende um weiße Teetische gruppiert, während das andere eine Bar mit Hockern einnahm. Der Raum war mit einem schwarzen Teppichboden ausgelegt, und abends verdeckten orangefarbene Vorhänge die lange Reihe der nach vorn gerichteten Fenster. Er enthielt auch eine Lesebibliothek mit zweihundert Bänden (die nach jeder Fahrt ausgewechselt wurden), die eine gutausgewogene Auswahl bot, darunter Scott Fitzgerald, Solschenizyn, Robert Ardrey, John O'Hara, V. S. Pritschett, Evelyn Waugh, Graham Greene, Tolstoi, Conrad, Agatha Christie, Hemingway und Len Deighton sowie verschiedenes aus Geschichte, Reiseliteratur, Biographien und Autobiographisches. Außerdem gab es zur Unterhaltung noch eine Zielscheibe fürs Pfeilwurfspiel, ein Kurzwellengerät, Tonbandgerät, Plattenspieler und einen Fernsehapparat. Manche Tankerfirmen schicken Kisten mit Filmen und Fernsehtonbändern, besonders von bemerkenswerten Sportereignissen.

Die hellbeigen und orangefarbenen Töne der Offiziersmesse setzten sich im Speiseraum nebenan fort, den man durch eine Doppeltür aus Mattglas betrat. Ein P & O-Kapitän erschien in der Messe nur zum Kaffee nach Tisch, sonst nur, wenn er eingeladen wurde; aber im Speiseraum ist er der Mittelpunkt – wenn er will. Für ihn ist er ein Ort, wo er sich der Öffentlichkeit zeigt und der gleich nach der Brücke kommt, und deshalb eine natürliche zweite Bühne für sein Auftreten, seine Neigungen und exzentrischen Züge. Diese können bei P & O-Kapitänen sehr ausgeprägt sein, und Basil Thomson führte sie häufig vor.

Die P & O hat sich immer etwas darauf zugute getan, daß sie der englischen Umgangssprache das Wort „posh" * geschenkt hat. Dieses Wort trat ins Leben als ein Ausdruck, den Angestellte der Reederei im späten neunzehnten Jahrhundert beim Platzbuchen verwendeten; es bedeutete Port Out – Starboard Home (Backbord auf der Hin-, Steuerbord auf der Rückreise); ein kluger Passagier aus jener Zeit hatte diese Formel entwickelt, als er seine Kabine für die Fahrt in den Osten und zurück so buchte, daß sie jedesmal auf der Schattenseite lag, bei der Fahrt durch den Suezkanal und das Rote Meer vor der ärgsten Hitze geschützt. „Posh" wurde zu einem Begriff, der für den ganzen Stil einer Reise mit der P & O galt, und dieser Stil wurde von den Schiffen im Nordatlantikverkehr, mit seinen verschiedenen Graden einer großtuerischen, vulgären Konkurrenzgesinnung niemals erreicht, ausgenommen vielleicht auf den Schiffen der White Star Line, die zu ihrer Zeit viel standesgemäßer für den Gentleman waren als selbst die vornehmen, aber nicht so fashionablen der Cunard-Linie. Sie waren eher schwimmende Landsitze als schwimmende Hotels, boten dasselbe untadelige Protokoll und die gleiche wohlerzogene Lässigkeit, und beides wurde bei der P & O sehr gepflegt.

Solch ausgeprägte Individualität vergeht heute in der Welt der Seeschiffahrt ebenso rasch wie auf dem festen Land; die einzelne Reederei, die einst einer ganzen Zunft ihr Signum aufprägte, wird

* Etwa: nobel.

bald ganz der Vergangenheit angehören, ihre Eigenarten gehen unter in Aufkäufen, Fusionen und Reorganisationen. Die P & O entstand, als sich zwei Londoner Reeder namens Wilcox und Anderson zusammentaten, die sich am portugiesischen Bürgerkrieg 1832 und später an den Carlistenkriegen in Spanien beteiligten; das Wort „Peninsular“* erinnert daran, daß die Schiffe der Gesellschaft ursprünglich im Verkehr zur Iberischen Halbinsel eingesetzt wurden, zu dem 1840 die Verbindung nach Indien kam, als die vollständige Bezeichnung Peninsular and Oriental Steam Navigation Company durch königliches Privileg eingetragen wurde. Von da an wurde der Name P & O zu einem ebenso machtvollen Symbol des britischen Weltreiches und seiner merkantilen Vorherrschaft wie die Royal Navy selbst, ja vielleicht noch in größerem Maß, denn wenn die Flotte die Macht Englands ausdrückte, so verkörperte die P & O deren Realitäten. Rudyard Kipling kam in seinen Versen anscheinend niemals ohne diese Gesellschaft aus, und das ist kaum zu verwundern. Sie war *das* Bindeglied zum Empire; und nichts illustrierte dies eindrucksvoller als der Anblick eines großen Liniendampfers auf seiner stolzen Fahrt durch den Suezkanal, mit seinem schwarzen Rumpf und den schwarzen Schornsteinen, getrennt durch die blaugrauen Aufbauten, seine weißen Uniformen und die vielen goldbetreßten Mützen auf der Brücke, seiner obligaten blauen Flagge, die es feierlich senkte, wenn es unterwegs Kriegsschiffen begegnete, und dem Trompetensignal, mit dem die Passagiere der Ersten Klasse gebieterisch aufgefordert wurden, sich zum Dinner umzuziehen. Keinem Vizekönig, Gouverneur, hohen Militär, Maharadscha oder Nabob wäre es eingefallen, ein anderes Beförderungsmittel zu wählen, wenn sie das Land verließen oder zurückkehrten. Stanley begann seine Reise, auf der er Livingstone fand, an Bord eines P & O-Schiffes, und ebenso trat Florence Nightingale auf einem solchen ihre barmherzige Missionsfahrt an. Die Flottenchefs und die Kapitäne der Schiffe dieser Gesellschaft nahmen eine hohe Stellung in der Rangordnung des Empire ein und genossen oft einen beträchtlichen Ruhm als Führer ihrer Schiffe, die souveränrücksichtslos wie ein Rittergut der Feudalzeit geleitet wurden.

* Von „peninsula“ – Halbinsel.

Die P & O ist noch heute Englands größte Reederei. Neben Tankern und Passagierschiffen betreibt sie unter anderem Frachter, Hochseeschlepper, Bohrinseln, Flüssiggastransporter, Containerschiffe und Autofähren. Aus dieser Position der Stärke heraus ist es der P & O gelungen, viel von ihrem Charakter, ja selbst exzentrische Züge zu bewahren, während das Leben auf den Schiffen anderer Reedereien viel von seiner Besonderheit verloren hat. Zum erheblichen Teil ist diese bewahrte Traditionsstimmung bei der P & O zweifellos auf die Politik der Reederei zurückzuführen, nach wie vor indische und pakistanische Mannschaften unter englischen Offizieren zu beschäftigen, weshalb man auf ihren Schiffen diese merkwürdig gemütliche Stimmung kolonialer Nachklänge antrifft, von denen Indien noch immer so weitgehend geprägt ist.

Es gab Augenblicke auf der *Ardshiel*, in denen ich das Gefühl hatte, auf einem dieser altmodischen Liniendampfer zu sein, die vor so vielen Jahrzehnten östlich von Suez das Meer durchpflügten. Am stärksten war diese Empfindung am Abend, wenn, pünktlich um halb acht Uhr, Basil Thomson eine kleine Prozession seiner Offiziere vom Dämmerschoppen – oder „Umtrunk", wie sie lieber sagten – herunter in den Speise-Salon führte, alle zum Dinner „fürs Rote Meer getakelt". Dieser formlose „Abendanzug" für warmes Klima verzichtet auf Krawatte und Jackett und besteht aus schwarzer Hose, seidenem Kummerbund und kurzärmeligem weißem Hemd mit goldgestickten Rangabzeichen auf den Achselklappen. Wir zogen in den Speiseraum, wo die goanesischen Stewards uns in gestärkten weißen Jacken erwarteten, gruppiert um die Tische mit frischer Wäsche, Tafelsilber und gedruckten Speisekarten in silbernen Haltern neben jedem Gedeck.

Um sieben Uhr wurde auf dem ganzen Schiff zum Dinner geläutet, aber dies galt nur für die niedrigen Offiziere, die ihr Abendessen beendet haben sollten, wenn der Kapitän mit seinem Gefolge eintraf, Offiziersanwärter Davis, offenbar ein langsamer Esser, kaute noch mit vollen Backen, als wir eintraten. „Wenn Sie schon noch da sind, dann kommen Sie mit Ihrem Teller hier rüber", sagte Thomson scharf, im Ton eines Mannes, dessen Begriffe von Ordnung gestört worden waren, und als Davis schließlich fertig war: „Sie dürfen sich jetzt empfehlen!"

Geräuschlos kamen und verschwanden die Speisen der einzelnen Gänge auf Serviertabletts, aufgetragen auf heißen Tellern. Kaum jemand sprach ein Wort, außer Thomson, der nach der Art von Kapitänen von seinem Vorrecht auf einen Monolog Gebrauch machte.

Das Essen, ob Frühstück oder Abendessen, war hervorragend. Ein gewöhnliches Frühstück bestand etwa aus gedämpften Äpfeln, Cornflakes, Hafergrütze, Räucherdorsch in Milch, gebratenen Kartoffeln, Käse- oder einfachen Omelettes, Eiern nach Wunsch, Brötchen und Toast, Tee oder Kaffee. Zum Mittagessen gab es immer ein Curry-Gericht, Birianis, Keftas, Madras-Curry, Vindaloos, Sally Mutton; und es wurde stets mit Chutney, Popadoms, gewürfelten Tomaten, Zwiebeln, Kokosnuß und Preiselbeeren serviert. Ein typisches Abendessen bestand beispielsweise aus Mockturtlesuppe, gegrillter Seezunge, Tatar, gefülltem Kalbsbraten, gekochten und in der Schale gebackenen Kartoffeln, Blumenkohl, Pfirsich Melba und der englischen Spezialität, einem pikanten Savoury, wie etwa Heringspaste auf Toast.

Nach dem Dinner zog man an den Kaffeetisch in der Offiziersmesse um. Unfehlbar fragte jemand: „Wer will die Mutti machen?“ Und derjenige, der dem Kaffee am nächsten war, begann einzugießen, während andere die Tassen, die Milch und den Zucker herumreichten. Gewöhnlich beherrschte Thomson die Unterhaltung und erzählte den Jüngeren Geschichten und Erlebnisse aus seinen alten Tagen, die sie sich geduldig anhörten. Sie hatten sie schon oft gehört und würden sie noch oft genug hören, solange sie auf dem Schiff waren. Doch währte die Strapaze nicht allzulange. Ungefähr nach einer halben Stunde verkündete Thomson unvermittelt: „Well, ich denke, ich werde hinaufgehen und mir meinen Schreibkram vornehmen.“ Damit verschwand er, und hinter ihm in der Regel auch der Leitende.

Als die beiden höchsten Vorgesetzten den Raum verlassen hatten, lockerte sich die Atmosphäre merklich; aber sosehr sie sich auch entspannte, die Stimmung in der Offiziersmesse blieb immer etwas steif und wohlerzogen. Nur selten hörte man derbe Späße oder Frivolitäten. Wieder spürte man die Ermattung im Umgang miteinander, die ein langes erzwungenes Beisammensein mit sich bringt, dieses Etwas an den sprunghaften, ziellosen Unterhaltungen, das nicht Melancholie ist, sondern mehr der Mangel an echtem gegenseitigem Interesse, wie er sich bei Menschen einstellt, die einander zu oft haben reden hören. Und nicht nur daß die Welt fern war, spürte man, sondern mehr noch, daß es auch das Schiff selbst zum größten Teil war, man fühlte sich wie in einer eingeschlossenen Gruppe am einen Ende einer sonst unbewohnten Insel, deren anderes Ende nur wenige manchmal besuchten und einige überhaupt kaum kannten, so daß man sich von Zeit zu Zeit fragte, ob es eigentlich existierte.

Wie alle sagten, wurde die Offiziersmesse auf der *Ardshiel* viel häufiger frequentiert als auf anderen Tankern; auf anderen Schiffen kam es anscheinend nur selten vor, daß sich dort am Abend mehr als zwei, drei Leute versammelten; trotzdem aber fiel mir auf, daß das Leben in der Messe auf der *Ardshiel* schon bald erstarb. Man schien es vorzuziehen, sich in den Kabinen zusammenzusetzen, als suchte man eine Zuflucht vor der gewaltigen, bedrückenden Leere des Schiffes. Und dort, inmitten von Rauchschwaden und wachsenden Halden leerer Bierdosen, entfalteten sich die derbe Fröhlichkeit, der ausgelassene Lärm, der gutmütige Spott und die Schlagfertigkeit der Antworten, von denen in der Offiziersmesse nichts zu hören gewesen war.

Als sich eines Abends die Messe zu leeren begann, beschloß ich, dem Pfad zum anderen Ende unserer Insel zu folgen, ging nach unten und auf der Laufbrücke dem Bug entgegen. Die Nacht war unter dem bedeckten Himmel rabenschwarz, und je weiter man ging, um so fremdartiger, einsamer und beängstigender wurde einem zumute. Die Vorderseite der Schiffsaufbauten ist nachts immer dunkel, jedes Fenster dicht verhängt, damit die Sicht von der Brücke nicht beeinträchtigt wird, und so ließ man eine Fassade hinter sich, an der kein Schimmer von Licht zu sehen war; wenigstens aber gab einem ihre hochragende Nähe ein gewisses Gefühl, geborgen zu sein. Nach einer Weile schwand auch dies; die Aufbauten lagen weit zurück und waren nur noch schwach zu erkennen, aber der stählerne Steg führte weiter und weiter ins Dunkel, so weit der angestrengte Blick reichte. Schiffe haben auf mich immer einen großen Reiz nachts ausgeübt, wenn ihr Friede und ihre Gelassenheit am stärksten scheinen. Doch auf dem Hauptdeck der *Ardshiel* war mir ganz anders zumute, und das

Gefühl, das ich empfand, war nahe an der Grenze zur Furcht, ja zur Angst.

Die beunruhigenden Entfernungen auf dem Schiff vermittelten ein ungutes Gefühl der Einsamkeit. Man spürte förmlich die sterile metallene Weite, die sich ringsum unsichtbar ausbreitete, und ihre Wirkung hatte etwas Drohendes – eine mechanische Wüste von unbestimmbarem Sinn, der ebenso leeren Weite des Meeres auferlegt und mit Formen und Konturen, die nichts Beruhigend-Vertrautes hatten. Auch das Meer konnte einen nicht beruhigen. Man spürte nicht einmal seine Gegenwart, auf diesem Pfad längs der Schiffsmitte, der über schläfrige Rohre und Geräte führte, deren Bestimmung dunkel war; die See lag irgendwo weit weg unterhalb des fernen und unsichtbaren Decksrandes auf beiden Seiten, und wenn man einen Hauch von Salzluft auf die Lippen bekam, schmeckte er nach Stahl.

Man empfand ein überwältigendes Gefühl von Verlassenheit, getrennt von dieser Burg, die weit hinten schemenhaft aufragte; doch als ich dort wieder ankam, fand ich sie ebenfalls völlig verlassen vor. Diejenigen, die noch trinkend und im Gespräch beisammengesessen hatten, als ich gegangen war, waren inzwischen verschwunden, vermutlich in ihre Kabinen. Nur die verstreuten Überreste zeugten davon, daß sie kurz vorher noch dagewesen waren: halb geleerte Biergläser, aufgeschlagene Zeitschriften, volle Aschenbecher und Tassen mit kaltem Kaffee, von denen niemand getrunken hatte. Ich ging aus der Messe in den Speiseraum, den Freizeitraum, das Hospital, den Aufgang hinauf und durch die leeren Korridore – und nirgends ein Geräusch, nirgends ein Zeichen von einer Menschenseele. Und als ich, in einer plötzlichen Anwandlung, mit dem Lift auch noch zum Maschinenraum hinunterfuhr, schien die melancholisch-surrealistische Stimmung vollkommen, denn nachts und am Wochenende werden die Maschinen auf automatische Steuerung geschaltet und sich selbst überlassen. So war es im Maschinenraum ebenso beängstigend wie auf dem Deck. Es war beunruhigend, diesen schmalen Ventilen zu folgen, die sechzig Fuß über der stampfenden pochenden Maschinerie hingen, und festzustellen, daß die eigene Phantasie einem das Gefühl gab, in einer mechanischen Welt allein zu sein, besonders bedrückend in einer so rastlos und seltsam tätigen.

Ich ging zum Aufzug zurück und fuhr hinauf zur Brücke, dem einzigen Ort auf dem Schiff, wo man wußte, man würde einen Menschen finden, ohne an eine Tür klopfen zu müssen. Während ich nach oben glitt, dachte ich mir, daß es gut zu verstehen sei, warum, wie der Erste Offizier, Alan Ewart-James, mir erzählt hatte, Stanley Kubricks Film *2001* in den Bordkinos dieser Schiffe so wenig Anklang gefunden hatte.

„Oft kriegt man plötzlich dieses Gefühl, als sähe man Geister oder eine Erscheinung, wenn man hier oben nachts alleine steht", sagte Stephen Tucker, der Dritte Offizier, als ich ihm von meinen Wanderungen erzählte. Er hatte im Kapitänssessel auf Steuerbord gesessen und in die Dunkelheit hinausgestarrt, als ich ankam, und bot ihn mir nun an. Der Alte sei erst zehn Minuten vorher gegangen, sagte er. Er kam jeden Abend um zehn wegen seiner Tasse Kakao herauf, die Tucker für ihn braute, sah sich um, gab seine Befehle und zog sich dann zur Nacht zurück. Wenn er gegangen war, kam er nur wieder, falls er gerufen wurde, und Tucker getraute sich dann, sich in seine Sessel zu setzen. Auf einem anderen Schiff hätten sie die beiden Kapitänssessel zusammengestellt, sich daraufgesetzt und sich die Stunden durch Plaudern vertrieben. Darüber habe er vorhin im Sitzen nachgedacht. Manchmal, sagte er, habe er das Gefühl, daß man auf diesen Schiffen verrückt werden könnte.

Tucker begann Entfernungen auszurechnen. Ob ich wisse, daß ein Auto bei sechzig Meilen in der Stunde zwölf Sekunden brauchen würde, um eine Strecke so lang wie das Schiff zurückzulegen? Ein Sprinter würde fünf Sekunden brauchen, um quer über das Hauptdeck zu spurten! Plötzlich verlor sich seine gute Laune,und er setzte hinzu: „Beim Dinner war ich in guter Form, und wir waren an unserm Tisch alle ganz aufgekratzt. Aber es ist immer dasselbe: So um halb zehn kommen wieder die Gedanken, was soll das alles, dieses Leben?"

Das heutige Bild des Supertankers mit den auf dem Achterdeck zusammengedrängten Aufbauten erschien zum erstenmal Anfang der sechziger Jahre. Vorher war das Standardprofil von Öltankern dasselbe gewesen wie bei der alten *Glückauf*: Maschinenanlage achtern, und die Brücke mittschiffs. Selbst Schiffe von 100 000

Tonnen wurden noch nach diesem Schema gebaut. Diese Tanker alten Stils hatten konventionelle Masten und Schornsteine, ein gewisses Maß von Fall und Sprung, und sie zeigten nach dem Zweiten Weltkrieg viel Stolz auf ihre Konstruktion und ihr Aussehen. Dies galt namentlich für viele Tanker, die von den Griechen Niarchos und Onassis gebaut wurden, die in den fünfziger und sechziger Jahren als Herren der Branche anerkannt waren und darauf mit Sinn für Repräsentation und mit Geschmack reagierten. Ihre Flaggschiffe hatten schöne Linien und hübsche Farben. Es waren Schiffe, die bei anderen Seeleuten Bewunderung und Neid auslösten. Die Nachricht, daß ein neues Onassis-Schiff vorbeifuhr, konnte die ganze Besatzung an Deck locken, wie in den dreißiger Jahren ein neuer Bewerber um das Blaue Band.

Die *Torrey Canyon* war ein gutes Beispiel für die letzten Schiffe dieses Typs, und als sie havarierte, konnte nicht einmal die schreckliche Ölpest, die sich aus ihren Tanks ergoß, den Kummer mildern, den man empfand, wenn man die erregenden Aufnahmen des Schiffes sah, das beinahe ganz auseinandergebrochen und durch die schwere See zu einem V zusammengebogen worden war. Sie war unstreitig ein sehr schmuckes Schiff gewesen, sorgsam gepflegt, und man konnte sich denken, daß ihr Besitzer auf ihre Persönlichkeit stolz gewesen war.

Diese Schiffe sahen nicht nur völlig anders aus, sie hatten auch eine ganz andere Kultur, ein völlig verschiedenes Lebensmuster. Mannschaft und Ingenieure hatten ihre Quartiere achtern über der Maschinenanlage. Die Speiseräume, Küchen und Freizeiträume befanden sich ebenfalls dort. Der Kapitän und die anderen nautischen Offiziere wohnten in den Aufbauten mittschiffs, unterhalb der Brücke, und so bestand das Schiff genaugenommen aus zwei „Gemeinden“, die durch eine Laufbrücke verbunden waren. Dies bewahrte noch betonter als auf anderen Schiffen die traditionelle Rivalität zwischen nautischen und technischen Offizieren. Auf dem Achterschiff mit der Mannschaft abgesondert, wenn auch in praktischer Nähe zu der Maschinenanlage, fanden die Ingenieure auf den alten Tankern, daß die Aufteilung der Quartiere die nautischen Offiziere in ihrem traditionellen Bewußtsein, einer höheren Kaste anzugehören und allgemein höherzustehen, nur noch bestärkte.

Was es auch für das Ästhetische bedeutete, das Prinzip, die Aufbauten achtern zusammenzufassen (aus wirtschaftlichen Gründen eingeführt und weil man es für den Fall einer Explosion für sicherer hielt), hat die soziale Struktur auf den Tankern völlig verändert, die technischen und nautischen Offiziere zusammengeführt und schließlich und unzweideutig Statusgleichheit zwischen dem Kapitän des Schiffes und dem Leitenden Ingenieur hergestellt, die dasselbe Deck teilen. Aber die Automation hat diese Veränderung noch weiter vorangetrieben. Während es früher nur zwei Kasten gab, technische und nautische Offiziere, ist heute eine dritte dazugekommen, die der Elektroniker; und diese, so nimmt man schon heute an, werden die künftigen Herren sein. In vielen Punkten sind sie es bereits jetzt.

Noch vor einem Jahrzehnt war der Bordelektriker im Unteroffiziersrang ein Mann, der Glühbirnen auswechselte und Sicherungen einschraubte. Heute heißt er auf englischen Schiffen Elektroingenieur und ist in der Rangordnung zum Kapitän und Leitenden aufgerückt. Wenn die Ingenieursoffiziere sich früher zurückgesetzt fühlten, so deswegen, weil sie der Ansicht waren, daß für den Schiffsbetrieb sie selbst noch unentbehrlicher seien als die nautischen Offiziere. Aber was die Unentbehrlichkeit betrifft, so sind heute wahrscheinlich selbst sie hinter die Elektroniker gerückt; denn der Elektroingenieur hat die Verantwortung für das komplexe Wunderwerk des bunten Drahtlabyrinths der zahlreichen Systeme, die diese Schiffe steuern.

Gegenwärtig fahren bereits Supertanker über die Meere, bei denen Laden und Löschen, der Betrieb der Maschinenanlage, die Entlohnung der Besatzung und selbst medizinische Diagnosen von Computern besorgt werden. Die Computer erhalten die Position des Schiffes von Satelliten und steuern es entsprechend; sie verhüten Zusammenstöße, indem sie die Radarmeldungen von Schiffen in der Nähe auswerten und die entsprechenden Manöver einleiten, damit der nötige Abstand eingehalten werden kann. Solche Anlagen sind zwar zu kostspielig, um bereits allgemeine Verwendung zu finden (auf der *Ardshiel* selbst war nur die Maschinenanlage automatisiert), aber sie lassen den Trend der Entwicklung erkennen, und so gilt heute das unbemannte, ferngesteuerte Schiff als die unvermeidliche und natürliche Fortentwicklung. Mit größerer Wahrscheinlichkeit dürfte es jedoch, vermutlich in den nächsten zehn Jahren, dazu kommen, daß Schiffe von einem kleinen Team von Technikern und Navigatoren, nicht größer als die Besatzung einer Verkehrsmaschine, geführt werden, die bei der Annäherung an einen Terminal diesem Kontrolle und Steuerung des Fahrzeugs überlassen. Derartige revolutionäre Experimente werden mit Sicherheit zuerst mit Schiffen japanischer, amerikanischer und westeuropäischer Eigentümer beginnen, nicht nur weil diese die Mittel dafür, sondern auch weil sie die größten Schwierigkeiten haben, Besatzungen für ihre Schiffe zu finden.

Diese Veränderungen und Perspektiven spielten eine große Rolle in den Unterhaltungen an Bord der *Ardshiel*, und allgemein war man der Ansicht, daß dies die letzte Generation von Seeleuten und Seefahrt im hergebrachten Sinn und daß es mit der traditionellen Autoritäts- und Machtstellung des Kapitäns sozusagen vorbei sei. Eine englische Reederei, teilweise im Besitz der P & O, hatte bereits den Titel Kapitän abgeschafft und durch die Bezeichnung „Manager" ersetzt, während das Schiff selbst von einem „Komitee", bestehend aus Navigations-, technischen Offizieren und Elektroingenieur, geführt wurde. Wenn es zuvor Zwist zwischen nautischen und technischen Offizieren gegeben hatte, so war er nun akademisch geworden; jedenfalls schien es so. Nun saßen beide Seiten im gleichen Boot und sahen leidenschaftslos mit an, wie sie allmählich gemeinsam verdrängt wurden. Wenn die anderen von dieser Entwicklung sprachen, reagierte Basil Thomson immer mit demselben knappen: „Nun ja, ich hab' nur noch zwei Jahre vor mir, mich kann das alles nicht aufregen."

In der *Ardshiel* schien sich, wie nur je in einem Schiff, dieser gewaltige Umbruch in der Seeschiffahrt zu spiegeln. Auf der Kommandobrücke begegnete man der Vergangenheit und ihren Konventionen, im Maschinenraum der halbautomatisierten Gegenwart; und als Symbol der Zukunft saß bei Tisch rechts neben dem Kapitän Dave Haydon, der Elektroingenieur. Überall machte sich der Geist der Veränderung bemerkbar, nicht nur wegen der ganz anders gearteten Größe des Schiffes, sondern auch, und viel eindrucksvoller, wegen des deutlich spürbaren Wandels in der Hierarchie und im psychologischen Klima.

Auf den Schiffen vergangener Zeiten hatte eine Fahrt ihren Anfang und ihr Ende. Sie war ein eigenes, abgegrenztes Erlebnis und konnte eine Erinnerung sein, die ganz für sich stand. Dies kann bei einem Supertanker nur eine Katastrophe oder ein in letzter Minute abgewendetes Desaster bewirken. Sonst aber gehen die Reisen ununterscheidbar ineinander über. Genaugenommen endet die Fahrt nie. Das Leben auf diesen Schiffen spielt sich in ständiger Wiederholung ab. Die Besatzung wird nie völlig ausgewechselt; immer gibt es irgend jemanden, dessen Dienst im nächsten Terminal zu Ende ist, wo er von einem anderen abgelöst wird, der am Dock wartet, wenn das Schiff anlegt. Der Mann, der als Ablösung kommt, fügt sich in einen Ablauf ein, in dem es nicht einmal eine Pause gegeben hat. Alan Ewart-James bemerkte einmal dazu: „Früher ist man im Hafen an Bord gekommen, hat sich umgeschaut, seine Kabine gesucht, sich auf dem Schiff umgesehen, mit den Leuten geplaudert, die in der Messe saßen oder auf Deck herumstanden, und sich langsam eingewöhnt. Aber auf diesen Schiffen kommt man an Bord, kriegt einen Overall, und dann geht's schon los. Man macht dort weiter, wo man zwei Monate vorher auf dem andern Schiff aufgehört hat."

Supertanker, die gleich zu mehreren gebaut werden, sind einander, selbst in der Ausstattung, so ähnlich, daß jemand, der ein Schiff verläßt und zwei Monate später, wenn sein Urlaub zu Ende ist, auf eines derselben Klasse kommt, leicht glauben kann, er sei wieder auf demselben Tanker. Mit der Zeit sieht man eine ganze Klasse, wie die *Ardshiel* und ihre drei Schwesterschiffe, die *Ardlui*, *Ardvar* und *Ardtaraig* (daneben wurde noch ein fünftes gebaut, aber die P & O machte keinen Gebrauch von ihrer Option), als ein einziges Schiff. „Diese Schiffe" sagen die Leute auf der *Ardshiel* gern, selbst wenn es um eine Sache geht, die nur ihr eigenes Schiff betrifft. Ein Gefühl des Beglücktseins ist kaum zu erwarten, wenn jemand wieder die gleichen Armaturen, die gleiche Quartierverteilung, die gleiche Kabine und, falls er Pech hat, die gleiche Garnitur von Filmen und Büchern antrifft.

Dieses sich immer wiederholende Schema von Umgebung und Arbeits- und Lebensumständen gibt manchen das Gefühl, als wären sie auf einer modernen Version des *Fliegenden Holländers*, dazu verdammt, wieder und wieder mit wechselndem Kurs das Kap zu umrunden; doch diese Standardisierung hat durchaus auch ihre Vorteile. Alan Ewart-James etwa gab diesem System den Vorzug vor dem alten, wie er es beschrieben hatte. Er sah das Positive darin, daß jemand, der an Bord kommt, keine Zeit hat, an das zu denken, was er zurückgelassen hat. Er wird sofort von seinem Job in Anspruch genommen und ist, sobald das Schiff unterwegs ist, wieder so in den ganzen Ablauf eingespannt, daß Gefühle von Einsamkeit und Heimweh sich gar nicht lange halten können.

Auf allen Frachtschiffen wie der *Ardshiel* verlangt der internationale Brauch wenigstens drei wachhabende nautische Offiziere (Passagierschiffe haben gewöhnlich die doppelte Zahl oder noch mehr). Handelt es sich um eine der großen Seefahrtnationen wie Großbritannien, könnte keiner dieser Offiziere die Brücke betreten ohne ein Befähigungszeugnis, erworben nach strengen schriftlichen und mündlichen Prüfungen unter Aufsicht des Department of Trade, das innerhalb der englischen Regierung die Zuständigkeit für Fragen der Handelsschiffahrt besitzt. Diese Offiziere übernehmen im Turnus die Seewachen auf der Brücke, jeweils für vier Stunden; somit absolviert jeder von ihnen innerhalb von vierundzwanzig Stunden zwei vierstündige Wachen.

Der Rangniedrigste, der Dritte Offizier, geht die zwei Wachen von acht bis zwölf, die mittags und um Mitternacht zu Ende sind. Der Zweite Offizier hat die sich anschließenden Wachen von zwölf bis vier, und der Erste Offizier übernimmt die Wachen von vier bis acht. Der Kapitän geht keine Wache, es sei denn, er löst freiwillig einen seiner Untergebenen ab. Die Ingenieure hatten auf nichtautomatisierten Schiffen ein ähnliches System der Maschinenwache; auf einem Fahrzeug wie der *Ardshiel* beginnen sie gemeinsam ihren normalen Arbeitstag, wobei einer die Aufgabe erhält, während der Nacht sich um automatische Alarmmeldungen von unten zu kümmern.

Auf englischen Schiffen kommen die nautischen Offiziere üblicherweise aus dem Süden oder Westen der Britischen Inseln, während die Ingenieure in der Regel aus dem Norden stammen; sie sind entweder Schotten oder Geordies, das heißt, aus dem Industrie- und Zechenrevier von Newcastle upon Tyne und seinen Satellitenstädten.

Basil Thomson war in der Nähe von Brighton zu Hause. Alan

Ewart-James stammte aus Southend an der Themsemündung, während der Zweite Offizier, Alfred Hattrell, und Stephen Tucker aus dem Gebiet von Groß-London kamen. Sie alle hatten keine gemeinsamen Verwandten oder Freunde, bevor sie sich auf den verschiedenen Schiffen der Firma kennenlernten. Bei den Ingenieuren dagegen hatte man oft den Eindruck, als gehörten sie demselben Klan an. Die Geordies vor allem brachten Wärme und Lustigkeit. Geordieland, wie sie es selber nennen, ist noch heute eines der wirtschaftlich rückständigen Gebiete Englands. Gemeinsam war ihnen die Erinnerung an eine entbehrungsreiche Vergangenheit; die meisten von ihnen hatten entweder selbst in den Gruben gearbeitet oder Verwandte, die Kumpel waren. Und doch verband sie ein gutmütig-spöttischer Humor im Umgang miteinander. Ein Vorteil war dabei, daß die meisten aus den Zwillingsstädten North und South Shields stammten und ständig gemeinsame Bekannte, Nachbarn oder Verwandte entdeckten, falls sie sie nicht schon aus der Kindheit kannten, persönlich oder vom Hörensagen. Offensichtlich hatten North und South Shields der englischen Handelsmarine Generationen von Ingenieuren gestellt. Ständig stellten sie voller Freude fest, daß sie die gleiche Schule und die gleichen Lokale besucht, dieselben Freundinnen ausgeführt oder gemeinsame angeheiratete Verwandte hatten, und sie führten einen tiefer in die Verästelungen ihrer komplizierten Sozialstruktur, wenn sie entdeckten, daß Väter, Onkel und Großväter auf demselben Schiff gefahren waren oder im letzten Krieg gemeinsam auf einem Kahn gedient hatten, der von einem Torpedo versenkt wurde. Sie waren ungekünstelte Naturen, denen gänzlich die ungebrochenen Begriffe von Klasse und gesellschaftlicher Schicht fehlten, die der Engländer aus dem Süden der Insel noch besitzt. Eines Abends, während einer Diskussion über Fußball und die Gehälter, die heute englische Fußballer beziehen, verbreitete sich plötzlich ein mißbilligendes Schweigen, als Thomson sich zurücklehnte und donnerte: „Das ist ja alles schön und gut, aber wenn ein Kerl, der so viel verdient und Mannschaftskapitän ist, im Fernsehen den Mund aufmacht, dann ist es doch ein Jammer, daß er so oft nicht mal anständiges Englisch spricht. Sie haben einen fürchterlichen Dialekt. Ein schrecklicher Niedergang, wenn man denkt, was sie für ein Englisch sprechen."

Die Geordies saßen da und schauten schweigend in ihre Kaffeetassen, bis James Jackson, der Leitende, sagte: „Ich weiß nicht recht, was der Dialekt mit dem Fußballspielen zu tun haben soll.“

„Er schadet dem Image“, sagte Thomson. „Ganz entschieden.“

Jackson, seine zwei nächsten Untergebenen, Harvey Phillips und Peter Dutton, beide Zweite Ingenieure, und die zwei Dritten Offiziere, Graham Allen und Charlie Bradley, stammten alle entweder aus North oder South Shields. Der „junior engineer“, Graham Chalmers, und der Ingenieurassistent Eddie Ronnie waren Schotten.

Zwischen Jackson und seinen Ingenieuren bestand ein herzliches, gemütliches Verhältnis, sehr zum Unterschied von der Beziehung zwischen Basil Thomson und seinen nautischen Offizieren, die ohnedies offensichtlich nicht auf so vertrautem Fuß miteinander standen wie die Ingenieure. Thomson, ein oft schwer zu ertragender Disziplinfanatiker, war bei seinen Untergebenen nicht sehr beliebt. Er verlangte streng die Beachtung aller Vorschriften, nicht nur der, die auf jedem Schiff gelten, sondern auch der von der Reederei erlassenen sowie seiner eigenen, von denen viele einfach willkürlich und einige entschieden wunderlich waren. Seine Launenhaftigkeit trat natürlich auf der Brücke am stärksten hervor. Jeder Offizier, der eine Wache ging, bei der Thomson wahrscheinlich auf der Brücke erscheinen würde (tatsächlich war die Wache des Zweiten Offiziers von Mitternacht bis vier Uhr morgens die einzige, bei der er sich nicht regelmäßig blicken ließ), ging sofort im Geist die etwas verzwickte Liste der Idiosynkrasien des Kapitäns durch, um sicher zu sein, daß nichts dagegen verstieß. Stephen Tucker war schon als Offiziersanwärter unter ihm gefahren und hatte keine angenehmen Erinnerungen an diese Zeit; als rangniedrigster nautischer Offizier, und deswegen am verletzlichsten, achtete er mit besonders peinlicher Sorgfalt darauf, daß sämtliche großen und kleinen Verfügungen Thomsons beachtet wurden.

Wenn er seine Wache begann, beispielsweise die von acht Uhr bis Mitternacht, machte er einen langsamen Rundgang durch die Brücke und brachte alles, das nicht so war, wie Thomson es wünschte, in die vorgeschriebene Ordnung. Die beiden Kapitänssessel mußten exakt sechs Zoll von der Rückwand entfernt sein, das Fernglas in seinem Futteral auf der Konsole hatte so zu liegen, daß es ins *Brückeninnere* gerichtet war, dreizehn Schalter auf der Konsole mußten so eingestellt werden, daß die Lichtstärke auf ihren Zifferblättern genau so war, wie Thomson sie haben wollte.

Als ich eines Abends auf die Brücke kam, plazierte er gerade das Schiffstagebuch präzise in die Mitte auf einem Regalbrett im Kartenraum. „Nicht steuerbord, nicht backbord, sondern *mittschiffs* muß es liegen", sagte er. „Bas will es genauso haben. Keine Abweichungen, sonst geht er hoch." Auf dem Tisch im Kartenraum durften keine Bücher liegen außer denen, die gerade benutzt wurden; ebenso keine Karten. Wenn das Schiff automatisch gesteuert wurde, so befand Thomson, brauchten keine Karten herumzuliegen. Bei jeder Kursänderung sollten die Karten herausgeholt und danach zusammengefaltet und wieder in ihre Schubfächer gelegt werden. Dies, pflichtete Tucker bei, sei ein durchaus vernünftiges Verlangen. „Aber wenn ich einen ungespitzten Bleistift übersehe, dann gibt's deswegen Radau."

Als Thomson an diesem Abend tatsächlich auf der Brücke erschien, entging nichts seinem Blick. Er nahm das Telefon und stellte es ein bißchen anders hin, rückte den Kapitänssessel auf Backbord zweieinhalb Zentimeter zurück, prüfte die Reihe der „Admiralty Pilots", ob die Bände vollzählig seien. Er strich mit der Hand über das Fernglas in seinem Futteral, musterte die Schalter, und als er nichts zu beanstanden fand, begann er, Tucker Vorhaltungen zu machen, weil er während der Wache vorher zuviel Lärm über ihm gemacht habe. „Die Steuerbordtür hat geklemmt, Sir", sagte Tucker.

„Sie müssen ja das Schiff nicht zum Schlosser schleppen, damit Sie sie wieder aufkriegen!" dröhnte Thomson.

„Entschuldigung, Sir."

„Dieses Schiff, das wir überholt haben, ist es jetzt hinter uns?"

„Ja, Sir."

„Wann haben wir es überholt?"

„Vor einer halben Stunde, Sir."

„Wie hat es geheißen?"

„Es war zu weit weg, um das zu erkennen."

„Sie haben nicht mit der Lampe mit ihm gesprochen?"

„Nein, Sir."

„Sie haben es nicht angerufen?"

„Nein, Sir", sagte Tucker mit Betonung. Thomson erlaubte seinen Offizieren nicht, sich über Funktelefon mit vorbeifahrenden Schiffen zu unterhalten, außer es gab einen wichtigen Grund.

„Von welcher Reederei war es?"

„Es sah aus wie ein Klan-Schiff."

„Was soll das heißen, ‚sah so aus wie'? Da gibt's doch keinen Zweifel bei zwei roten Ringen an einem schwarzen Schornstein, die jedes Klan-Schiff hat, schon seit Ewigkeiten. Außerdem ist heutzutage kein Klan-Schiff noch so langsam, daß wir es überholen könnten. Haben Sie seine Flagge in *Flags and Funnels* nachgesehen?"

„Es war nicht hell genug, um richtig sehen zu können, Sir."

„Nicht hell genug, um *Flags and Funnels* zu lesen, oder nicht hell genug, um die Flagge zu sehen?"

„Die Flagge, Sir."

„Vielleicht lassen Sie lieber mal Ihre Augen nachsehen vor Ihren nächsten Prüfungen!"

Trotz seiner Reizbarkeit und Launenhaftigkeit hatte Basil Thomson eine Eigenschaft, die jeder lobend würdigte: Er war kein Mann, der andere gern hereinlegte. Er sagte, wie er die Dinge haben wollte, und dabei blieb er. Wenn er sich für sieben Uhr auf der Brücke angesagt hatte, erschien er auf die Minute genau, keinen Augenblick früher, keinen später. Dadurch, sagte Ewart-James, wüßten sie alle, woran sie seien, nicht so wie bei anderen Kapitänen, die gern ihre Offiziere überrumpeln, wenn sie nicht darauf gefaßt sind.

Thomsons Tageslauf begann, wenn er Ewart-James für die letzte Stunde seiner Wache von vier bis acht ablöste. Wenn er seine Wohnung verließ, begann in jeder Hinsicht auch für das Schiff der Tag. „Vor sieben", sagte Ewart-James zu mir, „kann ich wie ein Zirkusclown herumtanzen, von der Decke schaukeln, mich in die Sessel des Alten setzen, die Sachen herumliegen lassen, aber um sieben muß es auf der Brücke so aussehen, wie es der Alte will, alles genau in seiner Ordnung. Es ist ein faires Geschäft."

Der harte Teil dieses Geschäfts begann auch für alle anderen um diese Stunde. Thomson ging um acht, wenn Tucker seine Wache von acht bis zwölf auf der Brücke antrat, zum Frühstücken nach unten, und unterwegs prüfte er wie üblich alles mit scharfem Blick; ob die Korridore, Treppen, Offiziersmesse und zuletzt der Speiseraum selbst sich in reinlichem und ordentlichem Zustand befanden. Um neun Uhr hielt er mit seinen Offizieren eine Arbeitsbesprechung ab. Wenn sie gegangen waren, erledigte er an seinem Schreibtisch sämtlichen Papierkram, der gerade anfiel; auf See handelte es sich zumeist um Dinge, die von ihm selbst ausgingen - Anweisungen, Anmerkungen für bestimmte Personen, Änderungen von Instruktionen für verschiedene Abteilungen auf dem Schiff, Ausschnitte für das Anschlagbrett aus den verschiedenen maritimen Veröffentlichungen und Publikationen über die Sicherheit auf See, die er erhielt. Die Schreibtischarbeit, die er sich damit selbst machte, war oft beträchtlich, und da er es sich nicht nehmen ließ, jedes Einzelstück zu stempeln, sprach die Wahrscheinlichkeit dafür, daß man, wenn man an seinem Arbeitsraum vorbeikam, drinnen den Kapitän unverdrossen Papiere stempeln hörte. (Sogar die Briefe, die er mir nachsandte, nachdem ich das Schiff verlassen hatte, trugen sämtlich seinen kleinen ovalen Stempel und seine Unterschrift in roter Tinte.)

Wenn er sein tägliches Stempelpensum erledigt und die Speisepläne, die ihm der Chefsteward brachte, gebilligt hatte, pflegte er vielleicht einen seiner regelmäßigen Inspektionsgänge durch verschiedene Teile des Schiffes zu machen. Das Mittagessen nahm er in seiner Wohnung ein, und um zwei Uhr ging er auf die Brücke, um den Zweiten Offizier in seiner 12 bis 4-Wache anderthalb Stunden abzulösen. Dies gab ihm, wie er sagte, die Möglichkeit für seine täglichen Gymnastikübungen, leichte Armbewegungen, die er ausführte, während er zwischen den Brückennocken hin und her ging; währenddessen ruhten seine Augen keinen einzigen Augenblick, wachsam und neugierig wie die einer tief über dem Wasser kreisenden Möwe, und nicht die kleinste Bewegung auf den Decks entging ihm. Wenn man ihm dabei zusah, wirkte er körperlich ganz als Herrscher über sein Reich; selbst wenn man ihn vom Bug aus beobachtete, schien die Entfernung seine Statur eher noch zu vergrößern, so daß man fast glauben konnte, die äußeren Enden dieser soliden Konstruktion würden sich unter ihm abwärts biegen, wenn er auf die Brückennock backbord oder steuerbord trat.

Diese Auftritte auf der Brücke waren natürlich völlig freiwillig und bei denen, die er ablöste, sehr gern gesehen; die Ablösung am Vormittag ermöglichte es Ewart-James, in seine Kabine hinabzugehen, um sich zu waschen und die Uniform anzulegen, ehe er frühstücken ging (auf diesen Schiffen ist es Tradition, den Männern, die nachts oder frühmorgens Wache gehen, formlose Kleidung zu gestatten), während Hattrell dadurch wenigstens einen Teil der mittleren Tagesstunden für sich hatte, was sonst nicht der Fall gewesen wäre.

Thomson selbst genoß diese Zwischenspiele ganz offensichtlich; sie trugen dazu bei, die lange Spanne eines Tages auf See zu gliedern, und gaben ihm zwei Zeitabschnitte fester Beschäftigung, um die herum er seinen Tag gestaltete. Auch wurde er dadurch aus seinem Quartier herausgeholt, wo er, wie er selbst sagte, entweder Daumen drehen oder sich eine andere Beschäftigung suchen mußte, vermutlich wieder Schreibarbeiten und Abstempeln. Oder Grübeln, die unzuträgliche Neigung vieler Kapitäne, wie Ewart-James erzählte, der mehr Verständnis für Basil Thomsons Art und Methoden hatte als anscheinend die rangniedrigeren Offiziere. Viele junge Offiziere zogen es vor, nicht mit Thomson zu fahren, wenn es sich umgehen ließ, Ewart-James hingegen hatte sich ganz bewußt dafür entschlossen, um den Alten kennenzulernen; er hatte es als eine Bewährungsprobe betrachtet und war erfreut, daß er seine eigene Methode gefunden hatte, mit ihm zurechtzukommen. „Wenn ich ihn auf der Brücke erwarte", sagte er mir eines Tages in der Frühe, als ich ihn antraf, wie er gerade für Thomsons bevorstehendes Erscheinen um sieben eilends Ordnung machte, „dann überprüfe ich alles, und wenn ich nichts finde, worüber er knurren kann, dann lasse ich einen der dreizehn Schalter in falscher Stellung. Er geht hoch, ärgert sich tüchtig, aber dann gibt er sich wieder zufrieden, und ich höre nichts mehr von ihm."

Der Tagesablauf auf der *Ardshiel* hatte zwei klare Grenzlinien. Dies waren die „Mittagsverkündigung" und der Umtrunk. Die erste bestand aus einer kleinen Zusammenstellung, die von Hattrell während des Vormittags geschrieben und beim Mittagessen über die Lautprecheranlage des Schiffes verlesen wurde. Dies ist ein alter Brauch auf Passagierschiffen der P & O, und im Speiseraum verbreitete sich die gleiche achtungsvolle Stille wie auf einem Liniendampfer, wenn der Lautsprecher das Summen der Unterhaltungen und Bestellungen plötzlich durch das Erwartung verbreitende Knistern der elektrischen Ladung unterbrach und sich darauf Hattrell in feierlichem Ton meldete: „Darf ich um Ihre Aufmerksamkeit bitten, bitte, Ihre Aufmerksamkeit! Hier spricht der Zweite Offizier.“ Die strenge Förmlichkeit dieser Einleitung war eines der Dinge, auf denen Basil Thomson bestand; vielleicht weil, wie auf jedem Schiff, das lange unterwegs ist, diese Mittagsdurchsage zu einem Ereignis des Tages wurde, auf das man sich freuen konnte und das deshalb eine gewisse Form und einen gewissen Respekt verdiente. Ihr Zweck bestand eigentlich darin, die Entfernung, die das Schiff seit dem Mittag des vergangenen Tages zurückgelegt hatte, die Geschwindigkeit und die geschätzte Ankunftszeit in seinem Zielhafen mitzuteilen, sie wurde aber verschönert durch Schiffsnachrichten, beispielsweise über Übungen am Rettungsboot, die Bekanntgabe von Geburtstagen der königlichen Familie, der Familie des Kapitäns („Heute begeht Betty Thomson ihren Geburtstag“), von Mitgliedern der Besatzung und der relativen Lage von Mekka, damit die Mannschaften, die natürlich Moslems waren, ihre Gebetsteppiche in der richtigen Richtung ausbreiten konnten.

Die große Stunde der Entspannung war die Zeit des Dämmerschoppens, wenn für die meisten der Arbeitstag zu Ende war, wenn die jüngeren Offiziere sich in der Messe zusammensetzten und die ranghöheren ihren Umtrunk in dieser oder jener ihrer Wohnungen beginnen konnten. Während der schwierigen und anstrengenden Fahrt durch den Ärmelkanal zur Gironde war der abendliche Umtrunk suspendiert gewesen, und so erlebte ich ihn zum ersten Male am Abend nach unserer Abfahrt aus Le Verdon mit, in einer Stimmung allgemeiner und sichtlicher Erleichterung, daß das Schiff wieder unterwegs und frei war – einen runden Monat nicht angewiesen auf Gezeiten oder Lotsen oder verflixte Frösche* und ähnliches; vor uns das offene Meer mit hoffentlich weniger Belastung durch den Schiffsverkehr um uns herum; mehr Ungezwungenheit bei allen, eine gewisse Behaglichkeit, weil das Schiff wieder auf sich selber konzentriert war, vielleicht sogar eine Spur

* Frogs (Frösche), englischer Spitzname für Franzosen.

von Fröhlichkeit; und doch war bei alledem ein Unterton von Wehmut zu spüren, ein Gefühl des Verlustes, als der Kapitän und seine Offiziere die vertraute abendliche Zusammenkunft wieder-aufnahmen und versuchten, das Gespräch in Gang zu bringen.

Doch es schleppte sich dahin, und immer wieder saßen sie schweigend da, mit einer nach innen gekehrten Miene, während sie ihre Gläser streichelten; und wir alle hörten ernst dem leisen Klirren der Flaschen auf dem Tablett zu, die durch die Vibration des Schiffes miteinander in Berührung gerieten. „Ach ja", sagte schließlich James Jackson und beugte sich vor, um sich Gin nachzugießen; in der Bewegung und dem resignierten Tonfall schien sich auszusprechen, was alle dachten. An den aufmerksamen Blicken der anderen, die sich auf ihn richteten, war stumme Zustimmung abzulesen. Ein großzügiger Schuß Gin, Eis, ein Spritzer Angostura, Tonic, Zitrone. „Tja", pflichtete Basil Thomson bei, als Jackson sich mit seinem gefüllten Glas zurücklehnte. „Da säßen wir also wieder beisammen."

Außer Thomson, Jackson und mir waren noch Harvey Phillips und Dave Haydon anwesend. Ewart-James hatte Wache, und der einzige weitere Offizier, der in Frage kam, hatte gebeten, sich ein für allemal vom Dämmerschoppen ausschließen zu dürfen.

Wir saßen in den gemütlichen Sesseln und auf dem Sofa, die im Wohnraum des Kapitäns um einen langen Teetisch gruppiert waren, auf dem die Getränke standen. Draußen war es noch hell, aber dann kam Diaz, Thomsons Steward, herein und zog die Vorhänge vor die zwei Fensterwände. Wir waren von weichem Stoff umgeben und völlig von der Außenwelt abgeschlossen, in opulenter Isolation. Der weite Raum um den Teetisch hatte etwas von ungenutztem Luxus und ungewohnter Verschwendung.

Sie begannen, wie sie es häufig taten, über die Vergangenheit zu sprechen. Für die Mehrheit der Anwesenden – das heißt, für Jackson, Phillips und Haydon – bedeutete dies die jüngere Vergangenheit anderer Schiffe und derjenigen, auf denen sie vor nicht allzulanger Zeit gefahren waren. Thomson aber zog eine ältere Vergangenheit vor, die vor dem Krieg, als nach seiner Ansicht die P & O noch die P & O gewesen war. „Als noch William Currie Vorsitzer war, kannte er jeden der ungefähr tausend Offiziere auf seinen Schiffen beim Namen. Wenn ein Schiff in See ging, kam er am Tag vorher an Bord, um sich selbst umzusehen, um dafür zu sorgen, daß der große P & O-Liner auch in dem Zustand war, in dem er sein sollte. Sämtliche Offiziere waren im Eingang zur Ersten Klasse nach ihrem Rang zu einer Parade angetreten. Die Bootsmannspfeifen haben ihn an Bord geleitet, wo ihn der Kapitän und der „staff captain" erwarteten. Jeden einzelnen der angetretenen Offiziere hat er mit dem Namen begrüßt. Wenn er das Schiff besichtigt hatte, ging er meistens in die Kabine des Ersten Offiziers hinauf, zu Tee und Toast. Der Toast mußte einen Zoll dick sein, heiß und mit Butterscheiben darauf. Als ich Erster wurde, wollte ich sein Gedächtnis prüfen und rauskriegen, ob er einfach nur die Namen der Offiziere nach dem Rang memorierte, bevor er aus London herauskam. Deshalb hab' ich sie alle durcheinandergemischt aufgestellt; aber Sir William hat jeden beim richtigen Namen begrüßt, und als er damit fertig war, sagte er zu mir: „Wenn ich später in Ihrer Kabine zum Tee hinaufkomme, passen Sie nur auf, daß nicht auch mit meinem Toast alles verkehrt ist." Als er gegangen war, wurden die Gesellschaftsräume wieder zugesperrt, und alle sind zum Tilbury Hotel hinübergegangen, zu ihren Frauen, die dort gewartet haben und vom Schiff gescheucht worden waren, bevor die hohen Gäste ankamen.

„Die hatte noch Format, diese Generation", sagte Harvey Phillips.

„Das allerdings", sagte Thomson beifällig.

„Ach ja", sagte James Jackson.

„Nun, ich weiß nicht", meinte Dave Haydon. „Manchmal sehen die guten alten Zeiten aus dem Abstand besser aus als damals."

„Wir waren nicht so verwöhnt wie die heute", sagte Thomson. „Und ich finde, wir waren viel besser, weil wir nicht verwöhnt waren. Als ich angefangen habe, hat ein Vierter Offizier neun Pfund zehn Shilling im Monat bekommen. Ein Backgeschirr hat ein Monatsgehalt gekostet und mußte gekauft werden. Da gab's keinen Weg drum herum. Ein Offizier hat also nur für elf Monate Gehalt bekommen."

„Die Norweger haben früher die englischen Reedereien beschämt, wie sie ihre Seeleute behandelt haben. Es gab eine Zeit, da sie genau das Doppelte wie die unsrigen bezahlt haben", sagte Dave Haydon.

„Jetzt aber", sagte Thomson.

„Ich hab' jedenfalls gehört, daß auf ihren Schiffen ein ziemlicher Bierernst herrscht", sagte Harvey Phillips. „Kein Humor."

„Na ja, das hat's nicht gegeben, daß die Stewards sich aufgetakelt und sich produziert haben, so wie auf den englischen Schiffen, das allerdings nicht", sagte Haydon. „Aber manchmal ging's doch ganz lustig zu. Auf diesem norwegischen Schiff, auf dem ich einmal fuhr, zwischen Louisiana und Le Havre – nun, da gab's keinen Tropfen Alkohol, und eines Abends hab' ich ihnen von den Partys auf den P & O-Tankern erzählt und was wir da für Spaß gehabt haben. Der Alte war ein ewiger Griesgram, ein richtiger Captain Bligh. Aber er hat mir zugehört, und dann fängt er an, mich nach den Partys auszufragen und wie wir die aufgezogen haben. Und dann sagt er: ‚All right, wir machen jetzt eine Party. Das ist ein Befehl!' Alle mußten dabeisein, die Schiffsjungen, die Stewardessen, der Koch, die Decksmannschaft, sämtliche Offiziere – der ganze Verein. Er hat den Alkohol rausgeholt, den Vorrat im Salon verteilt und gebrüllt: ‚Okay, ihr Bastarde, jetzt sauft!' Es hieß ‚Skol', und dann ging's vielleicht los! Am nächsten Morgen um fünf haben wir immer noch gefeiert. Überall lagen Schnapsleichen rum, und der Alte hat den Chefsteward mit einem Beil verfolgt, weil der jemand andern gejagt hatte. Der Offizier, der Wache gehabt hatte, als das Ganze losging, war noch immer auf der Brücke."

„Das geht wohl doch ein bißchen weit", sagte Thomson.

„Monatelang haben sie nur darüber gesprochen", sagte Haydon.

„Hatten ja auch einigen Grund", sagte Harvey Phillips.

„Das erinnert mich an die Fahrt, die ich auf dem alten Cunard-Frachter *Andria* mitgemacht habe", sagte Jackson. „Der Kahn hatte zwei Schornsteine. Nach dem Krieg sind zwei solche gebaut worden. Es ist schon lange her, daß die Griechen ihn gekauft haben. Wir sind damit im Dezember von Liverpool nach St. John's in Neufundland und Halifax geschippert. Eine der schlimmsten Fahrten in meinem Leben. Das Schiff war in einem schauerlichen Zustand. Die Crew wäre beinahe abgehauen. Wir mußten die wasserdichten Türen geschlossen halten, weil die Stevenrohrbuchse undicht war. Auch die Heizkörper waren undicht. Es war zwar warm genug, wenn man schlafen ging, aber in der Nacht ist alles eingefroren. In der Frühe ist einmal einer der Offiziere aus dem Bett gesprungen und flach auf dem Hintern gelandet. Das Deck war eine einzige Eisbahn, durch das Wasser, das aus der undichten Heizung ausgelaufen und gefroren war. Weihnachten haben wir in St. John's gelegen. Der zweite Steward war andersrum und hatte vierzig Pfund für eine neue Garderobe für die Fahrt ausgegeben, neue Kleider und Morgenmäntel, goldne Schuhe, sogar seidene Unterwäsche. Wenn er ganz hergerichtet war, war er von einer richtigen Frau nicht zu unterscheiden. Er ging hinunter, um die Jungs zu unterhalten, aber wir saßen auf dem trockenen. Also haben wir die Hausmutter des Krankenhauses angerufen, damit sie uns ein paar Schwestern schickt. Sie hat gesagt: ‚Na, schickt mal lieber einen rüber, damit wir uns euch ansehn können!' Der Dritte Ingenieur und der Zweite Offizier sind losgezogen. Aber von denen, die sie mitgebracht haben, war keine unter vierzig!"

„Entzückend!" sagte Haydon.

„Heute wär' man nicht so anspruchsvoll", sagte Harvey Phillips.

„Das erinnert *mich* an die Fahrt damals auf der alten *Ellenga*", rief Thomson und patschte mit den Händen auf die Lehnen seines Sessels. „Wissen Sie noch, James?"

„Und ob!" sagte Jackson. „Das war aber eine andre Sache."

„Sicher, aber was wir da erlebt haben!"

„Rost", rief Jackson. „Überall Rost, ihr hättet den Rumpf sehen sollen, ein einziger Batzen Rost. Als Dorothy, meine Frau, zu uns herauskam, hat sie der Taxifahrer, mit dem sie gekommen war, gefragt: ‚Damit wollen Sie fahren?'"

„Das kam davon, weil sie in der Atlantikfahrt eingesetzt gewesen war", sagte Thomson. „Ich weiß nicht, wie lange. Sie ist einem vorgekommen wie ein U-Boot. Der Schornstein hat grad noch aus dem Wasser herausgeschaut. Sie hatten sie nie richtig anstreichen können. Ich ging in Rijeka an Bord, und der Erste hatte sie endlich angemalt. Als wir nach Kanada kamen,hatte es gut vier Grad über Null, aber als der Lotse an Bord kam, warnte er uns, daß ein Temperatursturz bevorstehe.

Als wir dann an unserm Liegeplatz waren, hatten wir minus fünfunddreißig Grad. Ein Temperatursturz von 39 Grad in anderthalb Stunden! Danach ist das Schiff einfach zu Rost zerbröckelt. Der ganze neue Anstrich verschwand einfach. Aber es war ein nettes Schiff. Ich bin eineinhalb Jahre drauf gefahren. Es war der einzige Tanker außer diesem, auf dem ich mehr als zweimal Dienst gemacht habe; die Zeit auf der *Ellenga* war eine der schönsten in meinem Leben.“

6

Auf einem sonnenhellen, leeren Meer fahren zwei Schiffe bei klarer Sicht auf denselben Punkt zu. Nichts ist zu sehen außer diesen beiden Schiffen, der blauen See, einem noch blaueren Himmel und einem Horizont von absoluter Klarheit. Und in dieser Arena soll dieses kleine, boshafte Spiel der Götter stattfinden. Am besten wird dieses Spiel gespielt, wenn keine Ablenkung vorhanden ist, auf einem glatten Meer, sonst unbefahren und bei unbeschränkter Sicht, so daß nur das Wesentliche, die beiden Schiffe und die für das Spiel ausersehenen Menschen, daran beteiligt ist. Werden sie oder werden sie nicht . . .?

Es ist eine der häufigsten, merkwürdigsten und gefährlichsten Situationen auf See. Wir hatten die nordwestliche Ecke der Iberischen Halbinsel umrundet und fuhren aus dem Golf von Biscaya in den Atlantik ein, dessen lange Wellen langsam und gleichförmig auf uns zukamen und uns dann wieder in Richtung auf das Festland verließen. Wir befanden uns wieder in einer der großen Schiffahrtsstraßen, aber das Fahrzeug, das wir gesichtet hatten, war an diesem Vormittag überhaupt das erste. Es war ebenfalls ein Tanker, nur viel kleiner, und es hatte so ausgesehen, als ob er den gleichen Kurs verfolgte wie wir; aber dann war zu sehen, daß er den unseren kreuzte. „Sein Kurs kreuzt unseren, und er ist auf meiner Steuerbordseite, also ist es meine Pflicht, Abstand zu halten", erklärte mir Stephen Tucker. „Er ist auf 210 Grad, wir sind auf 244. Ich hab' unseren Kurs um dreißig Grad geändert, so daß er uns nicht näher als eindreiviertel Meilen kommen wird." Ohne diese Maßregel hätte es wahrscheinlich einen Zusammenstoß gegeben.

Das andere Schiff kam näher und passierte, wie Tucker vorhergesagt hatte, unseren Weg mit ziemlichem Abstand. Es hatte etwa 25 000 Tonnen, lag hoch im Wasser und führte eine spanische Flagge. Während die *Ardshiel* gelassen durch die von seitwärts kommende Dünung dahinzog, stampfte und rollte der Spanier derartig, daß wir in einem Augenblick eine breite Fläche des sonst eingetauchten Rumpfs und im nächsten das ganze Panorama seiner Decks sehen konnten.

Die Episode erinnerte mich an eine ähnliche, aber viel gefährlichere, die ich ein paar Jahre vorher erlebt hatte, als ich auf einem spanischen Frachter von Sevilla nach Montreal mitfuhr. Sie hatte sich ebenfalls auf blauem, sonnenbeschienenem, ringsum unbefahrenem Meer abgespielt. Ein Bulk Carrier, der in der Mitte des Vormittags am Horizont gesichtet worden war und scheinbar parallel zu uns lief, kam langsam immer näher, bis klar wurde, daß er unseren Kurs kreuzen würde, was er auch tat, und zwar so nahe, daß in dem Augenblick, als er unsere Bahn kreuzte, unser Bug sich praktisch auf gleicher Höhe mit seinem Heck befand! Ich hätte ohne viel Mühe eine Orange auf sein Deck werfen können, jedenfalls schien es so. Es war ein schwedischer Erzfrachter, der zum St.-Lozenz-Strom unterwegs war, und die ganze Besatzung schüttelte die Faust zu uns her, wozu sie alles Recht hatte, denn der Baske, der unser Schiff führte, war nicht ausgewichen, wie Tucker es tat. „Er muß ein schöner Cowboy gewesen sein“, meinte Tucker, als ich ihm den Vorfall erzählte.

Es ist das Unerbittliche an solchen Rekontres, was sie so seltsam und so beunruhigend macht. Wie kann es sein, fragt man sich, daß zwei Schiffe, die einzigen sichtbaren Objekte auf einer weitgedehnten Meeresfläche, einen Kurs fahren, der sie unbarmherzig auf einen gemeinsamen, gefahrvollen Punkt zuführt? Wie kann es sein, daß der menschliche Geist, unabhängig, methodisch und wachsam, hoch oben im disziplinbewußten Bezirk einer Kommandobrücke, mit scharfgespitzen Bleistiften und anderen feinen, zarten Instrumenten auf dem feinsten und teuersten Pergament eine schnurgerade Linie zieht und sie über den Horizont hinausführt, bis sie an irgendeinem vorbestimmten Punkt auf dieser grenzenlosen See mit der vorrückenden geraden Linie eines anderen Schiffes zusammentrifft.

Tucker wußte keine Antwort. Er war ein gutmütiger junger Mann. Es war kurz vor der Mittagsstunde, dazu ein freundlicher, wolkenloser Tag, und er stand kurz vor seiner Ablösung. Nichts an diesem ungetrübten Tag gab Anlaß zum Philosophieren. Zwinkernd und mit einem kunstvollen Ballett seines Zeigefingers drückte er auf einen Knopf, und die Schiffspfeife gab einen lauten langgezogenen Ton von sich. Er nahm das Lautsprechermikrophon und verkündete in feierlichem Ton der Besatzung des Schiffes: „Zwölf Uhr. *Zwölf* Uhr!" Es war seine letzte Amtshandlung während der Acht-bis-zwölf-Wache. Dann schlug er in die Hände und drehte sich um, um Hattrell zu begrüßen, der ihn ablösen gekommen war: „Alfie, altes Haus, warum stoßen Schiffe zusammen?"

Hattrell schüttelte den Kopf. „Frag mich nicht", sagte er. „Weil sie Cowboys sind."

Die Mittagszeit war immer die geselligste Stunde in der Offiziersmesse, wahrscheinlich weil das Mittagessen selbst keine Förmlichkeit verlangte, da der Kapitän nicht daran teilnahm. Natürlich war man in Uniform, aber die Atmosphäre war lockerer, man suchte sich unbefangener seinen Platz am Tisch, unterhielt sich ungezwungener, wenn auch über altbekannte Themen: dieses Schiff, andere Schiffe, andere Schiffskameraden. Fachsimpelei, wie auf jedem Schiff die wichtigste Form der Freizeitbeschäftigung, der Hauptgesprächsstoff, Ungezwungenheit bestimmt zumeist den Ton: jungenhafter Klatsch, Erinnerungen und Anekdoten. Selten ist Spott oder etwas Persönliches zu hören – natürlich viel angenehmer, aber auch sichtlich langweiliger. Die *Ardshiel* bildete keine Ausnahme. Jener starke natürliche Konservativismus des Seemanns, gewissermaßen Kennzeichen seiner fast vollkommenen Isolierung von den sich überstürzenden und überlappenden Ereignissen und dem Wandel der Meinungen auf dem festen Land, war sehr ausgeprägt. Die Ansichten, die vorgebracht wurden, hielten sich an das Sichere, Bewährte, weshalb sie sich meistens anhörten wie die Klischees der Welt vor fünfundzwanzig Jahren. „Ich persönlich bin von der Welt abgeschnitten, das war bei mir immer so", sagte Ewart-James. „Jetzt habe ich zum ersten Male seit fünf Jahren auf See ein Radio, und auch nur, weil es zur Kabineneinrichtung gehört. Es würde mir gar nichts ausmachen, es wegzuwerfen. Ich glaube, ehrlich gesagt, daß die meisten hier wie ich sind; sie sind abgeschnitten und ganz froh in ihrer Isoliertheit, wenn man es genau betrachtet."

Der Sport war eine der wenigen nie unterbrochenen Verbindungen zum festen Land; die Männer an Bord mußten die Fußballresultate wissen und die Ergebnisse der Golf- und Tennismeisterschaften. Aber es gab selten Streit; hier herrschte wie in den meisten anderen Dingen eine Grundübereinstimmung, jedenfalls schien es so. Wenn jemand anderer Meinung war, empfand er anscheinend kein Bedürfnis, die anderen dazu zu bekehren. „Man kann es sich nicht leisten, sich unbeliebt zu machen, man muß mit den anderen lange zusammenleben, und hier ist zuwenig Platz für Streitereien“, sagte Tucker eines Abends auf der Brücke, als wir uns über das Leben auf dem Schiff unterhielten.

Die Nettigkeit hat ihren Preis. Bekanntschaften aus dem Büro, so sagen sie übereinander. Auf See gibt es wenige echte Freundschaften. Wenn eine Fahrt zu Ende ist, tauscht man Adressen aus und macht ab, sich irgendwann wiederzusehen, mit der gleichen Ernsthaftigkeit wie Leute, die sich auf einem Passagierdampfer beim Essen oder an der Bar kennengelernt haben, und im Grunde weiß man, wie wenig das zu bedeuten hat. Nur selten wird etwas daraus. Man wartet darauf, daß man sich auf einem anderen Schiff wieder trifft – oder nie.

Während die *Ardshiel* längs der Westküste der Iberischen Halbinsel südwärts glitt, stellte man sich aufeinander ein, formte sich das Muster des Gemeinschaftslebens auf dem Schiff: Die künftigen und zeitweiligen Kameraden, die in der Messe beisammensaßen, miteinander Tennis spielten oder was sonst noch, schlossen sich einander an, die Einzelgänger sonderten sich ab. Es war merkwürdig zu beobachten, zugleich aber trifft es nicht ganz, wenn man es als etwas wirklich Beobachtbares bezeichnet, denn es vollzog sich einfach ohne eine sichtbare Absicht, ohne daß jemand sich bemühte oder sich auch nur dessen bewußt war. Man wußte, neben wem man sitzen wollte, um nachzudenken und nichts zu sagen, oder mit wem man ins Bordkino gehen wollte, wo die müßige Wahl der Sitzplätze für die erste Aufführung, die wir alle zusammen sahen, sich für alle späteren Wiederholungen zu fixieren schien. Selbst wenn wir alle im Kino waren, füllten wir weniger als die Hälfte der Sitzplätze, aber wir sahen uns Abend für Abend denselben Film wieder an, und dabei banden uns unsere Partnerschaften aneinander – wer diesmal dran war, aus der

Offiziersmesse die Drinks zu holen, wenn die Filmrollen gewechselt wurden. Fast die Hälfte der Schiffsbesatzung war neu, so daß diese Gruppierungen nach der Abfahrt aus Le Verdon notwendig wurden, aber es war eindrucksvoll, wie rasch und mit welch unauffälliger Leichtigkeit sie sich vollzogen, beinahe instinktmäßig.

In diesen Zusammenschlüssen, die sich alle nur beiläufig abspielten und ohne Vertrautheit waren, bekundete sich eine spontane Abwehr gegen die natürlichen Spannungen und Risiken, die sich aus Langeweile und Abgeschlossenheit entwickeln konnten – ein Schirm aus Höflichkeit und Umgänglichkeit. Darin zeigte sich vielleicht der stärkste Zug von Tradition an dem Schiff: Seemannsart, die unmittelbar aus der Sensibilität einer Seefahrernation kam.

Dazu kam die gemeinsame Stellung gegenüber Basil Thomson, der durch seine Reizbarkeit, seinen gelegentlichen Zorn und, ziemlich oft, durch seinen gutmütigen Spott eine gewisse Einigkeit bewirkte. Großenteils nahmen sie seine heftige Art nicht ernst. Er war unter ihnen der Fremde, ein Besucher aus einer anderen Ära. Thomson selbst war in eine Situation gestellt, die er nicht ganz erfaßte. Er lebte noch mit vielen veralteten Begriffen von Anno dazumal, als noch strengere Sitten herrschten. Was er zu beklagen schien, war nicht so sehr, daß die Disziplin nachließ, sondern daß man sie nicht mehr um ihrer selbst willen hochhalten wollte; und wenn er mit seinem Talent für ständiges Räsonieren, ob aufgebracht oder wohlwollend, umherging, wirkte er oft wie ein einsamer Mann, der leise grollt, weil er sich nicht mehr zu helfen weiß.

Diese Verbindungen waren zu zweckbestimmt, um die *Ardshiel* zu dem zu machen, was man ein lustiges Schiff nennen könnte und was nicht leicht zu definieren ist: ein Schiff, auf dem Witz und Humor nicht nur der gegenseitigen Toleranz wegen leben, wo sie ihr Gedeihen vielleicht nur der Persönlichkeit eines einzelnen Mannes verdanken oder einem Klima gezügelten Gewährenlassens oder irgend etwas an der Eigenart des Schiffes selbst; jeder Fall ist anders geprägt. Doch die *Ardshiel* war auch kein Ort des Trübsinns. Thomson löste keine anhaltenden Spannungen aus. Jeder Ausbruch von Zorn oder Reizbarkeit verebbte rasch. „Ich bin ein sentimentaler Mensch", pflegte er zu sagen, „ich hab' es gern, wenn einem im Kino die Tränen kommen." Und tatsächlich kamen sie ihm. Ich saß im Kino in seiner Nähe, und wenn eine Rührszene kam, lehnte sich mein Nachbar zu mir her und flüsterte: „Bas wischt sich die Augen." Wenn der Streifen zu Ende war und das Licht anging, pflegte Thomson seufzend zu sagen: „Well, die Szene hat mir gefallen. War richtig gut, diese Szene. So was nenne ich Schauspielkunst." Dann: „Ich hätte nur gern, Elektroingenieur, daß Sie bei den komischen Stellen nicht so laut lachen. Ich kann nur jedes zweite Wort auf der Leinwand verstehen, wenn Sie derartig lachen. Es ist doch nicht normal." Ein Tadel, der von gespieltem Pathos getragen war, konnte nicht gerade die tiefste Wunde schlagen, und wenn im großen und ganzen unsere Tage in einer relativen, wenn auch etwas langweiligen Heiterkeit vergingen, so war vielleicht der Grund, daß bei uns allen der Sinn für das Lächerliche im Leben stärker war als für das Bittere.

Nun bemerkte man, daß das Hauptdeck fast immer leer war. Manchmal schaute man nach vorn und sah überrascht eine Gestalt, die sich in der Gegend des Bugs bewegte. Man war erstaunt wie über einen unbefugten Eindringling. Was hat er dort zu suchen? Doch war man zugleich erfreut, daß jemand tätig war; es gab der ganzen Weite des ziegelroten Decks Leben und Sinn.

Auf gewöhnlichen Schiffen versetzt das schwächste Rollen oder Stampfen die Spitze jedes Mastes oder Derricks in einen schwachen Rhythmus, in dem sie gegen die See und den Horizont schwankt. Auf der *Ardshiel* aber bewegten sie sich starr und unbeweglich gegen die Wasserfläche, am Himmel fixiert, von einem Rumpf dahingetragen, der durch die stürmischen Wellen stampfte wie ein Elefant durchs Unterholz. Die große Breite und gewaltige Länge des Schiffskörpers, der so tief im Meer eingebettet lag, selbst wenn das Schiff ohne Ladung fuhr, gab einem das Gefühl des Triumphs durch schiere Größe, den der Mensch so lange auf dem Wasser erstrebt, doch nie ganz erreicht hat, außer vielleicht Brunel, dessen *Great Eastern* zu anderen Schiffen seiner Zeit im gleichen Verhältnis stand wie die Supertanker zu den alten Cunard-*Queens*. Aber mit Triumph war in Wirklichkeit gemeint, daß das Unerschütterliche über das Erschütternde die Oberhand gewinnt, und dies schafften weder die *Great Eastern* noch die *Queens,* die sich alle drei sehr empfindlich für die See zeigten, stark rollten und ständig stampften. Von der *Queen Mary* heißt es, sie sei einmal zweiunddreißig Grad um ihre Längsachse gerollt.

Die Supertanker zeigen endlich vergleichsweise Stabilität auf den Wellen; sie pflügen sich durch, worin ihre Gefahr liegt. Natürlich können sie rollen, wenn sie ohne Ladung fahren, aber dazu braucht es eine massive Dwarssee. Sonst aber vermittelt diese schwimmende Welt das Gefühl festländischer Stetigkeit viel mehr als alles, was jemals auf dem Wasser geschwommen ist. Der Verlust an Vertrautheit mit dem Wasser, den solche Ausmaße nach sich ziehen, kam von Zeit zu Zeit zur Sprache, besonders im Gespräch mit Ewart-James, der gern von den Freuden des Dinghi-Segelns im Urlaub sprach, das ihn dem Meer näherbringe, als wenn er sich auf diesen Schiffen befand. Die anderen waren nicht so begierig, im Urlaub den Kontakt zur See wiederzugewinnen, aber sie fühlten manchmal das Bedürfnis auf dem Schiff selbst, und die dafür einzig mögliche Stelle war der Bug, wo man hinunterschauen konnte zu der großen schäumenden, wirbelnden Welle, die das Schiff beständig vor sich hertrieb. Sie brach und eilte davon, taumelte und prallte ab wie die Gaukler, Spaßmacher und Akrobaten, die vor einem feierlichen mittelalterlichen Aufzug ihr Wesen trieben. Ein Supertanker hat nichts Königliches, doch wenn man so am Bug stand und die See beobachtete, die ihm entgegenströmte und sich ihm beugte, konnte man wenigstens eine flüchtige Vereinigung mit jenem Instinkt erleben, der einstmals Galionsfiguren auf Schiffe setzte; mit jener Mythologie des Meeres, seinen Schicksals- und Rachegöttinnen, die Seeleute dazu brachte, ihren Schiffen eine Sinnfigur der Gelassenheit oder Versöhnung oder des kraftvollen Trotzes voranzusetzen. Die *Ardshiel* hatte keine Galionsfigur, aber sie trug, übereinstimmend mit ihren Eigenheiten, die sie von den üblichen Supertankern unterschieden, an ihrem Bug einen Überrest des Galionsfigur-Instinkts, eine Platte, die, angemessen genug, mit einem Dreizack geschmückt war. Auffällig dagegen war das Fehlen jener anderen traditionellen Bugzier, der Schiffsglocke. „Wer hat schon Lust, eine Viertelmeile zu marschieren, um sie zu läuten?“ sagte Ewart-James.

Die *Ardshiel* dampfte mit sechzehn Knoten südwärts, und ihr leerer Rumpf erzeugte eine Vibration, die immer heftiger wurde. Auf der Brücke hüpfte das Fernglas in seinem Futteral, und manchmal, sagte Tucker, war es unmöglich, auf dem Tisch im Kartenraum zu schreiben. In der Kabine konnte man oft nicht in Ruhe lesen. Ließ man ein Glas oder einen Teller unbeaufsichtigt auf der glatten Tischplatte stehen, begannen sie sofort zu rutschen und dabei leise zu singen. Die Vibration ist eines der großen Probleme der Supertanker. Sie kann eine solche Höhe erreichen, daß sie die Belastungsgrenze überschreitet und zu Rissen im Rumpf führt. Es gab eine Zeit, da befürchtete man, daß allein schon die Vibration, die proportional zur Größe zunahm, dem weiteren Wachstum dieser Schiffe eine Grenze setzen würde. Mittlerweile ist sie jedoch durch bestimmte Techniken zum Teil beherrschbar geworden; zwar läßt sie sich nicht ganz ausschalten, aber man kann ihre kumulative Kraft durch geringfügige Veränderungen der Geschwindigkeit vermindern, wodurch der Puls der Maschinerie weniger intensiv wird. Ein anderes Mittel sind ebenso leichte Kursänderungen, wodurch das rhythmische Muster gebrochen wird, das durch den regelmäßigen Anprall der Wellen gegen den Bug entsteht. Es braucht nicht gesagt zu werden, daß ein neuer „Instinkt", ein wachsames Gespür für die Vibrationsgrade notwendig ist, um diese Anpassungen rechtzeitig vorzunehmen.

Die *Ardshiel* fuhr mit einem Ballast von 60 000 Tonnen Salzwasser, die nach dem Löschen der Ladung in die Tanks gepumpt worden waren. Damit blieben fast drei Viertel des Schiffes leer. „Warten Sie ab, bis wir Ladung an Bord haben", sagte immer jemand, wenn ich die Vibration erwähnte. „Dann spürt man die Maschinen nicht einmal, sie sind zu tief begraben. Alles still und ruhig. Ein Ölberg!"

Diese ungut summenden Höhlen unter unseren Decks sollten nun gereinigt werden. Plötzlich waren sie das Hauptgesprächsthema auf dem Schiff, und kein erfreuliches. Niemand war begeistert, in die Tanks hinunterzusteigen und sie zu inspizieren, die gefährlichste und unangenehmste aller Arbeiten, die sich an die automatische Reinigung durch Spritzdüsen anschloß.

Manche sagten, sie würden auf keinen Fall hinuntergehen, andere wollten es nur auf Befehl tun. Einer, der dazu verpflichtet war, war Alan Ewart-James, der die Verantwortung für die Inspektion trug. Während das Schiff südwärts glitt, bereitete er sich eifrig auf diese Arbeit vor.

Der Erste Offizier ist immer der Mann, der das Schiff eigentlich führt. Er ist tagein, tagaus diejenige Autorität, die am meisten bewirkt, am aktivsten ist. Der „Mate", wie er auf englischen Schiffen der Segelschiffära und bis weit hinein in das Zeitalter der Dampfschiffahrt genannt wurde, hat die Aufgabe, dafür zu sorgen, daß alles schiffsmäßig ist, daß die Dinge getan werden, Schiff und Gerät in guter Verfassung sind, die Fracht in effizienter Weise an Bord genommen und gelöscht wird und daß die Besatzung funktioniert und ihre Arbeit tut. Was die letztgenannte Aufgabe betrifft, so war dafür einst Muskelkraft unerläßlich, namentlich in den Zeiten der Segelschiffahrt. Auf einem Segelschiff war es üblich, daß es „mit Blut auf dem Deckel" fuhr; das heißt, daß die Decks mit Blutflecken bedeckt waren, weil der „Mate" gezwungen gewesen war, eine neue, aufsässige und gewöhnlich betrunkene Mannschaft mit Prügeln gefügig zu machen. Wenn man in Ewart-James' getäfeltem, mit Spannteppich ausgelegtem Arbeitsraum saß, hatte man Grund, sich zu fragen, was jene eisenharten Männer wohl zu einer solchen Betriebszentrale gesagt hätten, in der man umgeben war von einem Computer, technischen Nachschlagewerken und Zeichnungen, Schaubildern, Diagrammen und vielfarbenen Tabellen.

Von Ewart-James selbst hatte man den Eindruck, daß er außer dem Kapitän als einziger an Bord Seemann aus Berufung war. Schon als Junge hatte er zur See fahren wollen, und er gab häufig zu erkennen, daß er sich in seiner Stellung wohl fühlte. Daher war er bereit, mehr zu schlucken, und für Thomsons Ausbrüche und Schrullen nicht so empfindlich wie die anderen. „Ich kann meine Gefühlseinstellung zur See nicht erklären", sagte er. „Es ist halt einmal so. Ich möchte sagen, ich mag das Meer wirklich sehr gern. Ich bin ganz zufrieden, daß ich auf diesem Schiff bin, obwohl die Fahrt sehr langweilig ist. Wenn es mir zu langweilig wäre, würde ich einfach aufhören.

Ja, hin und wieder wird man trübselig und sagt sich: ‚Ach, ich würde gern an Land gehn und mir dort einen Job suchen!' Man hat das Gefühl, daß das Leben verfliegt. Man sitzt auf einem Schiff fest, und alles passiert ohne einen. Aber nach ein paar Tagen denkt man dann wieder: ‚Ach was, es ist doch keine so gute Idee.' Aber warum? Das ist auch was, was ich eigentlich nicht weiß, außer daß ich mich mit neun Jahren entschlossen habe, zur See zu fahren, und diesen Entschluß nie geändert habe."

Mit achtzehn Jahren war er in die Southampton School of Navigation eingetreten, zu einem einjährigen Kursus, in dem er die Grundlagen seemännischer Ausbildung erhielt. Dann ging er als Decksjunge zu Furness Withy, einer der bedeutendsten englischen Großreedereien; seine erste Fahrt führte von England an die amerikanische Westküste, die nächste ins Mittelmeer und nach Nordafrika. Auf seinem ersten Tanker, einem 20 000-Tonner, war er 1963 gefahren und 1964 als Dritter Offizier in die Tankerflotte der P & O eingetreten; Ende 1969 hatte er sein Kapitänspatent gemacht. Doch war diese Fahrt seine erste als Erster Offizier, zu dem er eben erst befördert worden war.

So jung Ewart-James auch war, so machte ihn doch sein nautischer Werdegang zu einer etwas altmodischen Figur unter seinen Altersgenossen oder den beinahe Gleichaltrigen, die auch auf Supertankern fuhren, denn es gibt heute schon eine ganze Kategorie von Offizieren, die auf keinem anderen Schiffstyp gedient haben und von seemännischer Erfahrung, wie sie auf einem gewöhnlichen Handelsschiff vermittelt wird, keine eigene Anschauung besitzen. Aufmerksam und neiderfüllt hörten sie in der Offiziersmesse zu, wenn Ewart-James erzählte, wie es in den „alten Zeiten" zugegangen sei, als er Kadett war, und wie hübsch es gewesen sei – wenn man auch kein Geld dabei verdiente –, in den verschiedenen Häfen an Land zu gehen „und einfach umherzuspazieren und sich die Geschäfte anzusehen". Er besaß einen Schatz von Erfahrungen und Erlebnissen, wie sie Männern, die heute auf den Tankern fahren, nicht so leicht wieder begegnen werden, darunter eine Episode Anfang der sechziger Jahre, als er der Wartungsmannschaft auf einem stillgelegten Schiff angehörte – was an die dreißiger Jahre erinnerte, als ganze Flotten jahrelang vor Anker lagen. Es sei genau wie beim Camping gewesen, erzählte er eines Abends voller Begeisterung seinen Zuhörern: Sie hätten keinen Strom auf dem Schiff gehabt, für die Toilettenspülung eine

Dieselpumpe benützt, zum Essen und Lesen nur Sturmlampen gehabt und sich ein Dinghi gehalten, mit dem sie an Land fuhren, wenn sie ausgehen wollten.

Ewart-James war überzeugt, einer der letzten Supertanker-Seeleute zu sein, die beide Welten kannten. Angesichts der Größe und des Spezialisierungsgrads dieser Schiffe sei es unwahrscheinlich geworden, daß andere darauf dienten als solche Männer, die auf ihnen ihre Laufbahn begonnen hätten. Ewart-James schätzte, daß Seeleute, die von einem gewöhnlichen Handelsschiff kamen, wenigstens ein halbes Jahr brauchten, bis sie eine allgemeine Vorstellung hatten, was auf einem Supertanker vor sich geht. Und selbst dann wären sie nicht die richtigen Leute, wenn etwas schiefginge. Er war überzeugt, daß keine der großen Firmen, die Tanker betreiben, bei so kostspieligen Schiffen ein derartiges Risiko eingehen würden.

Ewart-James hatte einen viel längeren und arbeitsreicheren Tag als alle anderen. Er begann um dreiviertel vier Uhr morgens mit einem Anruf des Zweiten Offiziers von der Brücke, und um vier Uhr übernahm er die Wache. „Der Zweite macht mir eine Tasse Kaffee, die schon dasteht, wenn ich durch die Tür hereinkomme, und das gleiche tue ich für den nächsten", sagte er. „Der Zweite sagt mir, welche Schiffe in der Gegend sind und was sie tun; wenn wir in der Nähe von Land sind, weist er mich auf alle interessanten Punkte hin. Ich überprüfe die Position, die er um vier Uhr eingetragen hat, nur um sicher zu sein, daß wir okay sind. Ich frage ihn, ob der Maschinenraum besetzt ist oder nicht, und ich möchte wissen, wie das Wetter aussieht und wie viele Schiffe er in den vergangenen vier Stunden gehabt hat. Das sagt mir, was ich in den nächsten vier Stunden erwarten kann. Wenn wir auf offener See sind, gibt's nicht viel zu tun, bis man die Sterne schießt, um die Position am Morgen zu bestimmen. Zuvor prüfe ich die Abweichung des Kompasses; das ist Routinearbeit, die man auf jeder Wache macht.

Ich hab' die Vier-bis-acht gern, wenn so um sechs die Sonne aufgeht. Die Morgendämmerung kann sehr sehr reizvoll sein, und auch am Abend der Sonnenuntergang kann hübsch sein. Deshalb ist die Vier-bis-acht manchmal sehr nett. Es gibt immer etwas, was einen interessiert, ein Schiff, einen Vogel, vielleicht einen Albatros, einen ungewöhnlich schönen Sonnenaufgang. Neulich haben wir in der Frühe einen liberianischen Tanker passiert, und der griechische Kapitän hat mich mit der Handmorselampe aufgefordert, ans Funktelefon zu gehen, was ich auch tat. Dann hat er mir Fragen über das Schiff gestellt und wohin wir fahren, und dann hat er mir erzählt, daß er der Kapitän seines Schiffes ist, eines 60000-Tonners. Ich hab' ihm gesagt, daß ich der Erste hier bin. Er wollte wissen, wie lange ich schon auf dem Schiff bin. Ich hab' ihm gesagt, ungefähr sechs, sieben Wochen seit meinem letzten Urlaub. Er wollte wissen, wie lange ich noch Dienst tun muß, und ich sagte ihm, ich hoffte, in ungefähr drei Wochen herunterzukommen. Darauf hat er gesagt: ‚Ach ja, ich mache jetzt drei Jahre ununterbrochen auf diesem Schiff Dienst, aber ich hoffe, in vier Monaten, im Oktober, bekomme ich Urlaub, um meine Frau und Tochter in Griechenland zu besuchen.' Nachdem ich das gehört hatte, fand ich nicht mehr, daß hier irgendeiner Grund zur Beschwerde hat. Am eigenartigsten ist mir aber vorgekommen, daß er als Kapitän Wache geht; und um diese Zeit. Jedenfalls schien es so.

Um acht Uhr morgens, wenn meine Wache vorbei ist, erstattet mir der Bootsmann hier in meinem Arbeitsraum Bericht, und ich gebe ihm die Arbeiten, die er auf die Mannschaft verteilt. Wir haben hier vierzehn Leute in der Mannschaft – gegen vielleicht fünfundzwanzig Matrosen auf einem kleinen konventionellen Frachter. Genau wie alles andere auf diesen Schiffen sind auch diese Seeleute ganz anders, als sie es früher waren. Sie heißen GPs, general purpose seamen, was bedeutet, daß sie zwischen Deck und Maschinenraum hin- und herwechseln. Heute gibt's, wenigstens auf diesen Schiffen, keinen mehr, der entweder als Schmierer oder als Matrose zur See fährt. Er muß auf Deck wie an der Maschinerie arbeiten. Die Idee hat zuerst gar keinen Anklang gefunden, als sie bei der P & O eingeführt wurde. Niemand war dafür. Die auf den Decks wollten nicht hinunter in den Maschinenraum, und die drunten nicht nach oben. Die meisten dieser Männer waren eher bereit, den Seemannsberuf aufzugeben, als etwas zu tun, was sie nicht wollten. Was wir jetzt haben, sind die neuen Leute, die sich an die Regelung angepaßt haben. Für den Ersten Offizier heißt das, daß er die Bedürfnisse des Maschinenraums gegen die des Decks ausbalancieren und die Leute entsprechend einteilen muß. Es kommt mir immer noch komisch vor, wenn sie zum Beispiel alle drunten im Maschinenraum sind und das Schiff dahinfährt, und man sieht den ganzen Tag niemanden, der auf den Decks eine Arbeit tut.

Nach dem Frühstück nahm er eine allgemeine Inspektion des Schiffes vor, die die Decks, Unterkunfts- und Maschinenräume einschloß. „Auf diesen Rundgängen mache ich Listen von Sachen, um die ich mich kümmern muß. Wenn ich beispielsweise auf meine Liste hier schaue, sehe ich, daß ich die Drähte, an denen die Rettungsboote heruntergelassen werden, und die Vorleinen nachsehen muß. Der Zweite Offizier hat mir gesagt, eine davon sei anscheinend nahe am Reißen. So sehen die kleinen Aufmerksamkeiten aus, die ein Schiff in Gang halten und die ich mir jeden Tag aufschreibe. Aber die allgemeine Wartung wird vom Land aus dirigiert, von der Zentrale, entsprechend dem großen Plan, den Sie hier sehen", und er deutete auf ein großes buntes Diagramm an einer der Wände seines Arbeitsraumes, das mit dreieckigen roten Fähnchen und roten Kreisen verziert war. „Es heißt ‚geplantes Wartungssystem'. Sie haben das Schiff in verschiedene Sektionen aufgeteilt, und in der Zentrale wird bestimmt, wie oft diese verschiedenen Sektionen nachzusehen und zu warten sind. Das System ist auf diese Schiffe zugeschnitten. Jedes dreieckige Fähnchen da sagt mir, welcher Abschnitt in welchem Monat zu erledigen ist, und wenn ich einen dieser Abschnitte angesehen und überprüft habe, markiere ich ihn mit einem Kreis als erledigt, so daß ich auf einen einzigen Blick sagen kann, was schon getan ist und was noch nicht. Wenn ein neuer Erster Offizier an Bord kommt, geht er sofort hier rein, sieht sich das nur an und sagt: ‚Mhm, das da hat er also letzten Monat gemacht, dann muß dies da diesen Monat erledigt werden!'

Die Hinfahrt in Ballast macht immer mehr Arbeit als die Rückfahrt vom Golf, wenn wir beladen sind. In erster Linie müssen wir die Tanks reinigen, die größte Arbeit; und wenn sie sauber sind, gehn wir runter, um die verschiedenen Anlagen zu überholen, an die man im beladenen Zustand nicht rankommt, weil sie vom Öl bedeckt sind. Wenn wir vom Golf zurückkommen, werden wir das ganze Schiff anstreichen. Dabei geht der größte Teil der Fahrt drauf, und da es Polyurethan-Farbe ist, wird erwartet, daß sie fünf Jahre hält, was ich persönlich allerdings bezweifle.

Da heute so viele Entscheidungen über die tatsächliche Führung des Schiffes an Land getroffen werden, bedeutet das natürlich, daß wir mit Papierkram überhäuft sind. Unsere Charterfirma hat zum Beispiel ‚time-sheets' fürs Laden und Löschen. Jede einzelne Operation beim Einlaufen in einen Hafen, Laden und Entladen und dann wieder beim Auslaufen, ist tabellarisiert und muß innerhalb einer zulässigen Zeit, der Zielzeit, abgeschlossen sein. Wenn wir also die Leinen über Bord werfen, die Rohre anschließen und mit der ganzen Geschichte anfangen, muß alles innerhalb der vorgegebenen Zeit ablaufen, die die Shell heute für jede Operation vorsieht, und wenn man länger braucht, dann will die Shell wissen, warum. Die alten Zeiten, in denen man gemütlich in den Hafen eingelaufen ist und schön langsam angelegt und die Landungsbrücke runtergelassen hat und so weiter, ja, die sind endgültig dahin. Diese Systeme haben mit den Tankern angefangen, aber der Tag wird kommen, an dem sie für alle Schiffe gelten."

Ewart-James war nebenbei auch Schiffsarzt, und wenn seine sonstigen Pflichten erfüllt waren, stellte er gewöhnlich fest, daß er sich um einen Patienten zu kümmern hatte. „Meistens ist es mit Aspirin getan", sagte er. „Aber gestern, als ich gerade am Swimming-pool ein Nickerchen machen wollte, bevor ich wieder auf Wache ging, kam der Offiziersanwärter und meldete mir, daß ein Chinaman etwas im Auge habe.

Er war damit beschäftigt gewesen, ein undichtes Dampfrohr zu flicken, und dabei war ihm ein Funke ins Auge geflogen, weil er keine Schutzbrille trug. Ich habe sofort eine Augenspülung vorgenommen. Ich sah, daß er etwas im Auge hatte, aber es war zu entzündet, als daß man hätte herumstochern können. Ich hab' getan, was wir immer tun, nämlich die Diagnose im ‚Medizinischen Handbuch für Schiffskapitäne' nachgeschaut, unserer ärztlichen Bibel. Ich hab' ihm ein Betäubungsmittel in Tropfenform gegeben. Das hat das Auge betäubt, und ich hab's aufgemacht, den Metallsplitter rausgeholt, ein paar Tropfen Antibiotikum reingespritzt, ein bißchen antiseptische Salbe draufgeschmiert und ihm eine Augenklappe verpaßt.

Der einzige andere ernste Fall, den ich bisher gehabt habe, war ein Ekzem. Es wurde anscheinend durch eine Allergie ausgelöst, und nach den Antworten auf meine Fragen hab' ich angenommen, daß es von der Farbe kam, mit der wir gestrichen hatten, der Polyurethan-Farbe. Also hab' ich ihm ein paar antiallergische Pillen gegeben und ihm gesagt, er soll mit dem Anmalen aufhören.

Derzeit sieht's so aus, daß wir das Erste-Hilfe-Zeugnis der St. John Ambulance Brigade bekommen sollen, was natürlich ungeheuer wichtig ist, um nicht mehr zu sagen. Ich selber bin auf die Unfallstation in unserem Krankenhaus gegangen, als ich Heimaturlaub hatte, ganz aus eigenem Antrieb, weil ich genau wußte, daß mir auf See ein paar Fälle unterkommen könnten, auf die man nicht gefaßt ist. Das meiste, was ich sah, waren Bein- und Armbrüche. Ich war aber vor allem am Nähen interessiert. Das ist etwas, was ich noch nie getan habe und sicher auch nicht gern tun würde, aber ich dachte mir, es ist besser, ich seh' mir mal an, wie das gemacht wird. Glücklicherweise hatten sie zwei oder drei Patienten mit tiefen Wunden da, die genäht werden mußten, und sie haben mir gezeigt, wie das geht. Wenn im Augenblick einer bei uns wirklich was Ernstes hat, funken wir die Symptome entweder an eine Station an Land und ersuchen um Rat, oder wir schicken einen Funkspruch raus, um festzustellen, ob ein Schiff in der Nähe ist, das einen Arzt an Bord hat. Da es immer weniger Passagierschiffe gibt, wird das entsprechend schwieriger. Die Japaner haben auf ihren Tankern heute schon einen Bordarzt. Bei uns ist davon die Rede, daß die Neuen eine richtige Krankenhausausbildung haben müssen, bevor sie ihre Patente als Kapitän und Erster Offizier bekommen.

Well, abgesehen von unerwarteten Dingen wie einem medizinischen Notfall endet mein Arbeitstag eigentlich mit der 4 bis 8-Wache. Genaugenommen geh' ich schon vor acht nach unten und zu den anderen in den Speiseraum. Manchmal bleib' ich nach dem Abendessen noch ein bißchen in der Messe oder seh' mir ein Stück von einem Film an, wenn einer gezeigt wird, aber normalerweise geh' ich hier rauf, erledige ein bißchen Schreibkram, und dann geht's ins Bett. Ich lese gern, wenn es was Interessantes gibt. Neulich habe ich die ‚Krebsstation' von Solschenizyn gelesen, die ich ein bißchen langweilig fand, und Albert Camus' ‚Der Fremde', der mir sehr gefallen hat."

Die Kanarischen Inseln näherten sich, versteckt hinter der Abenddämmerung eines langen, gesichtslosen Sonnabends, verschwanden nach Einbruch der Nacht wie ein fernes Licht über dem Horizont und entließen uns in den weiten Südatlantik und einen tropischen Sonntag. Das Wochenende legte sich einem immer auf die Seele, plötzlich spürte man die Leere des Lebens viel stärker als sonst. Dies war auch Tucker anzumerken, den ich antraf, als er traurig diese fernen Lichter beobachtete wie eine dahinschwindende Verheißung.

„Dort sind jetzt sicher eine Menge Leute mit Reisegesellschaften, schütten sich den alten Vino in die Kehle und tanzen auf einem Ball", sagte er. „Vermutlich würde ich sogar jemanden aus meiner eigenen Straße treffen." Er wandte sich verdrossen den verschiedenen Dingen zu, die im Umkreis unserer langweiligen Fahrt in die Nacht zu sehen waren. In der Abenddämmerung hielt, in der gleichen Richtung wie die Inseln, ein großer Supertanker auf Parallelkurs mit uns Schritt. Es gab auf der Fahrt an der Iberischen Halbinsel und der Straße von Gibraltar vorbei in Richtung auf die Kanarischen Inseln kaum einen Augenblick, in dem nicht eines dieser Schiffe in Sicht war: leere Tanker, die den gleichen Kurs hielten wie wir, zumeist auf Steuerbord, beladene, die auf der Rückfahrt waren, auf Backbord.

Tucker verstaute das Fernglas wieder in seinem Futteral und legte es ordentlich in die vorgeschriebene Stellung. Dann machte er die Positionslichter des Schiffes und die verschiedenen Decklichter an. Anschließend stellte er die genaue Stärke ein, wie Thomson sie für den Regler vorschrieb, der die Beleuchtungsstärke sämtlicher Uhren an Bord regulierte. Zuletzt brachte er die verschiedenen Schalter auf der Konsole in die richtige Stellung.

Die *Ardshiel* fuhr ruhig in die Nacht, die nun rasch hereinbrach. Sie glitt in südwestlicher Richtung vor dem Wind dahin, der mit beträchtlicher Stärke und Stetigkeit an dem Schiff vorbeistreifte. Er war vor der Straße von Gibraltar hinter uns aufgekommen: ein mächtiger Mittelmeerwind. Auf der Brücke roch man die Wogenkämme, wie sie aufwallten und zusammenstürzten. Wir standen an der Brückenreling und unterhielten uns leise an dieser vom Wind geschützten Stelle, während drunten die Wogen krachend gegen den Rumpf schlugen. Es kam einem vor, als hörte man an einem stillen Abend von einer hochgelegenen Stelle die Brecher gegen die Küste tosen.

Ein Tanker, dessen Rumpf von der Ölladung tief ins Wasser gedrückt wurde, kämpfte sich uns in einem heulenden Sturm entgegen. Sein Hauptdeck war ständig von dem Gischt überspült, der in dicken weißen Mauern hochschoß, explodierte und sich über Bug und Decks ergoß. Niemand wäre lebend davongekommen, wenn er sich nach vorn gewagt hätte. Es war ein Esso-Schiff, und Tucker, der für die Abwechslung dankbar war, rief es über Funktelefon an.

„Vorbeifahrendes Esso-Schiff, guten Abend, Sir. Wie heißt Ihr? Geht dieser Esso-Tanker nach Norden, bitte? Ende.“

Das Telefon läutete, und Tucker antwortete: „Okay, ja, vielen Dank. Sie sind also Esso *Skandia*? Dies ist die *Ardshiel*, mit Südkurs. Sie sind nach Le Havre bestimmt? Wir kommen gerade aus Rotterdam und Le Verdon. Danke, Sir, und ich wünsche eine gute Fahrt.“

„Ich hab' ihn schon mal gesehen“, sagte Tucker, und wir gingen hinaus, um dem großen Schiff nachzublicken, wie es sich hinter uns ernfernte. Es verschwand ins Dunkel, eine kleiner werdende Folge weißer, geräuschloser Explosionen. „Wieder ein Sonnabend vorbei“, sagte Tucker, während wir dem entschwindenden Tanker nachblickten. „Es ist der einzige Tag, den ich genieße, wenn ich zu Hause bin. Er ist mir lieber als der Sonntag, der ein bißchen vertan wird, weil man den ganzen Tag im Bett liegt und die Zeitungen liest. Aber am Sonnabend ist jeder gut aufgelegt, sogar Leute, die arbeiten müssen. Man geht einkaufen und dann ins Pub. Samstags in den Pubs in der Mittagszeit, das ist prima, wirklich prima. Ich hab' die Stimmung gern. Man hat ein Gefühl, als hätte man endlos Zeit vor sich. Ich sag' zu meiner Freundin: ‚Sollen wir irgendwo was knabbern gehn? Oder mit dem Auto wegfahren und Freunde besuchen?‘ Dann am Abend sitzen wir beim Lesen, machen Spaghetti, gehn weg in eine Show oder in die Pubs, bevor sie zumachen.“

Vor dem Abendessen war in der Offiziersmesse die Beförderung eines der Ingenieure, Graham Allen, Geordie natürlich, vom Junior engineer zum Dritten Ingenieur gefeiert worden. Die Party war nach dem Dinner noch kurz weitergegangen, und schließlich, etwa um zehn Uhr, hatten die Teilnehmer, die noch geblieben waren, sich in die Unterkunft des neuen Dritten Ingenieurs umquartiert, die nun für den Rest des Abends oder auf unbestimmte Zeit zum offenen Haus erklärt wurde.

Graham Allens Frau, Pat Allen, war das einzige weibliche Wesen an Bord. Sie gaben ein dekoratives Paar ab, beide knapp über zwanzig. Sie war ein frisches, unbefangenes und hübsches Geschöpf, und ihr Ehemann hatte jene Schmuckheit und bräunliche Gesichtsfarbe, die, wie man in Schottland oder Irland glaubt, auf einen Sproß der Armada deutet – ein Mythos, der nach Garrett Mattinglys „Die Niederlage der Spanischen Armada" wenig Wahrscheinlichkeit hat. Sie hatten einander schon als Kinder gerngehabt, und ein jugendliches Besitzenwollen haftete noch immer ihrer vertrauten Verbindung an, die, weil sie an Bord die einzige war, die anderen sehnsüchtig stimmte. Ihre Kabine lag neben der meinen auf dem Mittleren Brückendeck und war ein Lieblingstreffpunkt für die anderen jungen Offiziere, die ständig von den entfernten Winkeln des Schiffes herbeipilgerten, um ein bißchen weibliche Gesellschaft zu genießen. Takt und Benehmen auf beiden Seiten waren bewundernswert. Sie war eine junge Frau von großer Selbstbeherrschung und zeigte natürliche Diskretion und Anmut in einer Situation, die viele andere ihres Alters vielleicht und verständlicherweise als Gelegenheit oder als peinlich betrachtet hätten. Sie bewegte sich in dieser Umgebung gelangweilter und unruhiger Männer ohne die geringste Spur von Herausforderung oder Koketterie, und diese ihrerseits empfanden eine Bewunderung für sie, die von Herzen kam und immer frei von Hintergedanken war.

Sie machten kein Geheimnis aus ihrem Glück. Er sei immer sehr religiös gewesen, sagte Graham Allen, und daran habe sich selbstverständlich nichts geändert: Aber deswegen hätten sie vor der Hochzeit auch nie etwas miteinander gehabt, so schwer es ihnen auch gefallen sei. Sie hätten nur ausgiebig geknutscht, was zu schweren und belastenden inneren Spannungen geführt habe. Jetzt holten sie das Versäumte nach, was der Grund sei, warum andere immer den Eindruck hatten, sie seien ewig in den Flitterwochen. Es war, wie er sagte, alles noch sehr aufregend für sie.

„Warum redest du eigentlich über diese Dinge vor allen Leuten?

Es gehört sich nicht, und es interessiert außer euch auch niemanden“, sagte der Funkoffizier. Er und Tucker waren zu der Party gekommen, nachdem Tuckers Wache um Mitternacht zu Ende gegangen war.

„Und ob es interessant ist!“ Graham Allen ließ sich nicht beirren. „Es ist hochinteressant, und du lügst doch nur, wenn du sagst, daß das nicht stimmt.“ Er brach in ein Lachen aus, ein heftiges, ansteckendes Lachen, und schlug die Absätze zusammen.

„Interessant ist aber auch, wo man sich sonst noch die Hörner abgestoßen hat, was ich erzählen muß, wenn man es unbedingt von mir verlangt“, sagte Graham Chalmers.

„Man verlangt es nicht“, sagte Allen.

„Erzähl doch gleich mal, wie das in der Quinn's Bar in Tahiti war“, fuhr Chalmers fort.

„Ich werd' euch erzählen, was in Aruba passiert ist“, bot Allen an.

„Dabei fällt mir ein . . .“, sagte Chalmers, aber Pat Allen ließ ihn nicht weiterreden. „Dabei fällt mir ein, daß es für euch alle Zeit ist, ins Bett zu gehen. Macht Schluß, alle miteinander.“ Zu ihrem Mann sagte sie: „*Dich* bringe ich ins Bett.“

„Du bist zu grob“, jammerte Graham Allen. „Du bringst mich nicht so sanft und lieb ins Bett, wie's Mami getan hat.“

„Fort mit euch jetzt“, rief Pat Allen, während sie die Gläser einsammelte. „Trinkt aus, und dann hinaus mit euch allen.“

„Gute Nacht“, rief Graham Allen fröhlich. „Gute Nacht.“

Graham Chalmers schüttelte drohend die Faust, und dann gingen sie hintereinander hinaus. Sie schauten einen Augenblick auf die Tür, die sich so fest hinter ihnen schloß, und trollten sich dann miteinander untröstlich davon, zu einer der anderen Kabinen.

Der Hauptunterschied, der den Sonntag an Bord von den gewöhnlichen Wochentagen abhob, bestand darin, daß Punkt acht Uhr morgens Basil Thomsons blaue Flagge aufgezogen wurde. Sie flatterte an einer Flaggleine hinter dem Schornstein, bis sie bei Sonnenuntergang eingeholt wurde. An Wochentagen wurde sie nicht gehißt, es sei denn, das Schiff lag in einem Hafen. Die normale Flagge der englischen Handelsflotte ist der „red duster“, eine rote Flagge mit einem kleinen Union Jack in der linken oberen

Ecke. Die blaue Flagge – blau, wo die andere rot ist – ist die Flagge der Royal Navy Reserve, und weil Thomson früher bei der Royal Navy gedient hatte, besaß er das Privileg, sie auf seinen Schiffen statt der roten Flagge aufziehen zu lassen. Es war eine Ehre, die bei englischen Kapitänen viel galt.

Das Ritual der Flaggenhissung fand nun jedoch nicht mehr im klaren Licht eines tropischen Morgens statt, sondern es fiel mit dem Sonnenaufgang zusammen.

Eine der Marotten Thomsons, die ziemliche Verwirrung anrichteten, bestand darin, daß er die Uhren nicht entsprechend der Zeitzone zurückstellen ließ, durch die wir fuhren. Wenn wir die Uhren umgestellt hätten, hätten wir sie auf der Fahrt nach Süden zehn Tage lang korrigiert, jeden Tag um eine halbe Stunde. An diesem Sonntagmorgen waren wir der Sonne bereits mehr als zwei Stunden voraus; wir waren in stockdunkler Nacht aufgestanden, hatten im Morgengrauen gefrühstückt, und Hattrell hatte zu seinem Kummer die mittägliche Positionsbestimmung um zwei Uhr nachmittags machen müssen. „Wir haben alle gern den Mittag um zwölf Uhr“, hatte er geklagt, während er seine Berechnungen machte. Diese Absonderlichkeit brachte es auch mit sich, daß das morgendliche Schwimmbad im Becken, das unter der ersten starken Wärme der tropischen Sonne hätte stattfinden sollen, statt dessen beim Licht der Sterne absolviert werden mußte; es war ein wenig erfreulicher Frühsport, den ich bald aufgab.

„Auf den Passagierschiffen werden die Uhren für die Passagiere umgestellt, die wissen wollen, wann die Sonne auf- und untergeht“, bemerkte Thomson beim Frühstück. „Auf diesen Schiffen wie dem unsrigen ist es doch egal, wenn ich die Uhren nicht zurückstelle.“ Er war guter Laune, und wie um dies zu rechtfertigen, sagte er: „Ich hab' den Sonntag gern, und jetzt gehe ich und such' mir meinen Gottesdienst.

Ich drehe an den Knöpfen herum, bis ich habe, was ich will. Dann mache ich es mir mit der Pfeife im Sessel gemütlich und genieße die Predigt. Es ist vielleicht nicht ganz das richtige, aber ich finde, Religion sollte etwas Erfreuliches sein, leicht und unbeschwert. Ich glaube nicht, daß Jesus etwas dagegen gehabt hätte.“

Nach einem kurzen, gedankenvollen Schweigen fuhr er fort: „Wir wissen ja alle nicht einmal, wie Gott aussieht, ob er schwarz ist, weiß, blau oder gelb. Die Weißen stellen ihn sich gern weiß vor, die Schwarzen schwarz, aber jeder weiß sowenig wie der andere."

Für die nautischen Offiziere war der Sonntag auch nicht anders als ein Werktag. Sie absolvierten wie immer ihre Wachrunde. Aber die Ingenieure schalteten ihre Maschinen am Sonnabendmittag auf automatische Steuerung und hatten bis Montag morgen frei. Die Sonntage verbrachten sie am Swimming-pool, oder sie veranstalteten vor dem Mittagessen auf den Decks Wettrennen mit den Fahrrädern, die jeder Supertanker mitführt, damit während der Arbeitszeit die Entfernungen auf dem Hauptdeck bewältigt werden können. Die sonntägliche Curry-Mittagsmahlzeit war etwas luxuriöser als das Mittagessen an den Werktagen, und zum Nachmittagstee gab es statt Huntley & Palmer-Keksen eigens gebackene Kuchen, die „tabnabs" hießen. Dennoch vermochte keine dieser Ablenkungen die rastlose Energie der Ingenieure zu absorbieren und zu dämpfen, und in der Mitte dieses langen, feuchten, ruhigen tropischen Sonntagnachmittags sammelte sich im Swimming-pool die gestaute Aggression. Die jungen Offiziere spielten mit einem Poloball. Sie spielten mit wilder Kraft, ausdauernd, unermüdlich und schleuderten den Ball wie eine Waffe auf den andern. Das Becken war wie ein Kessel, in dem das Wasser wogt, die ganze Umgebung klitschnaß gespritzt. Graham und Pat Allen lagen in Liegestühlen und schauten zu, ohne auf die scharfen Duschen zu achten, die sie von Zeit zu Zeit abbekamen. Sie hatten die Liegestühle hochgestellt, um die Arena mit den Kämpfenden besser überblicken zu können. Mit hinter dem Kopf verschränkten Händen saßen sie da, die Arme und Ellbogen weggestreckt, wie halbgeöffnete Flügel, die Körper entspannt und gesättigt, nachdem sie sich auf ihre Art ausgetobt hatten.

Am Abend kamen sie alle aufgekratzt und mit straffer Gesichtshaut, die ihnen die Sonne und das Salzwasser gegeben hatten, in die Messe. Sie sahen sehr jung und gesund aus, voller Erwartung, was der Tag ihnen noch zu bieten habe. Da der Barmann frei bekommen hatte, um ins Kino zu gehen, hatten sie wenigstens die Messe für sich, wo sie eine gewisse sonntägliche Häuslichkeit improvisieren konnten. Jeder legte mit Hand an. Harvey Phillips machte den Barmann und spielte die Rolle des Wirts. Er nahm Bestellungen entgegen, servierte mit theatralischem Schwung, wischte seine Theke ab und sorgte für Ordnung. Pat Allen stand mit ihm hinter der Bar, wusch und trocknete Gläser. Graham Chalmers sammelte leere Bierdosen ein, Graham Allen leerte die Aschenbecher.

Als sie ihre Arbeiten getan hatten, kamen sie einer nach dem andern herüber und setzten sich zu der Gruppe um den Kaffeetisch, wo der Kapitän persönlich noch beim Kaffee ein Gastspiel gab und alles mit seiner wohlwollenden Miene beobachtete. Harvey Phillips kam als letzter und brachte ein Tablett mit Drinks mit. „Hat mir Spaß gemacht", sagte er, als er die bestellten Getränke austeilte. „Lawrence sollte öfter ins Kino gehn und uns den Job überlassen. Damit vergeht die Zeit. Es ist mal was anderes als auf einem meiner anderen Schiffe, wo Sonntag abend immer Night Club Dinner war. Das war ein guter Abschluß des Wochenendes."

„Was hat das genau bedeutet?" fragte Basil Thomson.

„Well, gar nichts so Besonderes, wenn man es sich überlegt. Die Salon-Lampen wurden abgeschaltet, auf jeden Tisch hat man eine Kerze gestellt, und man saß da und hat versucht, sein Essen zu sehen. Aber es war irgendwie stimmungsvoll – jedenfalls anders."

„Wenn's nur darum geht, eine Kerze auf den Tisch zu stellen, wäre das wohl zu machen, denke ich", sagte Thomson.

„Na ja, eigentlich war mehr dran. Es gab eine Kabarettvorstellung. Es kommt auf die Talente an, die man an Bord hat. Sie hatten ein paar Leute, die was zu bieten hatten, deshalb war's möglich. Einer der Offiziere war ein Zauberer. Er hat die Kleider von einer der Ehefrauen an Bord angezogen und dann seine Kunststücke vorgeführt. Das war die Starnummer."

„Auf der *Garonne* hat es sonnabends immer ein ‚pub lunch' gegeben", sagte Graham Allen. „In der Messe war ein regelrechtes Büfett angerichtet. Dort hat man sich selbst bedienen können, während man an der Bar getrunken hat, genau wie in einem Pub."

„War der alte Peter Simpson Leitender, als Sie auf dem Schiff waren?" fragte Basil Thomson.

„Ja, das war er", sagte Graham Allen. „Er ist einer der nettesten Kerle, die ich jemals auf diesen Schiffen getroffen habe."

„Ja, ein ausgezeichneter Mann", stimmte Thomson zu. „Ein reizender Bursche, und seine Frau genauso."

„Ja, was für eine entzückende Frau“, sagte Pat Allen. „Eine *wirklich* entzückende Frau.“

„Die Kinder sind auch so“, sagte Thomson. „Und davon haben sie ja auch genug. Sechs.“

„O nein, es sind fünf“, korrigierte ihn Allen.

„Nein, sechs“, sagte Thomson.

„Dann muß erst kürzlich eines gekommen sein, denn Pat und ich kennen sie gut und haben sie besucht, als wir das letztemal zu Hause waren“, sagte Graham Allen. „Wir waren längere Zeit bei ihnen, aber damals war sie nicht schwanger.“

„Ich kann Ihnen nicht mehr sagen, junger Mann, als daß sie sechs Kinder haben“, sagte Thomson. „Ich *weiß*, daß es sechs sind.“

„In dem Fall, wie gesagt, müssen sie erst vor kurzem eins bekommen haben, denn als wir sie zum letztenmal gesehen haben, waren es fünf“, sagte Graham Allen.

„Well, Graham Allen, ich kann nur sagen, ich bin wenigstens froh, daß Sie etwas von ihm halten; ich hoffe nur, daß Sie sich ein Beispiel an ihm nehmen und nicht einer von diesen, wie ich es nenne, professionellen Dritten Ingenieuren werden, und ich denke dabei besonders an einen, der auf diesem Schiff war und gesagt hat, eine weitere Beförderung interessiert ihn nicht. Er wollte Dritter Offizier bleiben und sich nicht anstrengen, daß er es weiterbringt, weil ein Leitender nach Abzug der Steuern nur vierzig Pfund im Monat mehr bekäme als er und weil er finde, daß so eine geringe Aufbesserung nicht die Verantwortung aufwiegt.“

„Ich habe vor, so bald wie möglich für meinen Zweiten zu studieren, also denke ich nicht so“, sagte Graham Allen. „Aber komischerweise, und ich möchte nicht respektlos erscheinen, komischerweise kann ich diese Einstellung verstehen, besonders weil die unteren Offiziere nicht die Vergünstigungen haben, die ein höherer Offizier bekommt, und darum fragen sie sich, ob es sich wirklich rentiert, daß sie sich so sehr anstrengen, um es noch weiterzubringen.“

„Was denn für Vergünstigungen? Inwiefern bin ich besser dran als Sie?“ fragte Thomson scharf. „Im Flugzeug fliege ich nicht einmal erster Klasse. Wenn ich in die Zentrale komme, werde ich nicht wie ein Kapitän behandelt, nicht so wie in der alten Zeit. Nur mein Quartier ist größer, aber das brauche ich nicht. Und jetzt, junger Mann, möchte ich Sie an etwas erinnern, weswegen ich überhaupt davon gesprochen habe: Sie selber haben mir einmal gesagt, Sie würden kündigen, wenn Ihre Frau nicht an Bord kommen könnte. Sie haben gesagt, Sie würden das Schiff und die Firma verlassen, wenn Sie sie nicht bei sich haben könnten. Bilden Sie sich nur nicht ein, daß das vergessen ist, es ist es nicht. Es steht schwarz auf weiß in meinem Notizbuch. Es hat keinen Zweck, daß Sie das jetzt bestreiten, es ist aufgeschrieben."

„Ich bestreite es nicht", sagte Graham Allen.

„Sie könnten es nicht, auch wenn Sie wollten. Ich hab's aufgeschrieben, als es gesagt worden ist; und jetzt steht es da, unbestreitbar. Sie haben gesagt, wenn Ihre Frau nicht bei Ihnen sein könnte, dann würden Sie gehen!"

Schweigen folgte seinen Worten. Die frische Munterkeit, die sie alle aus dem sonnigen Nachmittag mitgebracht hatten, war zu Mattigkeit zerfallen. Sonst hätte man gehört, wie Lawrence, der Barmann, ruhig mit irgend etwas hinter der Bar hantierte. Jetzt aber war es still. Niemand regte sich, es sei denn, er griff hin und wieder nach seinem Glas. Thomson erhob sich schließlich, um zu gehen, und die anderen folgten ihm, einer nach dem andern.

„Gute Nacht."

„Gute Nacht."

„Gute Nacht."

Hinaus, die leere Treppe hinauf, durch die leeren Korridore, und hinaus aufs Deck, um frische Luft einzuatmen. Das Deck jedoch war nicht ganz menschenleer. Peter Dutton, der andere Zweite Ingenieur, saß in einem Liegestuhl neben dem Swimming-pool und hörte Charlie zu, einem der chinesischen Hilfskesselheizer, der auf seinen Pfeifen spielte. Sie waren ein unzertrennliches Paar. Dutton, der schon seit einem Vierteljahr auf dem Schiff und dessen Frau das kurze Stück von Rotterdam nach Le Verdon mitgefahren war, gehörte zu den Einzelgängern auf der *Ardshiel.* Er hielt sich abseits, nahm nie am Dämmerschoppen teil und blieb selten länger in der Offiziersmesse. Niemand wußte, wie lange Charlie schon auf der *Ardshiel* war. Manche glaubten, er sei auf dem Schiff, seitdem es die Werft verlassen hatte. Die Pfeifen, schlanke Röhren, ähnlich wie Panflöten, waren sein ganzer Trost, und man hörte sie oft plötzlich irgendwo spielen; wo das nun war, konnte man auf diesem großen Schiff nie mit Sicherheit sagen. Sie waren wie eine angenehme Geistererscheinung, die ständig den Ort ihres Auftritts wechselte, uns immer von woanders her rief und besonders bei den Geordies und Schotten beliebt war, weil sie sie an ihre Dudelsäcke erinnerte. „Charlie spielt wieder auf seinen Pfeifen", so sagte einer, und dann nahm ihr Ausdruck etwas Sinnendes an, und sie drehten den Kopf in die Richtung, aus der sie die Klänge vermuteten.

Wenn man Charlies Pfeifen während einer der langen Schweigepausen in der Offiziersmesse hörte, gaben sie dem Raum eine Stimmung tiefer Melancholie; doch der Zauber der Musik war so stark, daß man es nie bereute, zugehört zu haben.

Aber nun, da man sie in dem Schatten des Decks vor sich hatte, da sie neben der stillen, grünen Fläche des in das Flutlicht getauchten Schwimmbeckens endlich sichtbar wurden, konnte einen doch Bedauern ankommen, als wäre man nichtsahnend und tumb einer nicht gesuchten Offenbarung teilhaftig geworden. Hier im Freien klangen die Töne soviel freier, klarer und süßer, und das Bild dieser beiden Männer, des blonden jungen Geordie und des schon älteren Chinesen, die so still und einträchtig beisammensaßen, war allein schon so stärkend, daß man eigentlich doch keine Reue empfand.

7

Der Supertanker ist der größte bewegliche Gegenstand, den der Mensch je gebaut hat, und er ist auch der gefährlichste. Die Öffentlichkeit stellt sich vor, die Tanker seien wegen ihrer leicht brennbaren Fracht so gefährlich; aber obwohl die *Ardshiel* in vollbeladenem Zustand so viel komprimierte passive Wärmeenergie an Bord hätte wie eine Wasserstoffbombe, ist sie wie alle diese Schiffe dann am sichersten, wenn ihre Tanks randvoll mit Öl gefüllt sind.

Wenn seine Frachttanks unbeschädigt und dicht bleiben, kann auf einem beladenen Tanker ein Feuer wüten, das die ganzen Aufbauten zerstört, ohne daß die Ölladung in Brand gerät. Ein bemerkenswertes Beispiel gab die spektakuläre Kollision der *Pacific Glory* und der *Allegro* vor der Isle of Wight im Oktober 1970; die *Pacific Glory* wurde zwar durch Explosionen im Maschinenraum aufgerissen und von einem Brand verwüstet, der ihre Deckaufbauten zerstörte und auf die See ringsum übergriff, aber die Ladung des 77 000-Tonners, nigerianisches Rohöl, nahm keinen Schaden, und das Schiff konnte schließlich seinen europäischen Bestimmungshafen erreichen.

Es ist nicht das Öl selbst, das in Brand gerät oder explodiert, sondern das Gas, das sich aus ihm entwickelt. Kohlenwasserstoffgase haben einen sehr niedrigen Flammpunkt und brennen oder explodieren sogar schon bei einer Temperatur von etwa minus vier Grad Celsius. Nach dem Löschen der Ölladung bleibt das Gas in hoher Konzentration in den Tanks zurück, und dies ist der Grund, warum Tanker, wenn sie leer sind und in Ballast fahren, wie wir es taten, am gefährlichsten sind.

Diese Gase sind nicht leicht unter Kontrolle zu halten oder zu beseitigen. Kohlenwasserstoffgase sind so stark, daß schon Öllachen zu einer kritischen Atmosphäre führen können, und ein leerer Supertanker hat innerhalb seines Rumpfs viel mehr Öl als nur ein paar Lachen. Wenn die Ladung herausgepumpt ist, bleiben auf dem Boden, wo die Hauptpumpen nicht hinreichen, große Pfützen dickflüssiger Ölreste wie der Bodensatz in einer riesigen Tasse zurück; dazu sind die Tankwände von einer dünnen Schicht eines Öl-Wachs-Gemischs bedeckt. Würde ein Film von einem Millimeter Stärke die gesamten stählernen Teile in den Tanks eines Schiffes wie der *Ardshiel* bedecken, könnten dabei etwa zweitausend Tonnen zusammenkommen; normalerweise werden bei der Reinigung der Tanks mindestens 1200 Tonnen gewonnen. Diese ganze Ölmenge gibt bis zur Tankreinigung weiterhin Gasdämpfe ab, wodurch die Konzentration, die noch von der Fracht stammt, erheblich verdichtet wird. Dieses Gemisch von Kohlenwasserstoffgasen kann durch den kleinsten Funken entzündet werden, und diese Gefahr ist naturgemäß bei jeder Tätigkeit in den Tanks oder in ihrer Nähe am größten, was die Tankreinigung zur überhaupt riskantesten Sache macht; welche Vorsicht man dabei auch walten läßt, die ganze Prozedur birgt in sich zahllose Möglichkeiten, durch einen Funken das Gas in den Tanks zu entzünden und das Schiff auseinanderzusprengen.

Deshalb ist man naheliegenderweise bestrebt, die Tankreinigung bei einer nichtexplosiven Atmosphäre vorzunehmen. Kohlenwasserstoffgase können nicht explodieren, wenn sie „übersättigt“ sind, das heißt, so dicht, daß die für eine Verbrennung notwendige Luft nicht in ausreichender Menge vorhanden ist. Ebensowenig können sie explodieren, wenn sie zu „mager“ sind, das heißt derart verteilt, daß sie sich nicht entzünden können.

Bisher hat man bei der Reinigung der Tanks hauptsächlich mit einer übersättigten oder einer zu mageren Atmosphäre gearbeitet. Die übersättigte erhielt verständlicherweise den Vorzug, weil die Tanks unmittelbar nach dem Löschen der Fracht eine übersättigte Gaskonzentration aufweisen. Die Dämpfe, die das Öl hinterläßt, bleiben mehrere Tage in einem stark gesättigten Zustand (der übersättigten Konzentration in den Tanks beladener Tanker ist es zu verdanken, daß sie so viel sicherer sind). Sobald dieser Zustand in einem leeren Tanker fraglich wird, muß für die Reinigung eine zu magere Atmosphäre geschaffen werden, indem man in die Tanks so viel Luft bläst, daß die verbleibende Gasmenge zu dünn wird, um noch gefährlich zu sein.

Bislang ist noch keine Anlage entwickelt worden, durch die sich diese beiden Bedingungen zuverlässig stabilisieren lassen, während die Reinigung der Tanks vorgenommen wird. In beiden Fällen besteht ständig die Gefahr, daß irgendwie das Gleichgewicht gestört und die Atmosphäre explosiv wird.

Zum Zweck der Tankreinigung läßt sich eine dritte Atmosphäre herstellen, die heute allgemein als die sicherste gilt. Dazu werden die Abgase aus den Schiffskesseln verwendet. Dies sind sogenannte träge Gase, wie etwa Stickstoffoxyde und Kohlendioxyd, die nicht brennbar sind. Sie werden aus dem Schornstein abgeleitet, gekühlt und gereinigt und sodann in die Tanks gepreßt, während gleichzeitig das Öl herausgepumpt wird, so daß es theoretisch zu keinem Zeitpunkt in den Tanks ein explosives Gemisch geben dürfte. Da die Einrichtung dieser Anlage kostspielig ist, hat sie bisher für die Reinigung von Tanks nur selten Anwendung gefunden.

Welches System auch benutzt wird, die eigentliche Arbeit der Tankreinigung ist in einem Supertanker weitgehend automatisiert. Die Tanks werden dicht verschlossen und durch Wasser, das unter hohem Druck aus Düsen kommt, sauber gespritzt. Dabei verspritzen sozusagen riesige Rasensprenger mit der gleichen seltsamen Bewegung, das heißt sowohl vertikal als auch horizontal, Wasser in die Tanks. Sie können einen der Haupttanks in etwa acht Stunden reinigen, sie schießen eimerfüllende Mengen mit der Geschwindigkeit einer Gewehrkugel ab und säubern jede Fläche, jeden Spalt, jeden Träger, jede Verstrebung von daran haftendem Öl.

Bei einer übersättigten Atmosphäre innerhalb der Tanks ist man sich bewußt, daß durch den Waschvorgang selbst die Stabilität des Gasgemischs berührt werden muß und daß es, während das gasbildende Öl weggespült wird, *immer* einen Augenblick gibt, an dem der Gaspegel im Tank die Explosionsgrenze erreicht. Ein übersättigtes Gemisch kann außerdem, ähnlich wie eine viskose Flüssigkeit, Sauerstoffeinschlüsse enthalten, die, sobald der sie umgebende Druck nachläßt, die ganze Atmosphäre in den explosiven Bereich bringen können. Im vergangenen Jahrzehnt hat sich die Mehrzahl der Explosionen auf Tankern, die in Ballast unterwegs waren, bei Tanksäuberungen ereignet, die bei einem übersättigten Gasgemisch vorgenommen wurden. Dieser Zustand macht auch leere Tanker doppelt verwundbar im Falle einer Kollision, bei der es dazu kommen kann, daß ein Tank aufgerissen wird und die Atmosphäre, durch die einströmende Luft aus dem Gleichgewicht gebracht, sich durch Funkenflug entzündet.

Die Methode, bei der ein zu mageres Gasgemisch mit seinen zirkulierenden Luftströmungen verwendet wird, kann ebenso unberechenbar sein, denn wenn nach dem Löschen der Ladung eine unvermutet hohe Menge Öl zurückgeblieben ist, könnten die mit hoher Geschwindigkeit aufprallenden Wasserstrahlen genügend Gas freimachen, daß die Atmosphäre einen brisanten Zustand erreicht.

Eine Explosion kann nur durch einen Funken ausgelöst werden, und daher besteht die Kunst, einen Tanker sicher zu machen, nicht nur darin, das atmosphärische Gleichgewicht in den Tanks auf einem sicheren Niveau zu halten, sondern auch darin, auf jede Weise zu verhüten, daß es zur Bildung eines Funkens kommen kann, falls das Gasgemisch einen gefahrenträchtigen Zustand erreichen sollte. Es scheint auf den ersten Blick unglaublich, daß ein Funken, so winzig, daß er so gut wie unsichtbar ist, von den offenen Decks in die dichtverschlossenen Tanks geraten und einen 200 000-Tonner in die Luft jagen könnte, und dennoch ist es möglich. Infolge des niedrigen Flammpunktes von Kohlenwasserstoffgasen ist es möglich, daß eine Schuhsohle, die gegen ein Sandkorn auf einem stählernen Deck reibt, und dadurch einen winzigen Funken erzeugt, eine Explosion auslösen kann. Das gleiche könnte geschehen, wenn zwei Drähte mit schadhafter Isolierung aneinander scheuern oder eine nicht vorschriftsmäßige Taschenlampe angeknipst wird oder auch nur durch die statische Elektrizität eines Nylonhemdes. Nur zu oft ist Gas in der Nähe und kann sich entzünden. Es kann geschehen, daß ein Funke Gas entzündet, das in kleinen Mengen aus einer der zahlreichen Tanköffnungen entweicht, die auf gleicher oder fast gleicher Höhe mit dem Deck liegen; oder er kann in die Tanks gelangen, indem er Gas entflammt, das in einer windstillen Nacht möglicherweise aus den Ventilen hoch an den Masten auf das Hauptdeck herabsinkt.

Die verschiedenen Möglichkeiten eines Gasaustritts sind so zahllos wie die der Funkenbildung, und man ist bestrebt, mit allen

Mitteln beides zu verhindern, besonders aber die Funkenbildung. Auf Deck ist das Rauchen strikt untersagt und beim Beladen oder Löschen nur an genau bezeichneten Orten erlaubt, wie etwa der Offiziersmesse. Für Werkstoffe, Werkzeuge und Arbeiten, bei denen versehentlich Funken entstehen könnten, gelten strenge Vorschriften; auf P & O-Tankern vermeidet man nach Möglichkeit die Verwendung von synthetischen Fasern, in denen leicht eine statische Aufladung entsteht; in den Tanks sind sie unter keinen Umständen zugelassen. Die Decks werden nur geschrubbt, wenn das Schiff beladen ist, und selbst dann erst, nachdem aller Sand und körniger Schmutz mit Wasser weggespült worden ist und wenn ein Wind von mindestens fünf Meilen pro Stunde über die Decks weht.

Öltanker sind seit den frühesten Tagen der Spezies explodiert; bereits 1905 wurde die erste große Untersuchung über ein Schiff abgehalten, das vermutlich infolge einer Tankexplosion verlorengegangen war. In den zurückliegenden fünfzehn Jahren haben sich im Durchschnitt vierzehn Explosionen jährlich auf Öltankern ereignet, großenteils mit katastrophalem Ausgang für Schiff und Besatzung. Für Explosionen auf Tankern kann nicht nur Funkenbildung auf dem Schiff selbst, sondern auch Blitzschlag verantwortlich sein, wie im August 1972 im Hafen von Le Havre, wo der griechische Tanker *Princess Irene*, 33 000 t, auseinandergerissen wurde, als bei einem Gewitter Öldämpfe in Brand gerieten. Im allgemeinen jedoch sind die Ursachen von Tankerexplosionen statische Elektrizität oder Fahrlässigkeit oder aber eine Kombination von beidem. Doch was auch der Grund ist, die Folgen sind immer erschreckend.

Im Oktober 1958 explodierte im Indischen Ozean der 17 000-Tonner *Stanvac Japan* mit solcher Wucht, daß die ganzen vorderen Aufbauten samt der Kommandobrücke in einem Stück von dem Schiff weggerissen und in die See geschleudert wurden. Alle Besatzungsmitglieder, die sich darin befanden, kamen um, ausgenommen allein der Zweite Offizier, der die Wache hatte. Daß er die Katastrophe überlebte, bleibt einer der erstaunlichsten Fälle von Rettung nach einem Schiffsunglück.

Die *Stanvac Japan* war ein Tanker vom alten Typ mit geteilten Aufbauten. Der Zweite Offizier hatte vorn Ausschau gehalten und dann in den Kartenraum gehen wollen, der achtern gegenüberlag.

Die Explosion schleuderte ihn an Deck, und als er sich wieder aufraffte, sah er unter sich das Schiff, das ohne seine Brücke davonfuhr. Die 400 Tonnen schweren Aufbauten, die hochgeschleudert worden waren, hatten sich in der Luft umgedreht. Als die Brücke unter ihm versank, sprang der Zweite Offizier ins Wasser und wurde von seinem eigenen Schiff aufgefischt.

1968 explodierte ein 20 000 Tonnen großer argentinischer Tanker an seinem Liegeplatz und sank; durch die Explosion wurden zwei 25 000-Tonner an benachbarten Liegeplätzen beschädigt, so daß sie gleichfalls explodierten und sanken. Der Vorfall erregte fast kein Aufsehen, was in der Regel auf die meisten Tankerexplosionen zutrifft, die nur noch in Schiffahrtskreisen beachtet werden. Und selbst dort sind sie zu einer solchen Alltäglichkeit geworden, daß niemand mehr sie als etwas Besonderes ansieht.

Es bedurfte ungleich spektakulärerer Ereignisse, um die Gefährlichkeit von Kohlenwasserstoffgasen in Tankern ins öffentliche Bewußtsein zu rücken oder echte Betroffenheit in Kreisen der Schiffahrt aufkommen zu lassen. Diese traten im Dezember 1969 ein, als sich innerhalb von achtzehn Tagen nicht weniger als drei Tankerkatastrophen ereigneten.

Am 15. Dezember 1969 sank vor der senegalesischen Küste der Shell-Tanker *Marpessa*, 206 000 t, der sich auf seiner ersten Ölfahrt befand, nach einer Tankexplosion, bei der zwei Menschen ums Leben kamen. Am 29. Dezember wurde ein Schwesterschiff der Marpessa, die *Mactra*, ebenso groß und ebenfalls im Besitz der Shell, im Mozambique-Kanal Opfer einer gleichermaßen heftigen Tankexplosion, die abermals zwei Menschenleben forderte. Am folgenden Tag wurde der norwegische 220 000-Tonner *Kong Haakon VII* vor der Küste Liberias durch eine Explosion in seinen Tanks aufgerissen. Beiden Schiffen gelang es, einen Hafen zu erreichen, da sie nicht so schwer beschädigt worden waren wie die *Marpessa*.

Eine einzige Explosion dieser Art hätte man als einen schweren Unfall hinnehmen, zwei dem Zufall zuschreiben können, aber drei solche Desaster waren nicht mehr so abzutun, und für die maritime Welt stellen sich seitdem diese drei Unfälle, so dicht nacheinander, als eine einzige Katastrophe dar, besonders da die Konsequenzen –

vor allem Steigerungen der Supertanker-Versicherungsprämien um 25 Prozent und mehr und ein latentes Mißtrauen gegen diese Schiffs-Spezies überhaupt – die gesamte Tankerschiffahrt betrafen.

Schon der Untergang der Marpessa, damals das größte Schiff, das jemals havariert war, war ein historisches Ereignis, aber zusammengenommen führten die Explosionen auf den drei Schiffen zu dem höchsten Verlust, den die Seefahrt jemals in Friedenszeiten hatte verbuchen müssen. Die *Mactra* und die *Kong Haakon VII* mußten fast völlig neu gebaut werden; ihre Reparatur kam teurer als die ursprünglichen Baukosten.

Fast sofort begannen ausführliche und eingehende Untersuchungen der Explosionen. Zunächst gab es keinerlei Hinweise auf die mögliche Ursache. Zwar wurde Fahrlässigkeit nicht ausgeschlossen, aber es gab keinen evidenten Beweis dafür auf allen drei Schiffen, deren Offiziere und Mannschaften sämtlich erfahrene Tanker-Seeleute waren und deshalb genau das Risiko kannten, das für sie selbst und das Schiff bestand, wenn sie nachlässig wurden. Niemand wußte mehr als das, was auf der Hand lag: Die Explosionen konten nur durch zweierlei zugleich ausgelöst worden sein: eine explosive Atmosphäre in einem Tank und einen Funken, der sie zündete. Für die maritime Welt war es eine Krise von wirklich enormen Ausmaßen.

Naheliegenderweise und zum Glück kann ein Desaster dieser Art es an Sensations- und Gefühlswirkung niemals mit der Tragödie eines großen Passagierschiffes wie beispielsweise der *Titanic* aufnehmen; trotzdem aber wurde das Geschehnis in Schiffahrtskreisen mit größtem Ernst aufgenommen, was sich daran zeigte, daß die in London abgehaltene Untersuchung der Explosion auf der *Mactra*, die praktisch alle drei Unfälle einschloß, die erste seit der Untersuchung über den Untergang der *Titanic*, im Jahr 1912, war, bei der ein Richter des High Court als Wreck Commissioner den Vorsitz führte. Seit der *Titanic*-Katastrophe hatte denn auch kein Ereignis solche Unruhe in der internationalen Schiffahrt oder tiefere Besorgnis über die Sicherheit auf den Meeren ausgelöst. Wenn man die emotionale Wirkung außer acht ließ, die der Untergang des Ozeanriesen der White-Star-Linie auslöste, dann waren die drei Tanker-Explosionen für die internationale Schiffahrt und die Öffentlichkeit zweifellos ungleich folgenreicher als das Schicksal der *Titanic.*

Unübersehbar war natürlich die beunruhigende Parallele dieser zwei epochalen Tragödien verwundbarer Mammutschiffe (auch die *Marpessa* befand sich auf ihrer ersten Fahrt, nachdem sie in Dienst gestellt worden war). Aber im Fall der *Titanic* handelte es sich um eine einmalige Tragödie, bei der arroganter Leichtsinn, menschliches Versagen und schreckliche Irrtümer zusammenwirkten, so daß die Unterlassungssünden weitgehend geklärt und für die Zukunft abgestellt werden konnten. Ihr Untergang bewirkte, daß Vorschriften und Regeln eingeführt wurden, die überfällig waren, aber er hinterließ kein ungelöstes technisches Geheimnis, er stellte nicht Formkonstruktion und die bestehende Tendenz im Schiffbau oder die Grundsubstanz maritimer Planung und Weiterentwicklung in Frage, noch gefährdete er die wirtschaftlichen Grundlagen der Hälfte des maritimen Welthandels, wie es die Explosionen auf den VLCCs taten.

Diese Tankerexplosionen brachten die internationale Seefahrt einem kollektiven Trauma so nahe wie wahrscheinlich nichts vorher. Während eine Katastrophe wie die der *Titanic,* was die tatsächlichen Sachverluste betrifft, nur das Anlagevermögen der White-Star-Linie betraf, wirkten sich die VLCC-Explosionen auf den ganzen Kreis derer aus, die Großtanker besaßen oder bauten, und dies bedeutete damals auf praktisch jeden, der in der Schiffahrsbranche einen Namen hatte. Für die Möglichkeit, daß, technologisch gesehen, die Entwicklung dieser Schiffe zu rasch und zu weit vorangetrieben worden war, hatte es schon ominöse Anzeichen gegeben, als bei zahlreichen Großtankern vor oder nach dem Stapellauf oder bei Probefahrten ernste Schäden am Rumpf auftraten. Daß sie aber als Spezies mit verhängnisvollen Geburtsfehlern behaftet sein könnten, wie man nun vielfach zu glauben begann, war vorher tatsächlich niemandem als möglich erschienen, denn niemand hatte geahnt, daß diese Schiffe auch völlig neue und unberechenbare Brand- und Explosionsrisiken mit sich bringen würden.

Der Verdacht, daß dies so war, erschien wohlbegründet. In den sechs Monaten vor der Kette von Katastrophen, die mit der *Marpessa* begann und mit der *Kong Haakon* endete, waren unter ähnlichen Umständen zwei 100 000-Tonner auf See explodiert. Die Tankerexplosionen im Dezember 1969 hatten jedenfalls etwas auffallend Gemeinsames: Alle drei Tanker waren neue Schiffe, alle etwa gleich groß, alle fuhren in Ballast, reinigten zu dem betreffenden Zeitpunkt ihre Tanks, durchfuhren die tropische Zone, und alle verwendeten ähnliche mechanische Anlagen für die Tankspülung.

Daß etwas völlig Unvorhergesehenes im Spiel war, schien auch eindeutig daraus hervorzugehen, daß zwar die Umstände, unter denen es zu den Explosionen gekommen war, große Ähnlichkeit aufwiesen, nicht aber die atmosphärischen Bedingungen in den betreffenden Tanks. Die *Kong Haakon* hatte ihre Tanks bei einem übersättigten, die beiden Shell-Tanker hingegen bei einem mageren Gasgemisch gereinigt. Besonders bei der Shell war man überzeugt, daß ein völlig neues Element beteiligt gewesen sei, da es seit dreiundzwanzig Jahren auf keinem ihrer Schiffe zu einer Tankexplosion gekommen war, was man lange auf die relative Sicherheit der Magergemisch-Methode zurückgeführt hatte. Der Konzern ließ unverzüglich auf seinen sämtlichen VLCCs die Tanksäuberungsarbeiten einstellen. Die gleiche Maßnahme wurde von zahlreichen anderen Firmen ergriffen, die Superschiffe betrieben, und als die Shell am 16. Januar 1970 in London ein internationales Symposium einberief, um über die Unfälle ihrer Schiffe und deren mögliche Ursachen zu diskutieren, konnte sie zu dieser Veranstaltung die leitenden Führungskräfte und technischen Experten fast aller großen europäischen, amerikanischen und asiatischen Firmen begrüßen, die Supertanker betrieben.

Allen Teilnehmern war völlig klar, daß ihre Kenntnisse vom Verhalten von Kohlenwasserstoffgasen und von der Mechanik der Tankreinigung innerhalb solch gewaltiger Strukturen noch große Lücken aufwiesen. Andrew Sinclair, ein hoher technischer Berater der Salvage Association (die Schiffsversicherungsgesellschaften berät), sprach sich auf einer Sondertagung, die 1970 beim Lloyd's Register stattfand, sehr skeptisch aus und äußerte die Überzeugung, daß ein direkter Zusammenhang zwischen der Schiffsgröße und den Explosionen bestehe.

Aber es war undenkbar, die neuen Superschiffe abzuschreiben, und bei jenen, die bereits schwammen, eine völlige Unmöglichkeit: 63 Tanker mit 200 000 t und darüber waren bereits in Dienst gestellt, im größten Schiffsbauboom der Geschichte befanden sich in verschiedenen Ländern, namentlich in Japan, mindestens dreihundert im Bau, rund weitere hundert in der Planungsphase. Diese Schiffe, so behaupteten ihre Besitzer und Konstrukteure, würden garantieren, daß Europa, Japan und alle Verbraucherländer, die langfristig auf umfangreiche Einfuhren angewiesen waren, auch künftig ihr Öl so rasch bekommen würden, wie es ihrem Bedarf entsprach, und außerdem zu einem niedrigen und stabilen Lieferpreis.

Niemand konnte sich eine praktisch mögliche Alternative zu den Supertankern vorstellen. Oder vielmehr: Niemand war bereit, eine solche Möglichkeit ins Auge zu fassen. Doch jeder VLCC, der schon in Dienst gestellt, im Bau oder projektiert war, mußte als eine potentielle Bombe von schreckenerregender Sprengkraft betrachtet werden (die Gasmenge, die auf der *Mactra* explodierte und das Schiff in fast voller Breite und auf beinahe die halbe Länge aufriß, wurde auf 4 400 000 Kubikfuß geschätzt). Wenn weiterhin in diesem Tempo Supertanker explodierten, würde niemand mehr bereit sein, sie zu finanzieren, zu versichern oder einen Hafen anlaufen zu lassen; sie würden keine Besatzungen finden, und man würde, Gott sei's geklagt, die schönen Hoffnungen auf die fettesten Profite, die jemals im Seetransport erzielt wurden, begraben müssen.

Wahrscheinlich wurde in die Aufklärung der geheimnisvollen Explosionen weit mehr Geld und Zeit investiert, als man für die Modelle, Versuche und die Grundlagenforschung, die den VLCC-Prototypen vorangingen, ursprünglich aufgewendet hat. Es war der erste wirklich ernsthafte Versuch, Besonderheit und Eigenart dieser Schiffe zu verstehen,und sicher das am stärksten koordinierte internationale Schiffsforschungsprogramm, das jemals in Angriff genommen wurde.

Wonach praktisch alle suchten, war ein Funke. Eine Vielzahl diffiziler Experimente wurde von sämtlichen Betroffenen durchgeführt, auf dem Land wie auf dem Wasser; an Universitäten in Japan und den Vereinigten Staaten wurden Forschungsprogramme finanziert; die amerikanische Raumfahrtbehörde NASA stellte

Daten über elektrostatische Aufladung zur Verfügung, die entsteht, wenn Raketen durch Wolken geschossen werden; internationale Konferenzen und Symposien wurden abgehalten, darunter eines in Schweden, an dem aus aller Welt die führenden Experten auf dem Gebiet der statischen Elektrizität teilnahmen. Die Shell und die anderen großen Ölkonzerne, Regierungen und Schiffahrtsorganisationen gaben gewaltige Summen aus. Die Shell allein investierte mehr als eine Million Pfund für ihre eigenen Untersuchungen. Die amtliche englische Untersuchung der Explosion auf der *Mactra*, die von Oktober 1972 bis zum März 1973 dauerte, war eine der technisch schwierigsten und die längste, die in England jemals über einen Seeunfall geführt wurde; sie dauerte elf Tage länger als die Untersuchung der *Titanic*-Katastrophe, die bis dahin den Rekord gehalten hatte. Aber trotz allem hatte es mehr als zwei Jahre den Anschein, daß dabei nichts herauskommen werde.

Die Entstehung des verhängnisvollen Funkens wurde auf drei mögliche Ursachen eingeengt: statische Elektrizität; ein Gegenstand, der abbrach und aufs Deck fiel; oder die Entstehung eines elektrostatischen Feldes durch das Platzen einer Gasblase, wenn sie durch einen Wasserstrahl gegen eine der Stahlwände geschleudert wurde. Den größten Anklang fand die Theorie, daß der Funke von den Waschanlagen ausgelöst werde, und die Shell selbst verfolgte bei ihren Untersuchungen zwei Hauptlinien: ob die Kraft der Wasserstrahlen dazu führte, daß Teile der riesigen Öffnungen abbrachen, aufs Deck stürzten und dabei einen Funken auslösten; oder ob die Wasserstrahlen selbst ein elektrostatisches Feld erzeugten. Der Konzern nahm mehrere Supertanker aus dem Dienst und benützte sie für Experimente. Eine amerikanische Gesellschaft, die Chevron, unternahm ähnliche Versuche.

Während praktisch alle anderen nach einem Funken suchten, bemühte sich die Gulf Oil herauszufinden, was bewirken konnte, daß die Atmosphäre innerhalb der Tanks eines VLCC explosiv wurde. Sie benützte die konzerneigene Flotte von 326000-Tonnern für ihre Untersuchungen, deren Ergebnisse einen Schock für die eigenen Leute brachten. Sie zeigten nämlich, daß das übersättigte Gemisch, bei dem die Gulf Oil selbst die Tankreinigung vornehmen ließ, in hohem Maße Gefahren barg, wenn es nicht besser überwacht wurde, als es bis dahin der Fall gewesen war. Es stellte sich heraus, daß Tanks, die von ihrem konventionellen Überwachungssystem als sicher gemeldet worden waren, explosive Mischungen enthielten, wie sich bei der Überwachung durch wissenschaftlich zuverlässigere Instrumente ergab; die Gasdämpfe waren in einem weit größeren Maß, als man bis dahin angenommen hatte, in ungefährlichen und explosiven Schichten verteilt. Diese Erkenntnisse führten dazu, daß die Gulf Oil bei der Tankreinigung vom übersättigten Gemisch zum Inertgas-System überging.

Die von der Shell durchgeführten Untersuchungen überzeugten die Verantwortlichen, daß die Düsen, durch die das Wasser mit hoher Geschwindigkeit gepreßt wurde, die Explosionen auf der *Marpessa* und der *Mactra* ausgelöst hatten. Man nimmt an, daß sich innerhalb der Tanks Vorgänge abspielten, wie sie in ähnlicher Weise beim Entstehen von Gewitterbedingungen beteiligt sind.

Als erstes mußte man davon ausgehen, daß der zündende Funke vermutlich von statischer Elektrizität ausgelöst wurde. Lange und eingehende Versuche in holländischen Laboratorien ließen die Shell zu der Ansicht kommen, daß es tatsächlich so war; anschließend begann man langsam, die wahrscheinlichen Umstände zusammenzufügen, die eigentlich die statische Aufladung zündeten.

Folgendermaßen sah man die Bedingungen, die dazu führten: Beim Austritt aus den Düsen der Waschanlagen dehnte sich das Wasser zu riesigen „Klumpen" aus, und diese flogen beim Fortgang des Spülprozesses durch die dichten Gischtwolken, die sich langsam in den Tanks ansammelten; in diesem Gischt befindliche statische Elektrizität wurde von den Wasser-Klumpen absorbiert, die auf ihrem kurzen Flug von den Düsen bis zu den Tankwänden sich so stark wie eine Gewitterwolke aufladen und, wenn sie auf irgendein herausragendes Metallteil trafen, einen Funken auslösen konnten, in gewisser Weise ähnlich wie ein Blitz.

Dies alles war kaum schlüssig, wenn die Theorie auch nach wie vor von weiten Kreisen der Tankerschiffahrt akzeptiert wird. Dagegen sind für die Männer auf den Schiffen selbst, natürlich die an Bord der *Ardshiel* eingeschlossen, die Kräfte, die in den leeren VLCC-Tanks eingeschlossen sind, weiterhin rätselhaft und unberechenbar. Seit den Katastrophen auf der *Mactra, Marpessa* und *Kong Haakon* sind immer wieder Tanker, auch VLCCs, explodiert, 1973 explodierte vor der Küste Westafrikas ein liberianischer 216000-Tonner und sank; damit büßte die *Marpessa* die zweifelhafte Ehre des bis dahin größten Havaristen ein. Jedenfalls schien der Argwohn der Seeleute durch einen Bericht bestätigt zu werden, der Anfang 1974 von der International Chamber of Shipping in London veröffentlicht wurde und sich mit Explosionen auf einer neuen Klasse von Schiffen, sogenannten OBOs, beschäftigte. Dabei handelt es sich um riesige Fahrzeuge, die für den Transport dreier verschiedener Frachtsorten konstruiert wurden: Erz, Bulkladung oder Öl. Auch sie zeigten sich anfällig für Explosionen, aber im Unterschied zu den Explosionen auf VLCCs wurden die auf OBOs *nicht* in Verbindung mit der Tankreinigung gebracht. Vorläufige Untersuchungen deuteten darauf, daß sich infolge der starken schwappenden Bewegung von ölverschmutztem Ballastwasser hohe statische Spannungen aufbauen. Man nimmt an, daß das Wasser beim Schwappen winzige Funken auslöst, die wiederum kleine Gasblasen, die durch die kleinen schwimmenden Ölmengen erzeugt werden, zur Explosion bringen. Jedenfalls besteht, da nichts als gesichert gelten kann, die einzige Versicherung gegen eine Katastrophe in einer einwandfrei nichtexplosiven Atmosphäre bei der Tankreinigung. Begreiflicherweise vertreten auch die Versicherer von Supertankern diese Auffassung, da sie in den vergangenen Jahren Millionen um Millionen für Tankerunfälle aufbringen mußten. Gegenwärtig belaufen sich die Versicherungsprämien auf nicht weniger als 54 Prozent der Betriebskosten eines VLCC. Bei ULCCs steigen sie sogar auf mehr als siebzig Prozent.

Heute gilt Inertgas als die einzig sichere Atmosphäre bei der Reinigung der Tanks von Supertankern. Auf Schiffen, die mit diesem System ausgerüstet sind oder die nicht brennbare Abgase aus den Schiffsmaschinen verwenden, ist es zu keinen Explosionen gekommen. Gegenwärtig werden neunzig Prozent aller neuen Supertanker damit ausgerüstet, und Versicherungsgesellschaften bieten für solche Schiffe sogar verbilligte Prämien an.

Wie die meisten Tanker, säuberte die *Ardshiel* ihre Tanks, während wir uns der Tropenzone näherten und in sie einfuhren. Die Arbeit nahm drei Tage in Anspruch; sie begann vor den

Kanarischen Inseln und war an dem Tag abgeschlossen, an dem wir den Äquator passierten. Nachdem jeder Tank gereinigt worden war, mußte er inspiziert werden, für die Tankermänner die gefährlichste, am meisten gefürchtete und gehaßte Arbeit. Besonders galt dies für die Geordies, weil damit die Gefahren und Ängste wieder erschienen, die sie aus generationenlanger Erfahrung in den Gruben von Durham kannten.

Die drei VLCC-Explosionen waren an Bord häufig Diskussionsthema, aber man sprach darüber nur in sachlicher Form, wie über einen seltsamen Betriebsunfall; wenn Befürchtungen geäußert wurden, dann nur darüber, daß man in die Tanks hinuntersteigen müßte. Zwar besteht, wenn ein Tank gereinigt ist, vielleicht nicht mehr die Gefahr, daß Gas in explosiven Mengen zurückgeblieben ist, möglicherweise aber hat sich doch genug gehalten,um Menschen zu töten. Beim Einstieg in einen scheinbar sauberen und mit Druckluft ausgeblasenen Tank besteht die Gefahr darin, daß vielleicht über dem Boden Gasblasen wie unsichtbare Ballons umherschweben, die platzen, wenn man durch sie hindurchgeht, und für den Betreffenden gefährlich werden; es kann auch sein, daß eine tödliche Wolke von Kohlenwasserstoffgas aufgerührt wird, schon wenn man nur in einen Ölrest tritt, der nicht weggespült worden ist. Eine Gruppe von Männern, die bei der Inspektion des Tankbodens durch Öllachen geht, kann rasch Gaskonzentrationen bewirken, die dann in der Tankatmosphäre wie Fallen auf sie warten. Ist die Gaskonzentration hoch, braucht jemand nur ein paarmal einzuatmen, und er wird bewußtlos. Die Sinneswahrnehmungen werden getrübt, die Haut gefühllos, die Bewegungen schwerfällig; es folgt ein euphorisches Gefühl und anschließend, wenn die Lebenszentren im Gehirn betroffen werden, Schläfrigkeit. Alles geht fürchterlich schnell. Wenn jemand durch Tankgas bewußtlos geworden ist, muß er innerhalb von vier Minuten Sauerstoff bekommen, damit das Gehirn nicht geschädigt wird; etwa eine Minute Verzögerung würde heißen, daß er stirbt, was immer noch barmherziger wäre.

Schon auf den ersten Blick scheint die Überlebenschance gering, wenn jemand auf dem Boden eines neunzig Fuß tiefen Tanks, dessen Eingang eine Viertelmeile vom Hauptteil des Schiffes entfernt ist, das Bewußtsein verliert. Aussicht besteht nur, wenn im gleichen Augenblick Alarm gegeben wird, in dem man ihn taumeln und fallen sieht, das heißt, wenn dies ein Rettungstrupp bemerkt, der mit voller Ausrüstung auf dem Deck unmittelbar darüber zum Einsatz bereit steht.

Tatsächlich sind Gasunfälle die häufigsten Unfälle auf Tankern, und dieses Problem war auf der *Ardshiel* sehr gegenwärtig, weil es auf der vorhergehenden Fahrt zu einem traumatischen Vorfall gekommen war, als eine Gruppe von Männern auf dem Boden des vierten mittleren Tanks, eines der größten auf dem Schiff, kurze Zeit abgängig gewesen war und man sie schon fast aufgegeben hatte. Schließlich waren sie doch wohlbehalten wieder herausgekommen.

Die Gruppe hatte bestanden aus dem damaligen Ersten Offizier, Donald Watson, den in Le Verdon Ewart-James abgelöst hatte; einem Offiziersanwärter, der ebenfalls in Le Verdon von Bord gegangen war; Graham Allen, der sich ja noch auf dem Schiff befand; und einem der pakistanischen Seeleute.

Nachdem Alarm gegeben worden war, weil man einen Unfall vermutete, gab es Schwierigkeiten mit der Rettungsaktion, die sich aus mehreren Gründen bedenklich verzögerte. Die Ausrüstung war nicht an der Stelle, wo sie sein sollte, die Verständigung wollte nicht klappen.

Watsons Frau, die auf der *Ardshiel* mitfuhr, litt Qualen, die zwar kurz, aber furchtbar waren – wie eine Kumpelfrau am Schacht einer verschütteten Grube. Durch die Alarmsignale aufgeschreckt, war sie auf die Brücke geeilt, wo sie Basil Thomson sah, der das Kommando übernahm und die Rettungsaktion koordinierte. Sie sah, wie die Männer der Rettungsmannschaft über das lange Deck auf die Öffnung zurannten, durch die kurz vorher ihr Mann eingestiegen war, und sie wußte, daß er, falls er einen Gasunfall erlitten hatte, infolge der Verzögerung fast mit Sicherheit entweder schon tot oder nicht mehr zu retten war.

Die Niedergeschlagenheit über das Durcheinander, das die Rettungsversuche verzögerte, das bittere Schuldgefühl, das sie selbst noch bei den Rettungsbemühungen empfanden, die mit aller Wahrscheinlichkeit zu spät kommen würden, die tiefe Beschämung, weil sie wußten, daß Watsons Frau ihnen voll Verzweiflung zusah und ihre ganze Hoffnung auf sie setzte, ihre eigene eingestandene Angst, in die Dämpfe hinunterzusteigen, und dann die Erleichterung, als die Männer, um die sie gebangt hatten, aus dem Tank herauskamen – wieder und wieder kamen sie darauf zurück, als könnten sie noch immer nicht den glücklichen Ausgang fassen, den damals niemand mehr für möglich gehalten hatte. Unter alledem war die wahre Angst zu spüren, die auf diesen Schiffen umgeht: daß man ahnungslos, in ein paar wenigen Augenblicken, in einen geistigen Krüppel verwandelt oder einem das Lebenslicht ausgeblasen werden könnte. Es war nicht die Furcht vor dem Schiff als einem gefährlichen Wesen, nicht einmal vor der Explosionskraft des Gases; nur die Angst vor diesem Gespenst, das immerfort in seinen Höhlen lauerte. Immer wieder während der ganzen Fahrt kam das Gespräch auf dieses Thema, und wenn sie dieses schreckliche Erlebnis in der Erinnerung allzu oft durchlebten, so weil es hier nicht um das Abstrakte ging, sondern um das Persönliche und weil somit alle Elemente des Dramatischen und Tragischen darin enthalten waren, das ihnen selbst auf diesen Schiffen mit großer Wahrscheinlichkeit bevorstand. Der Alarm war unbegründet gewesen, begündet aber waren die Angst, die Scham, die Reue und die Erleichterung.

Sie erzählten, daß Watson und seine kleine Gruppe in den Tank (der ganz vorn lag) gestiegen waren, um nach seiner Reinigung verschiedene Ventile nachzusehen. Alle vier stiegen zusammen die Leiter bis zum letzten Absatz hinunter, wo Graham Allen mit einem tragbaren UKW-Gerät zurückbleiben sollte. Zwischen Watson und Graham Allen war ein System von Pfeifsignalen verabredet worden, um sich zu verständigen, wann im Ladekontrollraum Ventile geöffnet und geschlossen werden sollten. Allen hatte die Aufgabe, diese Anweisungen per UKW an Graham Chalmers weiterzugeben, der im Kontrollraum den Dienst versah. Auf dem Deck unmittelbar über dem Tank sollte ein Offiziersanwärter Wache halten.

Watson und seine beiden anderen Begleiter setzten den Abstieg auf der Leiter fort und verschwanden in die düsteren Tiefen des Tanks. Graham Allen erzählte später über den Vorfall: „Der Offiziersanwärter, Roscoe, der auf dem Deck zurückgeblieben war, hatte Befehl, die Gruppe des Ersten Offiziers nicht aus den

Augen zu lassen und ihr von Luke zu Luke zu folgen. Aber nachdem sie weg waren, roch ich Gas und wurde ein bißchen besorgt, weshalb ich Roscoe über mein Gerät anwies, eine Sauerstoffmaske herunterzulassen. Er tat das und ging dann wieder auf dem Deck entlang, um die Gruppe des Ersten Offiziers zu beobachten, aber er funkte mir, daß er sie durch keine der Luken sehen könne. Dann hörte ich im Tank lautes Pfeifen und Rufen. Wenn man im Innern eines dieser Tanks ist, wird jedes Geräusch maßlos verzerrt. Ich konnte nicht verstehen, worum es ging. Natürlich sah ich sie nicht, und ich konnte mich auch nicht wegrühren, weil meine Sauerstoffleitung nicht lang genug war. Ohnehin sind diese Tanks so riesig und schwer zugänglich, daß man einfach nicht herum kommt. Ich habe dort unten immer Angst, und damals war mir sehr mulmig, weil ich ihre Signale nicht verstand und wegen der Gasdämpfe rings um mich herum. Deshalb gab ich Alarm. Es war einer der schlimmsten Augenblicke meines Lebens.

Ich hörte das Alarmsignal von der Schiffspfeife und aus dem UKW-Gerät. Da ich auf dem ersten Absatz der Leiter stand, bin ich zum Tankboden hinuntergestiegen, um nicht im Weg zu sein, wenn der Rettungsstoßtrupp herabkam. Ich wußte, daß die Leute von achtern den ganzen Weg nach vorn rennen müßten und daß sie außer Atem sein würden, wenn sie an der Tanköffnung oben ankamen, und die Männer, die sie retten sollten, waren nicht bei mir am Fuß der Leiter, sondern weit weg in irgendeiner blöden Ecke des Tanks. Sie würden wie der Blitz die Leiter runterkommen und dann zu suchen anfangen, durch alle diese Hallen und Abteilungen und über alle diese Stringer, bis sie sie endlich irgendwo fanden. Es war mir nie klargeworden, wie hoffnungslos die ganze Sache in Wirklichkeit ist.

Das schlimmste war, daß man dastand und an all das dachte und den armen Kerlen im selben Tank nicht helfen konnte. Es war ein schreckliches Gefühl der Hilflosigkeit. Mir wurde es ganz elend im Magen; ich war allein in diesem Riesentank, ganz allein mit drei toten oder sterbenden Männern und wartete, daß die Rettungsmannschaft kam – wartete und wartete."

Graham Chalmers war im Ladekontrollraum, wo er entsprechend den Anweisungen, die ihm Graham Allen über UKW gab, Ventile öffnen und schließen sollte. Er war es, der den Alarm auf dem Schiff selbst auslöste. „Ich hab' über UKW mitgehört, was Graham Allen und Roscoe miteinander sprachen, und gehört, wie Allen um Sauerstoff gebeten hat", erinnerte er sich. „Ich bin übers Deck geflitzt, um dem Offiziersanwärter zu helfen, Allen das Sauerstoffgerät zu geben. Dann bin ich zurück auf meinen Posten im Kontrollraum, und dort hab' ich gehört, wie Allen sagte: ‚Hilfe, den Ersten Offizier hat das Gas erwischt.' Ich bin ins Schiffsbüro rein und hab' den Alarmknopf gedrückt und dann das Lautsprecher-Mikro gepackt und hineingesprochen: ‚Gasunfall im vierten Mitteltank.' Ich blieb im Schiffsbüro, bis die ganze Rettungsmannschaft beisammen war, aber es hat ungefähr drei Minuten gedauert, bis alle eingetroffen waren."

Pete Dutton, der den Rettungstrupp führte, hatte sich im Maschinenkontrollraum aufgehalten, als der Alarm gegeben wurde. „Ich kam als zweiter in den Alarmraum, nach Alfie Hattrell", erzählte er. „Hattrell kam gerade aus der Tür herausgestürzt, und ich sage: ‚Was ist los, Alf?' Er hat gesagt: ‚Keine Ahnung, ich glaub', der Erste hat drunten im Tank Gas erwischt.' Auf UKW bekamen wir keinen Kontakt, und da hat die Panik angefangen. Wir hatten keinen Kontakt, wir hatten keinen Schimmer, was zum Teufel dort unten los war. Ich bin zum Tankeinstieg gerannt und hab' hinuntergeschaut. Hattrell hat hineingerufen. Keine Antwort kam, nur das Echo.

Es war einfach fürchterlich. Das gleiche Gefühl wie einmal, als ich einen Segelflieger abstürzen sah. Das Gefühl einer furchtbaren, furchtbaren Katastrophe. Watsons Frau war an Bord, und es war einem klar, daß man aus diesem Tank einfach niemanden lebend rausbekommen würde. Zunächst einmal muß man da runter und sie finden. Vier Mitte ist ein riesiger Tank.

Schlimmer wurde die Sache noch dadurch, daß es ein Scheißdurcheinander gab, die notwendigen Geräte zusammenzubekommen. Ich hatte einen Offiziersanwärter beauftragt, das Dräger-Gerät rauszuholen, das große Sauerstoffgerät, das die Rettungsmannschaft verwendet, wenn sie in einen gasgefüllten Bereich hinuntergeht. Unglücklicherweise war es unten im Pumpenraum. Also mußten wir den ganzen Weg nach achtern, um es zu holen. Als wir das Gerät schließlich zum Tankeinstieg geschafft hatten, konnten wir das Scheißding nicht anschließen, weil ein Verlängerungsstück gefehlt hat. Ich bin zurückgelaufen, um ein Sauerstoffgerät zu holen, das man sich auf den Rücken schnallt; ich selbst wollte mit dem Wiederbelebungsgerät runter.

Und die ganze Zeit dachte ich nur, wie hoffnungslos das alles war. Wenn Sie überlegen, daß man nach einer Gasvergiftung vier Minuten Zeit hat, in denen sie einen an die frische Luft bringen müssen, dann können Sie verstehen, warum uns so zumute war. Angenommen, es vergeht eine Minute, bis entdeckt wird, daß man Gas erwischt hat, dann bleiben noch drei Minuten; mindestens zwei Minuten braucht die Rettungsmannschaft, von überallher aus dem Schiff bis zur Notzentrale, mindestens eine Minute bis zum Tank, wenn er in der Nähe der Aufbauten liegt, anderthalb Minuten, wenn es sich um einen der vorderen handelt. Damit bleibt ihnen praktisch keine Zeit mehr, um die Stelle zu erreichen, wo man liegt. Es ist einfach nicht zu machen, wie man es auch ansieht. Und durch all die Verzögerungen, die es bei uns gab, waren wir schon zu spät dran, als wir den Tankeinstieg erreichten.

Selbst wenn ich ein tragbares Sauerstoffgerät direkt am Tank gehabt hätte und sofort runtergegangen wäre – es wäre aussichtslos gewesen. Drunten im Tank sind die Querrahmen so hoch, daß man nicht drüber kommt. Man muß durch ein Loch kriechen, das nur einen knappen halben Meter hoch und ein bißchen breiter ist. Im Overall kommt man durch, aber das ist schon alles; nicht, wenn man ein Sauerstoffgerät auf dem Rücken hat. Man muß es erst abschnallen und durchwerfen oder durchzerren und dann wieder anschnallen, und während der ganzen Zeit atmet man die Tankatmosphäre ein, die vielleicht voller Gas ist. Wenn man dann den Verunglückten gefunden hat, muß man *ihn* auf dem gleichen Weg zurückschaffen. Ein Tank wie der hat ungefähr zwanzig riesengroße Abteilungen, und es kann einem passieren, daß man erst durch die Hälfte davon muß, bis man den Mann findet, den das Gas erwischt hat. Und dann heißt's mit ihm zurück.

Als ich mit meinem tragbaren Sauerstoffgerät wieder am Einstieg war, kamen plötzlich Watson und die andern rauf. Passiert war folgendes: Der Erste wollte, daß man ihm vom Deck ein bestimmtes Ausrüstungsteil runterläßt, und hatte versucht, den Mann auf dem Deck aufmerksam zu machen. Er war sehr betroffen, als er sah, welche Panik er verursacht hatte.

Aber es hat auch sein Gutes gehabt. Wir haben eine umfassende Untersuchung durchgeführt. Die ganze Episode hatte die Schwäche des Systems an den Tag gebracht. Wir hatten zwar eine Menge Bergungsübungen und so Zeugs abgehalten, aber als es Ernst wurde, war das alles für die Katz; und dieser Fall war in jeder Hinsicht *der* Ernstfall. Jetzt sind die Geräte immer am Tankeinstieg und gründlich überprüft, bevor jemand runtergeht, und außerdem halten wir noch weitere Rettungsgeräte bereit, um mögliche Verzögerungen auszuschalten. Jetzt haben wir nie gleichzeitig zwei Arbeitstrupps in Gasbereichen wie an dem Tag damals; und wenn eine Gruppe runtergeht, steht an jeder Luke ein Mann und behält sie die ganze Zeit im Auge. Aber ich persönlich finde es trotzdem schlimm auf diesen Schiffen, daß man da runtergeht, daß sie von uns verlangen runterzugehen, wenn sie genau wissen, daß sie nicht garantieren können, daß ein Tank gasfrei ist und daß sie keinen rausbekommen. Für uns lagen an diesem Tag vier Tote dort unten im Tank, und so ist es uns in der Erinnerung geblieben. An diesem Abend hat auf dem Schiff eine Stimmung tiefen Schuldbewußtseins geherrscht, wir hatten versagt, wir hatten wirklich versagt."

Die ganze Episode – von Graham Allens erster Warnung, daß der Inspektionstrupp vielleicht einem Gasunfall zum Opfer gefallen sei, bis zu ihrem Auftauchen aus dem Tank – hatte sich in weniger als zehn Minuten abgespielt. Im Anmarsch auf den Äquator hatten wir nun den gleichen Punkt der Fahrtroute erreicht, wo sich der geschilderte Vorfall zugetragen hatte. Nachdem jeder Tank gereinigt und vom Inertgas entleert war, stieg ein Inspektionstrupp, geführt von Alan Ewart-James, hinunter, um die Anlagen und die Stahlkonstruktion zu überprüfen. Sobald die Inspektion abgeschlossen und der Trupp an Deck zurückgekehrt war, wurde der Tank wieder mit Inertgas gefüllt. Die P & O gehörte zu den Pionieren, die auf ihren Tankern Inertgas benützten; schon während des Baus der Klasse der *Ardshiel*-Supertanker, noch vor den VLCC-Explosionen, war der Einbau dieser Anlage in Auftrag gegeben worden. Deshalb erlebte ich auf dem Schiff vergleichsweise wenig Besorgnis wegen der potentiellen Explosivkraft in den Tanks; eine Explosion an Bord galt als wenig wahrscheinlich.

„Wir halten es für absolut sicher; nun, auf jeden Fall für sicherer als alles andere, was es gibt", sagte Ewart-James am Morgen seiner letzten Tankinspektion, bei der ich ihn begleiten sollte. „Die Sache ist ganz einfach. Wenn die Maschine Brennstoff für die Kessel verbrennt, gehen die Abgase in den Schornstein, aber statt als Rauch rauszugehen, werden sie durch verschiedene Apparaturen geleitet, die Verunreinigungen wie etwa Kohlenstoff oder Schwefeldioxyd ausscheiden. Dabei bleibt ein Gas übrig, das praktisch keinen Sauerstoff und nur sehr wenige chemische Stoffe hat. Es wird dann per Ventilator durch verschiedene Leitungen in die Frachttanks geblasen. Es verdrängt die Luft in den Tanks, bis sie ganz mit Inertgas gefüllt sind. Der Sauerstoffgehalt ist dann so niedrig, daß es einfach nicht zu einer Explosion kommen kann. Die Inertgasanlage beginnt zu arbeiten, sobald wir mit dem Löschen anfangen; sie bläst Gas in den Tank rein, während das Öl herausgepumpt wird. Ein vom Öl geleerter Tank ist nur dann ohne Inertgas, wenn wir runtergehen und uns umsehen, wie wir es nachher tun werden."

Ich hatte ihn in seinem Arbeitsraum aufgesucht, wo ein Overall, Wellington-Gummistiefel und Handschuhe für mich bereitlagen. Als ich diese Kluft angelegt hatte, gingen wir zum Ladekontrollraum hinunter, wo die zwei anderen von unserer Gruppe, James Jackson und Harvey Phillips, dazukamen.

Eines der Dinge, auf die er sich freute, sei der Tag, wenn er als Kapitän nicht mehr in die Tanks hinuntersteigen müsse, sagte Ewart-James, während wir auf dem Hauptdeck nach vorn gingen. Diese Arbeit sei ihm genauso verhaßt wie den anderen, und er könne nicht verstehen, warum sie überhaupt hinunter müßten, weil er nicht einsehe, was dabei Großes zu bewirken sei – bei einer so flüchtigen Besichtigung könne man einen Raum von der Größe einer Kathedrale unmöglich gründlich überprüfen. Auf manchen VLCCs würden die Tanks langsam mit Wasser gefüllt, während der Inspektionstrupp in einem Gummiboot herumrudere und dabei die Stahlkonstruktion überprüfe, was er vernünftiger finde.

Es war ein sonniger, warmer Tropentag, der Wind blies frisch über das Hauptdeck, während wir einen langen, angenehmen Spaziergang nach vorn machten, zum ersten Mitteltank, in den es hinabgehen sollte. Die Dämpfe aus dem offenen Tankdeckel erschienen mir unangenehm stark, als wir davorstanden, aber meine Bangigkeit – und sie war nicht gering – galt dem Kletterweg auf den Tankboden hinab; in diesem Augenblick kam mir das Gas entschieden weniger bedrohlich vor als die Tiefe, für die ich noch nie gute Nerven hatte.

Ewart-James ging als erster. Wie ein Höhlenforscher verschwand er durch den Einstieg, der dem Eingang zu einer unterirdischen Grotte sehr ähnlich war. Er war so schmal, daß nur jeweils eine Person ihn passieren konnte. Ich folgte als zweiter, hinter mir kam Harvey Phillips. James Jackson blieb an Deck, um uns durch die „Butterworth-Löcher“ zu beobachten. Durch den Einstieg führte eine kurze Leiter zu einer kleinen Plattform, neunzig Fuß über dem Schiffsboden, und von dort spannte sich eine zweite schmale Leiter mit Handlauf ins Leere hinaus und dann hinab in die Tiefe; die schmale Leiter, die Stufen, zwischen denen der Abgrund gähnte, und dieser dünne Handlauf, das alles zusammen, das wie ein Trapez im Raum schwebte – es war höchst ungut.

Architektonische Besonderheit verlangt nicht ein Gefühl des Weiträumigen, sondern der Dimensionen, und in dieser Hinsicht war der Tank eine Überraschung, nicht nur als eines der größten funktionalen Gehäuse, die der Mensch geschaffen hat, eine leere Stahlhülle, die nötigenfalls mit 18 000 Tonnen Öl gefüllt werden kann, sondern auch weil er voll von merkwürdigen und interessanten Schöpfungen war, die eine ganz eigene lebendige Expressivität besaßen – ein Ort für Imagisten, zwar zweifellos unserer Zeit zugehörig, aber doch auf eine etwas geheimnisvolle Weise. Für Beleuchtung sorgten die „Butterworth-Löcher“, Bullaugen, die Tageslicht einließen und immer kleiner wurden, je weiter wir nach unten stiegen, bis sie hoch über der dunklen Tiefe leuchteten wie ein Firmament von Monden. In diesem schwachen Licht begannen wir unseren Weg vorbei an den Spülapparaten, die wie unheimliche pyramidenförmige Stalagmiten sechs Meter hoch vom Boden ragten. Vom Boden selbst, auf den das Licht in Strahlen aus den weit entfernten „Butterworth-Löchern“ fiel, war der Eindruck von Höhe und Weiträumigkeit noch weitaus stärker, als er es vom Einstieg aus gewesen war.

Ich hatte nicht ganz diese Fülle von Einzelheiten erwartet, die komplizierten Röhren- und Ventilstrukturen, die vielen zusätzlichen Leitern, die zahlreichen Träger und Verstrebungen, Plattformen, Winkel, Spalte und Ritzen. Am eindrucksvollsten von allem waren die Querrahmen, die den gewaltigen leeren Raum teilten.

Während an Deck eine leichte Bewegung der See zu bemerken gewesen war, war es auf dem Schiffsboden ganz ruhig und – noch unheimlicher – totenstill: kein Geräusch aus dem Schiff, kein Laut vom Wasser, das gegen den Rumpf schlug, kein Knarren, nur die klaren, sachlichen Stimmen der beiden Männer und das gemächliche Schlurfen unserer Schuhe auf dem Stahl. Wir befanden uns zwar praktisch auf dem Boden, aber die Röhren und Querrahmen waren so gewaltig, daß wir uns auf unserem Weg, der über sie hinwegführte, noch immer ein beträchtliches Stück, vielleicht vier bis fünf Meter, über den Bodenplatten befanden. Als wir die Mitte dieser bestimmten Abteilung erreichten, kletterten die beiden Männer am Steigeisen ganz nach unten, wo sie beim Licht ihrer Taschenlampen rasch eine Arbeit verrichteten.

Während ich, wie ich annahm, auf dem Gurt des Mittellängsträgers stand, der stählernen Verstärkung, die normalerweise über dem ganzen Kiel verläuft, wurde mir bewußt, wie ungeheuer schwierig es sein mußte, jemanden zu erreichen, der mit einer Gasvergiftung irgendwo in dieser verwinkelten Düsternis lag. Man hatte durch eines der „Butterworth-Löcher" eine Sauerstoffmaske heruntergelassen und mir gesagt, ich sollte möglichst dicht daneben stehenbleiben, eine Anweisung, die mir nur recht war und die ich ohne Widerstreben befolgte. Auf jeden Fall befanden wir uns an einer Stelle, die gut einzusehen war, und wurden genau beobachtet. Aber jemanden zu erreichen, der in den entfernteren Bereichen des Tanks lag, außer Sichtweite, so daß man nur ungefähr schätzen konnte, wo, das war ungefähr so, wie wenn man in der Kuppel eines düsteren gotischen Doms den Auftrag erhielt, auf einer 45 Zentimeter breiten Leiter, die an Mauern und Strebepfeilern befestigt ist, in die Tiefe zu steigen und dort in Haupt- und Seitenschiffen, Nischen, Seitenkapellen, Säulengängen und Apsiden einen Bewußtlosen zu suchen, der nach oben gebracht werden mußte, und dies alles innerhalb von vier Minuten.

Von einer Abteilung in die andere zu gelangen, war, wie Dutton gesagt hatte, ebenso beklemmend wie mühsam. Aber die Mannlöcher in den Trägern müssen so klein dimensioniert sein, weil sonst die Versteifungskräfte beträchtlich geschwächt würden; eine größere Durchlöcherung würde heißen, Samsons Fesseln zu lösen, und dann könnte das Schiff möglicherweise die schwere Ölladung nicht mehr halten.

Im Innern des Tanks war kein starker Öl- oder Gasgeruch zu bemerken, keine offensichtlichen Spuren von Öl an den Wänden, auch nicht an den Leitern. Die Reinigungsarbeit war wirklich eine bemerkenswerte Leistung. Aber alles war von einer ausgesprochen trübseligen Farblosigkeit: die Tankwände, die stählerne Leiter, die man mit den Füßen und Händen berührte, die Röhren und Balken, alles weit und breit hatte das trostlose Grau von Dingen, die weder Sonnenlicht noch Sauerstoff kennen. Wenn es Korrosion gab, wie in Öltanks üblich, so hatte sie nichts von den gesunden Farben wie im Freien die herbstlichen Rottöne von salzverkrustetem Rost. Alles sah aschgrau aus, was vielleicht die angemessene Farbe war, denn in diesem vorläufigen Grab wurden die ältesten sterblichen Reste auf Erden, Wälder und Vegetation der Vorzeit, Ladung um Ladung zu ihrer endgültigen Auflösung in ihren modernen Krematorien, den Raffinerien, befördert.

Als ich über die Leiter aufs Hauptdeck zurückkehrte, wurde mir wieder bewußt, daß diese Schiffe in vielen bemerkenswerten Einzelzügen an das Erbe der großen Ära der Segelschiffe anknüpfen. Auf- und Abstieg über große Höhenunterschiede sind auf einem Supertanker derart Teil des immer wiederkehrenden Arbeitsschemas, wie es seit den Zeiten der Segelschiffahrt nicht mehr erlebt worden ist (auf normalen Schiffen wird der Masttopp gewöhnlich mit Hilfe eines Bootsmannsstuhls gestrichen oder repariert, und die meisten modernen Schiffe haben ohnehin keinen Fockmast mehr, sondern einen stählernen Aufbau für Radar, Funkantennen und Flaggenleinen hinter der Brücke oder dem Schornstein). Die Leiter, auf der wir in den Tank hinuntergestiegen waren, war in Abschnitte unterteilt, die in verschiedenem Winkel geneigt, doch alle steil waren; aber in manchen Tank geht es senkrecht neunzig Fuß nach unten, eine Strapaze für Kopf und Nerven, an der nur wenige auf diesen Schiffen Geschmack finden. Doch damit endet der Vergleich. Die Männer auf den Segelschiffen kletterten himmelwärts, bei schönem Wetter mit Begeisterung, bei schlechtem in zähem Kampf gegen die Elemente. Wenn man dagegen in einen Tank hinuntersteigt, entfernt man sich aus der Welt des Sichtbaren; man steigt in ein schwarzes Loch im Meer.

Es war eine Erleichterung, eine Empfindung betäubender Glückseligkeit, aus diesen dunklen Grüften zurückzukehren ins Licht der Sonne, zum Meer und auf das Schiff, für das man plötzlich ein heimatliches Gefühl empfand. Noch Stunden danach rochen meine Haut und meine Kleindung nach Öl, zum erstenmal, seit ich auf das Schiff gekommen war.

Nach der Arbeit der Tanksäuberung ein Fest! Der Zufall fügte es, daß an dem Tag, an dem wir in den Tank stiegen, Basil Thomson seinen dreißigsten Hochzeitstag feierte. Die Planung dafür hatte schon nach der Abfahrt aus Le Verdon begonnen. Kostümfeste sind auf Tankern ebenso beliebt wie auf Passagierschiffen, und die Vorbereitungen waren immer geheimnistuerischer und fieberhafter geworden, während in den Unterhaltungen ständig von Feiern auf anderen Schiffen gesprochen wurde, denen man Anregungen entnehmen wollte.

Belustigungen, zu denen man sich verkleidete, gehören seit alter Zeit zum Bordleben auf einem englischen Schiff. Nelson selbst beförderte Untergebene, die sich bemühten, ihre Kameraden auf diese Weise zu unterhalten. Auf britischen Passagierdampfern gehören Kostümbälle in den Besatzungsmessen zur Tradition, und sie können mit glitzerndem Prunk aufgezogen sein, wobei der Chefsteward oder der sonst so würdevolle Chefkellner etwa als Königinmutter figuriert. Aber mit den derben, ordinären Späßen dieser Veranstaltungen auf dem Mannschaftsdeck hatte unser Fest nichts zu tun. Es sollte selbstverständlich eine gemütvolle, aber keine hemmungslose Feier werden.

Die jungen Offiziere brachten den Nachmittag damit zu, die Messe zu dekorieren, und als wir andern am Abend eintraten, fanden wir sie hübsch mit Fähnchen geschmückt. Mittelpunkt der Dekoration war die blaue Flagge, die vor den vorderen Fenstern arrangiert war. Alle Lampen waren abgeblendet, die Sessel nach hinten gerückt, und auf einem Tischchen in der Mitte des Raums lag eine große Festtagskarte, aus alten Seekarten gebastelt, mit Bändern geschmückt und mit rotem Siegelwachs gesiegelt.

Da die Mischung von gröberen Späßen und Selbstpersiflage fehlte, war der Einzug der Kostümierten in die Messe zuerst etwas befangen. Es gab höfliches Lob für jeden Auftritt, bis schließlich, umgeben von Pfarrern, Bischöfen, Negerhäuptlingen, Astronauten und togatragenden Römern, Basil Thomson erschien – in Badehose, einem alten Hemd, alten Strümpfen und Sportmütze als Trottel vom Land verkleidet. Er hörte sich eine kurze Ansprache von James Jackson an, der sagte, daß er vor fünf Jahren mit Kapitän Thomson dessen fünfundzwanzigsten Hochzeitstag gefeiert habe, auf der alten *Ellenga,* die leider das Zeitliche gesegnet habe, und daß er hoffe, sie könnten auch noch den sechzigsten zusammen feiern.

„Sieh an, was ist denn das?“ rief Thomson und nahm die Karte entgegen. Alle hatten erwartet, er würde nun Tränen der Rührung vergießen, was er, wie er sagte, immer tat, wenn es der Anlaß verlangte, doch er legte die Karte beiseite und sagte, er wolle sie später in seiner Kabine lesen, wo er sie besser würdigen könne. „So, und jetzt wollen wir uns amüsieren und meiner lieben Frau Betty und meiner beiden schönen Töchter gedenken und dran denken, was für ein Glückspilz ich bin!“

Thomson genoß den Ruf, viel auf gutes Essen zu halten und bei einem Anlaß wie diesem ein mehr als großzügiger Gastgeber zu sein. Als das Abendessen gemeldet wurde, herrschte schon eine beträchtliche Lautstärke, und der Lärmpegel stieg noch erheblich, als die Tomatensuppe mit Bristol-Cream-Sherry, der Krabbencocktail mit Sauterne, das Curryhuhn mit Saint Emilion und der Kaffee mit dem gleichen Quantum Brandy hinuntergespült waren.

Die goanesischen Stewards kamen mit ihrer Kapelle herein und ehrten Thomson mit einer dreißig Strophen langen Huldigung, wobei jede wiederholt wurde, alle auf goanesisch, Worte wie Melodie, die in einem klagenden Diskant gesungen wurde. Als sie eine Atempause einlegten, offenbar, um das Ganze noch einmal darzubieten, wurde rasch Dave Haydon nach vorn geschoben, der „You'll Never Walk Alone“ und „Climb Every Mountain“ sang, beides auf persönlichen Wunsch des Kapitäns.

„Wirklich großartig“, sagte Thomson immer wieder. „Wirklich großartig.“

Als Haydon fertig war, standen die Geordies, die das Programm mit respektvollem Schweigen verfolgt hatten, alle zusammen auf, setzten Pat Allen auf einen Tisch, stellten sich um sie herum und verlangten, sie solle „I'll Take You Home Again, Kathleen“ singen.

„Also los“, rief Thomson, als sie ihn fragend ansah. Sie sang mit einer lieblichen, hohen, ungezierten Stimme, richtig so, wie man sie sich für schottische Balladen vorstellt, und die Geordies wiegten den Kopf dazu, wie überwältigt von einer Empfindung, die sich nicht ausdrücken läßt. Dann wollte Charlie, der chinesische Hilfskesselheizer, der geholt worden war, um auf seinen Pfeifen zu spielen, unbedingt ein Kulturrevolutionslied singen, was fast so lange dauerte wie die Darbietung der Goanesen, nur daß inzwischen alle beträchtlich mehr getrunken hatten und mitzusingen versuchten. Als er damit zu Ende war, spielte er schließlich auf seinen Pfeifen. Die Jungen standen einer nach dem anderen auf, um zu seinen fremdartigen, trällernden Weisen zu tanzen. Jeder bewegte sich nach seinem eigenen Rhythmus, und zusammen bildeten sie eine kleine, dichtgedrängte Gruppe in der Mitte des Raumes und drehten sich verträumt vor der breitgespannten blauen Flagge.

8

Wie das Fest verging, so verschwanden auch die Tropen über Nacht, und das Schiff glitt, als wollte es sich der gemesseneren Gemütsverfassung seiner Bewohner anpassen, in eine andere Stimmung, in ein anderes Meer. Wir näherten uns rasch dem Winter der südlichen Breiten. Der Wind wurde stärker, und der Tanker hatte zu rollen begonnen, was nicht angenehm war, wenn man eine zarte Konstitution hatte.

Nach der Feier waren alle zerstreut und unruhig. In ihren Mienen und ihrem Benehmen wirkten sie, als hätten sie ihren Abschiedsabend an Bord gefeiert, und dann beim Frühstück erfahren, daß dies leider nicht der Fall sei. Jedenfalls machte sich vor dem Mittagessen plötzlich ein gemeinsames Bedürfnis bemerkbar, sich sofort mit etwas Positivem zu beschäftigen, auf das man sich freuen konnte. In der Offiziersmesse war ein Bestellbuch aufgelegt worden, in das alle ihre Wünsche eintragen konnten, die dieses oder jenes von Kapstadt wollten. Die Aufträge sollten an den dortigen P & O-Agenten telegraphiert und dann per Tender zusammen mit der Post und dem frischen Proviant herausgebracht werden. Der Bordladen der *Ardshiel* war so reichlich mit fast allem versehen, was man sich nur wünschen konnte, daß die Seite im Bestellbuch bisher leer geblieben war. Nun plötzlich hatten alle irgendeinen Wunsch. Nachdenklich standen sie über das Buch gebeugt und überlegten mit dem Bleistift in der Hand, was sie sich leisten sollten. Nichts von dem, was sie schließlich bestellten, schien wirklich notwendig. Lang war die Liste der Bestellungen von Schokoladenkuchen, obwohl die des Schiffsbäckers nichts zu wünschen übrig ließen; aber die aus Kapstadt waren eine Verbindung zum Land, ein kleines Geschenk für einen selbst.

Beim Mittagessen waren Charlies Pfeifen weit weg in der Mannschaftsmesse zu hören, wie ein schwaches, vergehendes Echo der nächtlichen Feier; wie immer paßte ihr Spiel zu jeder

Stimmung, und nun empfand jeder es als eine maßvolle, lindernde Musik für den Tag danach, denn alle schwiegen und hörten mit Wohlgefallen zu. Als die Pfeifen schließlich verklangen, sagte Harvey Phillips halblaut, daß Charlie in Hongkong seine eigene Bootswerft gehabt habe. Er habe bankrott gemacht und sei zur See gegangen. Er sei schon zwei Jahre auf der *Ardshiel* und diese ganze Zeit nicht ein einziges Mal zu Hause gewesen, und doch zufrieden und heiter. „Er ist immer gleicher Stimmung", sagte Phillips. „Immer der gleiche, immer der gleiche alte Charlie." Er schüttelte staunend den Kopf, als ginge ihm nicht ein, daß sie so verschieden reagierten.

Nach dem Abendessen saß Basil Thomson in der Messe und erzählte in derselben gedankenvollen Stimmung und in dem gleichen Ton matter Resignation von einem Vorfall bei einer der letzten Fahrten, als die *Ardshiel* mit einem Maschinenschaden hilflos vor der südafrikanischen Küste getrieben hatte. Es war eine Episode, auf die das Gespräch oft kam, zumeist von seiner Seite, besonders beim abendlichen Umtrunk. Nun war sie sehr aktuell, da das Schiff sich diesen Gewässern wieder näherte, und im übrigen entsprach das Thema der nachdenklichen Stimmung in der Offiziersmesse. Obwohl sie es in allen Einzelheiten kannten, hörten alle aufmerksam und höflich zu, als wäre es ganz neu für sie.

Die *Ardshiel* war unterwegs zum Persischen Golf gewesen, um Öl zu laden. Vor Port Elizabeth begann die Maschinenkraft nachzulassen, weil Salzwasser in die Kessel geraten war. Sie befand sich in neun Meilen Entfernung von der südafrikanischen Küste, und Thomson ließ sogleich alle Schiffe warnen, daß sein Fahrzeug Schwierigkeiten habe, und ersuchte sie, genügend Abstand zu halten. Vier Tage lang schleppte sich die *Ardshiel* die 380 Seemeilen bis Durban dahin, wohin auch die *Mactra* nach der Explosion im Jahre 1969 gekrochen war. Es gelang den Ingenieuren, die Maschinen in Gang zu halten, allerdings nur mit gerade so viel Kraft, daß das Schiff sich noch voranbewegte. Es war klar, daß das Schiff in eine gefahrvolle Lage kommen würde, wenn die Maschinen völlig versagten, und Thomson hatte vorsichtshalber auch die südafrikanischen Behörden von seinen Schwierigkeiten unterrichtet.

Die hohe Zahl von Maschinenschäden auf Tankern, die seit der

Schließung des Suezkanals vor der südafrikanischen Küste aufgetreten sind, hat es für Bergungsschlepper lohnend gemacht, dauernd in diesen Gewässern zu liegen, das Funkgerät auf die Frequenz der vorüberfahrenden Schiffe eingestellt. Der einzige Schlepper, der zur Verfügung stand, falls die Maschinen der *Ardshiel* völlig versagen sollten, lag damals im Hafen von Durban. Als der Kapitän die Meldungen der *Ardshiel* über ihre Bedrängnis hörte, nahm er mit Thomson Verbindung auf und fragte an, ob dieser die Hilfe des Schleppers wünsche. Die Dienste eines Bergungsschleppers anzunehmen, ist eine kostspielige Sache, die von Schiffseignern in der Regel als letztes Mittel in einer verzweifelten Lage betrachtet wird; die Bergungsgebühren, die nach dem Wert des Schiffes wie dem der Fracht berechnet werden, können immens sein, und der unvermeidliche Prozeß verschlingt gleichfalls hohe Kosten. Daher muß ein Kapitän einen guten Grund haben, einen Schlepper herbeizurufen. Thomson nahm an, der Schlepper werde noch auf seinem Posten sein, falls er ihn doch noch brauchen sollte, und lehnte daher das Angebot ab. Zu seiner Überraschung kam jedoch einige Zeit später der Schlepper plötzlich in Sicht. Als er auf Rufweite an dem angeschlagenen Tanker vorbeifuhr, informierte der Kapitän des Bergungsschiffes Thomson, daß er auf der Fahrt nach Süden sei, um an der Küste weiter unten einen Auftrag auszuführen, und wenn die *Ardshiel* seinen Beistand brauche, sei jetzt die Zeit, es zu sagen. Es schien, daß die *Ardshiel* leidliche Chancen hatte, es mit eigener Kraft nach Durban zu schaffen, obwohl dieMaschinen immer wieder ausgesetzt hatten; verschlechterte sich aber das Wetter, dann hatte das Schiff nicht genügend Kraft gegen schweren Seegang, und wenn die Maschinen ganz versagten, was noch immer möglich war, wäre sie hilflos. Thomson stand vor dem Dilemma, es mit den geschwächten Machinen und dem Wetter zu riskieren oder das Angebot des Bergungsschleppers anzunehmen,was dazu führen konnte, daß der volle Wert des Schiffes beansprucht würde (wie es sich ergab, forderte die Bergungsfirma schließlich diesen Preis).

„Was sollte ich tun?“ fragte Thomson in unserer Runde. „Das Wetter wurde schlechter, und dort verschwand am Horizont der einzige Schlepper, der mir helfen konnte, wenn ich Hilfe brauchte. Hätte ich ihn wegfahren lassen und dann feststellen müssen, daß ich ihn brauche, hätte man mir Vorhaltungen gemacht. Und so habe ich Vorwürfe bekommen, weil ich ihn zurückgerufen habe. Aber was hätte ich anderes tun können?“

Normalerweise hätte er zu dieser Stunde, beim Kaffee, vielleicht eine seiner Anekdoten über die alte *Ellenga* oder von den alten Zeiten bei der P & O erzählt, weit in den Sessel zurückgelehnt und zufrieden, und zur Betonung hätte er mit den Händen auf die Armlehnen geschlagen; jetzt aber hielt er die Hände über die Tasse gefaltet, die Ellbogen auf die Knie gestützt und sprach langsam und schwer, als wären seine Worte von einer drückenden Last beschwert. „Ich war schon verurteilt, bevor ich in London ankam“, sagte er. „Später hab’ ich einen Entlastungsbrief bekommen, aber das konnte das Gefühl nicht ausgleichen, als ich in die Zentrale kam und wußte, daß für die meisten Leute der Fall schon gegen mich entschieden war. Aber wie kann denn jemand wirklich die Zwänge und Umstände einer solchen Sache kennen, wenn er zu der betreffenden Zeit nicht dabei ist? Ich habe nie eine Untersuchungsverhandlung vergessen, bei der ich in der Kommission war. Ein Kapitän der British India Line mußte sich vor uns verantworten. Sein Schiff war in eine Kollision verwickelt gewesen. Man hat ihn gefragt, was der Grund war, warum er diese bestimmten Befehle gab, als er die Gefahr sah, in der er sich befand. Er hat einfach gesagt: ‚Ich hatte dreißig Sekunden Zeit, einen Entschluß zu fassen, und ich habe in diesem Augenblick das getan, was ich für das Beste hielt.‘ Darauf gab es keine Antwort, und sie haben ihn laufenlassen. Wenn man nur eine halbe Minute hat, kann man keine Handlungsalternativen abwägen, in dieser Situation tut man einfach das, was man für das Beste hält, und vermutlich weiß man, daß es, egal was man tut, höchstwahrscheinlich keinen großen Unterschied machen wird. Ich selber hatte ja mehr als dreißig Sekunden, aber es kommt auf das gleiche heraus. Später ist es immer leichter, wenn sämtliche Fakten und Zahlen da sind und man bei einer Untersuchung gemütlich entscheiden kann, was hätte getan werden sollen. Aber während sich die Sache selbst abspielt, sehen die Dinge ganz anders aus, wie’s der BI-Kapitän zu ihnen gesagt hat.“

Sie hatten ihn mit ernstem Gesicht angesehen, während sie zuhörten, doch als er fertig war, kam kein Kommentar. Diesmal aber schien sich in dem Schweigen nicht ihre Aufmerksamkeit von ihm abzuwenden, wie es so oft der Fall war, wenn er einen seiner Monologe beendet hatte. Indem sie so offensichtlich die bedrükkende Erinnerung an seine verzweifelte Lage teilten, gaben sie der Runde um den Kaffeetisch ein Gemeinschaftsgefühl, das sie nicht oft hatte. Thomsons resignierter Ton und ihr Mitgefühl für ihn waren stark bestimmt von der allgemeinen Melancholie nach der ausgelassenen Feier. Apathie und Entschlußlosigkeit hatten alle befallen und machten sie zu Gefangenen ihrer Stimmungen. Doch dies machte ihr Mitgefühl für ihn nicht weniger echt, und man spürte, daß sie ihm damit das bisher aufrichtigste Geschenk machten. Es kam nicht häufig vor, daß sie in ihn hineinblicken konnten.

„Es ist Zeit, daß ich gehe und mein Pensum erledige", sagte er, blieb aber noch einen Augenblick sitzen. „Nichts ist narrensicher", verkündete er plötzlich, etwas übergangslos, aber mehr in seiner gewohnten Art. „Da führen sie alle diese Verbesserungen ein, um einem zu helfen, aber keine ist narrensicher. Es gibt nur eine einzige perfekte Navigation: Man muß die Abweichung seines Kompasses kennen und Kreuzpeilungen vornehmen. Daß mir keiner von Ihnen das jemals vergißt. Und damit gute Nacht." Er war wieder in der Vergangenheit, mit einfacheren Schiffen und vertrautem Werkzeug.

Schiffe sind immer anfällig für Schäden gewesen, entweder durch die Gewalt des Wetters, das den Rumpf oder die Antriebsmittel beschädigt, oder wegen mechanischen Versagens, aber wahrscheinlich hat es seit dem Beginn der Dampfschiffahrtsära noch keinen Schiffstyp gegeben, der diese Anfälligkeit in so hohem Maße wie ein Supertanker aufwies. Keine Schiffsklasse, ob im Zeitalter des Segelantriebs oder in der Ära der Dampfkraft, war auch weniger imstande, sich im Notfall selbst zu behelfen, Schäden wenigstens notdürftig zu beheben und vielleicht mit Flickwerk und Improvisation doch ans Ziel zu gelangen.

Als die Schiffe noch mit Segeln fuhren, war die einzig mögliche Ursache für ein Versagen der Ausrüstung das Wetter, es sei denn, das Schiff war schon so altersschwach und morsch, daß es von selbst auseinanderfiel. Aber selbst dann noch konnte der Erfindungsgeist des Seemannes aus Vorhandenem etwas Neues basteln. Der Segelmacher und der Schiffszimmermann waren nach dem Kapitän und seinem Ersten Offizier die unentbehrlichsten Leute an Bord. Der Segelmacher mußte die Segel reparieren, die der Wind zerrissen und zerfetzt hatte. Bei einer stürmischen Fahrt konnte es vorkommen, daß auf dem Schiff eine ganz neue Segelgarnitur genäht werden mußte, und für ein einziges dieser Segel aus schwerer, steifer Leinwand waren manchmal nicht weniger als zwei Millionen Stiche notwendig.

Wenn ein Segelschiff seinen Mast verlor oder sonst eine Beschädigung erlitt, konnte der Zimmermann sozusagen aus den Splittern einen Behelfsmast oder eine provisorische Steuereinrichtung zusammenhämmern; die Improvisation war die Komplementärkunst der Navigation. Es konnte nicht anders sein, denn ein solches Fahrzeug war von allem abgeschnitten, allein in seiner unerbittlichen Ewigkeit.

Das neue Zeitalter des Dampfantriebs mit seinen mechanischen Schäden verlangte den Seeleuten häufig noch mehr Erfindungsgabe ab. Da sie noch nicht über Funk verfügten, trieben die frühen Dampfschiffe oft wochen-, ja monatelang umher, während die Maschinen oder die Steueranlage repariert wurden. Als zum Beispiel das englische Trampschiff *Titania* 1900 bei einem Orkan im Südatlantik seine Schraube verlor, wurde der Bug durch einen Treibanker gegen die Abdrift durch Wind und See gesichert, der vordere Teil der Laderäume geflutet, um das Heck zu heben, und während das Schiff in dieser gefährlichen Stellung schlingerte und stampfte, beförderte man die Ersatzschraube mit Hilfe von Ladewinden über Bord, bugsierte sie vorsichtig auf die Schraubenwelle, drehte sie fest und sicherte sie mit einer Klemmutter. Die ganze Operation nahm mehrere Tage in Anspruch und wurde vom Kapitän überwacht, der in einem Bootsmannsstuhl über Bord gelassen wurde und mit der Bewegung des Schiffes bald hoch in der Luft hing, bald in die Wellenkämme getaucht wurde. Lloyd's verlieh ihm seine „Medaille für verdienstvolle Leistungen".

Die Heldenlieder erfindungsreicher Improvisation, mit der Dampfschiffe und ihre Besatzungen in scheinbar hoffnungsloser Lage sicher in den Hafen gebracht wurden, sind ohne Zahl. Noch heute kommen solche Taten oft während des Winters im Nordatlantik vor, z. B. wenn ein im Zweiten Weltkrieg gebauter Frachter, vielleicht ein Liberty-Schiff, unter einer der billigen Flaggen, dessen Fracht verrutscht ist, dessen Maschinen nur noch mit halber Kraft laufen oder versagen und das dem Kentern nahe ist, es trotzdem fertigbringt, den Bug gegen die See zu halten und schließlich einen Hafen zu erreichen. Die beiden Weltkriege lieferten natürlich zahlreiche Beispiele, wie angeschlagene Schiffe dank seemännischen Geschicks über Wasser gehalten wurden. Als 1942 dem Truppentransporter *Llangibby Castle* durch einen Torpedotreffer das Heck samt Ruder weggerissen wurde, legte das Schiff noch 3400 Meilen zurück, wobei die Doppelschraube zur Steuerung verwendet wurde. Bei vielen der größten Rettungs-Sagas des Zweiten Weltkriegs handelt es sich um Tanker. Eine denkwürdige Episode lieferte der englische Tanker *San Demetrio*, 8000 t, der von dem deutschen Panzerkreuzer *Admiral Scheer* bei einem Angriff auf einen Geleitzug im Atlantik in Brand geschossen wurde. Das Feuer auf der schwer beschädigten *San Demetrio* wütete so heftig, daß man das Schiff aufgab. Doch zwanzig Stunden später sichtete eines der Rettungsboote den noch immer brennenden Tanker, und da sonst kein Schiff in Sicht war, das die Insassen hätte aufnehmen können, manövrierten die Männer das Boot längsseits. Unter großen Schwierigkeiten gelangten sie an Bord des Tankers, kämpften nach zwei Tagen die Brände nieder, setzten die Maschinen in Gang und steuerten das Schiff vom Heck aus, da die Brücke dem Feuer zum Opfer gefallen war. Schließlich erreichte die *San Demetrio* ihren Hafen. Ihre kostbare Fracht, Benzin, war zum größten Teil unversehrt geblieben.

Früher dachte man immer, daß auf See alles möglich sei, doch es würde schwerfallen, sich im Fall von Supertankern vorzustellen, daß auf ihnen allzu viele solcher bravourösen Taten oder Situationen, in denen Einfallsreichtum zur Geltung kommt, denkbar wären. Das schließt natürlich nicht aus, daß seemännisches Können und Mut auf einem Supertanker Möglichkeiten finden. Es war Seemannskunst ersten Ranges, beispielhaft besonnenes Navigieren, wodurch die 206 000 Tonnen große *Mactra* nach der Tankexplosion vor der Zerstörung durch das Feuer bewahrt wurde. Der Kapitän, J. E. Palmer, drehte das Schiff so, daß die Flammen und der dichte Rauch von den Aufbauten ferngehalten wurden, da man, wenn diese in Brand geraten wären, das Schiff hätte aufgeben müssen. Der Leitende Ingenieur, E. H. Edmondson, leitete neun Stunden die Brandbekämpfung auf Deck. Zwar war ein großer Teil des Decks durch die Explosion aufgerissen, aber die Arbeitsbereiche des Schiffes hatten keinen Schaden genommen; nicht einmal Fensterscheiben waren zersprungen, weil die Wucht der Explosion direkt nach oben ging. Wären aber die Aufbauten mit der Brücke ausgebrannt und das Schiff gezwungenermaßen aufgegeben worden, kann man sich schwer vorstellen, daß die Besatzung eine Bergungsaktion ähnlich wie bei der *San Demetrio* hätte durchführen können. Es wäre allein schon ungeheuer schwierig gewesen, die steil emporragenden Bordwände zu überwinden.

Die reine Größe des Schiffes stellt eines der größten Hindernisse für die praktische Phantasie jedes Supertanker-Kapitäns oder -Offiziers dar, so tüchtig er auch im altmodischen Sinn sein mag. Oft sind die Entfernungen zu groß, der Zugang zu manchen Teilen zu beschwerlich, als daß praktische Lösungen möglich wären. Wenn ein Supertanker eine Schiffsschraube verliert, ist es so gut wie undenkbar, daß die Ersatzschraube, die ganz vorn auf dem Hauptdeck mitgeführt wird, wie auf der *Titania* nach achtern geschafft und an der Welle befestigt werden könnte. Sie wiegt zwischen dreißig und sechzig Tonnen. Es gibt keine praktische Möglichkeit, ein solches Gewicht außenbords fast eine Viertelmeile längs der Bordwand oder auch nur über die Decks zu transportieren. Die Ersatzschraube wird nur deshalb mitgeführt, um in einem Reparaturdock Zeitverlust zu vermeiden, falls ein Austausch notwendig werden sollte. Dazu kommt noch, daß bei einem beladenen VLCC die Propellerwelle vierzig Fuß unter der Wasseroberfläche liegt. Ein Kapitän, der die Arbeit überwachen wollte, würde keinen Bootsmannsstuhl, sondern eine Taucherausrüstung brauchen.

Solche völlig neuen, doch verständlichen Beschränkungen für die Tüchtigkeit und Erfindungsgabe von Schiffsführungen hätten eigentlich, sollte man vernünftigerweise annehmen, nahelegen sollen, bei der Konstruktion von Supertankern für einen möglichst weitgehenden Ausgleich zu sorgen; das heißt, nicht an Geld zu sparen, wenn sich für irgendein Teil des Schiffes größere Zuverlässigkeit erreichen ließ. Naheliegenderweise gilt dies vor allem für die Bereiche, wo Konstruktion und Systeme am Bekannten und Hergebrachten festhielten und direkt auf den Erfahrungen der Vergangenheit aufbauten.

Ein Ort, wo dies so hätte sein sollen, war der Maschinenraum. Die Antriebseinrichtung von Supertankern brachte keine revolutionäre Neuerung. Da es sich bei der Mehrzahl um Dampfschiffe handeln sollte, hieß dies, daß ihre Antriebssysteme direkt aus einer hundertjährigen Entwicklung abgeleitet wurden. Wenn es für die Pioniere, die die ersten dieser ungefügen Riesen steuerten, und für uns alle eine Beruhigung geben sollte, dann hätte es das Wissen sein sollen, daß der wichtigste Teil des Schiffes, der Maschinenraum, die Seele des Fahrzeugs, immerhin die Erfahrungen der Tradition bewahrte. Tröstlich wäre auch die Gewißheit gewesen, daß, wenn schon Maschinen versagten, was bei allem Mechanischen vorkommen kann, auf jeden Fall noch genügend Kraftreserve vorhanden war und Notanlagen einspringen konnten.

Aber Konzeption, Entwurf und Konstruktion dieser Schiffe wurden vom Gesetz der Sparsamkeit beherrscht, was man um so stärker spürt, je besser man sie kennenlernt. Es fehlt ihnen optisch dieser letzte Schliff, dieser Eindruck von künstlerischer Arbeit, den man traditionsgemäß mit einem großen Schiff verbindet; dies ist verständlich, da sie in der Grundkonzeption als eine funktionale, rein zweckbestimmte Einheit entworfen wurden, mit dem einzigen Luxus, den der Eigner der Besatzung als Anreiz bieten wollte – und es gibt sogar Eigner, die bekannt dafür sind, daß sie nicht einmal darauf Wert legen.

Es gibt fast nichts an diesen Schiffen, was nicht von der Absicht der Kostenersparnis geprägt ist; doch wäre dies nicht so beunruhigend, spürte man nicht, daß dieser Eindruck, den man auf den Decks gewinnt, nicht nur oberflächlich ist. Es reicht tiefer und macht nicht einmal halt, wenn es um Seetüchtigkeit und Zuverlässigkeit vieler dieser Fahrzeuge geht.

Kein Schiff von VLCC-Größe hätte mit nur einer einzigen Schraube gebaut werden dürfen, wie es bisher bei der Mehrzahl von ihnen der Fall ist. Es gibt keinen Passagierdampfer ohne zwei, drei oder vier Schrauben. Zwar haben die meisten Frachter und Linienfrachter nur eine Schraube, sehr viele jedoch zwei Schraubenwellen, Im übrigen sind sie kaum mit VLCCs zu vergleichen. Doppelschrauben sind natürlich teurer in Anschaffung, Einbau und Wartung, aber sie gewähren eine bessere Führung des Rumpfes und liefern auch einen besseren Schub. Besonders wichtig für einen VLCC sind sie deswegen, weil sie eine viel bessere Manövrierfähigkeit bei niedrigen Geschwindigkeiten geben, an der es einem Supertanker angesichts seines großen Rumpfes in so bemerkenswertem Maße fehlt; außerdem machen sie das Schiff weniger anfällig dafür, daß es wegen eines Maschinendefekts total unbeweglich wird. Kein VLCC mit seiner einzigen Schiffsschraube könnte wie die *Llangibby Castle* im Zweiten Weltkrieg in beschädigtem Zustand mit Hilfe der Maschinen steuern und sich dadurch rasch aus einer Gefahrensituation lösen oder einen Hafen erreichen.

Ein so riesenhafter Rumpf, der nur von einer Schraube und einem einzigen Ruder manövriert wird, wirkt an sich schon lächerlich unbeholfen. Der relativ niedrige Widerstand ermöglicht es Supertankern zwar, leicht durchs Wasser zu gleiten. Das Einschraubensystem ist mithin für den Schub angemessen, aber es ist völlig unzureichend für Notsituationen und hoffnungslos, um das beträchtliche Schwungmoment rasch zu vermindern und die Fahrt abzubremsen. Die Vorteile des stärkeren Systems bewiesen sich an den 326 000-Tonnern Ludwigs, die für Gulf Oil fahren. Diese Schiffe wurden mit Doppelruder und Doppelschraube ausgerüstet und zeigten bei ihren Probefahrten, daß sie für ein Voll-zurück-Manöver etwa die gleiche Strecke brauchten wie ein 50 000-Tonner, ungefähr zwei Meilen, und daß mit Doppelruder und -schraube ihre Manövrierfähigkeit und Richtungsstabilität mit Sicherheit ebenso gut, wenn nicht besser als die kleinerer Tanker waren. Dennoch sind diese Schiffe fast die einzigen VLCCs, die über diese Ausrüstung verfügen.

Vielleicht wird solches Sparsamkeitsdenken verständlich, wenn man es vor dem Hintergrund der wahrscheinlichen Absicht sieht, Supertanker nicht für eine lange Lebensdauer zu bauen, was einst das einzig denkbare Prinzip im Schiffsbau war. Sie sollen nach zehn Jahren abgeschrieben sein. Was die P & O selbst betrifft, so erklärt die Reederei, die Abschreibungsperiode für einen Tanker liege „zwischen zehn und fünfzehn Jahren“.

Die einst scheinbar ewig gültige Auffassung, Frucht einer jahrtausendelangen Entwicklung, daß man bei einem Schiff nichts dem Zufall überlassen dürfe, manifestierte sich natürlich besonders in Konstruktion und Stärke des Rumpfes und der Maschinenanlage. Für jedes Schiff gab es eine allgemein verbindliche Lebensspanne, das heißt eine anerkannte „Dienstzeit", nach deren Ablauf in der Regel galt, daß das Fahrzeug das Ende seiner wirtschaftlichen Nützlichkeit erreicht, daß es seine Kosten und dazu Gewinne eingebracht, seinen Beitrag zur Körperschaftssteuer und durch Abschreibung zu seinem eigenen Ersatz geliefert habe und vielleicht noch eine hübsche Summe einbringen konnte, wenn man es verschrotten ließ oder weiterverkaufte. Im allgemeinen galt als Lebensspanne eines Schiffes ein Zeitraum von etwa zwanzig Jahren. Doch dehnte sich bei zahlreichen Schiffen diese Lebenszeit viel länger aus, da sie noch in gutem Zustand waren und, wie man erwartete, noch länger sein würden.

Es ist nicht ungewöhnlich, daß Passagierdampfer ihren vierzigsten Geburtstag lange überleben. Den Rekord hält wahrscheinlich der 1870 vom Stapel gelaufene Cunard-Liner *Parthia,* dessen Passagierräume erst 1941 ausgebaut wurden, wonach das Schiff noch an der Küste von Alaska eingesetzt wurde, bis es 1952 in einen Schleppkahn umgewandelt wurde, der, wer weiß, vielleicht jetzt noch in dieser Gegend getreulich seinen Dienst tut. Zu den betagten Passagierdampfern, die noch heute unter anderen Namen zuverlässig umherschippern, gehört beispielsweise die *Malolo,* die 1927 auf der Werft von W. Cramp & Sons in Philadelphia gebaut wurde. 1963 fuhr ich entlang der nordafrikanischen Küste auf einem sechsundsechzig Jahre alten spanischen Passagierdampfer, der *J. J. Sister,* die Ende des neunzehnten Jahrhunderts unter dem Namen *Galileo Galilei* für eine italienische Reederei gebaut worden war. Sie war zu der Zeit, als ich mit ihr fuhr, zweifellos das älteste Passagierschiff der Welt, aber der Kapitän war zu Recht stolz auf sie. „Hombre! Todavia fuerte!" beteuerte er, als ich nach der Abfahrt von Ceuta Zweifel äußerte, ob die Maschinen gegen den starken Levanter auf offener See ankommen würden. Er behielt natürlich recht; das Schiff war noch immer tüchtig, und wir erreichten Mellila und dann Almeria an der spanischen Küste gegenüber exakt zu der Zeit, die vorgesehen war. Frachter wurden früher noch älter als Passagierdampfer, und noch in jüngerer Zeit waren siebzig- oder achtzigjährige Dampfschiffe, die an den europäischen Küsten Frachtgüter beförderten, nichts Ungewöhnliches.

Der großartigen Schiffsbaukunst und den hervorragenden Maschinen, von tadelloser Qualität, aus zuverlässigen Werkstoffen und ohne Sparsamkeitsdenken gebaut, war diese Tüchtigkeit zu verdanken. Dauerhaftigkeit und Zuverlässigkeit waren die Eigenschaften, die an der Maschinerie eines Schiffes vorausgesetzt wurden. Schale und Struktur des Schiffes mußten so zuverlässig sein, daß sie mit jeder Belastung fertig wurden, der sie auf See ausgesetzt sein konnten. Aber die Maschinen hatten nicht nur solchen Beanspruchungen standzuhalten, sondern auch Leistung zu liefern. Sie mußten unter den schlechtesten Bedingungen das Höchste geben, und zwar auf Jahre und bei möglichst geringer Schadensanfälligkeit. Dies war ein hoher Anspruch, aber in den zurückliegenden rund siebzig Jahren – in jener Periode, als das Gesetz der Gediegenheit und bewährten Leistung im Schiffsmaschinenbau herrschte – wurde er in allen großen Schiffbaunationen und in allen Arten von Schiffen großartig erfüllt.

Die Maschinenanlage eines Schiffes ist nicht immer hundertprozentig zuverlässig. Zu groß sind die Beanspruchungen. Wie bei Autos kann es auch hier Nieten geben. Sie kommen von Zeit zu Zeit immer wieder vor. Die P & O selbst hatte in jüngerer Zeit einen solchen Blindgänger in dem Passagierschiff *Iberia*, das schließlich verschrottet wurde; ihr Schwesterschiff, die *Arcadia*, läuft noch heute anstandslos. Aber Nieten waren nicht die Regel, sondern die Ausnahme. Vermutlich haben keine anderen Hochleistungsmaschinen, die der menschliche Geist entwickelt hat, eine derart stolze Erfolgsbilanz wie Schiffsmaschinen aufzuweisen. Viele konventionelle Schiffe fahren, was ihre Maschinerie betrifft, jahrelang ohne jeden Schaden. Jahr um Jahr tun sie ohne sichtliche Ermüdungserscheinungen ihren Dienst. Tausende kleinerer Fahrzeuge haben sich in Vergangenheit und Gegenwart das Lob verdient, mit dem 1935 der (1907 gebaute) Cunard-Liner *Mauretania* gewürdigt wurde, als er abgewrackt wurde, nach einer anstrengenden Laufbahn in der Nordatlantikfahrt, während der er zweiundzwanzig Jahre Inhaber des Blauen Bandes gewesen war. In einem Erinnerungsbuch, das der „Mauretania“ gewidmet ist, schreibt der englische Seefahrtschriftsteller Humphrey Jordan: „Sie war zuverlässig, schnell und effizient bis zuletzt. Als sie abgewrackt wurde, waren ihre Kessel, die Kessel aus dem Jahre 1907, die sie mit ihrem Dampf übers Meer getrieben hatten, näher an drei als an zwei Millionen Seemeilen, in ausgezeichneter Verfassung. Sie war nicht altersschwach geworden, sie war aus der Mode gekommen . . .für die Fahrt nach Rosyth (wo sie abgewrackt wurde) waren fünfzehn Knoten befohlen, aber sie schaffte immer noch achtzehn: Sie war noch die alte.“

Solch emphatisches Lob wird sich kein Supertanker je verdienen, zuallerletzt wegen seiner Kessel, die eine der Hauptquellen ihrer beträchtlichen Schadensanfälligkeit sind. Der Augenschein spricht dafür, daß ihre Antriebskraft und -systeme auf weite Strecken völlig ungenügend für ihre Aufgabe und auch für die damit verbundene Verantwortung sind, zumindest was uns betrifft, die wir auf dem festen Land mit Sorge sehen, welchen Schaden diese Schiffe anrichten können.

An der Art des Defektes, der vor der südafrikanischen Küste an der *Ardshiel* auftrat, war nichts Außergewöhnliches. Er ist inzwischen bei Tankern alltäglich geworden, wenn auch nicht bei der Tankerflotte der P & O. Supertanker, bei denen plötzlich die Leistung wegbleibt, sie treiben hilflos auf dem Meer, während sie darauf warten, daß sie von einem anderen Schiff oder einem Hochseeschlepper ins Schlepptau genommen werden. Oder, wenn sie sich in Küstennähe befinden, drehen Wind und Strömung den Koloß in die Richtung zum Land, während die Besatzung ohnmächtig zusehen muß. Es gibt Perioden, in denen diese Krankheit, wie ein schreckliches Erbleiden der ganzen Spezies, plötzlich unter diesen Fahrzeugen zu grassieren scheint. Auf allen Meeren werden Tanker von Defekten befallen, mit einer Häufigkeit, die jedoch in den Gewässern rings um Afrika ausgeprägter erscheint. Der Grund dafür ist vermutlich in der Dichte des Verkehrs auf der Route zwischen Europa und dem Persischen Golf und auch in der stürmischen winterlichen See um die Südspitze Afrikas zu suchen, die sie auf dieser Fahrt durch die Jahreszeiten zweimal durchfahren müssen, wozu auch wir nun im Begriff waren.

Tankerdefekte haben viele mechanische Ursachen, zumeist aber liegt der Grund darin, daß die Maschinenleistung wegbleibt, was – in etwa nach der Reihenfolge der Häufigkeit – auf Kesselschäden, Stromausfall (seinerseits zumeist, wenn auch nicht immer, Folge eines Kesselschadens) oder Wassereinbruch im Maschinenraum zurückgeht. Häufig kommt es zu einer unüberwindlichen Kombination aller dieser Ursachen.

Solche Defekte treten bemerkenswert oft auf. Als beispielsweise die *British Comet*, ein englischer Tanker, in der Nähe von Ceylon wegen eines Wassereinbruchs im Maschinenraum liegenblieb, reagierten vier andere Tanker auf ihre Notsignale und waren innerhalb von zwölf Stunden an ihrer Seite. Bei zwei dieser Schiffe traten jedoch ebenfalls Schwierigkeiten mit der Maschinerie auf, worauf sie gemeinsam mit Kurs zum Persischen Golf davonfuhren, um einander notfalls Beistand zu leisten. Eines der Schiffe, die zurückblieben, nahm die *British Comet* ins Schlepptau, um sie nach Singapur zu ziehen. Alan Ewart-James, der sich auf dem einzigen Schiff befand, das seine Fahrt ohne Verantwortung für ein anderes fortsetzen konnte, sagte, er werde nie vergessen, wie sich die vier Tanker beinahe sofort um die bewegungsunfähige *British Comet* versammelt hatten, was ihm demonstriert habe, wie dicht der Tankerverkehr auf dem offenen Meer wirklich war. Ebenso habe ihm die plötzliche Häufung von Maschinenschäden innerhalb dieser kleinen Gruppe von Ölschiffen unvergeßlich vor Augen geführt, wie rasch Tanker defekt werden können. Nach den Angaben des Tanker Advisory Center in New York ereigneten sich beispielsweise im ersten Vierteljahr 1974 112 Schadensfälle auf Tankern, Defekte an der Maschinerie waren hier eingeschlossen.

Welch hohes Risiko dies im Falle von VLCCs bedeutet, wurde illustriert, als am 15. August 1974 vor Kapstadt auf dem vollbeladenen 250 000-Tonner *World Princess* ein Brand im Maschinenraum ausbrach. Das Schiff wollte den Hafen anlaufen, um Post und Versorgungsgüter an Bord zu nehmen. Es wurde infolge des Brandes manövrierunfähig und trieb auf die Küste zu, bis es nur noch anderthalb Meilen davon entfernt war. Das ohnedies schon unfreundliche Wetter verschlechterte sich in den nächsten Tagen rasch. Wäre die *World Princess* auf Grund gelaufen, wäre sie der schweren See preisgegeben gewesen. Es besteht kaum ein Zweifel, daß sie in diesem Falle auseinandergebrochen wäre und daß ihre Ölladung sich ins Meer ergossen hätte.

Selbst als wir zum Kap unterwegs waren, ereigneten sich auf der Route, die vor der *Ardshiel* lag, zwei typische Tanker-Havarien, wovon die eine fast eine Wiederholung des Dramas war, das die *Ardshiel* selbst erlebt hatte.

Der vollbeladene Tanker *Simfonia*, 40 000 t (zufällig früher ein P & O-Tanker, der unter dem Namen *Megna* gefahren, dann an einen griechischen Käufer veräußert worden und nun in Panama registriert war), hatte einen Kesselschaden erlitten und trieb ohne Dampf und Antrieb vor Danger Point in der Nähe des Kap Agulhas. Das Schiff befand sich praktisch an der gleichen Stelle, wo erst fünf Monate vorher der Getty-Tanker *Wafra* havariert war. Dies hieß, daß dieser Küstenabschnitt mit seinen verschiedenen Vögel-, Pinguin- und Seehundbrutstätten in einem knappen halben Jahr eine zweite Überflutung durch Rohöl erleiden würde, wenn nach der *Wafra* nun auch die *Simfonia* auf Grund lief. Außerdem waren zwei Monate vor dem Desaster der *Wafra* dicht vor dem Hafen von Kapstadt auf dem 46 000-Tonner *Kazimah* die Maschinen ausgefallen; Schlepper konnten ihn erst bergen, als er schon auf den Klippen vor der Robben-Insel mitten in der Bucht aufgelaufen war.

Nachdem sich innerhalb eines so kurzen Zeitraumes zwei solche beklagenswerten Vorfälle in ihrem Bereich ereignet hatten, fürchteten die Hafenbehörden von Kapstadt verständlicherweise eine dritte Katastrophe, als sie erfuhren, daß die *Simfonia* in Bedrängnis war. Zum Glück trieb infolge der herrschenden Windrichtung das Schiff nicht direkt auf die Küste zu, die nur sechs Seemeilen entfernt war, und der aus Kapstadt in Marsch gesetzte Schlepper konnte es, nachdem er die hundert Seemeilen um das Kap der Guten Hoffnung in höchster Eile zurückgelegt hatte, noch rechtzeitig erreichen.

Während sich dies abspielte, wurde ein beladener 35 000-Tonner aus der Niarchos-Tankerflotte, die *World Miracle*, zum Kap der Guten Hoffnung geschleppt, nachdem der Maschinenraum des Schiffes überflutet worden war. Ein Wassereinbruch im Maschinenraum war auch der Grund für die Havarie der *Wafra* gewesen. Wie das Tanker Advisory Center in New York berichtet, ereigneten sich im ersten Vierteljahr 1974 auf elf Tankern Wassereinbrüche im Maschinen- oder Pumpenraum.

Angesichts von Antriebsausfall und Wassereinbrüchen in den Maschinenräumen auf Superschiffen muß man sich vor Augen halten, das die meisten Tanker Dampfschiffe sind. Maschinen sind die kostspieligsten Einrichtungen auf einem Schiff, und die Wahl der Maschinenanlage für ihre Fahrzeuge ist für Schiffseigner von jeher ein schwieriges Problem gewesen. In der Praxis bedeutet dies, daß man sich zwischen Motor- und Dampfschiff entscheiden muß. Was den Betrieb betrifft, sind Dieselmotoren mit Abstand die ökonomischste Form des Schiffsantriebs (sie verbrauchen etwa ein Drittel weniger Treibstoff als eine Dampfturbine), aber in anderer Hinsicht haben sie ihre Nachteile. Zunächst sind sie in Anschaffung und Einbau teurer als Dampfturbinen, und dann verlangen sie ungleich mehr Wartung als eine Dampfmaschinenanlage, die nicht nur weniger Platz einnimmt, sondern auch anspruchsloser und deshalb leichter zu behandeln und zu automatisieren ist. Im Falle der Tanker waren dies anscheinend die ausschlaggebenden wirtschaftlichen Überlegungen.

Dampfschiffe produzieren Dampf in ihren Kesseln, aus denen er sowohl zu den Turbinen, die das Schiff antreiben, als auch zu den Wechselstromgeneratoren geleitet wird, die das Schiff mit elektrischem Strom versorgen.

Ganz vereinfacht ausgedrückt, hängt die gesamte Apparatur von zwei Wassersystemen – von Salz- beziehungsweise Süßwasser – ab. In den Kesseln wird Süßwasser von absoluter Reinheit verwendet. Eine bestimmte Menge Wasser zirkuliert ständig durch ein Röhrensystem. Die Feuerung in den Kesseln verwandelt dieses Wasser in Dampf, der zu den Turbinen geleitet wird, diese antreibt und anschließend von Kondensatoren wieder zu Wasser verdichtet wird, das für den nächsten Zyklus in die Kessel zurückfließt. Für den Kühlprozeß in den Kondensatoren wird kaltes Salzwasser verwendet, das durch eine Öffnung ziemlich tief unterhalb der Wasserlinie ins Schiff gelangt und dann in die Kondensatorröhren geleitet wird, die sich in der großen Kondensatorkammer befinden, die der zu kondensierende Dampf passiert. Das Salzwasser wird dann durch eine zweite Öffnung, oberhalb der Wasserlinie, ins Freie abgelassen. Vor allem dann, wenn es in diesen beiden geschlossenen Wasserkreisläufen zu Störungen kommt oder wenn undichte Stellen vorhanden sind, treten auf Tankern ernste mechanische Schwierigkeiten auf.

Auf der *British Comet*, der *Wafra* und der *World Miracle* ereignete sich folgendes: Das Einlaßrohr für die Kondensatoren wurde rissig oder begann zu platzen, und während sich dieser Zustand verschlimmerte, preßte der Wasserdruck außerhalb des Rumpfs Meerwasser in das Schiff. Es ist die gleiche Situation, wie wenn plötzlich die Bordwand unterhalb der Wasserlinie durchlöchert würde. Das Wasser kann so rasch einströmen und, wenn das Leck bemerkt wird, die Umgebung bereits so tief unter Wasser stehen, daß es schwierig, wenn nicht unmöglich ist, die Stelle des Wassereinbruchs zu finden und abzudichten. Auf der *Wafra* holte man überall aus dem Schiff in aller Eile Matratzen und Bohlen und versuchte damit, das Leck zu verstopfen, aber das eindringende Wasser stieg ständig, bis die Maschinen ausfielen und das Schiff bewegungsunfähig wurde. Wenn die Öltanks leer sind, kann sich der Tanker wegen der großen Schwimmfähigkeit des Rumpfes über Wasser halten, sind sie aber gefüllt, könnte es dazu kommen, daß er sinkt; Salzwasser ist schwerer als Öl, und ein großer, mit Wasser gefüllter Maschinenraum ist so schwer, daß er möglicherweise das ganze Schiff mit in die Tiefe ziehen könnte. Dies geschah im Januar 1975, als im Atlantik der Maschinenraum des englischen Tankers *Ambassador* plötzlich überflutet wurde und das Schiff zu sinken begann.

Befindet sich das Schiff in großer Wassertiefe vor einer Küste, ist es vielleicht noch das beste, wenn es sinkt; andernfalls kann es, wie im Falle der *Wafra*, geschehen, daß es auf Grund läuft, auseinanderbricht und mit seiner Ölfracht die Küste verpestet. Im November 1972, fünfzehn Monate nach dem Malheur der *World Miracle*, wiederholte sich in diesen Gewässern das gleiche, als sich nördlich von Durham auf dem griechischen Tanker *Gallant Colocotronis* ein Wassereinbruch im Maschinenraum ereignete und das Schiff an der Küste von Mozambique auf Grund lief. Dieser Typ eines Schiffsunfalls ist besonders beängstigend: Plötzlich, unerwartet und unerklärlich kommt, wie bei einer Herzattacke, die einen scheinbar gesunden, kräftigen Menschen trifft, das oft tödliche Verhängnis. Als Hauptursache gelten die Vibrationen, die durch die Länge des Rumpfes entstehen, und der Umstand, daß diese Schwingungen in ihrer Frequenz nahe an der Resonanzfrequenz des Einlaßrohrs liegen. Resonanzvibrationen können zum Bruch des Rohres führen.

Ungleich häufiger jedoch als Schäden am Einlaßrohr sind ernste Defekte am Süßwassersystem der Kessel. Auf den meisten modernen Tankern ist es praktisch unvermeidlich, daß sie früher oder später auftreten und sich wiederholen. Kesselschäden sind ein Leiden, das so alt ist wie der Dampfantrieb selbst, aber auf den Superschiffen sind sie, wie alles andere, zu einer neuen und besonders schwerwiegenden Heimsuchung geworden. Defekte dieser Art haben in den letzten Jahren Dutzende von VLCCs der Klasse zwischen 200 000 und 250 000 Tonnen befallen, von ungezählten kleineren Fahrzeugen ganz zu schweigen, und immer wieder große Ölladungen in gefährliche Situationen gebracht, namentlich im Südatlantik und im Indischen Ozean. Heutzutage wäre es eine Seltenheit, wenn man in den Häfen von Kapstadt oder Durban nicht gruppenweise Tanker der verschiedensten Größen sähe, darunter immer einige der größten, an denen Kesselschäden oder andere Defekte, die durch Kesselschäden entstanden sind, repariert werden.

Die Schiffskessel sind im Laufe der Jahre immer komplexer und anspruchsvoller geworden, aber eine Sicherung gegen mögliche Ausfälle bestand immer darin, daß ein Schiff mehrere Kessel hatte, so daß, wenn einer oder zwei ausfielen, immer noch ein dritter oder noch weitere das Schiff und seine Systeme in Gang halten konnten. Gewöhnliche Handelsfahrzeuge haben in der Regel selten weniger als zwei oder drei, vielfach sogar sechs oder acht Kessel. Große Passagierdampfer mit ihrer hohen Fahrtgeschwindigkeit und ihrem riesigen gewaltigen Bordbedarf an Energie sind mit viel mehr ausgerüstet. Die *Queen Mary* hatte vierundzwanzig Kessel für ihre vier Hauptmaschinen und drei für die Bordversorgung. Bis zur Mitte der fünfziger Jahre besaßen die meisten Tanker mindestens zwei und oft drei Kessel, aber bei den ersten Generationen von Riesentankern und einer Mehrzahl der ersten VLCCs, besonders der in Japan gebauten, war nur ein einziger Hochdruckkessel üblich. Diese Praxis, heute nicht mehr ganz so verbreitet wie noch vor ein paar Jahren, trug dazu bei, den

Kaufpreis dieser Schiffe so attraktiv zu machen. Die Japaner hatten intensive Experimente durchgeführt, um Druck und Temperatur in den Dampfsystemen zu steigern und so den Brennstoff besser auszunützen. Als ihnen dies gelungen war, offerierten sie eine Dampfmaschine, die eine unschlagbare Kombination zu bieten schien: Sie war sparsamer im Treibstoffverbrauch und dazu so kompakt, daß ihre Kosten, ein dominierender Faktor in der Gesamtkostenrechnung des Schiffes, ganz erheblich niedriger lagen als die der meisten anderen.

In der Praxis jedoch sahen die Dinge ganz anders aus. Wenn nämlich dieser einzige Kessel ausfällt, gerät das Schiff in eine höchst prekäre Situation, genau wie sie die *Ardshiel* erlebte. Bleibt der Dampf weg, so bleiben auch die Maschinen stehen, und mit ihnen fällt die gesamte Elektrizitätsversorgung aus. Die komplizierte Elektronik dieser Schiffe ist gänzlich von der Antriebslage abhängig. Wenn der Dampf ausbleibt und die Schraube sich nicht mehr dreht, gehen die Lichter aus, und damit fallen auch Radar, Echolote und all das andere moderne Drum und Dran aus – Feuerlöscheinrichtungen, Ladeeinrichtungen und Ladungskontrolle, maschinelle Anlagen auf dem Deck und all die großartigen neuen Computer, die den Kurs bestimmen, Kollisionen vermeiden, Heuerabrechnungen machen und Krankheiten diagnostizieren sollen. All das fällt aus. Ein Zucken, Flackern, und dann ist Schluß. Was übrigbleibt, ist eine nutzlose, hilflos umhertreibende stählerne Schale.

Die elementare Maßregel, um einem solchen Zusammenbruch auf einem Supertanker vorzubeugen, besteht darin, dafür zu sorgen, daß dem Hauptkessel immer die festgesetzte Menge destillierten Wassers zugeführt wird, die notwendig ist, um Dampf zu erzeugen. Bleibt dieses Wasser aus, ist das Schiff lahmgelegt. Unaufhörlich ist der Kampf, diesen Nachschub zu sichern, selbst auf verhältnismäßig neuen Schiffen wie der *Ardshiel*, was der Zwischenfall vor der südafrikanischen Küste ans Licht brachte; auf älteren Fahrzeugen wird er zur Herkulesarbeit. „Dieses Schiff ist jetzt zwei Jahre alt“, sagte Peter Dutton. „Ich würde sagen, noch zwei Jahre, und dann wird es allmählich wie eine Werkstatt aussehen. Wenn so ein Schiff ein bißchen älter wird, läßt alles nach. Am schlimmsten ist, daß das Röhrensystem in die Binsen geht; die

Röhren fangen zu korrodieren an. Sobald das losgeht, stellt man fest, daß auch die Ventile nicht mehr schließen, sie sind nicht mehr dampfdicht. Dann fangen alle Gelenke an, Dampf rauszulassen.“

Bei dem Dampf, der entweicht, handelt es sich natürlich nur um destilliertes Kesselwasser; je mehr davon austritt, um so weniger bleibt für die wichtige Aufgabe übrig, das Schiff anzutreiben und seinen Elektrizitätsbedarf zu decken. Die enorme Beanspruchung, der diese Systeme durch den ständigen Einsatz des Schiffes ausgesetzt sind – es ist ohnedies infolge der Eile, mit der Supertanker aus Fertigteilen zusammengebaut werden, nicht sonderlich strapazierfähig –, führt dazu, daß sich ständig undichte Stellen bilden, wo Dampf austritt. Die *Ardshiel* pflegte alle vier Monate ihre Maschinen abzustellen und einen ganzen Tag darauf zu verwenden, nur undichte Stellen, die sich inzwischen gebildet hatten, abzudichten. Dies geschah, während ich mich an Bord befand. Auf Schiffen, wo es weniger gewissenhaft zugeht, so wurde mir berichtet, werden die undichten Stellen nach einiger Zeit so zahlreich, daß im Maschinenraum infolge des ausgetretenen Dampfes ständig eine Nebelatmosphäre herrscht. Als die *Ardshiel* ihre Fahrt unterbrach, um die Dampflecks zu reparieren, stellten die Ingenieure fest, daß es dafür höchste Zeit war. Infolge des Dampfaustritts verlor das Schiff täglich fünfunddreißig Tonnen destillierten Wassers, während die Verdampfungsanlage nur siebenundzwanzig Tonnen pro Tag erzeugte. Das Schiff besaß zwar zwei Verdampfer, die zusammen täglich hundert Tonnen Seewasser zu Süßwasser destillieren sollten, in der Praxis aber – wie es bei technologischen Errungenschaften auf einem Supertanker immer der Fall zu sein scheint – blieben sie weit hinter dieser Sollzahl zurück. Nachdem während unserer Fahrt sämtliche Dampflecks abgedichtet worden waren, lieferten die Verdampfer pro Tag fünfhundert Tonnen destilliertes Wasser, während täglich insgesamt etwa fünfzig Tonnen konsumiert wurden, den gesamten Bordverbrauch eingerechnet. Dies schien etwas knapp, wenn man bedachte, daß das destillierte Wasser das Lebensblut des Schiffes darstellt.

Das Fehlen jedes Spielraumes in dieser Wasserversorgung war daran schuld gewesen, daß die *Ardshiel* vor der südafrikanischen Küste in Schwierigkeiten kam. Da die Verdampfer ausgefallen waren, hatte das Schiff große Mengen destillierten Wassers verloren und konnte überhaupt keines mehr produzieren. „Wenn man kein Wasser machen kann und alles, was noch da ist, verliert, dann gibt's eben nichts, wo man es noch herkriegen kann", sagte Peter Dutton. „Wenn's kein Wasser gibt, arbeitet der Kessel nicht. Und wenn der Kessel nicht arbeitet, gibt's keinen Dampf für die Maschinen oder für die Generatoren, die den Strom liefern. Das ist die Kettenreaktion, die zum totalen Zusammenbruch führt. Wenn es kein Wasser auf dem Schiff gibt, bleibt es stehen. Es muß stehenbleiben. Es ist kein Antrieb mehr da, weil man keinen Dampf machen kann, und damit ist es aus. Am Schluß zieht einen ein Schlepper in den Hafen. Oder noch schlimmer."

Abgesehen von Dampflecks und Verdampferdefekten kann es vorkommen, daß eine Verunreinigung des destillierten Wassers durch Seewasser die Reserven eines Supertankers an destilliertem Wasser rasch aufzehrt, selbst wenn sie anscheinend beträchtlich sind. Zu einer solchen Verunreinigung, die auf Tankern ziemlich häufig auftritt, kommt es, wenn ein Rohr, in dem kaltes Seewasser durch den Hauptkondensator geleitet wird, bricht oder undicht wird und dadurch Seewasser in das destillierte Wasser innerhalb der Kondensatorkammer gerät. In einer ohnedies schon heiklen Situation kann dies der letzte Schritt zur Katastrophe sein. Das Wasser in den Kesseln muß rein bleiben (der Salzanteil darf nicht mehr als dreißig Teile auf eine Million betragen), weil sonst die hohen Drücke und Temperaturen in dem System zur Kesselsteinbildung in den Rohren führen, durch die es zirkuliert. Das Wasser trägt, so heiß es ist, dazu bei, die Hitze der Kesselfeuerung unter Kontrolle zu halten, ähnlich wie das siedende Wasser in einem Topf verhindert, daß die Flamme den Topfboden durchbrennt. Kesselstein wirkt isolierend und könnte dazu führen, daß der Kessel durchbrennt wie ein Topf ohne Wasser auf dem Herd. Wenn dies geschieht, erleiden auch die Rohre schwere Beschädigungen. Sie dehnen sich aus, beulen sich blasenförmig aus und platzen.

„Selbst wenn man nur noch die letzte Reserve destilliertes Wasser hat und im Kondensator ein Rohr bricht, wodurch das Wasser im Kesselsystem verunreinigt wird, muß das ganze System entleert werden, und zwar sofort", sagte Peter Dutton. „Man muß das ganze Wasser, das drin ist, rauslassen, weil es völlig unbrauchbar geworden ist. So lange, bis das Salz raus ist. Dann kommt wieder gutes destilliertes Wasser rein, wozu vielleicht fünfzig Tonnen notwendig sind. Wenn man dazu noch Schwierigkeiten hat, wegen Dampflecks oder schadhafter Verdampfer, kann die Sache heikel werden. Auf allen Schiffen passiert es, daß Rohre im System durchbrennen, aber auf anderen Schifftypen haben sie wenigstens zwei Kessel; sie stellen einen ab und reparieren ihn. Wenn man nur einen Kessel hat, geht das nicht."

Wie verwundbar ein modernes, hochautomatisiertes Schiff ist, selbst wenn es drei Kessel hat, wurde anschaulich belegt, als im April 1974 das neue Cunard-Flaggschiff, die *Queen Elizabeth 2*, im Atlantik südwestlich von Bermuda liegenblieb. Die Kessel des Schiffes waren verunreinigt worden, weil Öl in das Dampfsystem geraten war. Die Maschinen versagten, und das Schiff trieb mit 1600 Passagieren an Bord hilflos im Meer. Auch in diesem Fall lag, einem Bericht der *Sunday Times* zufolge, die Ursache in Sparsamkeitsüberlegungen. „Als die QE 2 Anfang der sechziger Jahre entworfen wurde, mußte die Cunard-Linie zugeben, daß sie es sich wegen wirtschaftlicher Zwänge nicht leisten könne, einen schwimmenden Rolls-Royce zu bauen", schrieb der Korrespondent der Zeitung.

„Die *Queen Mary* beispielsweise hatte siebenundzwanzig Kessel und dreiundachtzig technische Offiziere. Die QE 2 hat drei Kessel und dreiundzwanzig Ingenieuroffiziere." Die Berühmtheit des Ozeanriesen und die große Zahl der Passagiere auf dem Schiff sorgten für eine Publizität, auf die kein Supertanker hoffen darf, wenn seine Kessel versagen.

Die Führung eines Superschiffs ist völlig ohnmächtig, wenn der letzte Funke mechanischen Lebens ohne Hoffnung auf Wiederbelebung erstorben ist. Wenig ist auch zu machen, wenn die nachlassende Maschinenkraft nicht mehr ausreicht, die gewaltigen Trägheitskräfte des Rumpfes unter Kontrolle zu halten. Die Ein-Kessel-Schiffe haben zwar eine kleine Hilfsmaschine für Notfälle, aber die Energie, die sie liefert, ist lächerlich im Vergleich zu dem, was ihr möglicherweise abverlangt wird. Sie ist gerade stark genug, bei Schönwetter das Schiff in Fahrt zu halten, aber unfähig dazu in den Orkanen, in die es vor dem Kap der Guten

Hoffnung geraten kann; zudem ist sie nicht in der Lage, die notwendige Energie für den Antrieb *und* die Stromerzeugung zu liefern. Ein Vertreter des Lloyd's Register of Shipping berichtete mir, ein Kapitän habe ihm geschrieben, daß sein Schiff sogar *rückwärts* getrieben worden sei, während die Hilfsmaschinen liefen. Zumindest einer der großen Ölkonzerne, British Petroleum, hat es mit Entschiedenheit abgelehnt, Ein-Kessel-Schiffe in seine Tankerflotte aufzunehmen. „Ich wollte nichts davon wissen. Bei so geringen zusätzlichen Kosten lohnt es das Risiko nicht", sagte mir der Chef der Konzernflotte, Commander Platt.

Unter diesen Umständen kann man einem Supertanker-Kapitän kaum Vorwürfe machen, wenn er untätig das Gesicht in den Händen vergräbt. Dies ist jedenfalls das Gefühl, das ihn bewegt – Hilflosigkeit und bald Hoffnungslosigkeit – und dem Basil Thomson Ausdruck zu geben versucht hatte. Es erklärt auch, warum man, wenn man aus der Vogelschau auf einen manövrierunfähigen Supertanker hinabschauen könnte, wahrscheinlich sähe, wie die Besatzung resigniert auf dem Deck steht und mit ihren Seesäcken auf den obligaten Hubschrauber wartet, während das Schiff scheinbar sich selbst überlassen seinem Untergang oder einer nahe gelegenen Küste entgegentreibt. Eine solche Luftaufnahme erschien in der Kapstädter Morgenzeitung *Cape Times*, nachdem die Maschinen auf dem 46 000-Tonner *Kazimah* ausgefallen waren und das Schiff manövrierunfähig langsam auf die Riffe vor der Robbeninsel zutrieb. Während ein solcher Anblick früher vielleicht bei Seeleuten besondere Verachtung ausgelöst hätte, ist er heute, zumindest was Tanker betrifft, völlig verständlich, und man hat sich an ihn gewöhnt.

Diese Anfälligkeit wirkt wie eine Ironie angesichts der scheinbar so hochgezüchteten automatisierten Technologie. Das Wunderland ihrer unbesetzten Maschinenräume mit ihren selbsttätigen Geräten, den wachsamen, allsehenden elektronischen Augen und reaktionsschnellen Alarmanlagen und ihrer klinisch-reinlichen Kontrollräume, wo man nur auf einen Knopf zu drücken braucht, und aus einem Kommandodrucker erscheint ein Band mit allen relevanten Informationen, wie bei einem Wiegeautomaten, der eine Karte ausdruckt, auf der man sein Gewicht und gute Wünsche lesen kann – in all diesen Dingen sehen viele die großen

Errungenschaften der Supertanker, die Garanten eines sicheren Schiffsbetriebs, ganz so, als würde schon durch ihr Vorhandensein ein Schiff an sich besser und zuverlässiger. Dabei ist, genau betrachtet, die Automatisierung selbst von der Absicht der Kostensenkung bestimmt. „Der Reeder gibt zwar eine Menge Geld für die eingebaute Ausrüstung aus", bemerkte Alan Ewart-James dazu, „aber er hofft, einen Teil davon wieder hereinzuholen, indem er Personal einspart, wofür die Automatisierung eigentlich gedacht ist." Als er einige Zeit vorher mit einem vollbeladenen 60 000-Tonner durch die Nordsee gedampft war, hatte er selbst erlebt, wie riskant es ist, sich zu sehr auf die Automatisierung zu verlassen.

Als er zum Antritt seiner Wache gerufen wurde, empfahl man ihm, seine Gummistiefel mitzubringen. Erstaunt folgte er dem Rat. Wie sich zeigte, war er wohlbegründet. Riesige Brecher hatten die Brücke funktionsunfähig gemacht. Sämtliche automatischen Apparaturen waren ausgefallen, das einzige Gerät, das noch funktionierte, war das Ruder. Die gesamten Brückeneinrichtungen waren durch eingedrungenes Wasser außer Gefecht gesetzt. Sturmlaternen mußten für Licht sorgen.

Vom Standpunkt der Sicherheit kann die Automatisierung nur Alarm schlagen, was sie allerdings allzuoft zu spät oder auch ohne sofort feststellbare Ursache tut. Peter Dutton schilderte mir einen Vorfall, der sich auf einem der Schwesterschiffe der *Ardshiel* ereignet hatte, in der ersten Nacht auf See, nachdem das Schiff von der japanischen Werft übernommen worden war. Der Maschinenraum wurde auf automatische Kontrolle geschaltet, und das gesamte Personal ging schlafen. „Ungefähr um zwei morgens gab es Generalalarm", erzählte Dutton. „Sämtliche Ingenieure sind nach unten gerast. Der Defekt, den der Kommandodrucker ausgedruckt hatte, bestand darin, daß sich der Hauptkessel ausgeschaltet hatte, worauf auch die Hauptmaschine aussetzt. Wenn sich der Kessel abschaltet, geht das Feuer aus, so daß er keinen Dampf mehr erzeugt. Was noch an Dampf da ist, wird von den Generatoren aufgebraucht, womit sie noch ungefähr zwanzig Minuten laufen und Strom erzeugen können. Das heißt, daß etwa zwanzig Minuten bleiben, bis der Strom ausfällt. Der Kessel war aus, und die Hauptmaschine war aus, und wir haben wie verrückt gesucht, warum sich der Kessel ausgeschaltet hatte, aber nichts finden können.

Wir haben den Kessel wieder gezündet und hatten damit wieder Dampf, und die Maschinen sind wieder gelaufen. Der Strom ist nicht ausgefallen. Aber noch immer hatten wir nicht rausgefunden, was eigentlich die Ursache gewesen war. Nach sechs Stunden Suche fanden wir schließlich den Grund. Es hat sich herausgestellt, daß die Gebläse an dem Kessel zwei Klappen haben, die durch die Luft hochgehalten werden. Die Luft geht durch ein Reduzierventil, das ihren Druck von ungefähr sieben Kilogramm auf ein halbes Kilogramm herunterdrückt. Es ist nur ein kleines Ventil, und darin befindet sich eine Gummimembrane, einen halben Zoll breit. Diese Membrane war gerissen, wodurch wiederum für einen ganz kurzen Augenblick der Druck unter den zwei Klappen absank. Das wieder hat dem Kessel angezeigt, daß die Gebläse stehengeblieben sind, wodurch sofort die Feuerung abgestellt wurde, dann die Maschine stehenblieb und damit der Antrieb weg war. Eine halbzollbreite Membrane hatte uns bewegungsunfähig gemacht, aber keiner hatte voraussehen können, daß das passiert, und der Computer hätte uns nicht sagen können, was eigentlich passiert war und wo. Er konnte nicht mehr tun, als die Anlage abzustellen und es uns zu überlassen, den Grund herauszufinden. Dafür waren sechs Stunden anstrengender Detektivarbeit nötig. Wenn man in Gewässern mit viel Verkehr oder in der Nähe einer Küste ist, ist eine solche Situation schrecklich."

Sie ist natürlich noch viel schrecklicher und für das „Innenleben" des Schiffes verhängnisvoll, wenn die automatische Warnanlage zu spät oder aber überhaupt nicht Alarm gibt. Letzteres geschah im November 1972 auf dem englischen Tanker *Fina Britannia,* 250 000 t, der vor der ostafrikanischen Küste liegenblieb, als er vollbeladen vom Persischen Golf nach Europa zurückkehren wollte. Die Alarmanlage hatte mehrere elektrische und mechanische Mängel, die aufgetreten waren, nicht gemeldet. Eine Kette von ineinandergreifenden Defekten führte zu einer Kesselexplosion, und das Schiff mußte schließlich zu einer vorläufigen Reparatur nach Kapstadt geschleppt werden. Zum Glück befand sich die *Fina Britannia* in ziemlicher Entfernung von der Küste und konnte gefahrlos im Meer treiben, bis ein Bergungsschlepper eintraf. Es ist hier vielleicht interessant, daß der ausbleibende Alarm eines automatischen Kontrollsystems dazu geführt hatte, daß sich die Kessel der *Queen Elizabeth 2* so stark verunreinigen konnten, bevor die Ingenieure merkten, was geschehen war.

Eine der Gefahren der Automatisierung liegt darin, daß sie die traditionelle, nun altmodisch gewordene Wachsamkeit untergräbt, die einst im Maschinenraum eines Schiffes Gesetz gewesen war. Manche Ingenieure setzen zuviel Vertrauen in das elektronische System und schränken ihre Rundgänge durch den Maschinenraum ein, die früher ununterbrochen durchgeführt wurden. Die Folge war, daß sie auch ihre „Berufsinstinkte“ zu verlieren begannen. Wie wertvoll diese sind, schilderte mir anschaulich Peter Dutton, der sehr an der alten Ingenieur-Denkart festhielt und sogar darüber klagte, daß seine Untergebenen zumeist junge Leute seien, die nie einen Hammer in der Hand gehabt hätten wie er selbst damals in den Werften am Tyne; er war ein Mann, der noch engen Kontakt zu den Maschinen um ihn herum hatte.

„Es passiert oft“, sagte er, „daß ich, wenn ich einen Rundgang mache,irgend etwas anschaue, und wenn ich wieder im Maschinenkontrollraum bin, geht es mir immer noch im Kopf herum. Wenn ich dann zurückgehe, stellt sich jedesmal heraus, daß irgendwas nicht in Ordnung ist. Zuerst ist es mir nicht klargeworden, aber wenn ich zurückgegangen bin und es mir richtig angesehen habe, dann hat sich gezeigt, daß was verkehrt war. Es ist einfach ein Gefühl, das einem die Erfahrung gibt, und ich hab' gelernt, nach meiner Intuition zu handeln.

Auf dem letzten Schiff dieser Klasse, auf dem ich war, bevor ich auf die *Ardshiel* kam, haben wir am Samstagvormittag, bevor wir die Maschinenräume für das Wochenende auf automatische Kontrolle geschaltet haben, immer den Reserve-Dieselgenerator überprüft. Einmal an einem Samstagvormittag gab es so viel zu tun, daß wir den Diesel nicht nachgesehen haben. Am Sonntagmorgen dachte ich mir: ‚Jetzt läßt du mal den Diesel laufen.‘ Ich hab's dem Leitenden gesagt. ‚Ach, lassen Sie das, lassen Sie das sein‘, hat er gesagt. ‚Wir wollen jetzt keinen Lärm haben.‘ Der Generator macht ein ganz schönes Getöse. Aber ich bin trotzdem runtergegangen. Und schau an, das Ding ist zwar gelaufen, hat aber keine

Spannung hergegeben. Der Elektriker hat dann den ganzen Tag dran herumrepariert. Um halb zehn an diesem Abend ist dann der Strom auf dem ganzen Schiff ausgefallen. Der Generator ist automatisch eingesprungen. Wäre ich nicht runtergegangen und hätte ihn ausprobiert und wäre er nicht repariert worden, hätten wir keine Elektrizität gehabt.

Wenn auf diesen Schiffen die Elektrizität wegbleibt, das ist wirklich das schlimmste. Setzen die Hauptmaschinen aus, macht das nichts, was die Sicherheit betrifft. Man hat noch Licht, also funktioniert die Brandbekämpfung, aber wenn der Strom weg ist, dann ist das alles auch weg. Also wird es schwierig, wenn man die Generatoren nicht hat, die die Elektrizität liefern, was auch passieren kann, wenn sie nicht, weil der Dampf fehlt, streiken. Manchmal liegt's an ihnen selbst. Nehmen wir nur als Beispiel, was mit einem Schiff unserer Reederei passiert ist. Da ist ein Generator ausgefallen, weil ein Teil rausbrach, zwischen mehrere Räder gefallen ist, die sich gedreht haben, und alles kaputtgeschlagen hat. Dann ist der Strom ausgefallen, und der zweite Generator hat sich wegen hohen Rückdrucks abgeschaltet. Um ihn wieder in Gang zu bringen, brauchten sie Strom, den nur der Notgenerator liefern konnte. Aber bevor sie den zum Laufen brachten, hat sich eine Kurbelstange gelöst und das Getriebegehäuse kaputtgeschlagen. Damit war die letzte mögliche Stromquelle weg. Sie mußten Schlepper kommen lassen, und das Schiff lag dann sechs Wochen untätig in einem Golfhafen."

Es scheint sich immer zu wiederholen: Jedesmal, wenn man ein solches Gespräch über diese Schiffe beginnt, zeichnet sich das Bild ab, daß einzelne Teile kaputtgehen und auseinanderfallen, daß das ganze Gebilde anfällig ist und mit einer allgemeinen Skepsis betrachtet wird. Dies ist beileibe nicht die ganze Wahrheit, was die Supertanker angeht, aber es enthält doch genug Wahrheit, um einen besorgt zu stimmen. Die *Ardshiel* machte wahrhaftig einen recht soliden Eindruck; wenn sie auf Deck vielleicht nicht die Vollendung zeigte, die man bei einem Fahrzeug erwartete, daß praktisch ein Flaggschiff war, so wurde dies doch mehr als wettgemacht durch Qualität und Großzügigkeit der Aufbauten und die Sorgfalt, die die Reederei darauf verwendet hatte und die zeigte, welchen Wert man auf das Äußere legte. Aber das knapp bemessene Sicherheitsfundament, auf dem all dies ruhte, kam immer wieder zur Sprache, wenn beispielsweise Dutton seine Anekdoten erzählte oder Basil Thomson nicht davon loskam, ob es Recht oder Unrecht war, einen Bergungsschlepper zu Hilfe zu holen. Es war immer da als eine beängstigende Möglichkeit und wurde großenteils genährt aus dem Bewußtsein, daß das, was dieses große und scheinbar so stabile Schiff vorantrieb, im Verhältnis zu dem wirklichen Gewicht und den gigantischen Ausmaßen in hohem Maße ungenügend war. James Jackson und seine Ingenieure waren voll des Lobes über ihre Maschinen und bezeichneten sie als ebenso gut wie englische. Immer wieder hörte man solches Lob über einzelne Bestandteile, aber nur selten über das Schiff als Konstruktion und Gesamtheit, über die Zuverlässigkeit seiner Struktur und Mechanik.

In einem Artikel, „Automatisierung auf Schiffen – der richtige Weg?", der 1973 in der Juli-Ausgabe der Zeitschrift *Sea International* erschien, befaßte sich J. Bull, Mitglied des Merchant Navy Institute, mit den neuen Schiffen und den Risiken, welche die fortschreitende Reduzierung der Besatzungsstärke mit sich bringt. „Statt ein kostspieliges Instrumentenarsenal zur Aufspürung von Mängeln zu installieren, sollten wir uns lieber entschließen, die Mängel gar nicht erst einzubauen", schrieb er und stellte die Frage, wie es künftig weitergehen solle. „Der Schiffsbauer ist zu Recht stolz auf sein elektronisches Wunderwerk, wenn er es dem neuen Eigentümer übergibt. Das Schiff ist in Übereinstimmung mit den Plänen gebaut worden, alle Systeme funktionieren vorschriftsmäßig. Wie aber wird es in fünf, in zehn Jahren aussehen, wenn einige Winter im Nordatlantik ihren Tribut gefordert haben, wenn die schnellen Fahrten und die eiligen Abfertigungen nur ein Minimum an Wartung zugelassen haben? Dann werden die Wirkungen von Korrosion, Vibration, Schiffsbewegung, gelegentlichem Stampfen und der täglichen Abnutzung Schäden an elementaren Teilen der Ausrüstung herbeigeführt haben." Vorbeugende Wartung sei eine vernünftige Theorie, aber in der Praxis könne es ganz anders aussehen, wenn das Können nicht vorhanden sei und man über der Behebung von Schäden nicht mehr zu ihrer Verhütung komme. Es falle schwer, schrieb Bull, sich mit der Vorstellung abzufinden, daß auch das Schiff sich zu einem Wegwerfprodukt unseres modernen

Zeitalters entwickle. Schließlich seien die Kapitalkosten doch so hoch, daß man es so dauerhaft bauen sollte, wie es menschenmöglich sei. „Was das Schiff von heute betrifft, so wird die Stahlkonstruktion, die die Werft gebaut hat, auf lange Jahre hinaus zuverlässig sein, aber die anspruchsvolle Ausrüstung in ihrem Innern wird, je weiter die Zeit fortschreitet, immer größere Schwierigkeiten bereiten.“

Welche Schwierigkeiten die VLCCs und alle älteren Generationen von Supertankern möglicherweise am Ende der siebziger Jahre auch bereiten werden – schon heute sind die Probleme schwierig genug. Unmittelbar besorgniserregend wird die Lage für manche Regionen, wenn die Ölriesen in immer größerer Zahl den Weg nach Nordamerika einschlagen, der sie vom Kap der Guten Hoffnung direkt in das Küstengebiet vor Maine und an die Küste der kanadischen Seeprovinzen führen dürfte, wo die heute vorhandenen Tiefwasserhäfen liegen und neue geplant sind. Dies sind im Winter neblige, stürmische Gewässer, die weder zu schlechter Navigation noch zu Maschinenschäden einladen, die dazu führen, daß ein Schiff hilflos umhertreibt.

Abgesehen von der Selbstverständlichkeit, daß zwei Kessel auf so kostspieligen und risikobehafteten Schiffen besser gewesen wären als nur ein einziger, hätte man zuallermindest an eine angemessene Dauerreserve an destilliertem Wasser denken sollen. Man hätte einen kleinen Teil ihrer Tankkapazität für den Notbedarf reservieren können, falls die Verdampfer ausfielen oder in einer dieser kritischen Situationen, wie der, in die die *Ardshiel* geriet, nur mit Mühe den notwendigen Bedarf decken konnten. Daß diese Vorsichtsmaßregel versäumt wurde, ist, wie mir Alan Ewart-James erklärte, ebenfalls auf das Prinzip der Kostenersparnis zurückzuführen, unter dessen Diktat die Konstruktion dieser Schiffe stand.

Ebenfalls hätte – als Mindestkonzession an die Sicherheitsbedürfnisse – für eine Energiequelle für Notfälle gesorgt werden sollen, die in der Lage gewesen wäre, die Maschinen *und zugleich* die elektrische Bordanlage zu versorgen, falls der Dampf wegblieb. Peter Dutton bemerkte dazu: „Vermutlich werden sie letzten Endes dafür bezahlen müssen, daß sie zu sehr auf Einsparungen geachtet haben. Wenn man überlegt, wie teuer diese Schiffe im Endeffekt kommen, hätten sie einen Dieselgenerator einbauen müssen, der für das vollbeladene Schiff ausreicht, was unserer nicht schafft."

Es wirkt schon auf den ersten Blick erstaunlich, daß man das Risiko einging, diese Schiffe mit einem Antrieb und Antriebssystem auszustatten, die angesichts des Ausmaßes und der Vielfalt möglicher Schäden absurd ungenügend und unzuverlässig erscheinen. Noch merkwürdiger, wenn man bedenkt, welche strapaziösen Leistungen ihnen abgefordert werden und daß, als sie in Dienst gestellt wurden, auf den Routen, die sie befahren sollten, so gut wie keine Reparatureinrichtungen und Trockendocks vorhanden waren – und noch heute nur in sehr begrenztem Maß zur Verfügung stehen.

Viele hatten Bedenken, was die Supertanker betraf, doch niemand äußerte sich eindeutig negativ. Allgemein herrschte eine starke Neugier, wie das Ganze gehen werde, und aus der Sicht der Schiffsbauer ist es sehr gut gegangen. Die meisten Reeder stürzten sich Hals über Kopf in das Geschäft mit den VLCCs. Manche, die mit ihren Schiffen umgingen wie mit einem hohen Einsatz am Spieltisch, die auf den Chartermärkten mit ihnen spekulierten, haben hin und wieder viel Geld verloren, im großen und ganzen aber ist jeder sehr gut mit ihnen gefahren.

Die Automatisierung ist in vielem, vielleicht in allem etwas Großartiges. Sie hat ein hübsches, munteres Gesicht, mit ihrem blanken, futuristischen, schalldichten Kontrollräumen, die mit Air condition ausgestattet und von bunten Lämpchen, zuckenden Zeigern, fleißigen Rechnern und surrenden Bändern angefüllt sind. Man kann dort verzauberte Stunden verbringen und alles gelassen beobachten, eingelullt von dieser Atmosphäre technischer Souveränität und der kühlen, schweigenden Distanz zwischen einem selbst und dem heißen, pochenden metallischen Getriebe, das man hinter den Spiegelglasfenstern sieht. Hier sitzen die Ingenieure während ihrer Tagesschichten, plaudern, trinken Kaffee, behalten dies oder jenes im Auge, nicht unähnlich Astronauten in ihrer Kapsel, und unternehmen gelegentlich einen Ausflug in den Lärm und die dampfgeschwängerte Hitze, wo sie eine der hohen Leitern ersteigen, um irgend etwas zu kontrollieren.

Aber abgesehen von ihrem unterhaltsamen Anblick ist es schwierig, den wirklichen Wert dieser ganzen Anlage zu beurteilen, die so völlig abhängig ist von Antriebsenergie und Antriebssystem des Schiffes, beides keineswegs immer zuverlässig. Für die Männer auf den Supertankern gibt es kaum etwas Erschreckenderes, als zusehen zu müssen, wie ihr Roboter stirbt, wenn der Dampf wegzubleiben beginnt. Wenn die Zeiger alle zitternd auf die Null zurücken und dann die Intelligenz der Radarschirme zu einem rasch kleiner werdenden Lichtpunkt einschrumpft, bis es dunkel wird. Das ist, als müßte man mitansehen, wie die Seele des Schiffes selbst sich in den Äther verflüchtigt.

9

Winter! Es war unverkennbar, als ich am nächsten Morgen bei Tagesanbruch aus der Dunkelheit der unteren Decks auf die Brücke stieg. Alan Ewart-James und Offiziersanwärter Davis standen in der Backbordnock, um den Hals einen dicken Schal gegen die Kühle gewickelt. Die See wirkte sehr weit und kalt und blau, und die Oberfläche war stark vom schwerem Seegang gekräuselt, dessen wuchtiger Anprall mich geweckt hatte. Um uns herum waren Berge von Wolkenbänken; sie erhoben sich am Horizont vom dunklen Grund der See, aber ihre Gipfel berührten einen klaren, ungetrübten Himmel, wodurch sie das Gefühl der Weite noch verstärkten.

Davis peilte gerade einen kleinen Lichtpunkt an, der in einer noch schwarzen Ecke schwach schimmerte. „Hat auch Kurs aufs Kap", sagte Ewart-James. „Ungefähr dieselbe Geschwindigkeit, also werden wir uns eine Weile Gesellschaft leisten." Als das erste Tageslicht sich über dem Wasser ausbreitete, verwandelte sich das einsame Licht in ein Schiff, das, wie es oft geschieht, auf dem nun sichtbaren Meer viel weniger gegenwärtig wirkte als auf dem nächtlich dunklen. Wir hielten wie Kameraden den gleichen Kurs und fuhren am Fuß der Wolkenkette vorbei, wie auf der Leeseite einer Insel, und weiter in ein ganz anderes Meer.

Die Beschaffenheit des Lichtes auf dem Meer, der Geruch und Klang der Luft, die dichteren Schwärme der Seevögel und die kalte, hochgehende See selbst, alles hatte schon unbestreitbar Kap-Charakter, obwohl wir uns noch 1400 Meilen nordwestlich des Kaps der Guten Hoffnung befanden. Wir waren im großen Südatlantik, der ein Meer ganz eigener Art ist.

Wenn man nach Süden fährt, ist die Wirkung des Südatlantik immer ausgeprägter, weil der Übergang aus den Tropen so plötzlich geschieht. In dieser Zone verschmelzen Meer und Himmel Tage um Tage, beide von einem matten Weiß, dunstig von der feuchten Hitze und ohne klar gezogenen Horizont, so daß, wenn man eines Morgens in dieser frischeren Luft erwacht, die plötzliche Abgrenzung von Meer und Himmel, die diese bewirkt, den Ozean unendlich weit erscheinen läßt. Und noch mehr weitet ihn die Dünung, die wie die Wüste mit ihren Sanddünen dem Auge den rhythmischen Maßstab von gegliederter, doch unendlicher Entfernung gibt.

Ich hatte meine Kindheits- und Jugendjahre, diese im Zweiten Weltkrieg, am Kap verbracht, so daß ich das Meer des Südatlantik sofort wiedererkannte. Einen Augenblick lang erlebte ich sogar den kurzen Schock der Rückkehr in die Kindheit und in eine verlorene Zeit, den einem die Naturphänomene und -erscheinungen versetzen können, wenn man ihnen nach langer Abwesenheit wiederbegegnet. Es lag ein Vierteljahrhundert zurück, als ich auf einem Truppentransporter das Kap verlassen hatte, und deshalb war mir ein kriegerisches Meer in der Erinnerung, was der Südatlantik für mich auch ist: ein kaltes Meer mit Geleitzügen kalter, graubemalter Schiffe, die Kapstadt anlaufen oder verlassen. Und der Anblick dieses anderen Dampfschiffes, das im gleichen Tempo neben uns herfuhr, als gehörten wir zum gleichen Geleitzug, machte die Stimmung der Erinnerung noch viel stärker.

Von allen Meeren ist dies wahrhaft die See des Seefahrers: enger verflochten mit der Mythologie der Seefahrt als jeder andere Ozean, weil es all das Mystisch-Schauerliche hat, das der von abergläubischer Furcht erfüllten Natur des Seefahrers und seiner Neigung zum Unheimlichen entsprach, ein fruchtbarer Boden für Mythen und Sagen. Darin ist es sehr verschieden vom Mittelmeer, dessen Sagenschatz und Vorstellungswelt viel mehr mit den geschichtlichen Vorgängen auf dem Festland zu tun haben als mit der salzigen Tiefe selbst.

Der Südatlantik ist kein tückisches Meer, aber hier ist nichts so, wie es scheint. Seine Unberechenbarkeit beginnt mit der täuschenden Ruhe seiner Oberfläche; unbewegliche Stille liegt über der schweren Dünung, die glatt und ohne Wellenkämme darunter hinrollt. In unbewegter, stiller Luft und auf einer Oberfläche, die keine Welle kräuselt, kann ein Schiff wie wild hin und her schwanken, unter der heißen Sonne vom Sturm geschüttelt, als kämpfte es sich durch einen Orkan im Nordatlantik. Es ist eine seltsame Eigenart dieses Meeres, die einen immer an Joseph Conrads unheimlich-machtvolle Schilderung der seidigen, immer höher steigenden See erinnert, die die *Nan-Shan* so schwer mitnahm, lange bevor der Taifun sie verschlang.

Diese Dünungswellen, die den Namen Kap-Roller tragen, gewinnen Größe und Wucht auf ihrer langen Reise aus dem Südlichen Eismeer, das den Südatlantik am stärksten beeinflußt. Das Südliche Eismeer schickt nicht nur Roller in den Südatlantik, sondern auch eisige Strömungen, die ihn zu einem kalten Meer unter einer heißen Sonne machen und so seine Widersprüchlichkeit und seinen Reichtum noch vermehren. Sie ermöglichen es ihm, viele der seltsamen Geschöpfe der antarktischen See bis in die Tropenzone zu führen, darunter den Wal und den Albatros, die Robbe, den Pinguin und eine Unmenge Seevögel aus kälteren Breiten.

Diese kalten Strömungen sind auch verantwortlich für den dichten Nebel, der sich an manchen Tagen herabsenkt, an denen die glühende Sonne die ganze Meeres- und Himmelsfläche zu einem strahlenden Kupferrot erhitzt hat. Während ein Schiff durch dieses scheinbar unverletzliche Licht fährt, gerät es plötzlich in undurchdringlichen Dunst; die Decks werden naß, und ringsum steigt die frostige Kühle des Meerwassers auf, dringt einem feuchtkalt durch Mark und Bein und bedrängt die Seele. Es hat etwas Unheimliches, selbst auf einem Ozeanriesen, wenn man in diese Waschküche schaut und nach dem verschwundenen Meer und Sonnenlicht sucht. Wie leicht versteht man die Wirkung dieses Ozeans auf die abergläubische Phantasie der frühesten Seefahrer, wenn sie sich auf ihrem Weg nach Asien hier vorantasteten. Die Seeleute haben nie ihren Respekt vor ihm verloren, nicht einmal in den letzten Epochen der Segelschiffära, als sie diese Gewässer schon genau kannten. Dann vielleicht sogar am wenigsten, weil sie wußten, daß diese sanften Dünungswellen, denen sie so bald nach dem Äquator begegneten, nur die Vorboten des sturmgepeitschten Meeres im Süden waren, das sie in Kürze durchqueren mußten.

Sobald sie um das Kap der Guten Hoffnung waren, führte ihr Kurs sie direkt in das Südmeer, das einzige Meer, das ungehindert von dazwischenliegenden Landmassen den ganzen Globus umspannt. Die heftigen Westwinde, die hier ständig wehen, bringen die legendären Stürme südlich von Kap Hoorn und in den „roaring forties“ (dem Gebiet zwischen dem Kap der Guten Hoffnung und Australien, das zwischen dem vierzigsten und fünfzigsten Grad südlicher Breite liegt), die den Getreide- und Wolle-Klippern so schwer zu schaffen machten und ihnen häufig den Untergang bescherten. Die Wellen der antarktischen Gewässer werden durch nichts gehindert, sich zu ihrer machtvollen Größe aufzutürmen, und sind die schrecklichsten auf allen Meeren. Südlich des Kaps der Guten Hoffnung erreichen sie Orkanhöhen von schätzungsweise sechzig Fuß, gegen vierzig Fuß im Nordatlantik. Aus Gebieten weiter südlich sind häufig Wellenhöhen von hundert Fuß gemeldet worden. Dort begegnete die *Cutty Sark* der größten Woge in ihrer Laufbahn, und ihr Kapitän Woodgett schrieb in sein Logbuch: „Eine gewaltige Welle türmte sich direkt hinter dem Achterschiff auf. Als ich sie sah, wie sie so steil, ja wie eine Felswand aufragte, hatte ich den Eindruck, als würde sie gleich auf unser Heck stürzen und das Schiff ganz unter sich begraben.“ Kapitän Woodgett erzählte später Basil Lubbock, der die Geschichte des Schiffes schrieb und in *The Log of the Cutty Sark* (Das Logbuch der Cutty Sark) den Vorfall schilderte, das Schiff sei auf der heranrollenden Woge in einem Fünfundvierzig-Grad-Winkel abwärts geschossen, „während der Bug sich mit einem brüllenden Zischen in den Steilhang dieser gewaltigen Woge bohrte; die Cutty Sark . . . ist in ihrem ganzen Leben wahrscheinlich nie schneller gefahren als auf dieser Welle.“

Die starke Wirkung, die der Südatlantik in Literatur und Legende fortdauernd hinterlassen hat, zeigt, wie sehr er als der wahre Kampfplatz der Seefahrt galt, als die Arena, in der man, wie nirgends sonst, dem Schicksal gegenübertrat. Und wenn die Seefahrer sich ihm vom Äquator näherten, erlebten sie dieses Meer nicht nur als eine Vorwarnung, sondern mit seinen Rollern, Nebeln, Windstillen und seinem seltsamen Seegetier in vielem als eine Einheit mit dem unheilvollen Geist, der die Gewässer um die Südspitze Afrikas beherrscht. Hier, in diesem ominösen Frieden des Südatlantik, „wo all die Wellen wie Silberschnörkel vorüberrollten“, wurde zum erstenmal die geisterhafte Fontäne aus dem Maul von Moby-Dick gesichtet, und niemand beschreibt besser als Melville diese Fahrt durch seine höhnische Ruhe zu den Schrekken, die dahinter Geist und Körper erwarten. „Solche Stimmungen, unklar und schauerlich bang, sogen eine unheimliche Macht aus ihrem Gegensatz zu dem seligen Himmel, unter dem wir tagein, tagaus segelten. Einige meinten gar, das schmeichlerische Blau sei eine Falle. Was sollte aus unserer Rache werden, wenn alles Leben vor uns zurückwich und wir uns in den leeren, unendlichen Raum verloren? Dann aber gingen wir auf Ostkurs. Die Kapstürme umheulten uns, lange, schwere See rollte heran . . . Schwer atmete die dunkle See, schwer und ruhelos fluteten die Wogen, als toste in der Brust des Alls die Gewissensangst um Sünde und Schuld von Jahrtausenden. Kap der Guten Hoffnung? Sollte besser Kap Tormentoto heißen wie in alter Zeit. Hierher also hatte uns das falsche Schweigen des Meeres gelockt, das uns so lange das Geleit gegeben, hierher in die aufgewühlte See, unter Gespensterwesen in Fisch- und in Vogelgestalt, die verdammt waren, in den schwarzen Wassern niemals Ruhe zu finden und ohne Ende fortzuflattern in der Finsternis*."

Daß die Seelen ertrunkener Seeleute in den Seevögeln wohnten, mochte zum Teil den Reichtum der Vogelschwärme erklären, die so unerklärlich über dieser höllischen See lebten, aber die Vorstellung, die sich die südlichen Gewässer als einen Ort der Verdammnis dachte, war auch so verständlich. Nichts auf Erden war so verlassen, nirgends sonst die Erinnerung an die Urgewalt so gegenwärtig, als die ganze Erde noch von einem tosenden Meer bedeckt war. Nirgendwo anders konnte die Sage vom Fliegenden Holländer glaubhafter, ja unvermeidlicher angesiedelt sein. Van der Decken verfluchte diesen Ozean und wurde zur Strafe für seine Lästerungen dazu verdammt, auf ewig in den Gewässern vor dem Kap der Guten Hoffnung umherzuirren. Ob es van der Decken jemals gegeben hat oder nicht, fast dreihundert Jahre war er für die Seefahrer real genug, Märtyrer und Symbol all dessen, was sie erlebt hatten, aber nicht ausdrücken konnten, der Mensch, der sich in der Verzweiflung von Glauben und Gottesfurcht losriß und in einem einzigen Schmerzensschrei Gott und die göttliche Lenkung des Universums verfluchte.

* Aus dem 51. Kapital von „Moby-Dick", übersetzt von Thesi Mutzenbecher unter Mitwirkung von Ernst Schnabel. Claassen 1955.

Und immer noch kreuzt, wie der Seemann weiß,
Gespenstisch der Segler im stürmischen Reich,
Vom Alter zernagt, ein Gerippe so bleich,
Und dort auf der Poop steht einsam ein Greis.

Das Bedürfnis des Seemanns nach diesem Symbol ist so stark geblieben oder aber die instinktive Affinität dazu so erfüllt von der Grundstimmung dieses Meeres (oder ist es, wer weiß, vielleicht doch keine Phantasiegestalt?), daß mehrmals in Logbüchern das Auftauchen dieses Gespensterschiffes offiziell vermerkt wurde und inoffiziell noch viel öfter. Mehrere haben es beschrieben, unter ihnen Königin Elisabeth II., Großvater, König Georg V., der als junger Prinz eine Weltreise unternahm und in seinen veröffentlichten Tagebuchaufzeichnungen über die Fahrt auf der *Bacchante* im Juli 1881 eine Begegnung mit dem Fliegenden Holländer vor dem Kap der Guten Hoffnung schilderte: „Der Ausguckmann auf der Back meldete, daß er (der Fliegende Holländer) nahe an der Backbordseite des Bugs sei, wo ihn auch der wachhabende Offizier sah . . . ein merkwürdiger roter Schein, wie von einem ganz in Glut gehüllten Geisterschiff, und in der Mitte dieses Lichts zeichneten sich zweihundert Yards weit weg der Mast, die Spieren und die Segel einer Brigg, die auf uns zukam, in plastischer Deutlichkeit ab." Daß diese Erscheinung kein Trugbild gewesen war, wurde für die Männer an Bord durch das Schicksal des Matrosen bestätigt, der sie zuerst gesehen und den wachhabenden Offizier durch seinen Zuruf aufmerksam gemacht hatte: Zwölf Stunden später starb er durch einen tödlichen Sturz von der Saling.

Wenn der Fliegende Holländer erschien, so glaubte man, folgten ihm immer schwere Stürme vor dem Kap nach. Er segelte geradewegs auf das Schiff zu, das ihn gesichtet hatte, als wollte er es rammen, verschwand aber im letzten Augenblick vor dem Aufprall. Offiziell wurde das Auftauchen des Geisterschiffes zum letztenmal 1959 registriert, als der Kapitän des holländischen Frachters *Straat Magelhaen*, Kapitän z. S. P. Algra, nach der Ankunft in Kapstadt meldete, er und sein Zweiter Offizier hätten in der Nacht vom 7. zum 8. Oktober den Fliegenden Holländer gesehen. Getreu der Tradition sei er geradewegs auf ihr Schiff zugekommen, aber just in dem Augenblick verschwunden, in dem sie geglaubt hätten, er werde sie rammen.

Die große Westwind-Trift entfaltete ihre stärkste Kraft in einer Richtung, die nach dem Kap Hoorn leicht nordöstlich verläuft und so auf das andere große Vorgebirge, das Kap der Guten Hoffnung, zuführt. Allmählich verwandelt sie sich in die großen Dünungswellen, aus denen die Kap-Roller hervorgehen und die sich fächerförmig auf die ganze südwestafrikanische Küste zubewegen und sogar die Insel Ascension südlich des Äquators erreichen können. Nach besonders heftigen Stürmen im Südatlantik treffen diese Roller manchmal auf der südöstlich von Ascension gelegenen Insel St. Helena ein wie eine plötzlich auftretende Flut. Immer wieder einmal sehen sich die Inselbewohner gezwungen, sich Hals über Kopf von der kurzen Promenade zu retten, die das enge Tal, in dem ihre Hauptstadt Jamestown liegt, gegen das Meer hin abschließt. Denn plötzlich hat sich die eben noch friedliche See in ein heranrollendes Gebirge von Wassermassen verwandelt.

Schiffen zuzusehen, die von den Rollern getragen in die Table Bay einlaufen oder sich talauf, talab gegen sie den Weg hinaus erkämpfen, war am Kap immer ein beliebter Zeitvertreib. Es ist ein Anblick, ebenso befriedigend und beruhigend, wie wenn man einem Elefanten zusieht, der sich seinen Weg durchs Dickicht frißt, und gibt einem auch den gleichen Genuß, wie wenn ein massiger Körper behutsam und feinfühlig mit sich selbst umgeht. Nie war dieser Genuß größer, als wenn man, wie so häufig während des Krieges, den großen Schlachtschiffen zusah, die in Kiellinie aufs offene Meer hinausfuhren, gewaltige stählerne Pyramiden, die sich beunruhigend schief legten, so daß man oft geradezu ihr breites, blankgescheuertes Achterdeck wie eine fast senkrechte weiße Wand aus dem Wasser ragen zu sehen glaubte. Doch niemals hatte man den geringsten Zweifel an ihrer unbesiegbaren Schwimm- und ihrer absoluten Manövrierfähigkeit.

Dies war natürlich viel erfreulicher zu beobachten als selbst zu erleben. Für manche war der Seegang um das Kap eine unerträgliche Heimsuchung.

Ich erinnere mich, wie 1945 die damals noch als Truppentransporter eingesetzte *Ile de France* einen Notaufenthalt in Kapstadt einlegte, weil einer der Männer an Bord so an Seekrankheit litt, daß er bewußtlos geworden war. Ich erinnere mich auch an die Geschichte von Miß Wicht, deren großes Haus an der Küste außerhalb von Kapstadt von der Zeit vor dem Ersten bis nach dem Ende des Zweiten Weltkriegs leerstand. Miß Wicht hatte sich ihren alten Wunsch nach einem Europabesuch erfüllt, war aber auf der Fahrt um das Kap so fürchterlich seekrank geworden, daß sie sich nie mehr zur Heimreise aufraffen konnte. Wie man erzählt, blieb sie aus Angst vor den Wellen zweiunddreißig Jahre im europäischen Exil, bis sie 1941 in der Schweiz starb.

Während des Zweiten Weltkriegs fuhr ich gelegentlich als Reservematrose auf einer schmucken, neunzehn Meter langen Ketsch mit, die 1919 einem deutschen Weltumsegler als Kriegsbeute abgenommen und an einen invaliden Fregattenkapitän a. D. verkauft worden war. Er hatte Gefallen an ihr gefunden und Spaß daran, bei stürmischem Wetter mit ihr hinauszufahren. Diese Laune überkam ihn einmal während eines der schlimmsten Nordwestorkane, die das Kap seit vielen Jahren erlebt hatte. Dies war an einem August-Sonntag 1943, und ich war damals ein junger Bengel. Wir fuhren auf der Leeseite des französischen Truppentransporters *Pasteur* hinaus, der wegen seiner hohen Aufbauten und seines hohen Schornsteins bekannt war, ungewöhnlich sogar für seine beträchtliche Größe, knapp 30 000 BRT. In diesem Wetter aufs Meer zu segeln, war eine Verrücktheit. Der Wellenbrecher vor dem Hafen von Kapstadt, ein solides Bauwerk aus dem neunzehnten Jahrhundert, mußte Brechern von solcher Wildheit standhalten, daß man unschlüssig gewesen war, ob die *Pasteur* selbst auslaufen solle, vermutlich wegen der demoralisierenden Wirkung des Sturms, wenn Tausende von Soldaten auf dem Schiff seekrank wurden. Doch muß ihre Abreise dringend gewesen sein, und so lief sie aus, und wir mit ihr. Allerdings in ihrem Windschatten. Wir hatten jedoch noch nicht den Wellenbrecher hinter uns gelassen, als der Lotsenschlepper, nachdem er sich von der *Pasteur* gelöst hatte, uns auf Weisung des Hafenmeisters die Rückkehr befahl und uns gegen den Sturm deckte, während der Truppentransporter sich entfernte.

Die *Pasteur* ließ den Wellenbrecher hinter sich und wurde sofort von einer so gewaltigen Woge überflutet, daß wir einen Augenblick glaubten, sie sei von einem Torpedo getroffen worden. Der Gischt explodierte wie ein Baldachin über dem Schiff und ergoß sich weiß schäumend über die Brücke und den Schornstein.

Es ist schwer, zu glauben, daß wir das Abenteuer überstanden hätten, wenn unser tollkühner Skipper nicht zurückgepfiffen worden wäre. Durch ein seltsames Verhängnis kam am gleichen Nachmittag ein Junge meines Alters und zeitweiliger Kamerad ums Leben, ohne daß wir davon wußten. Sein Vater, einem ähnlichen inneren Antrieb folgend, hatte versucht, seine Jacht aus dem kleinen Hafen von Hout Bay, das an der Halbinsel auf halber Strecke bis Cape Point, der Landspitze vor dem Kap der Guten Hoffnung, liegt, nach Kapstadt zu bringen. Das kleine Schiff ging in Sichtweite des Wellenbrechers unter, ungefähr zu der Zeit, als wir selbst hinausfahren wollten.

Keinem von uns auf der Ketsch, zumeist Jungen, wäre es eingefallen, zu fragen, ob es klug sei, bei diesem Wetter in See zu gehen. Keiner von uns hätte sich getraut auszusteigen, so sehr uns auch die Angst im Nacken saß; nicht einer sagte ein Wort, als wir sahen, was für Riesenbrecher gegen den Wellenbrecher krachten. Erst Jahre danach versuchte ich zu ergründen, was in diesen beiden Männern, dem Vater meines Freundes und unserem eigenen Skipper, den Wunsch erweckte, sich in diese schrecklichen Wogen und damit in den wahrscheinlichen Tod zu stürzen. Selbst wenn sie eine selbstmörderische Ader hatten, könnte man es nicht verstehen. Alan Villiers hat einmal in einer Sturmnacht vor dem Kap Hoorn über den Ertrinkungstod geschrieben: „Darauf zu warten, in einer solchen Nacht, in einer solch wilden See zu sterben, ist ein elendes Gefühl, und je länger das Warten dauert, um so elender wird einem. Es hat nichts Adelndes, nichts Erhebendes. Die See ist zu brutal und zu kalt."

Aber in diesem Toben ist eine nihilistische Kraft, die ihre Anziehung hat und sogar auf Villiers hatte, der in seinen vielleicht unterschätzten Büchern über die Hochsee-Segelschiffahrt in ihren letzten Tagen immer von dem Entsetzen spricht, aber auch von der Bewährung und der Anspannung aller Kräfte, die den Seemann wieder nach Hause brachten. Es hat dem Südatlantik nie an Männern gefehlt, die auf ihren Klippern den Kampf suchten und ihren Schiffen das Äußerste abverlangten. Die tobende Gewalt der südlichen Meere hatte eine seltsame Wirkung: Sie trieb manche Männer zu einem Punkt, wo die Phantasiebilder, Rätselerscheinungen und das Dämonische dieses Meeres die Realität verwischten und in ihnen diesen spezifischen Fatalismus des Seemannes heraufriefen, der anscheinend immer von der trostlosen Überzeugung geprägt ist, daß das eigene Ich in der kosmischen Weite verloren ist und spurlos untergehen wird.

Ich bin vor allem deshalb so weit abgeschweift, weil der südliche Atlantik, zumal der Saum um das Kap der Guten Hoffnung, an den sich das Südmeer schließt, für mich noch heute etwas sehr Persönliches hat. Seine rätselvollen Eigenschaften waren genau das richtige für die Sensibilität des Jungen mit all ihrem Verlangen nach neuen Wahrnehmungsbereichen. Ich hatte ein vierzehn Fuß langes Dinghi aus einer Klasse, die Redwing (Rotflügel) hieß, so genannt wegen der rostbraunen Farbe des kleinen Klüvers und des Gaffelsegels. Mit diesem kleinen Boot um den Außenkreis der Table Bay zu segeln, hinterließ einen so starken Eindruck von der Intensität des Lebens, der lebendigen Meeresoberfläche und der ganz besonderen Art des Südatlantik, daß kein anderer Ozean meine Phantasie jemals so stark beeindruckt hat. Ich kannte die Küste am Indischen Ozean, nordöstlich von Cape Point, ebenso gut und fand sie wegen ihrer blendend weißen Sandstrände, der sinnlichen Wärme des Wassers und ihre beschwingten Stimmung sogar erfreulicher. Aber wenn der Indische Ozean Freude bot, schenkte einem der Atlantik Erfahrung. Ich war mir immer sicher, daß ich, wenn man mich mit verbundenen Augen an die verschiedenen Küsten setzte, sofort am Geruch, ja am Hauch der Luft auf meiner Haut sagen könnte, ob ich am Südatlantik war oder nicht. Man war ihm sehr nahe in einem kleinen Boot, sehr nahe den Robben, Tölpeln und den Pinguinen, die aus dem Wasser tauchten und einen seelenruhig betrachteten. Belebend spürte man selbst bei der stärksten Hitze die Kühle dieses eisigen Wasser, wenn es in der heißen Sonne verdampfte wie die Kühle einer frisch aufgeschnittenen Wassermelone an den Nasenlöchern.

Deshalb liegt mir viel daran, daß dieses ungewöhnliche Meer keinen Schaden nimmt, und damit meine ich eigentlich seine reiche Vogelwelt und die Fauna und Flora im Wasser, denn ohne sie wäre es mit seinen jähen Wutausbrüchen und seltsamen Launen nur ein Geisterhaus, zu dem es, wenn die Dinge so weitergehen wie bisher, durchaus werden könnte. Die Ölschiffe haben hier bereits großen, in manchem vielleicht nicht wiedergutzumachenden Schaden angerichtet, und damit werden sie, wie wir sehen werden, die Gewässer der Antarktis vielleicht in einem Maß schädigen, wie wir es bisher noch nicht erkennen. Die Folge könnte sein, daß die ganze Erdkugel in Mitleidenschaft gezogen wird, da so viele von uns auf die Ressourcen der antarktischen Meere angewiesen sind.

Wahrscheinlich ist in die Gewässer am und um das Kap der Guten Hoffnung durch Tankerunfälle, undichte Tanks und absichtliches Auspumpen mehr Öl geraten als in irgendein Seegebiet auf der ganzen Welt; fast täglich ergießen sich in größeren und kleineren Mengen Öl und Ölschlamm in diese Gewässer, und dabei müßten wir, wenn wir zu entscheiden hätten, welche einzelne Stelle in allen Ozeanen dieser Erde wir wegen der weitergehenden Auswirkungen für uns selbst mit aller Macht vor Verschmutzung und Schaden bewahren sollten, das Kap der Guten Hoffnung wählen – und wenn nicht dies, dann das Kap Hoorn. Allerdings geht heute nur wenig Schiffsverkehr um das Kap Hoorn, und Fauna und Flora dieses Gebiets sind lange im Naturzustand, vergessen und unberührt geblieben, bis sich die Katastrophe der *Metula* in der Meerenge gleich dahinter ereignete.

Der Fluch, der heute auf dem Kap der Guten Hoffnung liegt, besteht darin, daß jeder Tanker, der aus dem Westen zum Persischen Golf und zurück fährt, diesen Punkt zweimal passieren muß; das gleiche gilt für den gesamten Seeverkehr nach Indien und Ostafrika sowie größtenteils nach Ostasien und Australien. Vor der Schließung des Suezkanals fuhren im Monatsdurchschnitt zweiundsechzig Tanker um das Kap. Heute liegt die monatliche Gesamtzahl irgendwo zwischen fünf- und sechshundert, die Hälfte davon natürlich voll beladen. Im Durchschnitt passieren jeden Monat 2270 Schiffe das Kap, und die gewöhnlichen Handelsschiffe tragen das Ihre zu der Verschmutzung dieses Seegebiets bei, indem sie ihr ölhaltiges Bilge- und Ballastwasser ins Meer ablassen. Doch der katastrophale Schaden wird von den Tankern angerichtet. Es ist eine entsetzliche Kette von Schiffbrüchen, Maschinenschäden, Kollisionen, geplatzten oder leck gewordenen Tanks, Havarien und verantwortungslosem Ablassen von Öl ins Meer. Die Verschmutzung geht ständig vor sich und ist ein chronischer Zustand; die Gesamtmenge des Öls, das seit der Schließung des Suezkanals in südafrikanische Gewässer gelangt ist, läßt sich überhaupt nicht berechnen. Wir müssen uns deshalb vergegenwärtigen, daß das Öl, das ständig und fortdauernd in kleinen Mengen ins Meer gerät, an einer bestimmten Stelle viel mehr Unheil anrichtet als eine gelegentliche große Ölpest, wie sie von der *Torrey Canyon* oder der *Wafra* ausging. Zu diesem Ergebnis gelangte in England der Field Studies Council, nachdem er die Auswirkungen des Betriebes von Raffinerien auf angrenzende Gewässer untersucht hatte. Das wissenschaftliche Untersuchungsgremium, das sich in Kanada mit der Havarie des liberianischen Tankers *Arrow* befaßte, kam in seinem Schlußbericht zum gleichen Fazit. „Es kann", heißt es darin, „durchaus sein, daß die kleineren täglichen Ölausflüsse auf die Ökologie stärkere Auswirkungen haben als einzelne katastrophenhafte Ölunfälle wie die der *Torrey Canyon* und der *Arrow*."

Nach einer größeren Ölüberschwemmung können sich, sobald das Öl beseitigt ist, Küste und Meer wieder erholen und ihre Wunden heilen. Ständig ins Wasser gelangende Ölmengen schließen dagegen diese Chance aus. Das betroffene Seegebiet kann nicht mehr atmen, eine Selbstheilung wird unmöglich, es stirbt langsam ab. Noch gefahrvoller erscheint die anhaltende Einleitung von Öl auf großen Flächen auf der offenen See, wenn auch heute noch niemand weiß, in welchem Grad.

Öl, das an die Küste geschwemmt wird, bleibt wenigstens an einer Stelle, wo man etwas dagegen unternehmen kann, ein Ölteppich aber ist in ständiger Bewegung und tötet unterwegs; den größten Schaden richtet er häufig in weiter Entfernung vom Schauplatz der Katastrophe an. Durch Öl, das aus der *Arrow* ausgelaufen war, kamen rings um die Sable-Insel draußen im Atlantik, 120 Meilen von der Unglücksstelle entfernt, mehr Seevögel (4800) um als in der Chedabucto Bay selbst. Der Schaden, den ein wandernder Ölteppich anrichtet, ist umfassend. Er vernichtet alles, vom Plankton, der Grundlage maritimen Lebens, bis zu den Vögeln in der Luft. Die das Plankton bildenden winzigen pflanzlichen und tierischen Organismen, die die Lebensgrundlage für neunzig Prozent der im Meer lebenden Organismen bilden, können ihre Aufgabe nur in den oberen, vom Licht durchdrungenen Schichten des Ozeans erfüllen. Sie ziehen die Fische, die sich von ihnen ernähren, an die Oberfläche, und die nach oben steigenden Fische ziehen wiederum die Vögel an. Dieser

Zyklus bewirkt, daß sie alle dem Öl zum Opfer fallen; vernichtet werden auch die an der Oberfläche schwimmenden Fischeier und die Fischbrut, die zu ihrer Verteilung die Strömungen brauchen, auf denen auch die Ölteppiche treiben.

Das Unheil, das das Öl im Meer anrichtet, zeigt sich zweifellos am deutlichsten am Schicksal der Seevögel. Wie schrecklich ihr Leiden ist, haben wir in Santa Barbara gesehen und erleben wir ständig in den Gewässern um England und Südafrika, wo wegen der Dichte der Schiffahrt und des Tankerverkehrs sehr häufig Ölteppiche auftreten. Die Opfer, die ein einziger großer Tankerunfall fordert, sind um so entsetzlicher, als die Ölteppiche, die von der Unfallstelle wegtreiben, das Gebiet der Verwüstung um Hunderte von Quadratmeilen ausdehnen. Dies wurde nach der Katastrophe der *Torrey Canyon* offenbar. Robert Spenser vom Rat des British Trust for Ornithology schrieb in Birds, der Zeitschrift der Royal Society for the Protection of Birds, trotz hingebungsvoller Pflege habe man von 5800 Vögeln, die in Rehabilitationszentren gebracht wurden, nicht einmal fünfhundert am Leben erhalten können. Bei der Bezifferung der Gesamtzahl umgekommener Vögel mußte man die englischen Vögel außer acht lassen, die vor der französischen Küste und auf dem Meer selbst starben. „Wir können eine Untergrenze von nicht weniger als 10 000 Opfern ansetzen", schrieb Spenser, „doch wie sieht die Obergrenze aus? 20 000? 30 000? Jede Zahl, die ich in diesem Stadium nennen würde, wäre rein geraten."

Immerhin steht fest, wie aus der vom World Wildlife Fund und der Royal Society for the Protection of Birds im Frühjahr 1970 durchgeführten Untersuchung über die Vogelbrut hervorgeht, daß die Ölteppiche vor den englischen Küsten die größten Verluste unter den englischen Seevögeln forderten. Dabei wurde festgestellt, daß der größte Schaden den Vogelpopulationen schon zugefügt worden war, ehe die treibenden Ölteppiche Küstenabschnitte erreichten oder bedrohten. Die Folgen sind so nachhaltig, daß heute die in England lebenden Familien der Seetaucher, Papageientaucher und Tordalken vom Aussterben bedroht sind.

Diese Dokumentation verdankt ihr Vorhandensein dem besonderen und traditionellen Interesse des englischen Publikums an Vögeln und den verschiedenen Institutionen und Organisationen, die sich diesem Engagement widmen. Es ist ungleich schwieriger, solche Schätzungen in anderen Ländern zu finden, so daß wir annehmen müssen, daß überall dort, wo Öl in großen Mengen ins Meer gelangt, die Vogelwelt den gleichen Schaden nimmt. In den wilderen, weniger zugänglichen und ungemein vogelreichen Gewässern südlich des Kaps der Guten Hoffnung ist eine Zählung der Seevögel-Populationen viel schwieriger, aber welche Opfer die Meeresverschmutzung unter ihnen fordert, wird schon am Kap erschreckend deutlich. Die Folgerungen, die man daraus ziehen muß, sind im höchsten Maße beunruhigend.

Das erste, angesehenste und Hauptopfer der Ölteppiche in den Südmeeren war die Familie der Pinguine. Schon ist eine Spezies, der Brillenpinguin, in den südafrikanischen Gewässern, wo er allein vorkommt, vom Aussterben bedroht. Vor dem Zweiten Weltkrieg war er hier in Millionen Exemplaren vertreten. Heute wird die Zahl der Tiere auf nur noch 40 000 geschätzt, die in der Mehrzahl auf Dassen Island brüten, einer kleinen Insel unweit im Norden von Kapstadt. Die Insel wurde nicht nur wiederholt von großen Ölteppichen heimgesucht, sondern hat auch ständig unter den kleineren Öllachen zu leiden, die von abgelassenem Bilgen- und Ballastwasser stammen. Der Brillenpinguin ist, wie die Angehörigen anderer Pinguinarten, verwundbarer als die Vögel, da er sich im Wasser bewegt, und doppelt verwundbar, weil er auf der Futtersuche weit umherstreift und sich damit das Risiko erhöht, daß er treibenden Ölteppichen begegnet. An der Küste um das Kap der Guten Hoffnung kommen ständig vom Öl versehrte Pinguine an Land, selbst dann, wenn nichts von einer größeren Ölflut in den Gewässern von Südafrika bekannt ist.

Hier handelt es sich um keine lokal begrenzte Angelegenheit, die nur für das Kapgebiet von Bedeutung ist, denn der Organismus dieser Gewässer ist eng und in wechselseitiger Beeinflussung mit der Ökologie des Südmeers und den von ihm ausgehenden Strömungen verbunden.

Mehrere Tanker sind in diesem Gebiet untergegangen, die größten davon der 45 000-Tonner *World Glory* aus der Niarchos-Flotte, die *Wafra*, 70 000 t, und die *Texanita*, 100 000 t. Auch kleinere Schiffe sind hier gesunken. Ein Tanker verschwand spurlos. Es bleibt nicht bei dem Schaden, der zur Zeit des Unfalls selbst entsteht. Haben die gesunkenen Schiffe eine große Menge Öl mit in die Tiefe genommen (in der *Wafra* befinden sich noch 30 000 Tonnen), so entstehen auf dem Meeresgrund langsam Lecks in den Tanks, wenn das Schiff durch die Wirkung der Meeresbewegung und -strömungen auseinanderbricht oder sich mit der Zeit auflöst. Dies bedeutet, daß in dem betreffenden Gebiet fast ständig Ölteppiche an der Oberfläche treiben, und zwar möglicherweise ein halbes Jahrhundert oder noch länger. Beispielsweise wurden die riesigen Ölbunker des deutschen Kreuzers Blücher, der im April 1940 im Oslo-Fjord gesunken war, erst im Juni 1969 leck. Die *Wafra* wurde, nachdem man sie von dem Riff geschleppt hatte, auf dem sie gestrandet war, von südafrikanischen Bombern in tiefem Wasser vor der Küste versenkt; wenn ihre Tanks allmählich undicht werden, wird ständig Öl in den Agulhas-Strom geraten, der über ihr dahinfließt. Auch die *Texanita* liegt unter dem Agulhas-Strom. Wie stark diese Strömung ist, zeigte sich, als das Wrack aufgefunden wurde – nicht weniger als zwanzig Seemeilen von der Stelle entfernt, wo das Schiff den Meldungen zufolge untergegangen war. Die *Texanita* hatte zwar, als sie sank, keine Ladung an Bord, aber wie alle Tanker ihrer Größe mehrere Tausend Tonnen Bunkeröl. Seit ihrem Untergang bilden sich über ihr Ölteppiche. Die *World Glory* wiederum hat den größten Teil ihrer Fracht mit auf den Meeresgrund genommen. Das größte Unheil richten in diesen Gewässern jedoch weniger spektakuläre Geschehnisse an, die dafür aber ständig auftreten: Ölaustritt aus Schiffswracks oder Schiffen mit Rissen im Rumpf, aus Tanks, die aus diesem oder jenem Grund geborsten sind, beispielsweise, weil das Schiff auf Grund gelaufen ist oder einen Gegenstand unter Wasser gerammt hat. Verantwortlich für die Verschmutzung der See sind auch Schiffe, die ohne Rücksicht auf die Folgen das zur Tanksäuberung verwendete Wasser oder den Ölschlamm in den Agulhas- oder Benguela-Strom ablassen, in der Hoffnung, die rasche Strömung werde sie vor der Entdeckung bewahren, sowie Fahrzeuge, die in einer Notsituation einen Teil ihrer Fracht leichtern (wenn nach stürmischem Wetter in diesem Gebiet unerklärliche Ölteppiche auftauchen, nimmt man am Kap zumeist an, daß sie von Schiffen stammen, deren Kapitäne über die Festigkeit und Schwimmfähigkeit ihrer Schiffe besorgt waren).

Und natürlich kommt noch dazu, daß sämtliche Schiffe, Tanker wie gewöhnliche Handelsfahrzeuge, ölhaltiges Bilgen- und Ballastwasser ins Meer ablassen. Beides ist von besonders tückischer Wirkung auf die maritime Fauna. Im November 1974 wurde zum Beispiel das liberianische Schiff *Rafaela*, 4749 t, beobachtet, als es vor der Küste Südafrikas Öl ins Wasser pumpte. Fahrzeuge, die zur Bekämpfung der Meeresverschmutzung eingesetzt werden, konnten verhindern, daß die Ölpest die Strände erreichte. Die südafrikanischen Behörden versuchten, das Schiff zu stellen, hatten aber keinen Erfolg. Was sie, abgesehen von der Ölflut, am meisten aufbrachte, war, wie ein Sprecher des südafrikanischen Verkehrsministeriums erklärte, „die Dreistigkeit, mit der man dabei vorging".

In allen Maschinen- und Bunkerräumen eines Schiffes tritt ständig Öl aus. Schmier- und hydraulische Öle tropfen von undicht gewordenen Dichtungen und Teilen, die stark geschmiert werden müssen. Aus Ventilen und Verbindungsstücken der Leitungen von den Bunkern zur Maschinenanlage kann Brennstoff austreten. All dies sammelt sich zusammen mit dem Leckwasser in den Bilgen, wo es von Zeit zu Zeit herausgepumpt werden muß. Der Kapitän eines Schiffes, bei dem zuviel Bilgenwasser die Fahrt verlangsamt oder gar in die Laderäume überzulaufen droht, wird das Herauspumpen nicht länger aufschieben, wenn vor dem Kap hohe See droht. Also raus damit in den Agulhas-, den Benguela- und den Mozambique-Strom – und natürlich in der Nacht, weil heute schwere Bußen darauf stehen.

Die gleiche Geschichte spielt sich mit dem Seewasser-Ballast ab, der unterwegs an Bord genommen wird, wenn die Brennstoffvorräte abnehmen. Zunächst dient der Brennstoff selbst als Ballast, dann wird, während Bunker um Bunker entleert wird, Salzwasser als Ersatz in die Tanks gepumpt. Wenn ein Schiff sich dann einem Hafen nähert, wo es bunkern muß, bedeutet dies, daß der Ballast, der sich mittlerweile mit dem Ölschlamm vermischt und das an den Tankwänden verbliebene Öl aufgenommen hat, ins Meer gepumpt wird. Auf der langen Fahrt zum Persischen Golf, nach Südostasien, dem Fernen Osten, Australien und Neuseeland, die um das Kap der Guten Hoffnung führt, sind die südafrikanischen Häfen zu den praktischsten Bunkerplätzen für Handelsschiffe, kleine Tanker,

Supertanker und in Ballast fahrende VLCCs und damit die Zufahrten zu diesen Häfen unvermeidlich zu Abladeplätzen für diese Tausende von Tonnen ölhaltigen Wassers geworden.

Die United States Federal Water Pollution Control Administration (US-Kontrollbehörde für Umweltverschmutzung), die für Fragen der Meeresverschmutzung zuständig ist, schätzt, daß nach der Leerung eines Brennstofftanks 0,5 Prozent des Bunkeröls zurückbleibt. Eine großer moderner Frachter kann am Kap ohne weiteres zweitausend Tonnen bunkern, was bedeutet, daß er, wenn er irgendwo das Ballastwasser auspumpt, ungefähr zehn Tonnen Öl ins Meer abgelassen hat. Wenn man eine vorsichtige Schätzung anstellt und dabei zugrunde legt, daß in irgendeinem beliebigen Monat nur hundert Schiffe, die südafrikanische Häfen anlaufen, diese Menge Bunkeröl an Bord nehmen und die entsprechende Menge Ballastwasser vor der Küste ins Meer pumpen, kommt man auf tausend Tonnen Öl im Monat – in Wirklichkeit dürfte diese Zahl jedoch viel höher liegen.

Einer Schätzung der amerikanischen Umweltbehörde United States Environmental Agency zufolge, die 1969 veröffentlicht wurde, gelangen jährlich infolge des Auspumpens von Bilgen- und Ballastwasser 1,3 Millionen Tonnen Öl ins Meer; nur gut ein Drittel davon entfalle auf die allgemeine Schiffahrt, der Rest auf die Tanker. Angesichts dessen, daß mehr als zweitausend Schiffe jeden Monat das Kap der Guten Hoffnung passieren, ist die Annahme nicht unbegründet, daß die Gewässer um das Kap einen hübschen Teil davon abbekommen.

Die internationalen Vorschriften, wie sie von der „Zwischenstaatlichen Beratenden Seeschiffahrtsorganisation“, IMCO, abgefaßt und gebilligt wurden, erklären es für strafbar, Öl in allen Gebieten innerhalb einer Entfernung von fünfzig Meilen zum Festland, beziehungsweise in Gebieten, die durch Meeresverschmutzung besonders gefährdet sind (der Südatlantik und das Südmeer sind nicht unter diesen), innerhalb einer 100-Meilen-Zone Öl ins Meer abzulassen. Aber Verstöße gegen diese Bestimmungen können nur in dem Land verfolgt werden, wo das Schiff registriert ist, es sei denn, es läuft einen Hafen des Landes an, dessen Gewässer es verschmutzt hat. Im Oktober 1972 befand sich das englische Schiff *Huntingdon*, 11 281 t, das Fracht von Quebec nach New York beförderte, innerhalb der kanadischen Zone, als ein kanadisches Flugzeug entdeckte, daß der Frachter eine 4000 Yards lange Ölspur hinter sich herzog. Der Kapitän wurde darauf vor dem Old Bailey angeklagt, ein Gemisch von Bilgenwasser und Öl abgelassen zu haben, und zu einer Geldstrafe von 250 Pfund verurteilt (bei einem Höchststrafmaß von 50 000 Pfund). Der Verteidiger erklärte, die Verschmutzung sei „nicht bewußt gewollt" gewesen. Der Kapitän habe angenommen, er befinde sich außerhalb des geschützten Gebiets.

Der Kapitän der *Huntingdon* hatte Pech, daß er erwischt wurde. Zudem sind die Kanadier seit der *Arrow*-Katastrophe äußerst rigoros, in der Überwachung wie in der Gesetzgebung, weshalb die Schiffahrt in dieser Gegend künftig viel vorsichtiger sein wird. Wenn sie Öl ablassen, werden sie es nachts tun, wie es heute überall getan wird. Selbst wenn alle Meeresgebiete auf der Erde zu einer einzigen Verbotszone erklärt werden – wer ist in der Lage, diesen Umtrieben ein Ende zu setzen? Welche Aussichten hat ein Verfahren gegen den Kapitän eines Schiffes unter liberianischer, panamesischer oder honduranischer Flagge? Kann man allen Ernstes erwarten, daß er sich der Justiz in diesen Staaten stellt, die er vermutlich nie gesehen hat und nie sehen wird? Und wie steht es im Fall der Sowjets, die heute eine der größten Handelsmarinen der Welt besitzen? Auf eine Beschwerde würden sie zweifellos höflich versichern, daß sie Schritte unternehmen würden, aber selbst wenn dem Kapitän sein Monatsgehalt um ein paar Rubel gekürzt wird, welche Buße legt sich der Schiffseigner, der Staat, selbst auf? Die gleiche Frage könnte man im Hinblick auf die zahlreichen Nationalflotten stellen, die in den letzten Jahren entstanden sind und nur sich selbst Rechenschaft schuldig zu sein glauben. Alle diese Handelsfahrzeuge auf einer vielbefahrenen Seeroute wie der vor dem Kap der Guten Hoffnung zu überwachen, ist praktisch fast unmöglich; letzten Endes kann man sich nur auf die Anständigkeit der Kapitäne verlassen – aber nach den Ölmengen zu schließen, die auf diesen Gewässern treiben, ist davon seit der Schließung des Suezkanals nicht viel zu spüren.

Am schlimmsten werden die Zustände während des südlichen Winters, wenn der stürmische Seegang vor dem Kap der Guten Hoffnung die Tanker beutelt und schüttelt. Jeder Winter bringt ein oder zwei große Unfälle, Schiffe, die wegen eines Schadens liegenblieben, und Ölteppiche, für die der Schuldige nicht zu finden ist.

Die Meeresverschmutzung begann einen verstärkten Angriff auf alle Seevögel und Meeresgeschöpfe im Südatlantik fast gleichzeitig mit der Schließung des Suezkanals. Schon 1968 – die Tanker fuhren zum zweiten Male durch den südlichen Winter – hatte sie kritische Ausmaße erreicht. Nun begann eine Serie von großen Tankerunfällen, als im Februar 1968 der französische 81 000-Tonner *Sivella* vor Kapstadt, nur ein paar Meilen vom Hafen entfernt und praktisch vor dem größten Leuchtturm der Gegend, auf Grund lief. Neun Wochen danach rammte der deutsche Tanker *Esso Essen* in der Nähe von Kapstadt ein unter der Oberfläche verborgenes Objekt. Dabei wurden die Tanks aufgerissen, und mehr als 4000 Tonnen Öl strömten ins Meer. Man zählte als Opfer 3000 Pinguine und 500 Tölpel, aber nach Schätzungen südafrikanischer Experten kostete der Unfall zwischen 14 000 und 19 000 Pinguine und vielleicht 3500 Tölpel das Leben. Noch während das aus der *Esso Essen* ausgeströmte Öl auf die Küste zutrieb, geriet der vollbeladene griechische Tanker *Andron,* 16 000 t, vor dem Kap der Guten Hoffnung in einen schweren Sturm; in seinem Rumpf entstanden Risse, was zu gefährlichen Lecks führte. Das Schiff havarierte schließlich siebenhundert Meilen nördlich von Kapstadt. Längere Zeit stiegen von der Stelle, wo es lag, Ölteppiche hoch, mitten in den südwestafrikanischen Fanggründen. Während die *Esso Essen* in Kapstadt Besorgnis auslöste und nördlich davon die *Andron* um ihr Leben kämpfte, wurde beobachtet, wie ein nicht identifizierter Tanker vor der Dassen-Insel Öl in die See pumpte. Vier Wochen danach brach die vollbeladene *World Glory* auseinander, sank nördlich von Durban und schickte ihren eigenen, sechzig Meilen langen Ölteppich südwärts zum Agulhas-Strom.

Der Schaden, den diese Serie von Unfällen innerhalb so weniger Wochen (es waren keineswegs die einzigen in diesem Winter) anrichtete, hat sich seither in jeder Saison in gleichem oder in noch stärkerem Maß wiederholt. Anfang 1969 kam durch Öl, das aus einem Tanker auslief, die auf achttausend Tiere geschätzte Pinguin-Population auf der Dyer-Insel in der Nähe des Kaps Agulhas um; die Dyer-Insel ist wie die Dassen-Insel ein wichtiger Brutplatz für Pinguine. Als im November 1970 der 46 000-Tonner *Kazimah* in der Table Bay auf Grund geriet, liefen zweihundert Tonnen Ölschlamm aus. Der Ölteppich, der dadurch entstand, wurde überwiegend vom Benguela-Strom nach Norden getragen und tötete wahrscheinlich Tausende von Vögeln und Pinguinen. 559 Pinguine wurden geborgen; die unbekannten Verluste werden üblicherweise so errechnet, daß man die tatsächlich festgestellten mit drei bis fünf multipliziert. Dem Öl, das drei Monate später aus der *Wafra* auslief, fielen zwischen 3000 und 4000 Pinguine zum Opfer. Die Verluste wären noch höher gewesen, hätten die Behörden auf der Insel Guano nicht rasch gehandelt und tausend Vögel evakuiert, die sich auf die Dyer-Insel geflüchtet hatten. Als sich 1972 im gleichen Gebiet die Katastrophe der *Texanita* und der *Oswego Guardian* ereignete, hatten die Südafrikaner inzwischen die Dyer-Insel und andere Pinguin-Inseln vor der Küste mit Schutzzäunen versehen, die Öffnungen hatten, durch die den Vögeln der Zugang zum Meer offenblieb. Diese Öffnungen wurden auf der ganzen Insel in aller Eile geschlossen, aber die Tausende von Vögeln, die auf Futtersuche waren, gerieten in die Ölflut. An einem Küstenabschnitt von mehreren hundert Meilen Länge kamen Hunderte von Pinguinen an Land, deren Gefieder vom Öl verklebt war. Im August 1974 wurden diese Gewässer abermals von einer Ölpest heimgesucht, als der Erz-Öl-Tanker *Oriental Pioneer,* 60 000 t, in einem Sturm schwer angeschlagen wurde und beim Kap Agulhas auf Grund lief. Hunderte von Pinguinen fielen diesem Schiffsunfall zum Opfer. Der August 1974 war überhaupt ein besonders katastrophenreicher Monat für die südafrikanischen Küsten. Nach der Havarie der *Oriental Pioneer* lief der norwegische Tanker *Produce,* 20 000 t, vor Durban auf ein Riff und sank. Die Überlebenden wurden von dem Frachter *SA Oranjeland,* 20 000 t, an Bord genommen und nach dem Hafen von East London gebracht. Als die *SA Oranjeland* den Hafen wieder verlassen hatte, lief sie selber auf ein Riff. Drei große Schiffe, die innerhalb von drei Wochen an dieser Küste untergingen, waren schon schlimm genug. Wäre auch noch der VLCC *World Princess*, der zur gleichen Zeit manövrierunfähig wurde, ebenfalls untergegangen, wäre dies eine der katastrophalsten Serien von Schiffsunglücken gewesen, zu denen es jemals an irgendeiner Küste gekommen ist.

Es ist interessant festzustellen, daß einer der unheilvollsten Fälle von Meeresverschmutzung um das Kap der Guten Hoffnung nicht einem Schiff, das sichtbar in Not geraten war, sondern einem riesigen Ölteppich nicht identifizierter Herkunft zuzuschreiben war, der am 14. März 1972 die Dassen-Insel heimsuchte. Schon mehrere Tage vorher hatten Fischer die gewaltige Lache gesichtet, weshalb man zu dem Schluß kam, daß das Öl von einem Tanker irgendwo im Süden der Dassen-Insel ins Meer abgelassen worden war. Man zählte mehr als zweitausend Pinguine, die durch die Ölflut umgekommen waren; die wirkliche Zahl der Opfer dürfte mithin viel größer gewesen sein.

Die Auswirkung solcher Vorfälle auf eine so wichtige Brutkolonie läßt sich an Hand von verfügbaren Populationsschätzungen beurteilen. Die Dassen-Insel ist die wichtigste südliche Brutinsel für Pinguine. 1930 schätzte der englische Zoologe Cherry Kearton die Zahl der Pinguinbevölkerung auf der Insel auf fünf Millionen. 1970 wurde von den südafrikanischen Behörden auf der Insel Guano geschätzt, daß die dem Kap und der südwestafrikanischen Küste vorgelagerten Inseln insgesamt eine Population von 137 450 Pinguinen hatten. Die Zahl der auf der Dassen-Insel selbst beheimateten Pinguine setzte man mit 50 000 an. Eine Schätzung von unabhängiger wissenschaftlicher Seite korrigierte 1972 die Ziffer der Gesamtbevölkerung auf 250 000. Selbst wenn man diese Zahl als richtig unterstellt, bedeutet der Rückgang in den letzten vierzig Jahren eine drastische Verminderung von wenigstens 95 Prozent.

Ein derartig kolossaler Bevölkerungskollaps läßt sich natürlich nicht allein auf die Ölverschmutzung der jüngeren Vergangenheit zurückführen. Seit langem sind in Südafrika Pinguineier eine Delikatesse und ihre Sammlung eine Hauptursache dieses Rückgangs. Dazu kommt noch, daß der Mensch den Frieden auf den Brutinseln immer mehr gestört hat. Einmal rückte man, wie Fischer meldeten, den Vögeln sogar mit Maschinengewehren zu

Leibe. Das Sammeln von Pinguineiern ist inzwischen zwar gestoppt worden, aber heute spielt vielleicht das Öl die ausschlaggebende Rolle für das Überleben oder die völlige Ausrottung der Kap-Pinguine.

Nach der ersten Katastrophenwelle im Jahre 1968 riefen Kapstädterinnen eine Organisation zum Schutz der Küstenvögel, die National Foundation for the Conversation of Coastal Birds, ins Leben, die Rettungszentren längs der Küste am Kap installierte, denen Vögel mit Ölschäden übergeben werden können. Die ständige Verschmutzung dieser Gewässer bringt es mit sich, daß in diesen Stationen ständig Vögel eingeliefert werden; wenn es aber zu größeren Katastrophen kommt, wird dieser Zugang überwältigend. Diese Rettungsstationen wurden nach dem Vorbild der englischen eingerichtet, die man nach dem Untergang der *Torrey Canyon* an vielen Stellen der britischen Küste installiert hat, und stellen zumindest ausgezeichnete Beobachtungsposten dar, von denen aus die Auswirkungen der Ölverschmutzung auf die Vogelwelt festgestellt werden können.

Die Pinguine leiden schrecklich, wenn sie mit dem Öl in Berührung kommen, nicht anders als alle im Meer lebenden Geschöpfe. Aber der Pinguin ist ein großes und bewegliches Tier, und vielleicht berührt uns sein Schicksal mehr, weil er aufrecht geht und so merkwürdig menschlich wirkt. Sein Aussehen und sein Verhalten, wenn er von Öl versehrt ist, sind zutiefst mitleiderregend. Wenn Öl in die Ohren gerät, wird das Gleichgewicht der Vögel beeinträchtigt; sie taumeln wie betrunken umher oder haben überhaupt Schwierigkeiten, sich aufrecht zu halten. Sie leiden an Entzündungen der Augen oder erblinden. Am furchtbarsten werden sie durch Dieselöl und andere raffinierte Öle verstümmelt, die mit dem Bilgenwasser ins Meer gepumpt werden. Diese Öle verätzen den Vögeln die Haut und schädigen die Leber. Wenn sie in diesem Zustand sind, ist ihnen zumeist kaum noch zu helfen.

Wenn Pinguine auf ihren Ausflügen einen Ölteppich umgehen, besteht die Wahrscheinlichkeit, daß sie anderswo in einen zweiten geraten. Von seiner Basis aus hat der Pinguin eine ostwestliche Reichweite von 2000 Meilen und aufs Meer hinaus von sechzig Meilen. Aber bei der SANCOB wurden schon Vögel eingeliefert, die durch Öl beschädigt waren, das, wie man wußte, in einer Entfernung von 120 Meilen ins Meer abgelassen worden war. Wenn ein Pinguin von Öl verschmutzt wird, führt ihn sein natürlicher Instinkt dazu, an den nächstgelegenen Punkt an der Küste zu schwimmen, wo er am Strand stehenbleibt, bis er langsam verhungert und an Dehydrierung stirbt (ein Pinguin in guter körperlicher Verfassung kann zwei Wochen oder noch länger ohne Nahrung auskommen, so daß keine unmittelbare Gefährdung für die Tiere besteht, wenn sie während eines Ölunfalls auf ihren Inseln eingeschlossen werden). Tiere, die fernab der Küste vom Öl erreicht werden, sterben auf dem Meer.

Bei allen Vögeln zerstört das Öl die natürliche Wasserabdichtung in Haut und Gefieder, die das Tier gegen Kälte und Nässe isoliert. Damit wird auch ihre Fähigkeit, richtig zu schwimmen und Fische zu fangen, in Mitleidenschaft gezogen; wenn sie sich nicht beim Putzen vergiften, sterben sie in diesem kalten Meer wahrscheinlich an Lungenentzündung.

Tausende von Pinguinen und Seevögeln sind in der Obhut der erwähnten Rettungszentren in England und Südafrika wieder gesundet (wie auch nach der Ölkatastrophe von Santa Barbara in Kalifornien, bei der 4000 Vögel umkamen, ein Bruchteil dessen, was die Meeresverschmutzung am Kap der Guten Hoffnung seit Schließung des Suezkanals alljährlich fordert), doch mehrere englische Ornithologen haben Zweifel geäußert, ob die Bergung, Reinigung und Wiederfreilassung der Vögel in ihre Umwelt viel nützen könne. Dr. R. K. Gregory, Direktor der Oiled Seabird Unit des zoologischen Departments der Universität von Newcastle upon Tyne, sagte 1971, als er die Entwicklung einer wirksamen Methode zur Reinigung ölverschmutzter Seevögel bekanntgab, bei der das Gefieder nicht beschädigt wurde, seine Mitarbeiter und er seien sich noch nicht sicher, ob gesäuberte Vögel wieder ihr normales Leben aufnehmen könnten. Das Öl, das sie geschluckt hätten, könne zu Vergiftungen oder zu langfristigen Auswirkungen auf die Brut führen. Dies trifft zweifellos auch auf die Pinguine am Kap der Guten Hoffnung zu.

Nach der Katastrophe der *Torrey Canyon* äußerten zahlreiche englische Vogel-Experten die Ansicht, im Fall einer Ölverschmutzung sei es das beste, Gefühle hintanzustellen und alle schwer betroffenen Vögel sofort zu töten, weil sie kaum eine Überlebenschance hätten, wenn sie in ihre gewohnte Umgebung zurückgebracht würden. John Barrett vom Dale Fort Field Centre in Pembrokeshire erklärte gegenüber der *Sunday Times*: „Diese Rettungszentren für Vögel sind eingerichtet worden, weil wir uns nicht zuzugeben getrauen, daß wir nichts tun können. Es geschah nur mit Rücksicht auf die öffentliche Meinung.“ Das mag so sein, aber diese Bemühungen sind einer der ganz wenigen Widerstandsakte, mit denen sich machtlose Durchschnittsbürger gegen die totale Verzweiflung auflehnen können, die sie befällt, wenn sie das Unheil zu ihren Füßen sehen. Sie sind die einzige Hoffnung gegen das deprimierende Gefühl, ohnmächtig kapitulieren zu müssen vor all dem Wahnsinn, der sich auf den Meeren abspielt und diese schrecklichen Folgen zeitigt. Von diesen offensichtlichen Verrücktheiten dürfte eine der merkwürdigsten und unbegreiflichsten eine Entscheidung der Zwischenstaatlichen Beratenden Seeschifffahrtsorganisation IMCO sein. Dieses Gremium beschloß 1968, die winterlichen Freibordmarken in den Gewässern um das Kap der Guten Hoffnung zu revidieren.

Jedes Schiff hat seine Plimsoll- oder Freibordmarke; ursprünglich der bekannte „Stiefelrand“, der untere Teil des Schiffsrumpfes bis zur Wasserlinie. Wenn ein Schiff seine Fracht löscht, steigt die rote Marke aus dem Wasser, bis sie – besonders bei Tankern, die im beladenen Zustand tief im Wasser liegen – hoch über der Wasseroberfläche liegt.

Daß diese Begrenzung heute existiert, ist weitgehend Samuel Plimsoll, 1824 in Bristol geboren, zu verdanken, der es zu seinem Lebenswerk machte, die Sicherheit der Seeschiffahrt zu verbessern. Er nahm vor allem den im 19. Jahrhundert weitverbreiteten Brauch aufs Korn, seeuntüchtige und überladene Schiffe in See gehen zu lassen und wenn, wie man hoffte, die hochversicherten Fahrzeuge sanken, die Versicherungssummen einzustreichen. Aber selbst wenn die Eigner nicht so weit gingen, war die zu starke Beladung derart verbreitet, daß viele Schiffe aus diesem Grunde verlorengingen.

Der Gedanke einer Ladelinie war nicht gerade neu. Jeder vorgeschichtliche Höhlenbewohner, der seinen Einbaum belud, muß instinktiv gewußt haben, wie weit er dabei gehen konnte. Und jedes Volk, das über längere Zeit den Seehandel beherrscht hat, war sich im klaren darüber, daß überladene Schiffe nicht nur gefährlich, sondern auch langsamer und somit mit dem Risiko behaftet waren, samt ihrer Fracht unterzugehen und zudem gegenüber der Konkurrenz ins Hintertreffen zu geraten. Die hanseatischen Seekaufleute begrenzten die Ladung ihrer Schiffe ebenso wie die Araber auf ihren Dhaus und die Venezianer, bei denen die Ladelinie durch das Zeichen des Kreuzes markiert war. Genauso verfuhr natürlich auch England, nachdem der britische Seehandel im neunzehnten Jahrhundert seinen gewaltigen Aufschwung begonnen hatte. Doch geschah dies erst nach einem gewaltigen Ringen.

Plimsoll wurde 1868 ins Parlament gewählt und führte dort einen langen, mühseligen und an Rückschlägen reichen Feldzug, um die Lademarke durchzusetzen, die später seinen Namen trug und durch die Merchant Shipping Act von 1890 schließlich gesetzlich vorgeschrieben wurde. Dieses Gesetz, dessen Normen noch heute für die englische Handelsmarine weitgehend Gültigkeit haben, stellte den Einsatz nicht seetüchtiger Fahrzeuge unter Strafe und bestimmte, daß jedes englische Schiff an seinem Rumpf ständig eine aufgemalte Freibordmarke führen müsse, die angab, bis zu welcher Tiefe es beladen werden konnte.

Die ursprünglichen Freibordmarken wurden an Hand der Tabellen festgesetzt, die der damalige Chefbesichtiger des Lloyd's Register geliefert hatte. Die englischen Reedereien hatten befürchtet, die Marke werde sie gegenüber der ausländischen Konkurrenz in Nachteil bringen, aber die Plimsollmarke war so vernünftig und zudem so dringend notwendig, daß sie sich weltweit durchgesetzt hatte, als Plimsoll im Jahr 1898 starb. Seitdem ist sie der Grundstein der Sicherheit in der Seeschiffahrt. Sie ermöglicht es jedem Schiffsinspektor in jedem Hafen der Welt, sich auf einen Blick zu überzeugen, daß ein Schiff seine Stabilität nicht gefährdet und daß die Freibordhöhe für das Seegebiet, das es durchfahren wird, ausreicht. Dies liest er an den Strichen neben der Freibordmarke ab, die die Freibordzonen angeben.

Auf einer internationalen Konferenz, die von 1929 bis 1930 in London tagte, wurden die Plimsollmarke und andere Sicherheitsvorschriften zu einem Kodex zusammengefaßt, der die Bezeichnungen International Safety of Life at Sea and Load-Line Conventions trägt und seitdem, mit periodischen Ergänzungen und Modifikationen, als internationaler Leitfaden für sichere Schiffsführungen auf den Meeren diente. Es wäre undenkbar gewesen, daß irgendeine verantwortungsbewußt denkende Seefahrtnation dafür eingetreten wäre, diese Vorschriften aufzuheben oder zu lockern. So schien es jedenfalls.

Es kam jedoch zu einer neuen Entwicklung. Im März 1966 tagte in London abermals eine internationale Konferenz über Fragen der Freibordmarke, bei der der Beschluß gefaßt wurde, die Freibordmarke für Tanker, die im Winter das Kap der Guten Hoffnung passieren, neu festzusetzen. Die Ölschiffe hatten bereits die Genehmigung erhalten, tiefer als normal zu laden, waren aber trotzdem nach wie vor gesetzlich verpflichtet, darauf zu achten, daß sie im Winter bei der Fahrt um das Kap nicht so schwer beladen waren, daß die Wintermarkierung unterhalb der Wasserlinie lag. Dieser Unbequemlichkeit sollte nun abgeholfen werden.

Die Forderung nach diesen Änderungen war, wie bereits erwähnt, entstanden, weil das Zeitalter der VLCCs begonnen hatte, die im beladenen Zustand die Route ums Kap nehmen mußten. Solange der Suezkanal geschlossen blieb – und zu jenem Zeitpunkt nahm man an, er werde auf unabsehbare Zeit unpassierbar bleiben –, mußten *sämtliche* Tanker, die mit nahöstlicher Fracht nach irgendeinem Bestimmungshafen in der westlichen Hemisphäre unterwegs waren, das Kap der Guten Hoffnung umrunden.

Der Kern der Argumentation für eine Lockerung der Vorschriften bestand darin, es sei eigentlich ganz unvernünftig, daß ein Schiff nur deswegen eine ganze Menge Öl weniger an Bord nehmen dürfe, weil ganze fünf Tage auf einer Fahrt, die dreißig bis vierzig Tage dauerte, diese leichtere Beladung verlangten. Doch just für diese fünf Tage und die Witterungs- und Seegangsbedingungen, die in dieser Zeit auftreten können, waren die Vorschriften bestimmt.

Bei der Billigung dieser Änderungen stützte man sich auf scheinbar zuverlässige und logisch begründete Berechnungen. Alle Tragfähigkeitsberechnungen für Tanker basieren auf der

Annahme, daß die Temperatur einer Rohölladung sechzig Grad Fahrenheit (etwas über fünfzehn Grad Celsius) beträgt. Da aber im Persischen Golf während des Beladens die Öltemperatur viel höher liegen kann, nimmt das Öl folglich mehr Platz ein als bei sechzig Grad Fahrenheit. Auch muß eingerechnet werden, daß es sich in den Tropen ausdehnt. Zudem variiert das Gewicht von Rohöl beträchtlich: Rohöl nahöstlicher Herkunft ist vielfach erheblich leichter als beispielsweise Öl aus Venezuela. All dies zusammen kann dazu führen, daß ein Schiff vom Persischen Golf mit weniger Ladung zurückfährt, als seine Raumkapazität zuläßt. Als wir mit der *Ardshiel* vom Golf nach Europa zurückkehrten, war das Schiff zwar voll beladen, aber die Fracht nahm nur 98 Prozent der Ladekapazität in Anspruch. Ein Tanker von 200 000 t, der mit fünfzehn Knoten von Bahrein zum Kap der Guten Hoffnung dampft, verbrennt auf dieser Strecke ungefähr 2500 Tonnen Brennstoff, was ebenfalls dazu beiträgt, ihn leichter zu machen. Dies gab ihm mehrere Zoll des Abstandes zwischen der Sommer- und Wintermarkierung, der knapp zwei Fuß beträgt. Aber als die Vorschriften für die Fahrt um das Kap neu gefaßt wurden, waren die großen Schiffe noch eine Neuheit und die Erfahrungen mit ihnen äußerst begrenzt. Für das Gewicht, das in ihrem Rumpf untergebracht wurde, gab es kein Beispiel; von der Theorie abgesehen kannte in Wirklichkeit niemand das volle Ausmaß der Belastung, der es den gewaltigen Rumpf aussetzen könnte.

Allein schon das erbärmliche Niveau, mit dem so viele Tanker betrieben werden, und ihre erwiesene Anfälligkeit für Unfälle und mechanische Defekte hätten einen solchen Schritt als unklug erscheinen lassen sollen. Viele Tankernutzer, die P & O natürlich ausgenommen, verstoßen ohnedies gegen zahlreiche Vorschriften, beispielsweise hinsichtlich der Besatzungsstärke. Es wäre nicht nötig gewesen, ihnen auch noch offiziell zu erlauben, eine der elementarsten zu mißachten. Die Sicherheit in der Seeschiffahrt war von jeher eine Frage der Vorschriftenbeachtung, und bisher hat immer der Grundsatz gegolten, daß dies ein unverletzliches Gesetz sei. Wenn man diese strengen Regelungen lockerte, wohin sollte das führen? Manche Analysen von Tankerhavarien unter schweren Bedingungen kommen zu dem Ergebnis, die Ursache sei vor allem darin zu suchen, daß die Schiffe schlecht beladen oder Fracht und Ballast schlecht verteilt gewesen seien. Wenn man den Mangel an Erfahrung, die schlechte Ausbildung und die mangelnde Qualifikation bedenkt, die so oft ans Licht kommen, wenn Tanker in ernste Unfälle verwickelt waren, ist die Folgerung nicht unfair, daß das Durcheinander, das offenbar in der Navigation herrscht, sich möglicherweise auch auf andere Bereiche in diesen Fahrzeugen erstreckt und daß Seeleute dieser Art vermutlich nicht entsprechend und konsequent auf die Gewichtsverteilung achten. Ebensowenig dürfte der Schluß unfair sein, daß viele von ihnen womöglich überhaupt nicht wissen, worum es bei alldem geht.

Aber wie dem auch sei, dem Verlangen nach einer Revision der Vorschriften wurde rasch entsprochen, nicht nur von den Regierungen der großen Seefahrtnationen, das heißt von ihren zuständigen maritimen Behörden, sondern auch von den Versicherungs- und den Klassifikationsgesellschaften.

Der vielleicht erstaunlichste Aspekt ist das Tempo, mit dem diese Neufassung abgewickelt wurde. Der Hintergrund verdient besonderes Interesse. Um die Dinge zu verstehen, muß man einigermaßen wissen, wie die Zwischenstaatliche Beratende Schiffahrtsorganisation – oder IMCO, wie sie zumeist genannt wird – arbeitet. Sie ist das einzige internationale Gremium mit einigen nominalen Befugnissen in maritimen Angelegenheiten und daher, zumindest der Form halber, das einzige, das die doppelte Neufassung in die Wege leiten konnte: einmal die Erlaubnis, daß Tanker künftig tiefer laden durften, und zum andern die Anhebung der Winterladegrenze für die Route um das Kap der Guten Hoffnung. Die IMCO ist eine Sonderorganisation der Vereinten Nationen, und ihre Struktur und ihr Funktionsmodus sind, wie bei allen UN-Sonderorganisationen, keineswegs leicht zu verstehen.

Die IMCO wurde 1948 von einer Seeschiffahrtskonferenz der Vereinten Nationen ins Leben gerufen. Sie hat ihren Sitz in London und ist eine autonome Organisation, der 86 Staaten angehören. Jedes Mitglied der Vereinten Nationen kann der IMCO beitreten, wozu nur die Hinterlegung einer formellen Beitrittsurkunde erforderlich ist. Die Mitglieder bestehen also aus den Staaten, die sich etwas davon versprechen, ihr beizutreten, was eindeutig für die meisten UN-Mitglieder gilt. Die Beiträge, die sie zum Budget der Organisationen leisten, basieren auf der Tonnage, die unter ihrer Flagge fährt. Sämtliche Mitglieder haben einen Sitz in der Versammlung, die alle zwei Jahre zusammentritt. In der Zeit zwischen diesen Tagungen fungiert ein Rat aus Vertretern von achtzehn Nationen als Verwaltungsorgan, aber die wirkliche Arbeit der IMCO wird vom Sekretariat und den technischen Komitees geleistet, die größtenteils aus Schiffahrtsvertretern zusammengesetzt sind, die von den großen Seefahrtnationen entsandt werden.

Von Anfang an galt das besondere Interesse der IMCO der Sicherheit der Schiffahrt, doch in den letzten Jahren beschäftigt sie sich in erster Linie mit Fragen der Meeresverschmutzung und der Erarbeitung von Vorschriften zum Zweck ihrer Verhütung. Dies geschieht wie alles, was eine völkerrechtlich verbindliche Nominierung verlangt, in der Weise, daß eine internationale Diplomatenkonferenz einberufen wird. Die Einladungen werden gemäß den Protokollisten der Vereinten Nationen hinausgeschickt, so daß ungefähr alle Mitglieder eine erhalten. Natürlich nehmen nicht sämtliche Mitgliedsstaaten an dieser Konferenz teil, und die internationalen Seegesetze, über die wir verfügen, wurden im großen und ganzen von den Vertretern der Staaten ausgearbeitet, die tatsächlich anwesend waren. Die Wendung „im großen und ganzen" hat ihren Grund, denn hier beginnt die Sache wirklich kompliziert zu werden. Die Mehrheit der Delegierten, die als Diplomaten vielleicht nicht übermäßig viel von maritimen Problemen verstehen, neigt dazu, dem Rat der technischen Komitees der IMCO und jener Konferenzteilnehmer zu folgen, die über Kenntnisse in Schiffahrtsfragen verfügen. Bei letzteren handelt es sich immer um die Delegierten der großen Schiffahrtnationen.

Die Sache wird noch komplizierter, wenn man betrachtet, wie viele der von der IMCO verabschiedeten internationalen Vorschriften Gültigkeit erlangen. Zum Abschluß ihrer Tagungen nimmt die Diplomatenkonferenz eine sogenannte Konvention an, in der ihre Beschlüsse zusammengefaßt sind. Diese muß dann durch die Parlamente der IMCO-Mitgliedsstaaten ratifiziert werden. Eine Konvention wird internationales Recht, wenn zwei Drittel der IMCO-Mitglieder die Ratifikationsurkunden hinterlegt haben. Darüber vergehen zumeist lange Jahre. Grundsätzlich jedoch kann jedes IMCO-Gesetz lange vorher in Kraft treten. Dies geschieht wiederum durch eine Diplomatenkonferenz, die in ihrer Schlußkonvention festsetzt, wie viele Staaten die Konvention ratifiziert haben müssen, daß sie in Kraft treten kann. Man bestimmt eine Zahl, und wenn diese Gruppe von Staaten die Konvention ratifiziert hat, erhält sie zwischen *ihnen* Gesetzeskraft. Diese Zahl ist nicht in der Charta der IMCO festgelegt, sondern wird von jeder Konferenz für jede einzelne Konvention beschlossen. Sie muß jedoch mindestens sieben Staaten mit je einer Mindestzahl von einer Million Bruttoregistertonnen Tonnage einschließen. Wenn eine solche ansehnliche Zahl von Seefahrtnationen eine Verfügung als Seerecht anerkennt, wird sie natürlich in der Folge von allen akzeptiert werden, die darin einen Nutzen für sich sehen. Von der Freibordmarken-Konvention könnte man sagen, daß sie dem Nutzen aller Beteiligten entsprach. Umgekehrt, selbst wenn ein bestimmtes Gesetz innerhalb einer begrenzten Zahl von Staaten in Kraft ist, können jene Länder, die daran keinen großen Geschmack finden, die Anwendung bis zu dem weit entfernten Tag hinausschieben, an dem es IMCO- und internationalen Rechtsstatus erhält. So ergeht es, leider, muß man sagen, den meisten Vorschriften zur Meeresverschmutzung, die erst einen mühevollen Weg zurücklegen müssen, ehe sie in Kraft treten.

Auf der von der IMCO 1966 einberufenen Diplomatenkonferenz, bei der die Freibordmarken-Konvention neu gefaßt werden sollte, wurde der Vorschlag, die Winter-Freibordmarke für Tanker auf der Route um das Kap der Guten Hoffnung zu suspendieren, an ein technisches Komitee von Schiffahrtexperten verwiesen, das darin nichts Gefährliches sah. Sodann ging er an die Vollversammlung zurück, wo er angenommen und in die Konvention eingegliedert wurde. Die Schlußkonvention bestimmte, daß die Freibord-Revisionen in Kraft treten könnten, sobald die Parlamente von fünfzehn namentlich genannten Staaten (Panama, Liberia, Großbritannien, die Vereinigten Staaten, die Sowjetunion, Tunesien, Trinidad, Frankreich, Südafrika, Madagaskar, Peru, Somalia, Dänemark, Israel und die Niederlande) sie ratifiziert hätten. Die fünfzehn Staaten benötigten dafür gerade ein Jahr. Die Satzung der IMCO bestimmt, daß eine Konvention zwölf Monate nach der letzten Ratifikation in Kraft tritt. Der letzte dieser Staaten ratifizierte sie am 21. Juli 1967, so daß die Konvention im Juli 1968 gültig wurde.

Diese ganze Prozedur war nicht nur wegen ihrer, wie ein juristischer Experte der IMCO einräumte, „relativ ungewöhnlichen" Schnelligkeit bemerkenswert, sondern auch deswegen, weil zu diesem Zeitpunkt niemand wirklich wußte, wie bei dem Wetter, das in der schlechten Jahreszeit normalerweise vor der südafrikanischen Küste anzutreffen ist, Großtanker zu behandeln sind und wie sie darauf reagieren. Schlimmer noch: Niemand machte ernsthaft den Versuch, dies herauszufinden, und wenn, dann wurde damals nichts darüber veröffentlicht und ist auch bisher nichts publiziert worden.

Man hätte meinen sollen, daß die Beteiligten im Juli 1968 einigen Anlaß gesehen hätten, dies zu tun. Schon damals gaben die Strukturmängel und die unerwarteten Belastungserscheinungen, die bei Großtankern auftreten, Grund zu großer Besorgnis. Alldem zum Trotz bedeuteten die Revisionen, daß Tanker bei der Fahrt um das Kap der Guten Hoffnung während des südafrikanischen Winters fortan viel schwerer beladen sein würden, als man es vorher für sicher oder ratsam gehalten hatte. Wenn die Befürworter der Revisionen sich – wie sie damals erklärten und noch heute bekunden – im Fall der allergrößten Schiffe sicher fühlten, so zogen sie doch offenbar nicht die kleinen, älteren konventionellen Tanker in Betracht, weitaus die Mehrheit, bei denen die Wintermarkierung vorher für die Fahrt um das Kap der Stürme als absolut notwendig gegolten hatte.

Zwar konnte man im Winter 1968, als die Revisionen der Freibordvorschriften in Kraft traten, kaum behaupten, daß Stürme oder die Gewässer vor Südafrika für Tanker etwas Neues waren. Aber die Schließung des Suezkanals führte Hunderte von Tankerkapitänen um das Kap, nachdem sie so lange gewohnt gewesen waren, auf der Schönwetterroute durch den Suezkanal und das Mittelmeer zu fahren. Viele von ihnen hatten während der ersten Suezkrise 1956 das Kap umrundet, aber doch nur kurze Zeit und während des südlichen Sommers. Unter den Schiffen, die nach 1967 kamen, war auch die neue Generation größerer Tanker wie der *World Glory,* die in den fünfziger Jahren die alten Tankerflotten zu ersetzen begonnen hatten. Die Kapitäne dieser Supertanker waren vielleicht der Ansicht, daß ihre gelegentlichen Begegnungen mit Stürmen im Atlantik oder in der Biscaya ihnen eine zuverlässige und ausreichende Beurteilung ihrer Schiffe vermittelt haben. Sie sollten bald umdenken lernen.

Die Schiffahrtbranche zeigt gegenüber Außenstehenden immer mehr Geringschätzung als die meisten Spezialbranchen. Doch wenn man auch immer geneigt war, sich vor dem Seemann als Herrn unserer Seele und unseres Schicksals zu verbeugen, wenn wir ihn hinaus auf sein unruhiges Element begleiten, so darf man sich doch auch die Feststellung erlauben, daß kein anderes Transportgewerbe sich in Sicherheitsfragen absurderen Mutmaßungen hingegeben hat und über die Eigenart seiner Fahrzeuge zuweilen anscheinend weniger im Bilde gewesen ist als die Schiffahrtbranche. Als die *Queen Mary* 1936 ihre Jungfernfahrt antrat, gab es in den Korridoren und auf den Decks keine Geländerstangen, wie man sie stets als unerläßlich für die Sicherheit der Passagiere bei rauhem Wetter betrachtet hatte.

Daß diese simple Einrichtung an Bord der *Queen Mary* fehlte, mag in diesem Zusammenhang als eine Belanglosigkeit erscheinen, mir aber ist dies immer als bezeichnend für die merkwürdigen Selbsttäuschungen erschienen, zu denen Reedereien neigen. Wenn schon die Direktoren der Cunard White Star Line im Jahr 1936, nach einer fast hundertjährigen Erfahrung in der Nordatlantikfahrt und mit den meisten der jemals gebauten Ozeanriesen, noch immer nicht wußten, wie der ihnen so vertraute Ozean mit einem Schiff umspringen kann, wer sollte es eigentlich dann wissen? Aber sie glaubten offenbar, die *Mary* könne nicht übermäßig rollen, weil sie so groß war. Als das Schiff schon auf einer der nächsten Fahrten in stürmisches Wetter geriet und Passagiere ins Schiffshospital gebracht werden mußten, erkannten sie schließlich doch ihre eigenartige Unterlassungssünde und ließen prompt Geländerstangen anbringen. Wie die Praxis zeigte, rollte die *Queen Mary* sogar noch viel stärker als zahlreiche andere Schiffe, was sich erst änderte, als sie Stabilisatoren erhielt. (Da ich vor dem Einbau der Stabilisatoren ziemlich häufig auf ihr gefahren bin, kann ich selbst bezeugen, wozu sie in dieser Hinsicht imstande war.)

Wie bei der *Queen Mary*, ja wie bei der *Titanic* und der *Great Eastern*, so war man auch im Fall der Tanker der Meinung, Größe an sich trage schon ihre Garantien in sich. Aber selbst wenn dies zutreffend gewesen wäre und man zu seiner eigenen Zufriedenheit hätte beweisen können, daß ein beladener Tanker bei stürmischem Wetter wie kein anderes Schiff relativ unerschütterlich bleibt („Das Wasser bricht sich einfach an ihnen", habe ich oft von Tankeroffizieren, Nutzern, Versicherungsleuten und Mitarbeitern von Klassifikationsgesellschaften zu hören bekommen), so schien doch zu der Zeit, als die Freibordkonvention revidiert wurde, niemand ernsthaft zu bedenken, ob *dieser* Umstand nicht seine eigene, neue Problematik hatte. Die hatte er nämlich.

Was man übersah, war die tatsächliche Wirkung der See auf solch massive schwimmende Objekte. Daß ein beladener Supertanker vielleicht in vielem Betracht als ein schwerer, *stationärer* Gegenstand im Wasser und weniger als ein schwimmendes, vom Wasser getragenes Fahrzeug angesehen werden muß, das auf den Wellen reiten kann, und daß es deshalb eine andersgeartete Reaktionsstruktur aufweist, dies war eine Erkenntnis, die sich nur allmählich einstellte. Vielleicht waren die für Supertanker relevanten Erfahrungen nicht auf der See zu suchen, sondern an ihrem Rand, bei den viktorianischen Leuchtturmbauern, die ihre Bauwerke an atemberaubend exponierten Stellen, zugleich aber so aufführen mußten, daß sie allen Unbilden trotzen konnten. Sie begannen, um ihren Gegner kennenzulernen, die Kraft zu messen, mit der Wellen auf Fels aufprallen. Thomas Stevenson stellte 1843/44 fest, daß im Sommer die Wellen, die gegen die Skerryvore Rocks an der schottischen Küste schlugen, mit einer Stärke von 611 englischen Pfund pro Quadratfuß, im Winter mit 2086 Pfund aufprallten. An anderen Stellen wurden viel höhere Stärkegrade registriert, in Bishop's Rock bei einem Sturm im Jahr 1860 7099 Pfund pro Quadratfuß. Doch dürften für Tanker die Werte von Skerryvore Rocks mit ihrer großen Schwankungsbreite zwischen winterlicher und sommerlicher Wellenstärke eher zutreffen, da sie zeigen, mit welch gesteigerter Wucht ein tief im Wasser liegender Tanker es bei stürmischem Wetter aufnehmen muß. Erst in jüngerer Zeit sind einige ganz wenige Tanker mit automatischen Geräten ausgerüstet worden, die den reinen Anprall auf den Bug messen und die ahnungslosen Kapitäne auf ihren eine Viertelmeile entfernten Türmen vor Gefahren durch die aufprallende See warnen können, die diese früher gern übersahen (und noch heute manchmal übersehen). Wenn der Tanker durch seine Ladung tief ins Wasser gedrückt wird, fallen die Wellen mit der gleichen Wucht auf ihn herab wie auf Felsen an der Küste, weil das Schiff nicht mit ihnen steigt, sondern in sie hineinstößt.

Die IMCO und die Seeschiffahrtbranchen sind natürlich nicht der Ansicht, daß sie die Bedingungen am Kap der Guten Hoffnung übersehen oder unterschätzt hätten. Die Freibordmarkenkonferenz, so erfuhr ich bei der IMCO, dem Lloyd's Register of Shipping, der Londoner Chamber of Shipping und von anderen ähnlich gewichtigen und wohlinformierten Stellen, habe ihre Entscheidung erst nach sorgfältiger Abwägung der meteorologischen Daten für das betreffende Gebiet getroffen. Aber die entfesselte Natur des Seegebiets von Südafrika hat mit den Strömungen, die sich an der Ostküste nach Süden bewegen, ebensoviel zu tun wie mit dem Barometer. Meteorologische Unterlagen können unmöglich das Phänomen erklären, das das Meer vor der Südspitze Afrikas zu einem der gefahrvollsten und unberechenbarsten auf der Erde macht, vielleicht zum gefährlichsten überhaupt.

Der *Africa Pilot,* das von der Admiralität herausgegebene Handbuch, das jedes Schiff bei der Fahrt um die Küsten dieses Kontinents an Bord hat oder haben sollte, gibt einen guten Hinweis auf die ernsten Schwierigkeiten, die die Schiffe südlich von Durban erwarten. „Falls man vor diesem Teil der Küste einem Südweststurm begegnet, werden sehr gefährliche Wellen an oder außerhalb der 100-Faden-Linie auftreten", heißt es im Pilot*.

Selbst diese Feststellung untertreibt noch, was geschehen kann. Schiffe, die in acht oder zehn Meilen Entfernung von der Küste fahren, fallen plötzlich gewissermaßen in ein Loch im Meer. Der Bug senkt sich in einen Abgrund, und dann liegen sie am Fuß einer Welle mit einer Höhe von fünfundvierzig bis fast sechzig Fuß, die auf sie herabstürzt. Die Wirkung ist exakt die gleiche wie bei der *Queen Elizabeth,* als sie während des Zweiten Weltkriegs vor Grönland unter eine Kreuzsee geriet und beinahe unters Wasser gedrückt wurde.

* Auf englischen Seekarten ist die Wassertiefe in Faden (1,8288 m) angegeben.

Zweifellos hat eine solche Riesenwelle die *World Glory* auseinandergerissen. Zahlreiche Passagierschiffe hatten beängstigende Begegnungen mit solchen Wogen. Nur ein paar Wochen, bevor wir selbst von Kapstadt in Richtung Durban fuhren, hatte ein englischer Passagierdampfer, die *City of Exeter,* 13 000 t, ein derartiges Abenteuer erlebt. Die Kreuzsee traf das Schiff mit solcher Wucht, daß, abgesehen von den Beschädigungen an dem Fahrzeug, zwanzig Passagiere Verletzungen erlitten, von schweren Prellungen bis zu Rippen- und Schlüsselbeinbrüchen. Im südlichen Winter 1973 ging ein großer und starker neuer englischer Linienfrachter, die 12 000 Tonnen große *Bencruachan,* beinahe unter, als ein solcher Wellenberg ihm das Rückgrat brach. Das Schiff kippte plötzlich über den Rand eines „Lochs" im Meer vornüber, und die Welle, die sich dann hoch vor ihm auftürmte, stürzte mit solcher Gewalt auf die Decks, daß der Rumpf in der Nähe des Bugs brach.

Die *Bencruachan* sank zum Glück nicht und wurde nach Durban geschleppt. Ein paar Wochen später geriet wieder ein Frachter, der 12 000-Tonner *Neptune Sapphire,* der auf seiner Jungfernfahrt war, unter eine ebensolche Riesenwelle. Er hatte nicht so viel Glück. Der Aufprall der Welle riß ihn in zwei Teile. Der vordere Teil des Schiffes trieb davon und ging vermutlich unter. Die Besatzung blieb auf dem hinteren Teil und wurde per Hubschrauber geborgen.

Als der englische Kreuzer *Birmingham* im Zweiten Weltkrieg in eines dieser „Löcher" fiel, wurde das Schiff durch den enormen Aufprall so stark in die Tiefe gedrückt, daß Besatzungsangehörige, die sich unter Deck befanden, glaubten, das Schiff sei torpediert worden, und zu den Alarmstationen rannten. Seit 1952 sind, soweit bekannt ist, elf Schiffe unter eine Kreuzsee geraten. Das größte war der Passagierdampfer *Edinburgh Castle,* dessen Bug mit dreißig Grad Neigung nach vorn in dem Wellental aufschlug.

Ebenfalls in diesem Seegebiet war 1909 das englische Passagierschiff *Waratah,* 9000 t, verschwunden – eines der großen, ungelösten Geheimnisse der See. Die *Waratah* war abends aus dem Hafen von Durban ausgelaufen und hatte noch, in Sichtweite der südafrikanischen Küste, mit einem begegnenden Frachter mit der Morselampe gesprochen. Dann kam ein Südweststurm auf, in den der Dampfer auf Nimmerwiedersehen verschwand. Heute ist man der Ansicht, daß er wahrscheinlich von einer Kreuzsee überwältigt worden ist, wie sie später auf die *Bencruachan* und die *Neptune Sapphire* herabstürzte. Am Rande sei bemerkt, daß diese Katastrophe mit einer seltsamen Vorahnung verbunden war. Als die aus Australien kommende *Waratah* in Durban eingelaufen war, verließ einer der Passagiere, ein gewisser Mr. Claud Sawyer, das Schiff, weil er es für unsicher hielt und glaubte, daß es umkippen werde. Dies, so erklärte er bei der amtlichen Untersuchung in London, habe er geträumt, und er habe auch andere Passagiere gewarnt.

Diese gigantischen Wellen vor der südafrikanischen Küste entstehen durch eine merkwürdige Kombination: die Beschaffenheit des Meeresbodens, den Mozambique-Agulhas-Strom und das Wetter.

Das Kontinentalschelf endet abrupt in kurzer Distanz von der Küste und bricht wie eine steile Klippe über den großen Tiefen ab. Die Strömung geht längs des Randes dieses unterseeischen Abbruchs hinweg und löst durch ihre Geschwindigkeit, die zwischen vier und fünf Knoten liegt, ähnlich wie ein gigantischer reißender Strom Wallungen aus. Im Winter, wenn die Westwinde aus dem fernen Süden um das Kap der Guten Hoffnung wehen und dann längs der Küste aus Südwest kommen, treffen ihre eigenen hohen Wellen, die auf ihrem langen Reiseweg Kraft angesammelt haben, auf die vom Agulhas-Strom erzeugten Wallungen. Die Seen, die sich infolge dieses Zusammenstoßes zwischen Strom und Sturm hochtürmen, sind in ihrer Erscheinung und Wirkung erschreckend. Die Wellenstrukturen überlagern einander und bringen auf diese Weise häufig Wogen von außergewöhnlicher Höhe und Kraft hervor, vor denen sich ein tiefer Schlund auftut. Das Schiff, das in diesen Abgrund taumelt, wird dann von den ungeheuren Wassermassen der überkippenden Riesenwelle getroffen, wie es vor Grönland der *Queen Elizabeth* geschah, deren Brücke, die sich normalerweise neunzig Fuß über dem Meer befindet, überflutet wurde.

Am schlimmsten sind diese Wellen längs der 100-Faden-Linie, die mehr oder weniger mit dem Rand des Kontinentalschelfs zusammenfällt, über dem auch der Mozambique-Agulhas-Strom in der Hauptsache verläuft. Die 100-Faden-Linie hält zur Küste einen Abstand, der zwischen elf und zweiundzwanzig Meilen schwankt, was bedeutet, daß Schiffe, die hier in den Mahlstrom geraten, auch mit der Gefahr durch die nahe Küste zu rechnen haben – zwischen Skylla und Charybdis. In dieser gefahrvollen Lage hatte sich auch die *Ardshiel* befunden, als ihre Maschinen ausfielen. Südafrikanische Seeleute nennen dieses Gebiet die „wilde Küste", was mir die besondere Bösartigkeit ihres Seegangs viel treffender zu beschreiben scheint als die Bezeichnung Kap der Stürme.

Für die Schiffahrt längs dieses Küstenabschnitts sind, wie in anderen verkehrsreichen Gewässern auf der Erde, zwei Fahrstraßen empfohlen. Dieses Schema der Verkehrsaufteilung wurde Anfang 1971 vorläufig von der IMCO eingeführt. Da beladene Tanker die küstennähere Straße, dichter am Land, nehmen mußten, hat diese Regelung nach dem Unfall der *Wafra* am Kap viel Unbehagen ausgelöst. Man fand, daß die beladenen Tanker mehr Abstand von der Küste halten sollten. Die südafrikanischen Schiffahrtsbehörden waren besonders darüber beunruhigt, daß die Fahrstraße für beladene Schiffe nahe der 100-Faden-Linie verlief. Leider ist diese Route den Reedereien lieber, weshalb sie sie auch empfahlen. Der Grund liegt darin, daß der Agulhas-Strom beladenen Schiffen zwei oder drei Tage lang zusätzlichen – und kostenlosen – Antrieb verschafft. Die beiden Schiffahrtsstraßen liegen nur zwei Meilen voneinander entfernt, aber so schwierig auch dieses ganze Seegebiet ist, so sind die Wellen im Strömungszentrum noch schlimmer. Professor J. K. Mallory, Leiter des Ozeanographischen Department der Universität von Kapstadt, erklärte in einem Interview mit der Zeitung *Cape Argus,* das im April 1971, zwei Monate nach dem Desaster der *Wafra,* erschien: „Wenn Tanker sich in größerer Entfernung von der Küste hielten, würden sie trotzdem noch vom Agulhas-Strom profitieren. Sie würden nicht so leicht einer Kreuzsee begegnen und einen nur wenig längeren Weg zurücklegen müssen." Als der südafrikanische Wirtschaftsminister S. L. Muller einen Monat später im Parlament eine Anfrage über die Lage der Tankerrouten beantwortete, erklärte er, Südafrika habe die Einteilung nur widerstrebend akzeptiert, aber kaum eine andere Wahl gehabt angesichts

„der überwältigenden Mehrheit von Reedereien, die für diese Neueinteilung waren".

So ist es zu einer Situation gekommen, die einem oft geradezu unglaublich vorkommt. Nachdem man zugelassen hat, daß Tanker stärker beladen werden dürfen, als man früher für ratsam hielt, und nachdem auch noch die Vorschriften für die winterliche Freibordgrenze in diesen Gewässern revidiert worden sind, wählten die Ölschiffe ausgerechnet die schmale Passage, die die gefahrvollste in diesem stürmischen Seegebiet ist.

Die Betroffenheit, die dies bei den südafrikanischen Hafenbehörden ausgelöst hat, spiegelt sich ständig in den Berichten des Schiffahrtredakteurs der *Cape Times,* George Young, der selbst ein ausgezeichneter Kenner dieser Gewässer und eine international angesehene Autorität in maritimen Angelegenheiten ist. In einem Artikel vom 15. Juni 1968, nach dem Desaster der *World Glory* und unmittelbar bevor die von der IMCO revidierten Freibordvorschriften in Kraft traten, schrieb Young:

„Es ist eines der großen Paradoxa in der internationalen Organisation für die Sicherheit des Lebens auf dem Meer, daß man Tankernutzer aus großen westlichen Staaten ermächtigt hat, ihre Schiffe, die in den vergangenen Monaten das Kap umrundet haben, zu überladen. Und ab 21. Juli wird die seit langem gültige Vorschrift, die in diesen Gewässern während des Winters eine leichtere Beladung verlangt, nicht mehr angewendet werden. Nach der Schließung des Suezkanals hat die Ölknappheit in Europa die maßgeblichen Stellen veranlaßt, ihren Kapitänen zu empfehlen, die für das Gebiet vor der Küste Südafrikas geltenden winterlichen Freibordvorschriften zu ignorieren und diese Gewässer eingetaucht bis zur Sommermarkierung zu durchfahren.

Wenn man dazu eine frühere Ermächtigung rechnet, die Tankern einen geringeren Freibord erlaubt – was zusätzliche 6000 Tonnen Fracht bedeutet –, stellen sich die Tanker den Winterstürmen in einer höchst bedenklichen Verfassung. Manche haben Schäden an ihrer Konstruktion erlitten, bei einem anderen riß sich auf Deck eine Ersatzschraube los und gefährdete die Sicherheit des Schiffes, und diese Woche brach die *World Glory* auseinander. Vor zwei Monaten sank ein zweites griechisches Schiff vor Lüderitz.

Gewissenhafte südafrikanische Inspektoren, die bisher überladene Schiffe festhielten, müssen sich nun entschuldigen, wenn aus Übersee schriftlich bestätigt wird, daß die Schiffe in diesem Zustand fahren dürfen."

Stürme treten in diesen Gewässern nicht nur während des Winters auf. Im Dezember 1969 – in der Mitte des südlichen Sommers – meisterte der schwedische Tanker *Artemis*, 102 000 t, vor der „wilden Küste" einen Sturm. Dabei habe, berichtete Kapitän L. J. Tarp später der *Cape Argus*, eine Welle das Schiff getroffen, die in solcher Höhe über das Hauptdeck rollte, daß sie noch das fünf Decks höher gelegene Ruderhaus erreichte und unter Wasser setzte. „Ein Schiff von dieser Größe verhält sich wie ein Pier, es kann nicht auf der Dünung reiten", bemerkte er. „Es treten gewaltige Drücke auf."

Wie er es regelmäßig und immer mit beunruhigendem Anschauungsmaterial tut, meldete sich einige Wochen später George Young neuerlich mit einer Kritik an der Überladung von Tankern. Am 9. Januar 1970 schrieb er in der *Cape Times*:

„Zwei Tanker mit schweren Vorschiffschäden mußten einen südafrikanischen Hafen anlaufen. Bei starker See von vorn gaben Stahlverbände in der Vorpiek nach, die sich als völlig unzureichend erwiesen, der Belastung durch die Elemente standzuhalten. Längsspanten rissen entweder an Verbindungsstellen mit den Querrahmen, oder sie verbogen sich. Und da die Festigkeit des Rumpfes durch die entsprechende Kombination von Verbänden wie Längsspanten und Querrahmen gebildet wird, kann eine schwache Stelle in der Konstruktion das Schiff in ernste Gefahr bringen.

Bei einem schwedischen Tanker, der in Durban Zuflucht suchte, waren durch den Aufprall nicht nur die Teile verbogen und gebrochen, sondern auch die Außenplatten von der Wucht des Wassers eingedrückt worden. Sie lösten sich ab, so daß das wasserdichte Schott vor dem ersten Öltank die volle Wucht des Wassers aushalten mußte.

Bei einem liberianischen Tanker, der während eines Sturms das Kap umfuhr, war das Vorschiff ähnlich zusammengebrochen. Zwischen den Stevenplatten und dem ersten Tank blieb ein leerer Raum, so daß fünfzehn Meter hohe Wassermassen ständig gegen eine blanke Wand geschleudert wurden, hinter der nichts als eine Reihe stählerne Träger war . . ."

Bezeichnenderweise kann man auf einem Supertanker gegen ein solches Mißgeschick überhaupt nichts unternehmen. Es gibt keine Möglichkeit, den Schaden vorläufig oder behelfsmäßig zu reparieren. Es ist nicht einmal möglich, den Bug zu erreichen. Von innen her gibt es keinen Zugang, und niemand würde es überleben, wollte er bei stürmischem Wetter über das Deck nach vorn gelangen.

Als im Zweiten Weltkrieg die *Queen Mary,* mit 15 000 amerikanischen Soldaten an Bord, im Atlantik mit voller Fahrt gegen den englischen Kreuzer *Curaçao* stieß und das Kriegsschiff in zwei Hälften zerriß, konnte ihr „staff captain" Harry Grattidge zusammen mit dem Boots- und dem Schiffszimmermann durch den Betriebsgang, der vom Heck bis zum Bug lief, nach vorn laufen, um nachzusehen, ob das Kollisionsschott beschädigt worden war. „Wenn dieses Schott was abbekommen hatte", schreibt Grattidge in seinen Erinnerungen *Captain of the Queens,* „dann wollte ich mir die Überlebenschancen der *Mary* lieber nicht ausmalen. Schweigend und schwitzend prüfte ich alles. Schließlich aber: kein Sprung, keine Bruchstelle. Das Schott hatte nichts abbekommen." Er hatte natürlich den gleichen Augenblick der Angst erlebt wie Lord Jim, als dieser das Kollisionsschott der *Patna* anstarrte. „Sie müssen bedenken, daß er, wie es jeder andere an seiner Stelle auch getan hätte, glaubte, das Schiff werde jeden Augenblick untergehen; die eingebeulten, rostzerfressenen Platten, die den Ozean aufhielten, mußten doch, ganz plötzlich, wie ein unterspülter Damm, dem Verhängnis nachgeben und eine alles überwältigende Flut hereinbrechen lassen."

Grattidge aber handelte, im Unterschied zu Lord Jim. „Ich drehte mich zum Bootsmann und zum Zimmermann um: ‚Schaffen Sie jedes Stück Holz her, das Sie finden können, Bootsmann. Schleppen Sie's runter, und verstärken Sie dieses Schott, wie Sie nur irgend können!'" Als der Bootsmann mit seiner Arbeit fertig war, dampfte die *Queen Mary* mit vierundzwanzig Knoten weiter, wobei das Kollisionsschott den vollen Aufprall des Wassers abfing. Wenn einem Supertanker ähnliches widerfährt, könnten die Offiziere nur zusehen und hoffen. Es kann sogar sein, daß sie nicht einmal *wissen,* daß ihr Schiff schwer beschädigt ist. „Man weiß nie, was passiert", sagte Alan Ewart-James zu mir. „Ich war auf einem 60 000-Tonner, der vor Durban einen schweren Rumpfschaden abbekommen hat. Er muß von einer Kreuzsee getroffen worden sein, aber wir wußten nichts davon. Erst vielleicht zwei Tage danach haben wir die Beschädigung bemerkt. Hatte ganz schön was abbekommen. Der Bug war ungefähr vier Zoll eingedrückt und das Deck nach unten gepreßt. Der Bug war wie eine Ziehharmonika nach oben zusammengeschoben. Als das Schiff nach dieser Fahrt ins Trockendock ging, haben sie, glaube ich, den Bug abgenommen und neu angesetzt."

Bei Supertankern besteht die Schwierigkeit, wie gesagt, unter anderem darin, daß sie auf einer großen Welle nicht reiten können, sondern sie durchstoßen müssen, was zumeist mit voller Kraft, vierzehn oder fünfzehn Knoten, geschieht. „Wir machten ungefähr zwölf bis dreizehn Knoten, als wir auf diese Welle prallten", sagte Ewart-James. „Bei sehr schwerem Seegang ist es für jedes Schiff immer ratsam, Fahrt wegzunehmen. Viele VLCC-Kapitäne und -Offiziere tun das nicht. Sie gehen einfach voll durch diese Kap-Wellen durch. Sie sitzen hier so weit hinten, eine Viertelmeile oder so was vom Bug entfernt, über den die Wellen herunterkrachen, und meinen, daß gar nichts passiert, daß alles in Ordnung ist. Aber durch diese Wellen kann man nicht einfach voll durch. Bei diesem Schiff hier würde ich bei wirklich schlechtem Wetter ganz langsam werden, ganz langsam, bis grad noch genug Kraft da ist, damit es den Kurs hält."

An dem Tag, an dem die *Ardshiel* aus Rotterdam ausgelaufen war, hatte ich in meiner Kabine die letzten Berichte von George Young gelesen, alle erst ein paar Tage alt. Sie befaßten sich mit einem Sturm, der eben im Seegebiet vor dem Kap der Guten Hoffnung getobt hatte. „Das Wetter an der Küste Südafrikas hat sich nicht verändert, verändert aber haben sich die Vorschriften für die Beladung von Schiffen", schrieb er und breitete wieder die Belege aus, die er schon mehrere Jahre vorher geliefert hatte, als die neuen Bestimmungen in Kraft traten. Der Orkan, der eben vergangen war, hatte nördlich von Durban den 60 000-Tonner *Texaco Venezuela* völlig außer Gefecht gesetzt. Infolge Stromausfalls war das Schiff bewegungsunfähig geworden und mußte, schwer angeschlagen vom Seegang, von einem Bergungsschlepper in einen Hafen gebracht werden. Ein P & O-Tanker, die *Grafton,* hatte Beschädigungen am Rumpf erlitten und Kurs auf Durban genommen. Dem englischen Tanker *Blyth Adventurer,* 18 000 t, war es besonders übel ergangen. Er hatte sich in dem gleichen Gebiet befunden wie die beiden anderen Schiffe, und als der Sturm auf dem Radarschirm erschien, hatte man geglaubt, es handle sich nur um Regenböen. Als der Sturm kam, steigerte sich der Wind rasch zu Hurrikanstärke, und „gewaltige Kreuzseen und Brecher stürzten sich donnernd auf den schwerbeladenen Tanker".

Man verminderte die Geschwindigkeit, aber selbst mit drei Viertel der Kraft konnte das Schiff nur vier Knoten Fahrt machen. Das Wasser stürzte mit solcher Gewalt über das Vorschiff, daß Locker und Lagerräume überflutet wurden. Stromkabel waren aus ihren Halterungen gerissen worden, so daß auf der Hälfte des Schiffes das Licht ausfiel. Die Besatzungsräume waren ohne Strom und Licht, und auf der Kommandobrücke mußte man Öllampen anzünden. Das Vorderdeck brach unter dem Druck der Wassermassen, Rohrverkleidungen wurden verbogen und weggerissen. Ein Teil der Ausrüstung auf dem Vorderdeck war offenbar aus seiner stählernen Verankerung gerissen, über das ganze Hauptdeck sowie über die Brücke geschleudert worden und auf dem Achterdeck gelandet! „Zwei wichtige Punkte ergeben sich aus dem Erlebnis der *Blyth Adventurer*", schrieb George Young: „Erstens, das Schiff befand sich auf der empfohlenen Route längs der Küste, also zwischen fünfzehn und zwanzig Meilen Entfernung zum Festland, und somit, wie manche Seeleute meinen, genau in der stürmischsten Zone. Wenn infolge des Stromausfalls auch die Steuerung des Schiffes ausgefallen wäre und es dem Seegang seine Breitseite geboten hätte, hätten die Wellengebirge es möglicherweise unter Wasser gedrückt."

„Es überrascht mich nicht, daß ihnen der Bug eingeschlagen wird", zitierte George Young in einem späteren Bericht einen Offizier auf einem kleinen Tanker, der sich über VLCCs äußerte. „Ein Tanker, der von achtern auf uns zukam, stieß mit einer Riesenwelle zusammen, daß das Wasser so hoch wie seine Masten spritzte. Auf sämtlichen Decks blieb keine Stelle trocken, und es war erstaunlich, daß irgendein schwimmendes Gefährt eine solche Bestrafung überhaupt aushält."

Sie halten sie natürlich nicht aus, wie er wußte und wie wir wissen, und durch die dabei entstehenden Risse und Brüche oder aus ihren tödlichen Wunden dringt Jahreszeit um Jahreszeit das Gift, das Leben und Lebensfähigkeit dieses Meeres bedroht. Kein Winter vergeht ohne beunruhigende Beispiele dafür, wie die Sturmwellen vor dem Kap den Ölschiffen mitspielen. Zu Beginn des südlichen Winters im Jahr 1974 rissen tobende Wogen auf einem Tanker den Fockmast, der sich in der Mitte des breiten Decks weitab von der Bordwand befand, aus seiner Befestigung. Der tatsächliche Abstand zwischen der Sommer- und Wintermarkierung – nicht ganz zwei Fuß – mag vielleicht geringfügig erscheinen, aber er ist keineswegs bedeutungslos, wenn man die ohnehin extrem geringe Freibordhöhe eines beladenen, tief im Wasser liegenden Tankers bedenkt. Jeder, der erlebt hat, wie sie bei schwerem Seegang gebeutelt und mißhandelt werden, muß sich fragen, ob unter solchen Bedingungen selbst ein so kleiner Unterschied nicht manchmal zur Katastrophe führen kann. Ein Tanker kann nicht mit dem Seegang steigen, wie es einem konventionellen Frachter möglich ist. Wenn man auf der Brücke eines VLCC steht, kann man sehen, wie die Wogenkämme einer hinter dem andern gegen den langen Rumpf heranrollen. Manche erreichen nicht ganz die Höhe des Hauptdecks. Dann kommen welche, die nur eine Kleinigkeit höher sind, nicht mehr vielleicht als dreißig Zentimeter. Die Flut, die sich über das Deck ergießt, könnte einen Menschen töten, wenn er so verrückt wäre, sich ihr auszusetzen. Dabei geht es noch gemäßigt zu. Wird es wirklich ernst, ist es erschreckend zu sehen, in welchen Massen und mit welcher Gewalt die Fluten fast ständig das Schiff überspülen; sie können, wie wir aus der Gegend vor dem Kap der Guten Hoffnung wissen, schon bei normalem Winterwetter riesigen Schaden anrichten, bei noch stürmischerem aber katastrophalen.

In dieser Hinsicht hat die Natur das Phänomen der Riesenwellen vor der südafrikanischen Küste mit einem zweiten Phänomen gekoppelt, das ebenfalls mit dem Agulhas-Strom zusammenhängt und das Seine zur Verschmutzung der südlichen Meere beiträgt. Der Mozambique-Strom, der längs der Ostküste Afrikas nach Süden strömt, wird vor Südafrika zum Agulhas-Strom. Vor dem Kap Agulhas selbst schwenkt er praktisch im rechten Winkel von der Küste ab und bewegt sich aufs Meer hinaus. Sein Kurs führt ihn südostwärts auf die zirkulierende Westwind-Trift in den antarktischen Gewässern zu.

Die Geschwindigkeit des Mozambique-Agulhas-Stroms, bis zu vier Knoten, ist wichtig. Was er einmal ergreift, läßt er meistens nicht mehr los, auf der ganzen Reise in den Süden. Seine Zähigkeit und Kraft veranschaulichen eine erstaunliche, aber längst vergessene Episode, eines der denkwürdigsten Dramen der Seeschifffahrt, das vermutlich Joseph Conrad zu seiner Erzählung „Falk“ inspiriert hat. Dabei geht es um den englischen Dampfer *Waikato,* 5000 t, der im Mai 1899 von London nach Australien in See ging, und, nachdem er in Kapstadt angelegt hatte, das Kap der Guten Hoffnung umfuhr. Kurz danach brach die Schraubenwelle, wodurch der gesamte Antrieb ausfiel. Die *Waikato* war jedoch in den Jahren des Übergangs vom Segel- zum Dampfantrieb gebaut worden und konnte am Fockmast Rahsegel und am Hauptmast Stagsegel aufziehen. Dies geschah, aber das Schiff gehorchte dem Ruder nicht. Es war im Agulhas-Strom gefangen und trieb tatsächlich *gegen* den Wind. Vier Wochen lang, während an Bord Proviant, Wasser und Moral langsam abnahmen, wurde die *Waikato* stetig dem Winter des Südmeers entgegengetragen, dessen Orkanen sie, wie es aussah, wahrscheinlich schon erliegen würde, bevor die Menschen auf dem Schiff durch Kälte und Hunger umgekommen waren.

In der Ladung fand man weitere Lebensmittel, die streng rationiert wurden. Da die *Waikato* dem Zeitalter des Funks voraus war, konnte sie keine Hilfe herbeirufen. Nach elf Wochen wurden sie Ende August von einer Schonerbark gesichtet, deren Kapitän versprach, die bedrängte Lage des Schiffes in Mauritius zu melden. Später aber wurde sie von einem anderen Dampfer gesehen, der sie trotz des schweren Seegangs nach Fremantle schleppte, wo sie schließlich dreieinhalb Monate nach ihrem Auslaufen aus Kapstadt eintraf. Das Schiff war stetig auf die subantarktischen Gewässer zugetrieben worden und befand sich, als es entdeckt wurde, am Rand der „Roaring Forties“, auf halber Strecke nach Australien, doch auf einem Kurs, der stärker nach Süden führte. Wahrscheinlich ist bis heute noch kein Schiff weiter und länger abgetrieben worden. Interessant in diesem Zusammenhang ist, daß zehn Jahre später, nachdem der Passagierdampfer *Waratah* zwischen Durban und Kapstadt als überfällig gemeldet wurde, die zur Suche ausgesandten Kriegsschiffe annahmen, er sei mit einem Schaden liegengeblieben und in die gleiche südliche Strömung wie die *Waikato* geraten. Sie folgten also dem Kurs der *Waikato*, konnten aber keine Spur von dem vermißten Dampfer finden.

Jedenfalls, der Weg, den die *Waikato* nahm und den die Admiralität auch im Fall der *Waratah* für möglich hielt, ist vermutlich der gleiche, den auch ein großer Teil des Öls geht, das in die Gewässer vor Südafrika gerät.

Wie wir gesehen haben, schwimmen in diesem Seegebiet ständig Ölteppiche aller möglichen Herkunft auf dem Wasser, ob von größeren Katastrophen, gesunkenen Schiffen, Tankspülungen, Tankrissen, Lecks, Schiffen, die in gefährlicher Lage geleichtert werden, oder vom abgelassenen Bilgenwasser gewöhnlicher Handelsschiffe. Schon eine geringe Menge abgelassenen Öls, die ausgespülte Flüssigkeit aus den Tanks eines kleinen Tankers kann eine Öllache hervorrufen, die viele Meilen bedeckt. Selbst bei rauhem Wetter ist ein Ölteppich häufig sehr widerstandsfähig gegen seine Auflösung. Er kann weite Entfernungen zurücklegen. Als die 46 000 Tonnen große *World Glory* auseinanderbrach, bildete die ausgelaufene Ladung einen sechzig Meilen langen Ölteppich, der zunächst stetig auf die Küste zutrieb, sie aber nicht erreichte und anscheinend vom Agulhas-Strom in südlicher Richtung mitgenommen wurde.

Alle großen Ölunfälle in dieser Gegend haben sich in der Bahn oder Reichweite des Agulhas-Stroms ereignet. Der größte Ölteppich, der von der *Wafra* ausging, hatte mehr als fünfunddreißig Meilen Länge und wurde ebenfalls vom Agulhas-Strom fortgetragen. Nach dem Zusammenstoß der *Texanita* und der *Oswego Guardian* ließ letzteres Schiff etwa 8000 Tonnen seiner Ladung über Bord gehen. Diese Menge bildete zusammen mit 4000 Tonnen Bunkeröl, die bei der Kollision ausgelaufen waren, sowie Öl aus den Tanks der *Texanita* einen riesigen Ölteppich, der fünfundsechzig Meilen lang und ungefähr zehn Meilen breit war. Er löste sich schließlich in zahlreiche kleinere auf, die, wie Dreck in der Gosse, zumeist mit dem Agulhas-Strom weggeschwemmt wurden.

Faktisch wirkt der Agulhas-Strom sozusagen als eine große Absaugevorrichtung, die alles Öl, das sie mit sich nimmt, wirbelnd in das Südmeer transportiert, täglich in kleinen Mengen, gelegentlich als breitflächige „Bettücher".

Da unser Wissensstand über die ozeanographischen Verhältnisse im Meer um die Antarktis noch große Lücken aufweist, kann man nicht mit Gewißheit voraussagen, wie sich diese Schadstoffe möglicherweise verteilen. Das, was wir über die Bewegungen von Wind, Strömungen und Wasser in dieser Gegend wissen, deutet darauf, daß die Verteilung auf der Oberfläche ebenso weiträumig sein kann wie in den Schichten darunter. Wenn Schadstoffe und Teerreste dem Treibkurs der *Waikato* folgten, würden sie längs des Randes der antarktischen Westwind-Trift getragen werden. Dabei würden sie eine der fruchtbarsten Seeregionen im Süden passieren. Sobald sie das Südmeer erreicht haben, würden Öl und Teer entweder den Globus umkreisen oder langsam nach Norden zurückkehren. Flaschenpost soll das Meer um die Antarktis in etwa vier Jahren umrundet haben. Aber die zerstörerischsten Wirkungen werden längst eingetreten sein, bevor diese Überreste in dauernder Bewegung die Antarktis umkreisen oder an der australischen oder neuseeländischen Küste an Land gespült werden. Ein interessantes Beispiel für diese Trift aus jüngerer Zeit lieferte der im Dienst der P & O fahrende Erz-Öl-Tanker *Heythrop,* auf dem sich im November 1971 vor der südafrikanischen Küste eine heftige Tankerexplosion ereignete. Fünfzehn Monate später kam eines der Rettungsboote des Schiffes, vermutlich durch die Explosion vom Deck gerissen, gekentert am westlichen Ausgang des Hafens von *Princess Royal* in Australien an. Es war 7000 Meilen weit übers Meer getrieben. Südlich vom Kap der Guten Hoffnung werden die Strömungen des Südmeers überaus komplex, was auf die Einwirkung der Winde und Stürme auf die Wasseroberfläche und das Zusammentreffen von kaltem Wasser aus dem Süden mit wärmerem aus dem Norden zurückzuführen ist. Die Kenntnisse über all dies sind noch immer sehr mager, aber es steht fest, daß ein lebhafter Austausch zwischen den verschiedenen Wasserschichten – in der Tiefe und an der Oberfläche, warm und kalt – stattfindet. Besonders lebhaft geht es im Seegebiet südlich vom Kap Agulhas zu. Hier treten warme Strudel auf, manchmal nicht weniger als hundert Kilometer voneinander entfernt. Wie es scheint, sinkt hier Wasser in tiefere Schichten und verbreitet sich in südlicher Richtung.

Alle aufgelösten Schadstoffe, die der Agulhas-Strom südlich des Kaps aufnimmt, haben daher eine gute Chance, in tieferen Schichten sich weit im Südmeer zu verbreiten. Weniger lösliche Teile von ausgelaufenen Ölmengen, die zäher an der Oberfläche bleiben, werden weiterhin dort ihre schädliche Wirkung tun, auf ihrer wechselvollen und vielleicht endlosen Reise, getragen von diesem großen, stürmischen und unberechenbaren Meer.

Ein großer Teil des auf der Erde vorhandenen Sauerstoffs und weitaus der größte Teil des Lebens in den Weltmeeren werden erzeugt oder aber sind abhängig vom Südmeer, dessen Fauna und Flora die reichsten und fruchtbarsten in allen Ozeanen sind. Wir können heute einfach noch nicht wissen, was wir unserem Planeten, dem Leben in allen Ozeanen, der künftigen Existenz des Menschen antun, wenn wir gedankenlos, umfassend und in nicht wiedergutzumachender Weise das Südmeer schädigen, ehe wir seine Funktionen richtig verstehen. Was wir heute schon über seine Bedeutung wissen, rechtfertigt die düsteren Prophezeiungen, falls sein Ökosystem zusammenbricht.

Die Weltmeere sind nicht gleichmäßig produktiv. Der größere Teil der Tiefen ist, wie die Steppe, relativ unfruchtbar. Der wirkliche Reichtum des Lebens im Meer konzentriert sich in ein paar wenigen sehr produktiven Gegenden, üppigen Weiden, wenn man will, wo Dichte und Vielfalt der lebenden Materie ungleich höher sind als in anderen Gebieten. Diese gesegneten Gefilde liegen im großen und ganzen entweder innerhalb der Äquatorialströme oder sind über die kältesten Bereiche bestimmter kalter Strömungen verteilt. Aber das abwechselnd kalt und warm geschichtete Südmeer enthält die größten, reichsten und wichtigsten dieser Gebiete. Es ist über einen weiten Teil seiner Ausdehnung hochproduktiv, während die anderen Ozeane nur an relativ kleinen Stellen sehr fruchtbar sind. Ja, mehrere dieser überaus produktiven Stellen werden direkt vom Südmeer beeinflußt, namentlich die Westküste Südamerikas vom Kap Hoorn bis zum Äquator und die afrikanische Westküste vom Kap der Guten

Hoffnung bis zum Äquator. Der Reichtum der antarktischen Gewässer wird an der südamerikanischen Küste vom Humboldt-, längs der südwestafrikanischen vom Benguela-Strom nach Norden getragen.

Diese beiden Strömungen befördern eine solche Fruchtbarkeit, daß Peru heute über zehn Prozent des gesamten Fischfangs der Welt (mit Abstand der höchste Prozentsatz) verfügt und es sich für ganze Trawler-Flotten lohnt, aus den entlegensten Gegenden der Welt zu den Fischgründen vor Südwestafrika zu dampfen. Die Trawler, die diese weite Reise zurücklegen, gehören vor allem den Sowjets und den Japanern. Der größte Teil der Fänge der Peruaner, Russen und Japaner und Angehöriger anderer Staaten, die den Humboldt- und den Benguela-Strom ausbeuten, wird zu Fischmehl verarbeitet, das als Kunstdünger und Tierfutter Verwendung findet. Es wäre nicht leicht zu sagen, wie viele Millionen Menschen auf der Welt direkt oder indirekt auf diese Fänge angewiesen sind. Doch angesichts des ständig anwachsenden Nahrungsmittelbedarfs auf der Erde ist es unerläßlich, daß diese Fanggründe auch in Zukunft möglichst ergiebig bleiben. Laut Schätzungen von verschiedener Seite kommt ein Sechstel der gesamten Fischfangerträge der Welt aus dem Südatlantik vor der südafrikanischen Küste, woraus sich ergibt, daß der Humboldt- und Benguela-Strom gemeinsam etwa sechzehn Prozent unserer Seefische liefern.

Das Südmeer spielt durch seinen Einfluß auf benachbarte Ozeane für die moderne Landwirtschaft und die Ernährung einer wachsenden Bevölkerung schon viel länger eine wichtige Rolle, als die meisten von uns vielleicht ahnen. Die Welt hat vergessen, daß dieses Meer mehr als ein Jahrhundert mit dem Guano einen unentbehrlichen Düngemittel-Grundstoff geliefert hat. Der Guano besteht aus den getrockneten Exkrementen, die Guano-Vögel (hauptsächlich Pinguine, Kormorane und Tölpel) an ihren Brutplätzen hinterlassen haben, bei denen es sich zumeist um Klippen und kleine Inseln längs der südafrikanischen und der Westküste Südamerikas handelt. Der Guano lieferte den Grundstoff für die Massenproduktion der Düngemittel, welche die Landwirtschaft im neunzehnten Jahrhundert benötigte, um die

Produktion zu steigern und die anwachsende Bevölkerung Europas und Amerikas zu ernähren. Während der westliche Mensch mit den Brutalitäten des Wal- und Seehundfangs zum erstenmal das Südmeer und seine verwandten Gewässer im großen Stil ausplünderte, brachte der Guano vermutlich den höchsten Profit. Zur Zeit ihrer Entdeckung waren die Ablagerungen dieses Düngemittels auf den kleinen Felseninseln oft bis zu acht Meter hoch. Bei einem Preis von neun Pfund pro Tonne, wie er in der Mitte des neunzehnten Jahrhunderts zu erzielen war, ließ sich mit dem Guano rasch ein Vermögen machen: Man kaufte oder charterte ein Schiff, fuhr zu den Inseln und belud es randvoll mit der Fracht, die keinen Pfennig kostete. Auf den Inseln im Südatlantik wurden die Guano-"Claims" abgesteckt wie die Goldgräberfelder im kanadischen Klondike. Der „Guano-Rausch" hat viel zum Sagen- und Legendenschatz dieses Meeres beigetragen.

Auf der Insel Ichaboe, sechshundert Meilen nördlich von Kapstadt, brachte der Guano-Rausch einen Andrang von Schiffen, wie er selten vorkommt. In den vierziger Jahren des letzten Jahrhunderts zählte man einmal an einem einzigen Tag nicht weniger als vierhundert Fahrzeuge, die vor der Insel vor Anker lagen. Täglich kam es zwischen den Besatzungen zu tätlichen Auseinandersetzungen über die einzelnen Anteile. Die Leichen der dabei Umgekommenen hat die Guano-Schicht vollkommen konserviert, wie sich hin und wieder zeigt, wenn Stürme und starke Winde die Särge freilegen. Die Brutalität, die auf Ichaboe herrschte, ist ein düsteres Thema, das in englischen Schiffahrtszeitschriften immer wiederkehrt.

Ein südafrikanischer Schriftsteller, Lawrence G. Green, der die afrikanischen Küsten und Seegebiete gut kannte, gibt in einem seiner Bücher, *Where Men Still Dream,* eine typische Ichaboe-Anekdote wieder:

„Vor vielen Jahren hat hier ein Seemann gearbeitet, und nach einem Sturm fand dieser verrückte Kerl einige der Gräber, von denen der Wind die Erde weggefegt hatte. Jeden Vormittag pflegte er zu den Särgen zu gehen. Dann hob er einen Deckel auf und sagte: ‚Guten Morgen, Jack – noch immer da? Du hast aber ein verdammt viel besseres Hemd an als ich. Ich glaub, ich zieh's dir aus.' Er hat nie ein Hemd genommen; aber eines Tages ging er, als er auf einem Schiff Rum getrunken hatte, mit einem Taschenmesser zu einer dieser Mumien und schnitt ihr den Kopf ab. Er schwenkte ihn an dem roten Haar, als er in die Hütte kam."

In den dreißiger Jahren zählte die Tölpelbevölkerung von Ichaboe nach groben Schätzungen vierzig Millionen. Die Vögel kommen noch immer in Millionen auf die Insel und hinterlassen noch immer den Guano, der heute von der südafrikanischen Regierung als staatliche Mineralressource abgebaut wird, wenn auch die tiefen Ablagerungen inzwischen natürlich nicht mehr vorhanden sind. Ein Tölpel frißt täglich ein Quantum an Fischen, das seinem eigenen Körpergewicht entspricht. Die kolossalen Mengen an Fisch, die dieser Vogel verschlingt, geben eine gute Vorstellung, welchen Reichtum der Benguela-Strom mit sich führt.

Diese reichgemischte Vielfalt von Vögeln, Fischen, Walen und Robben in den südlichen Meeren bildet die letzte große natürliche Ressource auf der Erde; damit kann nur die Arktis konkurrieren, doch ihre Gewässer sind nicht so reich, die Verteilung der Lebewesen im Meer ist enger begrenzt und, weil dieses Gebiet der Zivilisation relativ näher liegt, schon stärker dezimiert. Das Erstaunliche an den Meeren im Süden ist, daß man ihre Tierarten noch drei- bis viertausend Meilen von der Antarktis entfernt, vor Südamerika und Afrika, in solcher Fülle antrifft. Doch wie im Fall der arktischen Gewässer, so hat der Mensch auch gegenüber der Fauna der südlichen sich nur selten vorbildlich verhalten. Besonders abscheulich war und ist der Walfang mit seinen Sprengharpunen, die das Tier erst nach zwanzig bis dreißig Minuten töten, worauf es, wie es oft geschieht, noch nicht ganz tot, mit Preßluft aufgeblasen wird, damit es sich leichter schleppen läßt. Die abgehärteten Seeleute haben sich weder durch ihre achtungsvolle Scheu noch durch Sentimentalitäten abhalten lassen, den Albatros nur so zum Spaß mit dem Metallhaken zu fangen. Aber was man zu alledem und anderen ähnlichen Untaten sagen mag, nichts, so brutal es auch die Herrlichkeit mißachten mag, der all dies zu verdanken ist, kommt wirklich der Verschmutzung und Ausplünderung des Südmeeres und der anderen Meere gleich, die es direkt beeinflußt.

Mehrere der großen ozeanischen Zirkulationssysteme unserer

Erde beziehen ihre ursprüngliche Antriebskraft und einen großen Teil ihrer organischen Grundsubstanzen aus dem Südmeer. Aus diesen Systemen gehen die dominierenden Strömungen des Südpazifik, Südatlantik und des Indischen Ozeans hervor. Der Humboldt-Strom geht in seinem Verlauf über den Südpazifik in den warmen Südäquatorial- und auf der anderen Seite dieses Weltmeeres in den Ostaustralischen Strom über. Der Westaustralische Strom kommt aus dem Südmeer, streicht an der australischen Westküste entlang und mündet in den Südäquatorial-Strom im Pazifik. Im südlichen Atlantik schlägt der Benguela-Strom am Äquator westliche Richtung ein und wird zum Brasil-Strom.

Einer der Gründe, warum das Südmeer diesen unglaublichen Reichtum aufweist, liegt darin, daß es so „gut durchmischt ist", wie mir Sir George Deacon erläuterte, früher Leiter des englischen National Institute of Oceanography und eine angesehene Autorität auf dem Gebiet der antarktischen Meereskunde.

Dazu kommt noch, daß das Meer um die Antarktis ein viel ausgeglicheneres Klima besitzt als die arktischen Gewässer. Dies ist, wie Darwin in *The Voyage of the Beagle* erklärt, „offensichtlich auf das im Vergleich zum Festland große Meeresgebiet zurückzuführen". In der nördlichen Hemisphäre, schreibt Darwin, sei der Winter ungemein kalt, der Sommer aber bei weitem nicht so heiß, „denn der bewölkte Himmel ermöglicht es der Sonne nur selten, den Ozean zu erwärmen, der an sich schon Hitze schlecht aufnimmt; und daher ist die mittlere Jahrestemperatur . . . niedrig." Er schließt mit der Feststellung, da üppiges Wachstum nicht so sehr Hitze als Schutz gegen starke Kälte brauche, sei das langweiligere, aber gleichmäßigere Klima des Südens ihm schließlich zuträglicher.

Im Südmeer ist dieses Zusammenspiel starker Tiefen- und Oberflächenströmungen von unterschiedlichen Temperaturen gegeben, das diese überquellende Fruchtbarkeit im Ozean hervorbringt. Tiefenströmungen wirbeln Nährstoffe an die Oberfläche und befördern umgekehrt viele der Organismen, die sich an der Oberfläche entwickelt haben, zum Brüten in die kälteren Tiefenschichten. Die Stürme und die allgemeine Unruhe des Südmeeres halten die Oberfläche noch stärker in Bewegung, und so finden wir hier im großen und ganzen ähnliche Bedingungen wie die, unter denen das Leben entstand. Wie wir schon bemerkt haben, erinnern diese tosenden Gewässer um den Südpol tatsächlich noch spurenhaft an die Zeit, da die ganze Erdoberfläche von einem wüsten Sturmmeer bedeckt war. Die zentrifugalen Strömungen, die von hier ihren Ausgang nehmen, tragen die Produkte oder Samen dieses Meeres, oft auch beides, fort und stimulieren und vergrößern andere fruchtbare Meeresgebiete, die weit jenseits des Randes des Südmeeres selbst liegen.

Am fruchtbarsten werden diese Strömungen schließlich dort, wo ihr kalter Strom sich allmählich mit einem wärmeren, tropischen vermengt. Das kalte Wasser sinkt unter das weniger dichte warme, und die vertikale Strudelbewegung, die dadurch entsteht, befördert wiederum Nährsalze vom Meeresgrund nach oben. Diese zusätzliche Belebung trägt mit zu den besonders hohen Fischfangerträgen vor der peruanischen und südwestafrikanischen Küste bei (in der nördlichen Hemisphäre sind die gleichen günstigen Bedingungen vor Neufundland zu finden, wo der kalte Labradorstrom unter das wärmere Wasser des Golfstroms taucht).

An dieser Stelle ist die Frage angebracht, in welchem Ausmaß das Südmeer den Golfstrom und den nördlichen Atlantik stimuliert und ihre Fertilität beeinflußt. Wir wissen darüber so gut wie nichts. Unser Wissen beschränkt sich darauf, daß die Meere unteilbar sind, daß sich zwischen ihnen ein ständiger Wasseraustausch vollzieht. Möglicherweise ist die gegenseitige Befruchtung der Lebewesen in den Ozeanen viel komplexer, als zur Zeit angenommen wird; man müßte von einem merkwürdigen Versehen im Gleichgewichtssystem der Natur unseres Planeten sprechen, wenn es nicht so wäre. Das Südmeer hat unter seiner Oberfläche eine wärmere Schicht mit stärkerem Salzgehalt, und im atlantischen Sektor dieses Seegebiets läßt sich ein Teil des warmen Wassers in der Tiefe in seiner Herkunft auf das Mittelmeer zurückführen, ein anderer sogar auf den Gegenpol, die Grenzregion zwischen dem Nordatlantik und arktischen Strömungen.

Wir wissen nicht, wie lange Wasser braucht, um solch gewaltige Entfernungen zurückzulegen. Eine der fundamentalen Schwierigkeiten bei der klärenden Untersuchung, welche Folgen die Meeresverschmutzung nach sich zieht, liegt gerade darin, daß wir keinerlei klare Vorstellung besitzen, mit welcher Geschwindigkeit die Ozeane ihr Wasser austauschen. Wir wissen kaum etwas über Rolle, Funktion und Langzeitwirkung dieser Austauschprozesse auf das Leben im Meer. Es ist allerdings kaum anzunehmen, daß ein stark verschmutzter Atlantik oder auch nur das Mittelmeer *nicht* das Südmeer oder umgekehrt beeinflussen könnte. Inzwischen ist weit bekannt, daß man vor einigen Jahren in Pinguinen aus der Antarktis DDT-Spuren gefunden hat. 1974 wußte man noch immer nicht, auf welchem Weg das Pflanzenschutzmittel zu den Tieren gelangt ist; einige Wissenschaftler, mit denen ich darüber gesprochen habe, neigen zu der Ansicht, das DDT sei durch die *Luft* übertragen worden.

Angesichts der allgemeinen Unwissenheit, die in dieser Frage herrscht, ist die Annahme vielleicht nicht unbegründet, daß die Chemikalie durch zufließendes Wasser aus dem Atlantik, wo das Plankton schon heute einen hohen Gehalt an PCB, einem mit dem DDT verwandten industriellen Abfallprodukt, aufweist, in die antarktischen Gewässer gelangt sein könnte. Aber selbst wenn die Pinguine das Pflanzengift aus der Luft aufgenommen haben, heißt dies, daß das Südmeer jetzt aus jeder denkbaren Richtung von der Verschmutzung bedroht wird – unter und über seiner Oberfläche, aus dem kalten Himmel über der Antarktis, von den tiefsten Strömungen, die Wasser aus anderen Ozeanen und Meeren mitbringen, und am unmittelbarsten und vielleicht gefährlichsten von dem, was ihm vom Kap der Guten Hoffnung her zugeführt wird.

Allein schon an den großen Strömungen, die es antreibt und nährt, zeigt sich deutlich genug, daß die Einwirkung des Südmeers auf die Gesamtheit der Weltmeere wahrscheinlich größer ist als die jedes anderen Ozeans. Seine globale Bedeutung wurde in wissenschaftlichen Kreisen schon lange vermutet, bevor ausreichende Belege dies bestätigen. Zu Beginn des neunzehnten Jahrhunderts wurde die These aufgestellt, sämtliche Gezeiten würden von den antarktischen Gewässern hervorgerufen, eine Ansicht, die sich bis weit in unsere Jahrhunderte behauptete. Es war eine naheliegende Ansicht angesichts der gewaltigen Kraft einer solchen Wassermasse, die ständig die Erde umrundet, angetrieben von der stürmischen Westwind-Trift, und dabei ihre starken Strömungen in jeden der anderen großen Ozeane entsendet. Diese Theorie ist bekanntlich heute widerlegt, aber sie stellt eine historische (man möchte fast sagen: instinktive) Anerkennung der Bedeutung des Südmeers dar. Sie hat insofern noch heute einen Wert, als sie jede Ausflucht hinfällig macht, wir seien uns erst in jüngster Zeit seiner möglichen Bedeutung für unsere Zukunft bewußt geworden und wüßten deshalb einfach zuwenig darüber.

Man sagt uns so oft, die Meere seien die letzte unberührte Ressource auf der Erde, das letzte unerschlossene Neuland und eine potentielle Quelle eines großen Teils der Nahrungsmittel, die unsere übervölkerte Erde in Zukunft brauchen wird. Wenn dies so ist, dann wäre es wahrhaft gegen alle Vernunft zuzulassen, daß das Südmeer, das fruchtbarste von allen, Schaden nimmt, ehe wir es richtig erschlossen oder bevor wir wirklich eine substantielle Kenntnis seiner wahren Bedeutung für sämtliche Salzwassergebiete der Welt erworben haben.

Zwar werden heute viel mehr Forschungsschiffe in die antarktischen Gewässer entsandt als früher, aber das Südmeer ist nicht mehr unter der genauen, ständigen Beobachtung durch die kommerzielle Segelschiffahrt, seitdem diese vor vierzig oder fünfzig Jahren die Fahrten durch dieses Meeresgebiet weitgehend eingestellt hat. Für Dampfschiffe besteht kein Grund, diese Gewässer zu durchfahren, es sei denn, sie bringen Versorgungsgüter zu Wetterbeobachtungsposten auf abgelegenen Inseln oder in der Antarktis selbst. Ohnedies wird der Nachschub größtenteils per Flugzeug befördert. Die Walfangexpeditionen sind mittlerweile gottlob zurückgegangen und in ihrer Reichweite begrenzt, nachdem die Beute sich dem Aussterben schon weitgehend genähert hat. So kann man zum Beispiel nicht sagen, ob das Südmeer an seiner Oberfläche ebenso ölverschmutzt und -verseucht ist, wie es Thor Heyerdahl am Nordatlantik festgestellt hat, als er 1969 mit der *Ra* von Nordafrika in die Karibik segelte.

Es löste Betroffenheit aus, als er berichtete, die Strömungsmitte im Atlantik sei so verschmutzt, daß er die Lust auf das tägliche Bad verloren habe. Es war symptomatisch für unsere Unkenntnis, in welchem Zustand sich die Meere insgesamt befinden und was mit ihnen heute geschieht, daß wir nicht einmal ahnten, wie es um den zugänglichsten und, wissenschaftlich gesprochen, am intensivsten erforschten aller großen Ozeane steht.

In einer Funkbotschaft, die er von seinem Floß aus an den norwegischen Botschafter bei den Vereinten Nationen richtete, meldete Heyerdahl: „... mindestens auf 1400 Meilen ist der offene Atlantik durch schwimmende Klumpen festgewordenen asphaltartigen Öls verschmutzt." Er selbst war der Ansicht, daß der gesamte Ozean, von der Küste Afrikas bis zur Küste der amerikanischen Tropenzone, verschmutzt sei. Manche Ölklumpen seien schon so alt gewesen, daß sie mit Muscheln bedeckt waren, andere noch glatt und frisch. In weiten Gebieten sei das Wasser verfärbt und trüb gewesen.

Niemand hatte erwartet, daß Heyerdahl solche Zustände vorfinden werde; wie sollen wir dann nach den zufälligen Wasserproben ozeanographischer Forschungsschiffe beurteilen, in welchem Zustand sich das Südmeer wirklich befindet? Diese Gewässer wird niemand auf einem Floß befahren.

Der Antarktis-Vertrag von 1959, den sechzehn Staaten (Argentinien, Australien, Belgien, Chile, die Tschechoslowakei, Dänemark, Frankreich, Japan, die Niederlande, Neuseeland, Norwegen, Polen, Südafrika, Großbritannien, die Vereinigten Staaten und die Sowjetunion) unterzeichneten, gilt zu Recht als das Vorbild eines weitsichtigen internationalen Übereinkommens. „Es liegt im Interesse der gesamten Menschheit", so heißt es in der Präambel, „daß die Antarktis auf ewige Zeiten ausschließlich für friedliche Zwecke genutzt und nicht zum Schauplatz oder Objekt internationaler Zwietracht wird." 1964 vereinbarte man spezielle Abmachungen zum Schutz der antarktischen Flora und Fauna, die in eine Antarctic Treaty Bill aufgenommen wurden, die inzwischen von den Unterzeichnerstaaten ratifiziert worden ist. Leider waren von der Übereinkunft Wale nicht betroffen, natürlich aber Seevögel, Pinguine und Robben. Ein englischer Experte der antarktischen Tier- und Pflanzenwelt erläuterte dem *Daily Telegraph,* warum die vertragschließenden Staaten diesen besonderen gesetzlichen Schutz für notwendig hielten. „Der größte Teil der antarktischen Fauna existiert vermutlich auf einer kippligen Stabilitätsbasis, und menschliche Einflüsse könnten in kritischen Fällen das labile Gleichgewicht leicht durcheinanderbringen", sagte er.

Die kanadische Regierung hegte die gleichen Befürchtungen, als sie die arktischen Gewässer des Landes durch die Arctic Waters Pollution Act von 1970 zu schützen versuchte. Dieses Gesetz, das allerdings nicht von den Vereinigten Staaten anerkannt wird, bestimmt eine hundert Meilen breite Sicherheitszone um die arktischen Inseln Kanadas und soll die Verschmutzung der Gewässer um die kanadische Inselwelt verhindern. Die Gesetzesvorlage, die eingebracht wurde, als man ernsthaft die Nordwest-Passage als Transportweg für das alaskische Öl erwog, setzte präzise Vorschriften für Bau und Betrieb von Schiffen fest, die in diese Gewässer einfahren: wie sie ausgerüstet sein sollten, welche Qualifikationen von ihrer Besatzung gefordert wurden sowie wann, wie und wo sie fahren durften. Bei der Einbringung der Vorlage im Parlament erklärte der Minister für die Entwicklung des Nordens, Jean Chrétien: „Mit diesem Gesetz sind wir Vorkämpfer an der vordersten Front des internationalen Rechts. Dieses Gesetz geht über alles hinaus, was die kanadische Regierung bisher zur Kontrolle der Umweltverschmutzung unternommen hat, und ebenso über jede Aktion der internationalen Gemeinschaft. Wir haben diesen Schritt zwar einseitig unternommen, sind aber jederzeit bereit, einer internationalen Übereinkunft beizutreten, die eine Kontrolle der Umweltgefährdung ermöglicht. Bis dies aber geschieht, müssen und werden wir handeln, um die Ökologie des Nordens zu schützen, und zwar jetzt.“

In einer Rundfunkansprache zu diesem Gesetz ergänzte Kanadas Premierminister Pierre Trudeau die Ausführungen des Ministers: „Jede maritime Tragödie in diesem Gebiet hätte katastrophale und nicht wiedergutzumachende Konsequenzen. Das Öl, das dabei ausläuft, würde sich sofort unter dem Eis verbreiten, das viele Fuß tief ist; es würde die Luftlöcher verkleben und verstopfen, welche die Säugetierarten, die in diesen Regionen zu Hause sind, zum Atmen brauchen; es würde die wichtigste Nahrungsquelle für die Eskimos und die fleischfressende Tierwelt in einem Gebiet von Tausenden von Quadratmeilen vernichten; es würde die einzig bekannten Nistgebiete mehrerer frei lebender Vogelarten verschmutzen und zerstören. Dies sind Dinge, denen selbst die konservativsten Umweltwissenschaftler ohne Zögern eine Größenordnung zuschreiben, welche die Lebensqualität und vielleicht sogar die weitere Existenz menschlichen und tierischen Lebens in gewaltigen Regionen Nordamerikas und anderswo beeinträchtigen könnte."

Mit einigen Abänderungen ließen sich Trudeaus Feststellungen und die Besorgnis der Kanadier auch auf die antarktischen und subantarktischen Gewässer übertragen. Ja, hier würden sie sogar noch in höherem Maß zutreffen, weil angesichts der globalen Wirkung der antarktischen Gewässer und Strömungen und ihrer Lebewesen unser Versagen noch weitaus folgenschwerer wäre als in der Arktis.

In der Antarktis bilden Land und Meer ökologisch gesehen eine unteilbare Einheit. Die Antarktis ist zwar ein Kontinent, doch da ihr Inneres zum größten Teil aus einer unbelebten Eiswüste besteht, muß man sie praktisch als eine Küste ansehen, an der die verschiedenen Staaten ihre wissenschaftlichen Beobachtungszelte aufgeschlagen haben. Kein Kontinent ist inniger mit den unmittelbar angrenzenden Meeren verbunden als die Antarktis mit dem Südmeer; praktisch gesehen, ist das Meer selbst eine Erweiterung des kontinentalen antarktischen Habitats. Ein großer Teil der Fauna, die dort gedeiht, ist dem Leben auf dem Land wie im Meer angepaßt, und praktisch alle Varietäten finden ihre Nahrung in der See.

So großräumig das Südmeer auch ist, so können wir uns doch keine Sorglosigkeit leisten, solange wir nicht eine einigermaßen genaue Vorstellung besitzen, welchen möglichen Schaden ein fünfunddreißig bis sechzig Meilen langer Ölteppich der Oberfläche eines so fruchtbaren und tierreichen Meeres zufügen kann. Die wirklichen Konsequenzen der Verschmutzung, die bereits eingetreten ist, sind ganz unmöglich zu beurteilen. Allein im Fall der *Metula* wird dies Jahre in Anspruch nehmen. Die Auswirkungen der Verschmutzung auf die offene See zu untersuchen – eine höchst dringliche Aufgabe –, würde einen gewaltigen internationalen Aufwand und finanziellen Einsatz erfordern, wofür offenbar vorläufig wenig Aussicht besteht. Bis es dazu kommt, scheint es am ratsamsten, jede mögliche Vorsicht walten zu lassen. Wie allgemein der geringe Wissensstand ist, was die Wirkungen von Öl in Wasser betrifft, wurde durch den kanadischen Bericht über das

Arrow-Desaster unterstrichen. Es seien, hieß es darin, dringliche Forschungs- und Entwicklungsprogramme erforderlich, um unter anderem folgendes zu klären: die „Lebensgeschichte" von Öl in Wasser, die Toxizität von Petroleumprodukten, die Langzeitwirkungen von Petroleumprodukten oder Ölmischungen auf die maritime Flora und Fauna, die voraussichtlichen Bewegungen von Ölteppichen auf der Meeresoberfläche, die Entdeckung, Überwachung und Verfolgung von Ölteppichen aus der Luft sowie das Gesamtspektrum der ökologischen, wirtschaftlichen und sozialen Folgewirkungen großer Ölunfälle auf See.

Wir kennen den hohen Tribut, den verschiedene Tankerunfälle den Brutinseln vor der Kapküste abgefordert haben, wir wissen, daß der Agulhas-Strom mit Sicherheit ständig größere Ölmengen in den Bereich des Südmeers befördert, der südlich vom Kap der Guten Hoffnung liegt, und ebenso wissen wir, aus dem Bericht des British Field Studies Council, daß die ständige Meeresverschmutzung durch kleine Öllachen offensichtlich mehr Schaden anrichtet als ein großer Ölunfall. Ebenso ist uns bekannt, daß ein Ölteppich ein weites Seegebiet bedecken und innerhalb dieses ganzen Gebiets seine toxische Wirkung entfalten, das Plankton ersticken, Vögel und die übrige Tierwelt im Wasser mit einer Ölschicht überziehen und Fische in Mitleidenschaft ziehen kann, die zur Oberfläche aufsteigen. Natürliches Seewasser enthält verschiedene Bakterien und Mikroorganismen, die in der Lage sind, Rohöl teilweise zu zersetzen, aber dieser Prozeß vollzieht sich sehr langsam und ist auch von Zusammensetzung und Zustand des Öls und davon abhängig, ob die Ölschicht dick oder dünn ist oder eine tröpfchenförmige Verteilung aufweist. Dazu kommt, daß die Asphalt-, Teer- und Wachskomponenten, die beim typischen Rohöl zusammen nicht weniger als ein Drittel ausmachen, gegen Mikroorganismen resistent sind und sich im Meer unbestimmte Zeit halten können.

Laborexperimente, die in England und Kanada durchgeführt wurden, haben ergeben, daß die Geschwindigkeit, mit der Öl im Meerwasser auf natürlichem Weg abgebaut wird, auch von der Temperatur abhängt. Dieser Vorgang vollzieht sich im warmen Wasser viel schneller und kommt bei fünf Grad Celsius praktisch zum Stillstand. Da das Oberflächenwasser im größten Teil des

Südmeers ungemein kalt ist, verlängern sich hier wahrscheinlich die Lebensdauer und toxische Wirkung von Rohöl. Wir wissen aus den kanadischen Untersuchungen während des *Arrow*-Desasters, das sich im Winter vor Neuschottland abspielte, daß das physikalische und chemische Verhalten von Petroleumprodukten und ihr Abbau durch Mikroben auf dem Land und im Wasser bei kalten Bedingungen nach wie vor weitgehend unbekannt sind und, wie der amtliche Bericht feststellt, „dringend der Erforschung bedürfen". Kanadische Wissenschaftler, die in der Kälteforschung zu den besten der Welt gehören, mußten, als sie bei der *Arrow*-Untersuchung zugezogen wurden, feststellen, daß sie kaum etwas über die Auswirkungen von kaltem Wetter auf Öl wußten. Deshalb griffen sie zu einem höchst simplen Experiment: Sie schüttelten in einem Krug Öl und Wasser durcheinander und stellten ihn in das Tiefgefrierfach eines Küchenkühlschranks, um festzustellen, was geschehen werde. (Das Öl sonderte sich vor dem Gefrieren ab und bildete eine Schicht über dem Eis.)

Die Gleichgewichte in den Meeren sind delikat, geheimnisvoll und noch weitgehend dem Verständnis verschlossen. Der Hering, um ein Beispiel zu wählen, ist der fruchtbarste und bekannteste aller Fische. Jahrhundertelang war er ein Grundnahrungsmittel in Europa, oft noch mehr als Brot. Noch heute ist er der gesuchteste aller Speisefische, wird in größerer Zahl als alle anderen Fische gefangen und ist deshalb am genauesten erforscht. Trotzdem ist es ihm gelungen, die meisten seiner wichtigsten Lebensgewohnheiten und Launen für sich zu behalten. Wir wissen im Grunde nicht, warum der Hering von Zeit zu Zeit in bestimmten Regionen massenhaft aufgetreten ist und – namentlich durch die Hanse in der Ostsee und die Holländer im sechzehnten und siebzehnten Jahrhundert – einen historischen Aufschwung bewirkt hat, nur um wieder zu verschwinden und die von ihm Abhängigen in schlechteren Verhältnissen zurückzulassen. Was beeinflußte seine Unbeständigkeit? Die physikalischen Bedingungen vermutlich, ein Zusammentreffen von Temperatur, Salzgehalt und anderen verwandten Faktoren, das dem Fisch wahrscheinlich zuträglich ist und ihn gedeihen läßt. Zum Beispiel herrscht die Ansicht, daß im Atlantik zyklisch ein Gezeitensog von unterschiedlicher Stärke auftritt, durch den Meerwasser aus verschiedenen Bereichen vermischt wird. Dies hat sich anscheinend in manchen Fällen auf den Hering ausgewirkt. Dieses Phänomen tritt in den Ozeanen am stärksten bei bestimmten seltenen Konjunktionen von Sonne, Erde und Mond auf. Zu diesen kommt es in Abständen von etwa achthundert Jahren, zwei von ihnen haben sich in geschichtlicher Zeit ereignet, die eine zwischen 600 und 400 vor Christus, die zweite im dreizehnten bis fünfzehnten Jahrhundert. Die großen Flutströme, die von der letzteren ausgelöst wurden, überschwemmten die Ostsee mit kaltem Atlantikwasser und brachten wahrscheinlich die gewaltigen Heringsschwärme mit, welche die Hanseaten so reich machten und ihnen das Kapital für ihre prachtvollen Städte und ihren Handel verschafften. Im allgemeinen ist die Ostsee zu warm für den Hering, der kalte Gewässer braucht, um gut zu gedeihen.

Solche Launen der Natur veranlaßten eine Gruppe angesehener Ozeanographen, geführt von Dr. Alan Longhurst, Leiter des Instituts für Marine Environmental Research (Institut für Maritime Umweltforschung) in Plymouth, in der Ausgabe des *New Scientist* vom 1. Juni 1972 darauf hinzuweisen, daß Jahre, sogar Jahrzehnte vergehen werden, bis man die biologischen Auswirkungen der Verschmutzung des offenen Meeres entdeckt haben wird. „Zwei Grundirrtümer sind für den Wissenschaftler gefährlich, der sich mit den Einwirkungen des Menschen auf das Leben in den Ozeanen beschäftigt“, heißt es in diesem Vortrag. Nämlich: „Erstens die Annahme, solche Auswirkungen auf das offene Meer seien schon wegen der gewaltigen Größe des Ozeans unwahrscheinlich, und zweitens die Auffassung, Populationen maritimer Organismen seien an sich stabil, und jede Veränderung an ihnen sei auf den Menschen und seine Technologie zurückzuführen. Wir sind allerdings der Überzeugung, daß die chemischen Eingriffe des Menschen in den Ozean eine reale und ernste Bedrohung des Lebens im Meer darstellen, trotz des großen Umfangs der Ozeane, trotz ihrer chemischen Puffersysteme und trotz der vermutlichen Elastizität ihres komplexen Ernährungsgewebes. Es ist dringend notwendig, die Erforschung solcher Auswirkungen voranzutreiben, doch sollte von nicht untermauerten Äußerungen über ‚Ökokatastrophen‘ abgesehen werden.“

Die Wissenschaftler schließen ihren Beitrag mit der Feststellung:

„Es scheint wirklich die Einsicht zu fehlen, daß Überwachungssysteme für die Verschmutzung, im Ozean wie in anderen Bereichen, nur dann mit Erfolg arbeiten können, wenn die natürlichen Auswirkungen der sich verändernden physischen Umwelt geklärt sind und außerdem ständig und unbegrenzt überwacht werden. Natürliche Fluktuationen in tierischen Populationen wurden unzutreffend auf die Wirkungen von Schadstoffen zurückgeführt, und es wäre leicht möglich, daß ein ernster Angriff auf die Umwelt unbemerkt bleibt, weil man nichts von der natürlichen Populationsinstabilität weiß, oder weil es an einer Überwachung der Ozeane im Globalmaßstab fehlt."

Die Autoren warnen davor, zu oft Alarm zu schlagen, weil es sonst dazu kommen könnte, daß Warnungen vor einer maritimen Ökokatastrophe, wenn sie wirklich bevorsteht, mißachtet würden. Aber können wir es uns leisten, so lange Jahre oder gar Jahrzehnte zu warten, bis die Wissenschaft ausreichende zusätzliche Erkenntnisse über ihren Forschungsgegenstand gesammelt hat, um angemessen unterscheiden zu können zwischen den Kalamitäten, die die Natur selbst bewirkt, und dem Unheil, das der Mensch anrichtet? Inzwischen dürfte die Grenzlinie zwischen beiden wohl so hoffnungslos verwischt sein, daß niemand mehr etwas Genaues sagen kann. Jedenfalls, wenn man im Fall einer Terra incognita wie des Südmeers Alarm schlägt, tut man es angesichts einer zweifachen Wissenslücke: Man weiß über die Kurz- und Langzeitwirkungen von Öl, das ins Meer gerät, ebensowenig wie über die natürlichen Phänomene und was sie maritimen Lebewesen an Gefährdungen bringen.

Es ist zu befürchten, daß fossile Öle bereits die Gleichgewichte des Meeres beeinträchtigen, und zwar sowohl aus der Luft als auch durch die Verunreinigungen im Wasser selbst. Ein 1973 in der Zeitschrift *Nature* erschienener Bericht befaßte sich damit, was mit Kohlendioxydgas geschieht, das durch die Verbrennung fossiler Brennstoffe, besonders Kohle und Öl, frei wird. Dr. A. W. Fairhall vom Institute of Nuclear Sciences in Neuseeland berichtete, Berechnungen deuteten darauf, daß die Meere erheblich mehr Kohlendioxyd absorbierten, als man bisher angenommen habe. Dies müsse Auswirkungen auf die maritime Flora und Fauna haben. Es scheine die Möglichkeit zu bestehen, daß dieses zusätzliche Kohlendioxyd bis zum Ende des Jahrhunderts den Chemiehaushalt der Weltmeere so verändern werde, daß sich das Kalziumkarbonat in Schalentieren und Korallenriffen auflöse. Dr. Fairhalls Prognose basierte auf der Annahme, daß der gegenwärtige Verbrauch fossiler Brennstoffe unvermindert anhalten werde; in diesem Fall würde der kritische Punkt in gut drei Jahrzehnten – genau im Jahr 2008 – erreicht sein.

In ihrem kürzlich erschienenen Buch *The Great Ocean Business* vertreten Brenda Horsfield und Peter Bennet Stone die Ansicht, es sei dringend erforderlich festzustellen, ob neue Schadstoffe das Gleichgewicht der Phyto- und Zooplanktonfelder stören und durch die Einwirkung auf das Nahrungssystem die Brutergebnisse aller Tiere gefährden könnten. Wenn wir, so meinen sie, den Chemiehaushalt der Ozeane entsprechend schädigen, ist es möglich, daß wir bestimmte Arten am Ende der Nahrungskette auslöschen. Horsfield und Stone weisen darauf hin, daß bereits die Möglichkeit erörtert worden sei, subletale Mengen von Pestiziden, nicht mehr als 0,02 Teile pro Einheit, könnten den wichtigen „Präge"-Mechanismus beeinträchtigen, der es Fischen ermöglicht, ihre Laichgründe zu erkennen. Ohne diese Auslösungswirkung kommt es möglicherweise nicht zum Brüten. Brenda Horsfield, eine Ozeanographin, und P. B. Stone, Berater der UN-Konferenz über die menschliche Umwelt, erörtern die Möglichkeiten „biologischer Vergrößerung", wobei sich Spuren chemischer Stoffe, die für sich zu klein sind, um direkt toxisch zu sein, sich in den Nahrungsketten so hartnäckig halten, daß sie sich von Phase zu Phase akkumulieren, bis ihre Konzentration tödlich wird. Ein Beispiel für diesen Prozeß, so schreiben die Autoren, gibt der Wanderfalke, bei dem die Schalen der Eier zu brüchig wurden, um lebensfähig zu sein. Man stellte fest, daß DDT und andere chemische Präparate den Kalziumstoffwechsel der Vögel beeinträchtigten und daß dadurch die Dicke der Eierschalen vermindert wurde. Der Grund für diesen Niedergang des Wanderfalken wurde ganz durch Zufall in den Laboratorien der Nature Conservancy entdeckt. „Aber man kann sich schwer vorstellen, daß diese biologische Entdeckertat sich in der maritimen Umwelt wiederholen könnte", schreiben Horsfield und Stone und fügen hinzu: „Wir können daher sicher sein, daß Schadstoffe, die das Leben in den Ozeanen beeinträchtigen, sich erst dann zeigen, wenn sie relativ viel mehr Schaden angerichtet haben.“

Tatsächlich wurde in der maritimen Umwelt bereits ein ähnlicher Fall wie der des Wanderfalken entdeckt. Man stellte fest, daß kalifornische Seelöwen ihre Jungen vorzeitig und tot zur Welt brachten. Die Untersuchungen ergaben, daß das Körperfett der Seelöwen einen hohen PCB-Gehalt aufwies.

Es hat langer Jahre und der weitverbreiteten Anwendung von DDT und ähnlicher Chemikalien bedurft, um uns diese kärglichen Erkenntnisse ihrer potentiellen Schädlichkeit zu verschaffen. Wie lange wird es dauern, bis wir schließlich wissen, welchen Schaden das Öl im Meer anrichten kann oder – wenn man es so ausdrücken will – wie unschädlich es in den Ozeanen ist?

Es gibt keinerlei Daten über die Langzeitwirkungen einer größeren Menge ausgelaufenen Öls auf das Plankton. Dies zu klären ist deshalb vordringlich, weil sämtliche Wirkungen auf das Plankton durch die gesamte maritime Ökosphäre weitergegeben werden. Ebensowenig wissen wir über die Auswirkungen der löslichen Bestandteile ausgelaufenen Öls auf die maritime Umwelt. *Ihre* Wirkung auf das Plankton und die Lebewesen im Meer gibt vielleicht zur ernstesten Sorge Anlaß, mehr als wenn ein Ölunfall das Plankton eines weiten Seegebiets erstickt. Die gelösten Kohlenwasserstoffe verschwinden unsichtbar im Innern des großen Meeres, während wir, verständlicherweise, entsetzt über die sichtbare Schwärze aufschreien, mit der die weniger löslichen Bestandteile die Oberfläche entstellen. Doch jene Komponenten, die sich auflösen, sind virulent toxisch. Es ist durchaus möglich, daß sie sich als der ernsteste Aspekt der ständigen Ölverseuchung des Meeres vor dem Kap der Guten Hoffnung erweisen werden. Man könnte zwar sagen, das Südmeer ist groß genug, um zu absorbieren, was davon in seinen Bereich gelangt, die paar tausend Tonnen schwimmender Teerklumpen, die mittlerweile auf seiner Oberfläche treiben müssen. Aber, abgesehen von dem Schaden, den das Öl unterwegs nach Süden an der Oberfläche angerichtet hat, stellt sich die Frage: Können Fauna und Flora mit der ständigen unausgesetzten Ölverseuchung fertig werden? Wir wissen es nicht.

„Die löslichen Anteile im Petroleum sind wahrscheinlich für Organismen, die im Meer leben, am schädlichsten", konstatiert der von der National Academy of Sciences herausgegebene Bericht „Petroleum in der maritimen Umwelt". Laborversuche haben gezeigt, daß schon sehr niedrige Konzentrationen der löslichen Komponenten im Kerosin das Suchverhalten einer Meeresschnecke beeinträchtigen. Die Absorption von gelöstem Petroleum durch die Kiemen stellt einen der Hauptwege dar, auf denen Kohlenwasserstoffe in die maritime Nahrungsstruktur gelangen.

Diese toxischen löslichen Bestandteile sind am stärksten in raffinierten Brennstoffen vertreten, woraus sich unter anderem die verheerenden Schäden erklären, die entstehen, wenn solche Petroleumprodukte ins Meer gelangen. Als 1957 im mexikanischen Baja California 60 000 Barrel Dieselöl aus der *Tampico Maru* ausliefen, war die Verwüstung praktisch vollkommen. Es dauerte volle vier Jahre, bis das Leben in dem betroffenen Seegebiet sich wieder bis zu neunzig Prozent des Normalzustandes erholt hatte; aber noch zwölf Jahre danach waren Auswirkungen des Desasters zu spüren. 1973 wurde eine Bucht in der Nähe des englischen Tanker-Terminals bei Milford Haven von 1500 Tonnen raffiniertem Öl überflutet; noch 1975 schätzte man, daß das betroffene Gebiet weitere sieben bis acht Jahre brauchen werde, bis es sich von den Nachwirkungen des Ölunfalls völlig erholt hat. In beiden Fällen wurde die Wirkung durch den Umstand verschlimmert, daß sich das ausgelaufene Öl auf ein einziges, im Umfang kleines Gebiet beschränkte, aber sie demonstrierten aufs deutlichste den extremen Giftigkeitsgrad der löslichen Anteile im Öl.

Um zu den Verhältnissen vor dem Kap der Guten Hoffnung zurückzukehren: Wir wissen, daß die toxischen Anteile im Öl, wenn sie einmal ins Wasser geraten sind, in den Süden gelangen werden. Im großen und ganzen scheint sich das Wasser im Südmeer in zwei Hauptrichtungen zu bewegen: in einer warmen Tiefenschicht nach Süden, in den kalten Oberflächen- und Bodenschichten nach Norden. Die Südströmung besteht aus dem wärmeren Hauptteil des Wassers aus dem Norden, das südlich von Kap Agulhas zu sinken beginnt und sich in Schichten unter der Oberfläche südwärts bewegt. Dies ist die vereinfachte Darstellung eines überaus komplexen hydrographischen Systems, aber sie veranschaulicht doch die weiträumige und potentiell zerstörerische Dispersion aller gelösten Kohlenwasserstoffanteile im Meeresgebiet südlich des Kaps der Guten Hoffnung. Diese Nord-Süd-Strömungen befördern Plankton in beiden Richtungen, sowohl an der Oberfläche als auch unter Wasser. Die ständigen Strudelbewegungen in diesen Gewässern können es von der Oberfläche zu den tieferen Strömungen transportieren, die sie wieder nach Süden tragen. Jedenfalls, wenn es vom Öl befallen ist, trägt es die „Infektion" in alle Richtungen. Das Plankton bildet natürlich das kritische Bindeglied zu den anderen Gliedern der gesamten Ökosphäre des Südmeeres. Die Vögel der ferneren Bereiche dieses Ozeans gehören hauptsächlich den Sturmvogel- und Albatrosgruppen an. Sie sind nicht, wie der Tölpel und andere Vögel des nördlichen Randbereichs dieses Meeres, durch ihre Entwicklung angepaßt, schnell bewegliche Fische zu fangen, und somit vor allem auf kleine Tintenfische und Krustentiere angewiesen, die auch die Hauptnahrung des Wals bilden. Es wäre schwer, sich irgendeine andere Futtermasse von solch gewaltiger wirtschaftlicher und ökologischer Bedeutung vorzustellen. Robben, Pinguine, praktisch die gesamte Vogelwelt des tiefen Südens sowie sämtliche Küsten- und Ozeanfische der Antarktis machen darauf Jagd. Sie ist wahrscheinlich in einer größeren Fülle vorhanden als jede andere lebende Materie. Dieses Kleingetier tritt in so kompakten Schwärmen auf, daß es praktisch eine einzige Masse bildet. So dicht unter der Oberfläche wimmelt es, daß man es vom Deck eines Schiffes aus sehen kann. Es gehört zum Plankton, ja ist der bei weitem wichtigste Teil davon.

Mehr als die Hälfte der Nahrungsproduktion durch Pflanzen vollzieht sich in den Meeren, und der größte einzelne Teil wiederum im Südmeer, das, was das pflanzliche Wachstum betrifft, wohl die größte „Weide" auf der Erde darstellt. Das Plankton ist zugleich Gras, Humus und lebendes Grundgewebe dieser Weide. Wenn sie verdorrt, müssen auch die Arten untergehen, die davon leben. Der Schaden, der ihr zugefügt wird, wird allen zugefügt. Keiner ist davon ausgenommen.

Niemand weiß genau, wo die Grenzlinie zwischen der Schädigung und der Vernichtung einer Art liegt, jener Punkt, an dem das

Gleichgewicht unerbittlich und endgültig kippt und die Waage sich der Vernichtung zuneigt – wenn der natürliche Lebensrhythmus einer Spezies erschüttert und die Fortpflanzung gefährdet ist oder die Natur sich plötzlich gegen sie wendet, ihre Widerstandsfähigkeit schwächt und gefährlich verringert. Vom Beispiel des Herings wissen wir seit den Zeiten des Neolithikums, wie prekär und gefährdet dieses Gleichgewicht sein kann. Trotzdem aber durften wir immer annehmen, daß irgendwo, irgendwie ein Restbestand erhalten bleiben wird, der der Spezies zum Aufschwung verhilft. Was für den Hering galt, das galt auch für das ganze geheimnisvolle Leben in den Ozeanen. Seine Arten mochten scheinbar verschwinden, doch irgendwo, irgendwie erhielt sich die Substanz der Erneuerung, die irgendwann später, wenn die Umstände es erlaubten, wieder hervortrat. Unsere Zeit und Generation aber ist die erste, die sich darauf nicht mehr verlassen kann. Denn wenn eine bestimmte Art in unserer Zeit auf natürlichem Weg einen Tiefstand in ihrer Fruchtbarkeit erreicht hat, könnte die inzwischen eingetretene Toxizität der Meere ihr einen Schlag versetzen, der den Zyklus irreparabel schädigt, so daß nicht einmal ein schwaches Bindeglied übrigbleibt, das den Anschluß an eine spätere Periode der Kräftigung sichert. Wir können heute noch nicht beurteilen, wie es damit bei Fischen und anderen in großen Tiefen verbreiteten Lebewesen steht. Wir wissen aber, was möglicherweise manchen unserer Vogelarten zustoßen wird.

In englischen und kontinentnahen Gewässern weisen heute die Seetaucher und Tordalken eine sehr geringe Fruchtbarkeitsrate auf. Die Alk-Kolonien im äußersten Süden sind seit dem Beginn unseres Jahrhunderts im Niedergang begriffen. Sie sind durch Ölteppiche äußerst gefährdet. Es ist ganz offensichtlich, daß zu ihrer ohnedies geringen Fortpflanzungsrate nur eine relativ geringe Zunahme der Sterblichkeitsziffer kommen muß, um die Population auszulöschen. Daß diese Gruppen die wiederholte schwere Verschmutzung der englischen und kontinentalen Gewässer überleben könnten, scheint undenkbar.

Ähnlich erlebte auf der südlichen Halbkugel der Brillenpinguin einen Niedergang, der seinen Fortbestand als problematisch erscheinen läßt. Die immer wieder auftretenden Ölteppiche, die seine Brutgründe heimsuchten und noch heute heimsuchen und ihn auf dem offenen Meer bedrohen, scheinen sein endgültiges Verschwinden zu garantieren. M. F. J. Jarvis, in Südafrika eine Autorität, was den Tölpel betrifft, sagte in einem Vortrag, den er 1970 in der Universität von Kapstadt hielt, daß die Auswirkungen von Ölteppichen auf das Gebiet einer Brutkolonie katastrophale Ausmaße erreichen könnten. Der Tölpel in seinen wimmelnden Millionen scheint dagegen zwar noch gefeit, aber das hat man auch einmal von der nordamerikanischen Wandertaube geglaubt. Jedenfalls steigt und sinkt die Zahl der Vogelpopulationen im Gebiet des Humboldt- und Benguela-Stroms mit der Menge der vorhandenen Fischnahrung. Vor 1955 und dem Beginn des ausgedehnten Anchovis-Fangs wurde die Zahl der Vogelpopulation vor der Küste Perus auf fünfundzwanzig bis dreißig Millionen geschätzt. Sechs Jahre später war diese Ziffer auf sechs Millionen zusammengeschrumpft. Werden die Vögel des Südmeers in der Zukunft imstande sein, dem vereinigten Angriff des Menschen und seiner Fischfangflotten, des Menschen und seiner Öltanker standzuhalten?

Wir können zwar die Auswirkungen der Schädigungen des Planktons abmessen, aber wir wissen noch nicht, was eine massive, anhaltende Verminderung der Vogelwelt für das Südmeer bedeuten würde. Einige südafrikanische Meeresbiologen sind seit langem der Ansicht, daß die Vögel nicht nur dazu beitragen, das wichtige natürliche Gleichgewicht der Fischpopulationen zu erhalten, sondern darüber hinaus wahrscheinlich eine wichtige Rolle für die Fruchtbarkeit des Meeres spielen. Es ist bekannt, daß die Ausscheidungen des Brillenpinguins eine große Rolle für den Nährstoffreichtum des Planktons spielen. Ein solch umfassender Beitrag zur Fruchtbarkeit des Südmeeres scheint nicht undenkbar, wenn man an die großen Mengen Guano denkt, den die Vögel auf den Guano-Inseln deponiert haben und noch heute hinterlassen. Mehr als ein Jahrhundert bildeten ihre Exkremente schließlich eines der wertvollsten Düngemittel.

Von dieser wichtigen Rolle der Seevögel sind nicht nur südafrikanische, sondern auch kanadische Biologen überzeugt. Sie glauben, daß die gewaltigen Vögelkolonien, die sich in der Baffin-Bucht versammeln, eine wichtige Funktion im Nährstoffaustausch der nördlichen Gewässer ausüben. Die Vögel fressen Fische und geben durch ihren herabfallenden Kot die Nährstoffe dem Meer zurück. Diese treiben längs der Küste von Labrador nach Süden und tragen, wenn sie sich mit dem wärmeren Wasser vor der Neufundlandbank vermischen, zur Ernährung der gewaltigen Fischpopulationen in diesem Gebiet bei. Diese von Wissenschaftlern vertretene Ansicht war einer der Gründe, warum die kanadische Regierung strengere Vorschriften für den Schiffahrtsverkehr in der kanadischen Arktis formulierte, besonders für Tanker, welche die Nord-West-Passage benutzen. „Niemand vermag zu sagen, welche Wirkungen eintreten würden, wenn durch irgendeinen Unfall, dem eine große Vogelpopulation zum Opfer fiele, dieser Nährstoff verlorenginge. Ja, es kann überhaupt niemand den Beitrag bewerten, den die Vögel zu diesem Zyklus leisten. Es läßt sich lediglich sagen, daß es als eine Verrücktheit

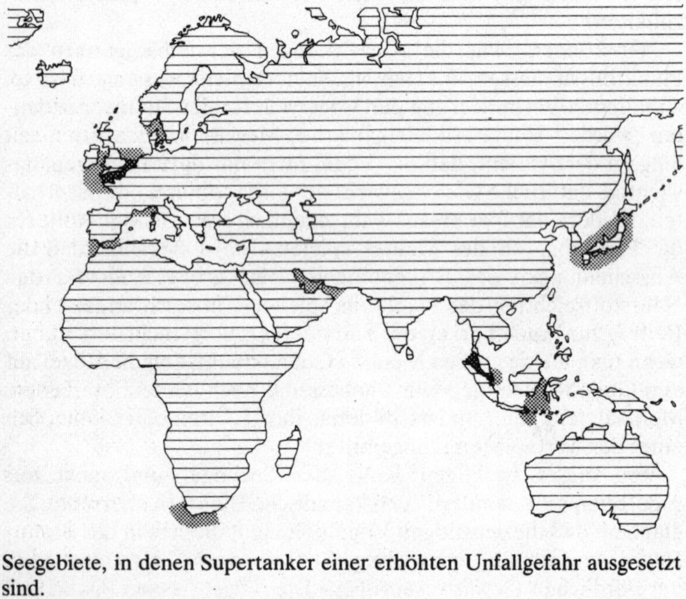

Seegebiete, in denen Supertanker einer erhöhten Unfallgefahr ausgesetzt sind.

erscheint, irgendein Risiko einzugehen, diesen fein ausgewogenen natürlichen Zyklus zu stören", schrieb Boyce Richardson, ein neuseeländischer Schriftsteller und Verfechter des Naturschutzes, der in Kanada als Verteidiger der Indianer der James Bay in ihrem Kampf für ihren Lebensraum bekanntgeworden ist, im *Montreal Star*, als man plante, das Alaskaöl über die Nord-West-Passage zu transportieren.

Auch die Route um die beiden Kaps, das Kap Hoorn und das Kap der Guten Hoffnung, birgt verrückte Risiken. Die 52 000 Tonnen Öl, die aus der *Metula* ausliefen, stellten nicht nur die zweitgrößte Ölmenge dar, die sich bis dahin durch einen Tankerunfall ins Meer ergossen hatte, sondern auch die größte, die in die unmittelbar an das Südmeer angrenzenden Gewässer geraten war. Der größte Teil des ausgelaufenen Öls befindet sich noch immer an der Stelle, und eine Gruppe amerikanischer Wissenschaftler, die zwei Untersuchungen der Meeresverschmutzung durchführten, erklärten, nach ihrer Ansicht werde das ausgelaufene Öl das betroffene Gebiet auf nicht absehbare Zeit verunreinigen.

Die *Metula* war erst der vierte VLCC, der die Magellanstraße durchfuhr, und vor ihrer Strandung hatten nur wenige gewußt, daß solch große Schiffe überhaupt diese risikoreiche Durchfahrt passierten. Die Havarie führte schließlich dazu, daß die stürmische See von den fünfzehn Frachttanks des Schiffes nur fünf unbeschädigt ließ.

Die Chancen, den Supertanker wieder flottzumachen, wurden zunächst sehr gering eingeschätzt, aber nach zweimonatigen, geschickten Bemühungen der Rotterdamer Bergungsfirma Smit International Ocean Towage und Salvage Company und der US-Küstenwache gelang es doch, das Schiff freizubekommen. Bis dahin war es tagein, tagaus Strömungen von vier bis fünf Knoten Geschwindigkeit ausgesetzt gewesen und ständig von Hurrikanen geschüttelt worden. Alle vier bis fünf Tage treten Orkane mit Windstärke zwölf auf.

Einer der sonderbarsten Aspekte dieses schrecklichen Tankerunfalls waren offizielle Äußerungen hinterher. Vertreter der Ölindustrie (Shell) und die englische Wissenschaftlerin Dr. Jennifer Baker vom Field Studies Council, die den Schauplatz im Auftrag der Ölindustrie besichtigte, erklärten, es sei zu keiner ernst zu nehmenden Verschmutzung gekommen. Der größte Teil des ausgelaufenen Öls, so meinten sie, sei aufs Meer hinausgetrieben. Nach Dr. Bakers Schätzung waren 1000 bis 1500 Vögel umgekommen, in einem Gebiet, das wegen seines Vogelreichtums von den Chilenen unter Naturschutz gestellt worden war. Abgesehen davon, daß das Öl, wäre es wirklich aufs Meer hinausgetrieben, immerhin dort eine ernst zu nehmende Verschmutzung angerichtet hätte, sprachen überwältigende Beweise dafür, daß der größte Teil an die Küste in der Magellanstraße geschwemmt worden war.

Dr. Roy W. Hann jr. von der Texas A & M University, der seit Jahren die Ölverschmutzung im Golf von Mexiko erforscht, Dr. Dale Straughan von der University of Southern California, der den Ölunfall von Santa Barbara im Jahr 1969 untersuchte, Charles Gunnerson, Leiter der Marine Ecosystems Analysis der U. S. National Oceanographic and Atmospheric Agency, und Ken Adams, ein bei der U. S. Environmental Protection Agency tätiger Biologe, besuchten das Gebiet fünf Monate nach der Strandung der *Metula.* Sie kamen zu folgendem Ergebnis: „Wahrscheinlich mehr als fünfzig Prozent der Fracht der *Metula* befinden sich nach wie vor an Land. Dieses Öl wird weiterhin seine ätzende Wirkung ausüben, ins Wasser sickern oder aus den Buchten geschwemmt werden und noch lange Zeit eine Quelle chronischer Verschmutzung bilden.“ Von Dr. Hann erfuhr ich, er schätze, daß das Öl mindestens ein Jahrzehnt in dem betroffenen Gebiet bleiben werde. „An manchen Stellen geht man über sauberen Sand, aber in den Fußabdrücken sammelt sich Öl“, erzählte mir Dr. Hann in Washington. „Die schmalen Meeresarme, in die die Flut strömt, sind von Öl bedeckt. Das Öl ist stellenweise einen Fuß tief und sieht so frisch aus wie an dem Tag, da es da hinkam.“ Diese Kanäle reichen vier bis fünf Meilen weit ins Land und sind auf ihrer ganzen Länge voll Öl; sie sind eine der reichsten Quellen des Tierlebens in diesem Gebiet, wo sich auch die Brutgründe Zehntausender von Magellan-Pinguinen befinden, einer Spezies, die eng mit dem südafrikanischen Brillenpinguin verwandt ist. Nach der Besichtigung des Gebiets und der Überprüfung der Berichte ortsansässiger Fischer schätzte Ken Adams die Gesamtzahl der Vögel, die der von der *Metula* verursachten Ölpest zum Opfer gefallen waren, auf ungefähr 40 000.

Man hat keinen Versuch unternommen, das aus der *Metula* ausgelaufene Öl zu beseitigen; ohnedies wäre es ungeheuer schwierig gewesen, die notwendigen Geräte in dieses unzugängliche Gebiet zu fliegen. So liegt also das Öl noch immer dort und vergiftet langsam den südlichen Teil der Meerenge. Obendrein bewirkt die Kälte des Wassers, daß es langsamer abgebaut wird, als es anderswo der Fall wäre.

Angesichts dieser Tragödie erschauert man bei dem Gedanken, daß der August 1974 um ein Haar zu einem historischen Katastrophenmonat geworden wäre. Auf den Tag genau eine Woche, nachdem die *Metula* in der Magellanstraße auf Grund gelaufen war, trieb der vollbeladene 250 000-Tonner *World Princess* hilflos in der Table Bay vor dem Hafen von Kapstadt. Er näherte sich der Küste bis auf eine Entfernung von nur anderthalb Seemeilen. Hätte nicht die amerikanische Küstenwache in höchster Eile und noch rechtzeitig technische Experten und Geräte zur *Metula* geschafft, wäre die ganze Fracht an der Unglücksstelle ins Meer gelaufen. Wäre der *World Princess* vor Kapstadt das gleiche geschehen, so hätten die beiden Kaps zur selben Zeit die größte jemals verzeichnete Ölpest erlitten, und mehr als 400 000 Tonnen Rohöl wären in die angrenzenden Seegebiete des Südmeers gelangt. Wenn jemand noch der Ansicht ist, die Besorgnis über die Verunreinigung des Südmeers sei übertrieben, so soll er bedenken, welchem Schrecken wir noch einmal so knapp entgangen sind.

Die ständige Ölflut, die sich in den letzten Jahren vom Kap der Guten Hoffnung zu den Gewässern des Südmeers bewegt hat, ist wohl schon Grund genug zur Unruhe, so weiträumig und turbulent dieser Ozean auch ist. Noch viel erschreckender jedoch ist die Aussicht, daß es endlos so weitergehen wird. Den wiedergeöffneten und passierbar gemachten Suezkanal werden auf Jahre hinaus nur kleinere Tanker durchfahren können. Selbst wenn Ägypten seine Pläne verwirklichen sollte, den Kanal so zu vergrößern, daß 250 000-Tonner in Ballast ihn passieren können, so wird dies nicht nur geraume Zeit in Anspruch nehmen, sondern die Großtanker, die ihn dann in Ballast durchfahren können (vor der Schließung im Jahre 1967 schaffte es ein 150 000-Tonner), werden nach wie vor *mit Ladung* um das Kap der Guten Hoffnung nach Nordamerika und Europa fahren müssen. Da etwa siebzig Prozent der heute überall in der Welt in Bau befindlichen Tanker im beladenen Zustand den Suezkanal nicht werden passieren können und da die Tankernutzer in ihrer Fehlkalkulation nicht mehr mittlere und kleine Tonnage bauen lassen, wird die Route um das Kap noch für nicht absehbare Zeit benutzt werden. Die amerikanischen Ölimporte aus dem Nahen Osten werden zunehmen und während der siebziger und vielleicht bis in die frühen achtziger Jahre auf einem hohen Niveau bleiben, so sehr sich die Vereinigten Staaten auch bemühen, ihren Energieverbrauch zu drosseln, und trotz aller eventuellen Ölfunde im Meer. Wenn, wie vorgeschlagen wurde, Amerika Ölvorräte anlegt, muß dies dazu führen, daß der Tankerverkehr noch dichter wird. Das gleiche gilt für Europa. Somit werden die Tanker weiterhin ihre überschweren Ölfrachten durch die Winterstürme vor dem Kap Agulhas, durch die Riesenwellen des Agulhas-Stroms und durch die gefahrenreiche, orkandurchtobte Magellanstraße schleppen.

Der Schaden, den ihre Unfälle in kumulierter Wirkung während des kommenden Jahrzehnts anrichten werden, muß gegen den Wert abgewogen werden, den wir der Antarktis und dem Südmeer beimessen, als Habitat ihrer Tierwelt, in ihrer Bedeutung für die anderen Ozeane und was sie für die Menschheit insgesamt bedeuten, namentlich wenn wir schließlich diese Gewässer – mit gutem Grund – als eine der großen Nahrungsreserven betrachten werden, die uns noch geblieben sind. Oder werden wir sie mit derselben Gefühllosigkeit, der gleichen Mißachtung behandeln, wie wir sie dem Wal haben widerfahren lassen?

Der Blauwal, das größte Tier und der begehrteste aller gejagten Wale, ist heute infolge der wahllosen Schlächtereien seit dem Zweiten Weltkrieg so dezimiert, daß er sich dem Aussterben nähert. Die Wale in den antarktischen Gewässern befanden sich zwar schon vor dem Krieg im Niedergang, aber noch 1952 konnte Professor George H. T. Kimble von der McGill University in Montreal und führendes Mitglied der American Geographical Society konstatieren: „Die Walpopulation der Antarktis soll, nach der Jagdpause der Kriegsjahre, heute imstande sein, der Welt pro Jahr mindestens 40 000 Tonnen Öl und 225 000 Tonnen Fleisch zu liefern, und dies für ewige Zeiten, wenn sie entsprechend gehegt wird. Das Fleisch allein würde für eine Bevölkerung von 350

Millionen – ungefähr der Einwohnerschaft Indiens – den gesamten Proteinbedarf decken können."

Diese Chance ist vertan: Von 400 000 Blau- und Finnwalen vor dreißig Jahren ist die Walpopulation der Antarktis auf etwa 35 000 Tiere oder noch weniger zusammengeschrumpft. Dieser Rückgang ist auf die hohen jährlichen Fangraten zurückzuführen, welche die Internationale Walfangkommission immer wieder unnachgiebig festsetzt.

Die Verminderung der Wale hat jedoch einen unbeabsichtigten Vorteil gebracht. Ihre Hauptnahrung, die kleinen Meerestiere, sind dadurch zu einer alternativen Ressource für die menschliche Ernährung geworden. Nach einer jüngst veröffentlichten Schätzung ist dieses Kleingetier in den antarktischen Gewässern, das durch die Ausrottung des Wals übrigbleibt, auf kaum weniger als etwa dreißig Millionen Tonnen anzusetzen. Die Sowjets haben bereits begonnen, es aus dem Meer zu fischen, und in Moskau wird es in Form einer Paste verkauft. Angesichts dessen, daß sich fast die gesamte Fauna des tiefen Südens von diesen Kleinlebewesen ernährt und daß jetzt der Mensch beginnt, den Anteil des Wals zu übernehmen, sollte man denken, daß es als eine so wichtige Nahrungsgrundlage um jeden Preis erhalten und gegen eine mögliche Verseuchung und Vernichtung geschützt werden sollte.

Vielleicht steht sogar noch mehr auf dem Spiel. Als eine englische Forschungsexpedition, die British Antarctic Survey, nach zweijährigem Aufenthalt im Süden im April 1974 nach England zurückkehrte, berichtete ihr Leiter, Dr. Richard Maitland Laws, der Zeitung *Daily Telegraph*, man habe rings um die Antarktis eine erstaunliche und bis dahin unbekannte Menge maritimer Lebewesen gefunden. Es sei zwar noch zu früh, um zu sagen, wie wichtig diese Entdeckung für die Ernährung der Weltbevölkerung werden könne, erklärte Dr. Laws dem *Daily Telegraph*, aber wenn die Forschungsergebnisse analysiert seien, sei es wahrscheinlich, „daß der Mensch sich der Antarktis als einer möglichen Nahrungsquelle zuwenden wird".

Schließlich ist noch ein anderer Faktor zu bedenken. Öl entzieht, während es abgebaut wird, dem Wasser eine gefährlich hohe Menge an gelöstem Sauerstoff. Dies wirkt sich letzten Endes auf die Luft aus, die wir selbst atmen. Deshalb müssen wir stets an die

Auswirkungen der ständigen Verschmutzung des Südmeers auf die Atmosphäre und an die Belastung denken, die große Ölfrachten darstellen, welche möglicherweise vor dem Kap der Guten Hoffnung untergehen.

Zu den Faktoren, die zu der dichten Fauna und Flora in den antarktischen Gewässern beitragen, gehören die intensive Fotosynthese, die durch die lange Sonneneinstrahlung im Sommer verursacht wird, und die hohe Konzentration gelöster Gase – Kohlendioxyd und Sauerstoff – im Wasser. Das Kohlendioxyd fördert die Fotosynthese, und der Sauerstoff erzeugt Energie. Bis vor kurzem war unter Naturwissenschaftlern und Geographen die Ansicht verbreitet, daß etwa siebzig Prozent des auf der Welt erzeugten Sauerstoffs durch Fotosynthese im Meer produziert würden. Viele der dringlichsten Warnungen vor der Meeresverschmutzung bezogen sich darauf. Ihr Postulat war, daß das Sterben der Meere das Sterben des Festlands nach sich ziehen werde.

Diese Ansicht wurde inzwischen von Dr. J. H. Ryther vom Wood's Hole Oceanographic Institute widerlegt, der feststellte, daß die Sauerstoffmenge, welche die Atmosphäre aus dem Meer erhält, viel geringer sei, als man früher angenommen hat, nämlich nur ein Drittel. Selbst wenn die Fotosynthese im Meer völlig zum Erliegen käme, so sagte er, würde es eine Million Jahre dauern, bis sich der Sauerstoffgehalt der Atmosphäre um ein Prozent verringere. Man fühlt sich durch Dr. Rythers beruhigende Versicherung zwar erleichtert, dennoch aber kann niemand die Beeinträchtigung der maritimen Sauerstoffproduktion, welche die ständige Meeresverschmutzung wahrscheinlich macht, mit Gleichmut betrachten. Wenn die Meere nicht mehr atmen oder wenn sie asthmatisch und unvollkommen atmen, was in unserer Umwelt wird dann auch von Atembeschwerden befallen werden? Es ist eine schlichte Frage, aber wenn man auf einem Globus herumkommt, den nach den Karten zu zwei Dritteln Salzwasser bedecken, kann man nicht umhin, sie sich zu stellen.

10

Es gab Schwierigkeiten im Maschinenraum, als wir uns dem Kap der Guten Hoffnung näherten, und die Geschwindigkeit der *Ardshiel* wurde von siebzehn auf unter vierzehn Knoten gedrosselt. Die Ingenieure und der Elektrooffizier fehlten, weil sie mit der Behebung des Schadens beschäftigt waren, und der abendliche Dämmerschoppen wurde abgesagt. Aber an dem Abend, bevor wir das Kap erreichen sollten, suchte mich Basil Thomson auf und fragte mich, ob ich zur gewohnten Stunde in seinen Salon kommen wolle.

Ich traf ihn noch immer in der grüblerischen Stimmung an wie an dem Abend, als wir uns in der Offiziersmesse über die Schwierigkeiten der *Ardshiel* unterhalten hatten und als Diaz den Eiskübel hereingebracht und vor einem herrlichen, zitronengelb und rosa glühenden Sonnenuntergang im Südatlantik die Vorhänge zugezogen hatte. Thomson verfiel in einen eintönig murrenden Ton.

Als er das Schiff nach Rotterdam hineingebracht habe, sei er schon seit achtundvierzig Stunden auf der Brücke und praktisch ohne Schlaf gewesen. Sie hätten um ein Uhr morgens den Anker gelichtet, um einzulaufen. Zwei Stunden später hätten sie am Kai angelegt, und der Agent, der nautische Inspektor, die Zollbeamten und die Paßkontrolleure seien an Bord gekommen. Als sie alle wieder an Land waren, sei es mittlerweile fünf Uhr dreißig geworden. Was hätte es da noch Sinn gehabt, schlafen zu gehen? Sinnlos. Er habe bereit sein müssen, die Lieferungen zu überwachen, die an Bord gebracht wurden, Leute zu begrüßen, die zustiegen, unter ihnen unser geschätzter Freund und Schriftsteller Mostert, von dessen Eintreffen er dank der lieben Kollegen in der Zentrale natürlich erst in letzter Minute erfahren habe. Und zu alledem habe er sich auch noch um die dringende Schreibarbeit kümmern müssen. Dann sei der ganze Tag mit Beladen und mit dem, was sonst das Schiff erfordert, vergangen. Insgesamt habe er vielleicht ein paar Stunden Schlaf gefunden. Ob er, als das Schiff wieder auslief, am Abend des gleichen Tages dafür in der richtigen Form gewesen sei? Das war die Frage. Er, Basil Thomson, sei nicht dieser Meinung.

Es sei das gleiche, wenn man zum Golf hinausgeflogen werde. Man sitze in der Touristenklasse, während einem Kapitän doch Erste Klasse zustünde. Wohin sollte ein großer Mann wie er seine Beine tun? An Schlafen war nicht zu denken. Nach einer solchen Reise ging man in dieser elenden, stinkenden Hitze aufs Schiff, und sechs Stunden später mußte man auslaufen. Heutzutage wisse doch jeder, daß leitende Angestellte keine Entscheidungen treffen sollten, nachdem sie gelandet waren. Sollte er also in der Kondition sein, das Schiff rauszubringen? Nach seiner Meinung war er es nicht. Seine Gesellschaft aber dachte offenbar so.

Ich empfand Mitleid mit ihm, wenn er sich in einem Flugzeug nicht behaglich fühlte. Selbst in dem breiten Sessel, in dem er jetzt saß, schien er seine Arme und Beine nicht so unterbringen zu können, daß es ihm bequem war. Er saß zusammengesunken darin, mit der matten Passivität eines Mannes, der die Waffen gestreckt hat. Er lag so weit nach hinten gelehnt, daß man hätte meinen können, er könnte sich überhaupt nicht mehr erheben; die Unterarme ruhten schwer wie Holzscheite auf den Armlehnen, die Beine ragten in einem steilen Winkel verkrampft nach oben. Als er seine Klagerede beendet hatte, schien er seine unbequeme Position noch stärker zu empfinden, als ob sie selbst ein unlösbares und unentrinnbares Problem in seinem Leben wäre. Er blickte starr und abwesend in eine Ecke auf der anderen Seite des Raumes, und auf seinem Gesicht stand noch immer ein Ausdruck tiefen, allgemeinen Mißbehagens.

Der Gedanke, das Schiff in die Table Bay hineinzubringen, liege ihm auf der Seele. Mit dieser Erklärung erhob Thomson sich jäh aus seiner finsteren Stummheit und aus seiner Sitzstellung. Seufzend zog er sich nach vorn, um die Gläser nachzufüllen. Er sei immer erleichtert, sagte er, wenn er da wieder draußen sei, besonders morgen, weil wir nach Einbruch der Nacht ankommen würden und das Einlaufen bei Nacht doppelt riskant sei. In den letzten zwei Jahren seien in der Bucht zwei Tanker auf Grund gelaufen. Er habe kein Vertrauen zu der Tüchtigkeit der Südafrikaner, die ja nicht einmal einen Schlepper losschicken könnten, der ihn vor ihrer Küste aus einem Schlamassel rausholen konnte. Sie hätten einen *mañana*-Komplex. Er werde sich möglichst weit weghalten, das sei das beste, was der Kapitän eines dieser Schiffe tun könne.

„Es ist mir zuwider, da reinzugehen", sagte er. „Es ist mir in tiefster Seele zuwider."

Seine Klagen schienen im Widerspruch zu seiner Beschwerde zu stehen, die ich oft von ihm hörte, während ich auf dem Schiff war: daß moderne Kapitäne überflüssig und daß sie auf so stark automatisierten Schiffen wie der *Ardshiel* nicht mehr so nötig seien. Was ihm jedoch offenbar auf der Stimmung lag, war die Unausgeglichenheit der Ansprüche, die an den Kapitän eines Supertankers wie der *Ardshiel* gestellt werden. Der Kommandant eines Schiffes, das häufig Häfen anläuft und verläßt und oft verkehrsreiche Gewässer durchfährt, nimmt kritische Begegnungen mit anderen Fahrzeugen als Teil des natürlichen Rhythmus seines Jobs und seiner eigenen Reaktionen hin. Für einen Tankerkapitän ist der Rhythmus anders: Lange Wochen ereignisloser Monotonie werden durch kurze Perioden intensiver Beanspruchung unterbrochen.

Wenn er sich auf offener See befindet – was er praktisch fast immer ist –, gibt es für den Kapitän eines Tankers nur wenig zu tun. Er gewöhnt sich daran. Daher ist das Erlebnis, sich plötzlich wieder in den verkehrsreichen Gewässern des Ärmelkanals, vor dem Kap der Guten Hoffnung oder im Persischen Golf zu befinden, wo die Verantwortung des Kapitänamtes ganz ihren altgewohnten Sinn zurückerhält, eine viel stärkere Belastung als für einen Kapitän, dessen Schiff von Hafen zu Hafen schippert. Es ist ein alptraumhafter Übergang von geruhsamen, unausgefüllten Tagen zu erbarmungsloser Beanspruchung, Nervenbelastung und Furcht. Der Tankerkapitän hat es mit einem schwerwiegenden praktischen Problem wie auch mit einem psychologischen zu tun. Er muß verkümmerte Instinkte wiedererwecken und die Trägheit all der langen Tage vorher abschütteln. Besonders schwierig ist das für einen Mann, der in die Jahre gekommen ist, in dem sich die Müdigkeit und der Zynismus eines ganzen Lebens plötzlich zusammenballen oder mit dessen Gesundheit es bergab geht, wie beim Kapitän der *Torrey Canyon*, bei dem Tuberkulose festgestellt wurde.

Die Langeweile an Bord und die nachlassende Wachsamkeit der Besatzung bilden ein großes Sicherheitsproblem auf diesen Schiffen. Davon ist natürlich nie die Rede, wenn die Ölkonzerne und die Tankerreedereien die Vorteile der VLCCs gegenüber kleineren Schiffen preisen. Gleichgültig wie groß das Schiff ist, die meisten Tankerfahrten sind lang und langweilig. Aber kleinere Tanker haben mehr Kontakt mit anderen Schiffen, und für die Besatzung wird die Langeweile dadurch abgemildert, daß Route und Bestimmungshäfen eine gewisse Abwechslung bieten. So bleiben das psychische Gleichgewicht und die Reaktionsfähigkeit des Menschen an Bord besser erhalten. Während meiner Recherchen erfuhr ich aus zuverlässigster ärztlicher Quelle, daß wenigstens ein Ölkonzern durch die evidente und allgemeine Verschlechterung der psychischen Verfassung seiner VLCC-Kapitäne so beunruhigt worden sei, daß man eine eingehende Langzeituntersuchung dieses Problems einleitete.

Man hat mehrfach versucht, der Überbeanspruchung der Schiffsführung auf VLCCs bei der Rückkehr in verkehrsreiche Seestraßen beizukommen. Die Shell Company beispielsweise führte den Brauch ein, zusätzliche Dritte Offiziere nach Las Palmas zu schicken, die dort an Bord jedes auf der Rückfahrt befindlichen Shell-Tankers gingen und ihn auf dem letzten Stück, durch den Ärmelkanal, begleiteten. Das Zweibahnsystem, das im Ärmelkanal, vor dem Kap der Guten Hoffnung und in anderen ähnlichen Meeresgebieten mit großer Verkehrsdichte eingeführt wurde, hat dazu beigetragen, die Belastung zu mildern. Es konnte sie allerdings keineswegs ganz beseitigen, weil es immer die sogenannten Cowboys gibt, die die Fahrtregelung mißachten und die Gegenrichtung nehmen, entweder aus Unkenntnis, aus Bequemlichkeit oder manchmal auch aus purem Trotz, wofür mir Alan Ewart-James ein Beispiel erzählte, das einen erschauern läßt. Bei dem betreffenden Schiff handelte es sich um einen 200 000-Tonner, voll beladen, auf der Rückfahrt den Ärmelkanal hinauf, wo für Schiffe mit nördlichem Kurs eine Fahrstraße längs der französischen Küste vorgesehen ist, während die mit Südkurs eine zweite benützen, die vor der englischen Küste verläuft.

Der Kapitän des betreffenden Schiffes gab seinem Zweiten Offizier Anweisung, den Kurs längs der englischen Küste zu legen, gegen die Schiffe mit Südkurs. Der Zweite Offizier suchte Rat bei seinem unmittelbaren Vorgesetzten, dem Ersten Offizier, der ihm sagte, er solle die Weisung befolgen. Er lehnte dies trotzdem ab und verlangte einen schriftlichen Befehl des Kapitäns. Darauf trug dieser verärgert die Kurslinie selbst ein, und 200 000 Tonnen Schiff und Öl gingen auf Kollisionskurs nach Rotterdam, sämtlichen Schiffen entgegen, die durch den Ärmelkanal nach Süden liefen. „Es war einfach ein Akt der Rebellion", sagte Ewart-James, als er den Vorfall erzählte. „Man konnte nichts dagegen tun, höchstens beten, daß es nicht zu einem Unglück kommen würde."

Da der Tankerverkehr in den Zufahrten zum europäischen Kontinent und in den kritischen Passagen wie vor dem Kap der Guten Hoffnung, in der Straße von Gibraltar und der Straße von Malakka immer dichter wird, werden zusätzliche und bisher nicht dagewesene Sicherungen nötig, um diese Seegebiete, die angrenzenden Küsten und die Schiffahrt selbst gegen die Torheiten, die Müdigkeit, zeitweise Unberechenbarkeit, Unverantwortlichkeit, nicht entdeckte Gesundheitsgefährdung oder Fehlberechnungen einzelner zu schützen. Dabei wird es sich um irgendeine Form der Steuerung vom Land her handeln, die den Schiffen, die innerhalb bestimmter küstennaher Bereiche fahren, schrittweise die Entscheidungsbefugnis über Kurs und Richtung abnehmen, ebenso wie heute Flugzeuge in den Luftstraßen der Welt gesteuert werden, vor allem in der An- und Abflugphase.

Hätte die verrückte Entscheidung des Kapitäns, der seinen Zweiten Offizier anwies, eine gegen die Vorschriften verstoßende Kurslinie durch den Kanal einzutragen, zu einer Kollision mit einem anderen 200 000-Tonner geführt oder hätte ein kleineres Schiff auf Gegenkurs den Tanker gerammt und seine Frachttanks aufgerissen, so hätten wir eine noch viel folgenschwerere Ölpest erlebt als nach dem Desaster der *Torrey Canyon.* Die Katastrophe der *Torrey Canyon* selbst und die Strandung des VLCC ESSO *Cambria* im Persischen Golf gehören zu den Beispielen aus der jüngsten Vergangenheit, die zeigen, wie die körperliche Erschöpfung eines einzelnen Mannes unseren Küsten Unheil bringen kann, obwohl dieser ein zuverlässiger, erfahrener und angesehener Schiffsführer ist. Commander Oudet wirft in seiner für das Royal Institute of Navigation über die *Torrey Canyon* verfaßten Schrift der liberianischen Untersuchungskommission vor, sie habe versucht, tiefer reichende Mängel auf dem Schiff zu vertuschen, indem sie dem Kapitän die ganze Schuld an dem Unfall gab. Die Fehler und das technische Versagen des Kapitäns seien auf der Hand gelegen, schreibt Oudet. „Wie hätte es denn anders sein können, wenn wir daran denken, daß er auf der Brücke war . . ., daß er das gesamte Bild vor sich und alles in der Hand hatte?“ Aber der Untergang der *Torrey Canyon*, so meint Oudet, sei vielleicht vor allem anderen auf den Gesundheitszustand des Kapitäns zurückzuführen gewesen; hätte er sich körperlich und seelisch in guter Verfassung befunden, wäre es vielleicht möglich gewesen, das Unglück abzuwenden. Er war krank und ein volles Jahr und einen Tag ohne Urlaub auf dem Schiff gewesen. „Die erste Lektion aus diesem Unfall“, schreibt Commander Oudet, „besteht darin, daß der Gesundheitszustand von Besatzungsmitgliedern und namentlich von Kapitänen sorgfältiger beobachtet werden sollte, insbesondere auf jenen Schiffen, deren Eigentümer heute augenscheinlich wenig daran interessiert sind.“

Der Fall der *ESSO Cambria* dagegen liefert ein Beispiel für zeitweiliges Versagen infolge psychischer Überbelastung. Die ESSO, eine Gesellschaft, die den Ruf genießt, sich sehr um ihre Besatzungen zu kümmern, hatte schon seit einiger Zeit mit der *ESSO Cambria* eine ganze Serie von VLCC-typischen Schwierigkeiten, einschließlich Kesselschäden. Dazu kam noch, daß beim Beladen in Mina al-Ahmadi Öl ins Wasser geriet, woran man dem Tanker die Schuld gab. All dies blieb natürlich am Ersten Offizier hängen, der für den inneren Betrieb verantwortlich ist. Dann gab es weitere Schwierigkeiten beim Laden, und als das Schiff in See gegangen war, fiel der Strom aus, und im Maschinenraum wurde ein Maschinist ernst verletzt. All diese Probleme belasteten den Ersten Offizier psychisch. Auf seiner Frühwache am Tag nach der Abfahrt von Mina al-Ahmadi – das Schiff war zum Hafen Bandar'Abbas unterwegs, um den verletzten Seemann an Land zu bringen – lief die mit 241 045 Tonnen Öl beladene *ESSO Cambria* auf Grund, zum Glück nicht auf Felsen, sondern auf eine

Sandbank. Trotzdem entstanden Brüche an der Vorpiek und im Tank Nr. 1, aus dem ungefähr 1500 Tonnen Öl ins Meer strömten. „Das Beunruhigende an diesem Vorfall", kommentierte die englische Seefahrtszeitschrift *Fairplay*, „liegt darin, daß die Navigation dieses Mammutfahrzeugs in den Händen eines Mannes lag, der, wenn vielleicht auch nur zeitweise, für die Aufsicht über die Navigation ungeeignet war. Was wäre geschehen, wenn es plötzlich zu einer Notsituation gekommen wäre und ein sofortiges Ausweichmanöver notwendig geworden wäre, vielleicht noch bevor der Kapitän auf die Brücke kommen konnte? Ein Offizier, der einen solchen Kapitalfehler begeht, daß das Schiff strandet, könnte eine Gefahr für andere Schiffe wie für sein eigenes Fahrzeug darstellen."

Der Vorschlag, irgendeine stationäre Form der Kontrolle der Schiffahrt in verkehrsreichen Gewässern vom Land aus einzuführen, wäre noch vor ein paar Jahren schwer durchzuführen, wenn nicht undenkbar gewesen. Doch in jüngster Zeit hat sich die Situation verändert, und die Art der Veränderung selbst verlangt gebieterisch ein neues, anders gestaltetes System der Verkehrsregelung auf See.

Bis vor kurzem herrschte in der Handelsschiffahrt noch ein gemächliches Tempo. Man ließ sich Zeit, weil die Kosten relativ niedrig, die wirtschaftlichen Zwänge geringer und ausgebildetes und verantwortungsbewußtes Personal für die Besatzungen einerseits noch nicht teuer, andererseits reichlich vorhanden und arbeitswillig waren.

Bei diesen Gegebenheiten unterhielten die großen Seehandelsnationen, die Vereinigten Staaten, Japan und die küstenanliegenden Staaten in Westeuropa, Tausende von Schiffen, die ihre Frachtgüter beförderten. Diese Schiffe nahmen ein Kunterbunt von Ballen, Fässern, Säcken und Kisten an Bord, überquerten das Meer und fuhren dann auf der anderen Seite von Hafen zu Hafen, um ihre Ladung stückweise zu löschen.

Die Inflation hat jedoch die Betriebskosten der Schiffe hochgetrieben, und durch die Prosperität in den Wohlstandsnationen ist es schwierig, ja manchmal unmöglich geworden, Leute zu finden, die zur See fahren wollen. Aus diesen Gründen können wir heute nicht mehr unsere Schiffsfrachten in kleinen Päckchen und in der vergleichsweise gemütlichen Art von gestern transportieren, als die verpackten Frachtgüter in den Hafen geliefert wurden, am Kai warteten, per Hand oder mit Winden und Kränen an Bord befördert und dann bei der Ankunft auf die gleiche Weise entladen wurden. Bei dieser Prozedur lag ein Schiff bis zu achtzig Prozent seiner Zeit untätig im Hafen. Die veränderte Situation hat es mit sich gebracht, daß die Kosteneinsparung durch Größe alsbald bei allen Schiffen, nicht nur Tankern, angewendet wurde; auf diese Weise löst man zum Teil die Kosten- und Personalprobleme, weil nun ein einziges Schiff die Arbeit für mehrere übernimmt.

Die Prinzipien des Supertankerbetriebs, bei dem das Schiff kaum untätig im Hafen liegt und Fracht in gewaltigen, aber rasch verstauten und gelöschten Mengen bewegt, wurden auf die gewöhnliche Handelsschiffahrt mittels Containern übertragen, glänzenden Metallbehältern, die vorverpackte Waren aufnehmen und die sich ebenso leicht wie die Bauklötze eines Kindes verstauen und gruppieren lassen. Dadurch können Frachtgüter so rasch umgeschlagen werden, daß im Containerverkehr eine Handvoll Schiffe genügt, wo früher Hunderte notwendig waren.

Die Container-Schiffe werden, ebenso wie einst die Tanker, immer größer und haben heute bereits die Klasse zwischen 50 000 und 60 000 Tonnen erreicht. Eines der größten, der amerikanische 50 000-Tonner *Sea-Land McLean*, bringt es auf zweiunddreißig Knoten und überquert den Atlantik in viereinhalb Tagen, die gleiche Geschwindigkeit und Überfahrtszeit wie die der Cunard-*Queens*.

Außer Containerfracht wird heute auch Bulkladung, lose Massengüter wie Getreide und Erz, in Riesenschiffen befördert, von denen viele 200 000 Tonnen und größer sind. Der Trend zum größeren Schiff zeigt sich ebenso bei Fahrzeugen, die verschiedene gefährliche Substanzen transportieren, vor allem verflüssigtes Erdgas.

Die rasante Entwicklung zu den großen Schiffen hat dazu geführt, daß heute ganze Generationen konventioneller Fahrzeuge billig verhökert oder verschrottet werden. Viele werden zur weiteren Verwendung von Reedereien aufgekauft, die ihre Schiffe in den Billigflaggenländern registrieren lassen, oder von Staaten der Dritten Welt, die sich eine eigene Handelsflotte zulegen wollen, was anscheinend die meisten anstreben, sofern sie nur über eine eigene Küste verfügen.

Die industrialisierten Seefahrtsstaaten haben daher praktisch auf einen Schlag ihre alten Handelsflotten abgestoßen und durch große, neue, automatisierte Fahrzeuge ersetzt, während sich Einzelpersonen und Länder, die im Kreis der Seefahrtsnationen Neulinge sind, Flotten älterer, klappriger Schiffe zugelegt haben.

Die neuen Öltanker, Erzschiffe, Containerschiffe und Flüssigkeitstanker mit ihrer standardisierten Ausrüstung, ihren hochentwickelten automatisierten Anlagen, die auf Satelliten-Navigation umgestellt werden können, und ihrem neuen Typ von Seeleuten auf der Brücke, stellen eine Chance für eine völlig neue Methode der Kontrolle und Regulierung des Seeverkehrs dar. Zugleich aber demonstrieren sie durch ihre Verwundbarkeit, Schwerfälligkeit und die potentielle Gefahr von Fehlern bei ihrer Steuerung und Navigation, wie unbedingt notwendig eine Neuorientierung ist.

Eine Welt, in der Nahrungsmittel und Bodenschätze knapp sind, kann es sich nicht leisten, 250 000 Tonnen Getreide oder Erz zu verlieren. Doch wirkt eine solch altruistische Denkart etwas abstrakt gegenüber dem sichtbaren und bekannten Schaden, der durch das Öl angerichtet wird. Dies ist im Augenblick, was unsere Meere betrifft, die Hauptsorge, wenn auch der Transport von Chemikalien und riesigen Mengen verflüssigten Erdgases sich rasch zu einem konkurrierenden Risiko entwickelt.

All dies wird noch dadurch verschlimmert, daß diese Riesenschiffe in stark befahrenen Seegebieten und in den verschiedenen kontinentalen Zufahrtswegen in zunehmendem Maße von der Unerfahrenheit, Vorschriftenmißachtung, den Fehlern und der Schlamperei in der Führung älterer, kleinerer Schiffe umgeben sind, die von den Neulingen in der Seefahrt oder von den Leuten erworben wurden, denen es schon immer gleichgültig war, wie sie mit ihren Fahrzeugen umgingen.

Wir können uns an dieser Stelle mit dem gängigsten und, wie ich finde, irrigsten Argument beschäftigen, das zugunsten der Superschiffe vorgebracht wird: Sie trügen in einer Zeit des Disziplinverfalls in der Seefahrt zur Sicherheit auf den Meeren bei, weil sich durch sie die Zahl der Schiffe vermindere. Für diese Behauptung fehlt der geringste Beweis.

Das anschaulichste Beispiel für ein kleineres Schiff, das man als Modell nehmen könnte, wäre ein Fahrzeug aus der 50 000-60 000-Tonnen-Klasse der Supertanker, das sowohl Häfen an der amerikanischen Ostküste als auch praktisch sämtliche größeren Häfen in Europa anlaufen sowie in beladenem Zustand den Suezkanal passieren könnte. Man kann die Sache auch umgekehrt betrachten, von der begrenzten Zahl der Häfen her, die für VLCCs zugänglich sind; tatsächlich herrscht dort unter diesen Riesenschiffen ein förmliches Gedränge.

Nach der Ölpest in der Bantry Bay wies die irische Regierung drei Tankerriesen an, die Bucht zu verlassen, weil sie befürchtete, es könnte zu einer Kollision kommen. Außerdem werden VLCC-Basen wie die in der Bantry Bay nach dem Prinzip betrieben, daß dort das Öl auf Flotten kleinerer Tanker umgeladen wird, was allein schon das Argument, durch Supertanker würde die Schiffszahl reduziert, der Lächerlichkeit preisgibt.

Kleinere Schiffe lassen sich auf eine ganze Kette von Häfen verteilen, etwa an der amerikanischen Ostküste oder in Nordwesteuropa, so daß sie sich nicht an wenigen begrenzten Punkten in Massen sammeln, wie dies bei den VLCCs der Fall ist. Da sie einen geringeren Tiefgang und größere Manövrierfähigkeit besitzen, sind sie in diesen gefährlich dicht befahrenen Gewässern längst nicht so gefährdet wie die Giganten.

Es wird schließlich dazu kommen müssen, daß Küstenstationen sämtliche Schiffe überwachen, die bestimmte Grenzlinien vor der Küste erreichen, etwa die Zufahrten zu den amerikanischen Häfen, den Ärmelkanal und die Straße von Malakka, und daß jedes Fahrzeug, wenn es in einen bestimmten Bereich einläuft, eine Nummer und einen vorgeschriebenen Kurs erhält, die in sein Computersystem eingespeichert werden und die Navigation der Kontrolle der Küstenstationen unterstellt. Zumindest aber wird das Schiff nach präzisen Anweisungen fahren müssen, die es über UKW-Funk erhält. In seinen Anfängen gibt es ein solches System schon heute im Ärmelkanal, wo die Engländer und Franzosen mittels Radar, Hubschraubern und Patrouillenbooten versuchen, das Zweibahnsystem zu überwachen, um sicherzustellen, daß kein Schiff die Gegenrichtung benutzt. Die amerikanische Küstenwache und die Kanadier überwachen ihr Seegebiet vor der Küste, um

Ölteppiche und Schiffe aufzuspüren, die Ölschlamm ins Meer ablassen. Aber die Ausgestaltung dieser Einzelmaßnahmen zu einem umfassenden, elektronisch gesteuerten System der Schifffahrtsüberwachung nach dem Vorbild der Luftstraßen im internationalen Flugverkehr scheint noch in weiter Ferne. Wenn man zynisch sein will, kann man sagen, daß eine solche Reform erst dann spruchreif oder ausgeführt wird, wenn ein paar besonders schwere Katastrophen die öffentliche Meinung gezwungen haben, ein derartiges Sicherungssystem zu fordern. Alle Faktoren, welche die Superschiffe so gefährlich machen – menschliches Versagen, ihre anfälligen Systeme und die sich ständig vermehrenden äußeren Risiken durch andere Schiffe –, werden jedoch in naher Zukunft einen entschiedenen neuen Schritt notwendig machen, um mit ihrer großen Zahl fertig zu werden, bis verfeinerte Mittel zur Hand sind. Eine Möglichkeit wäre die Einführung des Lotsenzwangs schon von einer Stelle weit außen auf dem Atlantik aus, etwa einem Hubschrauberträger, der dort dauernd stationiert ist, was allerdings im Winter offensichtliche Schwierigkeiten mit sich brächte. Eine andere bestünde darin, daß den Schiffen vorgeschrieben wird, mit zunehmender Regelmäßigkeit Kurs und Position auf dem Funkweg zu melden, bis sie eine Lotsenstation vor der Küste erreicht haben. Für schmale, verkehrsreiche Wasserstraßen wie den Ärmelkanal oder die Straße von Malakka wäre eine denkbare Lösung ein Geleitzug-System, wie es im Suezkanal vor dessen Blockierung betrieben wurde. Die Schiffe passierten den Kanal zweimal täglich in beiden Richtungen im Konvoi.

Jede verkehrsreiche Schiffahrtsstraße hat ihre Besonderheiten, die berücksichtigt werden müssen, doch während die Besorgnis über die Meere als Ganzes wächst, wird es zunehmend schwierig, grundsätzlich eine Grenze zwischen der Kontrolle in Küstennähe und der in tiefen Gewässern, auf offener See zu ziehen. Ein Beispiel, das dies veranschaulicht, ist die Tankerroute vom Persischen Golf nach Nordamerika. Diese Schiffe werden im Verlauf ihrer Fahrt (24 000 Seemeilen für die Hin- und Rückfahrt) mehrere der großen Meeresströmungen auf dem Globus, den Mozambique-Agulhas-, den Benguela- und den Golfstrom, berühren und damit ein Risiko für deren Unversehrtheit darstellen.

Nach der Fahrt um das Kap der Guten Hoffnung nehmen diese Schiffe fast direkt auf die nordöstliche Ecke des nordamerikanischen Kontinents Kurs – Maine, Neuschottland und Neufundland –, wo zufällig die ersten Tiefwasserhäfen für Supertanker angelegt wurden. Diese Route hält sie zwar der nordamerikanischen Ostküste größtenteils ausreichend fern, aber sie durchschneidet sämtliche der vielbefahrenen Transatlantikrouten, die sowohl von den Ostküstenhäfen wie vom Persischen Golf über den Atlantik führen. Wenn es hier zu einem Unglücksfall kommt, ist der Schauplatz wohl einigermaßen von der Küste entfernt, aber er liegt innerhalb der Hauptströmung des Golfstroms. Dies bedeutet, daß sich Maine und die kanadischen Seeprovinzen dem doppelten Risiko ausgesetzt sehen, daß sie diese Schiffe vor ihrer Küste haben und daß zudem die Meeresverschmutzung durch Schiffsunfälle, die sich vielleicht sogar viel weiter südlich abspielen, durch die Strömung zu ihren Fanggründen vor der Küste getragen wird.

Es war naßkalt am nächsten Abend vor Kapstadt, der Tafelberg nicht einmal schwach zu sehen gegen den nächtlichen Himmel, der tief und dunstig über dem Wasser hing. Wir fuhren gegen acht in die Bucht ein und waren schon eine Stunde später wieder auf der Fahrt längs der Küste. Obwohl es keinerlei Schwierigkeiten gegeben hatte, schien dies Thomsons gereizte Stimmung nicht besänftigt zu haben. Ungeduldig schritt er auf der Brücke hin und her und schrie „Lauter! Lauter!“ auf Stephen Tucker ein, der, eingeschüchtert von der großen, wütend auf und ab stampfenden Gestalt seines Kapitäns, beinahe im Flüsterton sprach.

„Da sind wir mit 200 000 tdw in einer Seestraße voller Verkehr, und ich möchte wissen, was Kapstadt sagt, bekomme aber von Ihnen nur ein Murmeln zu hören. Schlafen Sie oder haben Sie gehört, was die Ihnen gesagt haben?“

„Die Barkasse ist gerade abgegangen“, schrie Tucker, nachdem er sich erst geräuspert hatte, um den Hals freizubekommen.

„Sie haben aber lang gebraucht, um das rauszukriegen.“

„Sie haben so eine komische Aussprache“, sagte Tucker.

„Auch nicht komischer als Ihr Gemurmel, Dritter Offizier. Also, dann sind sie unterwegs, was? Wird auch langsam Zeit, würde ich sagen.“ Wir sollten zwei Passagiere zum Persischen Golf an Bord nehmen, von denen der prominentere Captain Harry Long war, Direktor der Marine Safety Services, einer Tochterfirma der P & O, die ein Programm für strenge Sicherheitsvorkehrungen auf Tankern entwickelt hatte und dies zusammen mit einem laufenden Beratungsservice an die Schiffe der P & O selbst sowie an andere Reedereien verkaufte. Ich kannte Long noch nicht, hatte aber gehört, daß er wahrscheinlich auf die *Ardshiel* kommen werde, um ihre Sicherheitsorganisation zu inspizieren. In Erwartung seines Besuches hatte man schon seit dem Auslaufen aus Rotterdam fleißig geübt. Der zweite Passagier, David Owen, war ein Offizier von einer anderen englischen Tankerreederei, der Athel Line, die Longs Service in Anspruch nahm und ihren Mann zum Anlernen mitgeschickt hatte. Sie waren auf dem Weg zum Kapstädter Hafen, wo das Postboot auf sie wartete, etwas aufgehalten worden, und dies hatte Thomsons Geduld vollends erschöpft. „Da müssen wir hier", fuhr er fort, „für zwei Pfund die Minute warten, weil unsere Herren Passagiere noch nicht erschienen sind. Ich bin gespannt, welche Entschuldigung ich von Captain Long und seinem Reisegenossen wohl zu hören bekommen werde. Vermutlich sind sie mit ihrem Spesenessen nicht rechtzeitig fertig geworden. Wenn *ich* nach London komme und die nautischen Inspektoren sollen mich zum Essen ausführen, bekomme ich ein lumpiges Schinkensandwich und ein Glas Bier in einem Pub, im Stehen. Aber wenn sie mir den Laufpaß geben, dann gibt's natürlich ein piekfeines Dinner im Great Eastern Hotel. Seh'n Sie schon was von ihnen, Dritter Offizier? Nehmen Sie mal dieses Glas vor die Augen und sagen Sie's mir, wenn Sie soweit sind!"

Wir befanden uns ungefähr zehn Meilen von der Stadt entfernt, und als sie schließlich eintrafen, dauerte es zehn Minuten, bis die beiden Passagiere zugestiegen und die verschiedenen Päckchen und Pakete umgeladen waren. Als Long und Owen auf die Brücke heraufkamen, um den Kapitän zu begrüßen, setzte sich die *Ardshiel* zitternd wieder in Bewegung und begann der Küste bis zum Cape Point zu folgen, wonach es in den Indischen Ozean ging.

Wie zu erwarten, trugen die Zeitungen, die an Bord gebracht wurden, Schlagzeilen über ein Tanker-Unglück. Während des letzten Orkans südlich vom Kap der Guten Hoffnung hatte der beladene liberianische Tanker *Alkis*, 18 567 t, schwere Schäden erlitten. Von riesigen Wogen getroffen, hatte das Fahrzeug mittschiffs einen Sprung bekommen, und da der Kapitän befürchtete, das Schiff werde auseinanderbrechen, hatte er es langsam zu der einzigen Zufluchtsstätte in dieser Gegend gesteuert, der Leeseite der Insel Tristan da Cunha, wo die *Alkis* inzwischen eingetroffen war.

„Beschädigtes Ölschiff bedroht Tristan mit einer Katastrophe", lautete die Titelschlagzeile der *Cape Argus*. Es schien, daß der Panzerkrebsfang auf der Insel Tristan (die den größten Teil der Langustenschwänze für den nordamerikanischen Markt liefert), die einzige Einkommensgrundlage für die 272 Bewohner der Insel, unmittelbar bedroht war, wenn die *Alkis* an ihrem Ankerplatz auseinanderbrach. Diese Gefahr war durchaus gegeben, weil der Ankerplatz zwar der beste war, der zur Verfügung stand, trotzdem aber äußerst exponiert lag und vom Sturm gepeitscht wurde.

Man hat Tristan da Cunha zu Recht die einsamste Insel der Welt genannt. Sie liegt am Rand des Südmeers, ein graues, wolkenverhangenes und unfruchtbares vulkanisches Eiland 1500 Seemeilen südwestlich von Kapstadt, weitab von den Hauptschiffahrtsrouten und ständig umtost von den furchtbaren Stürmen des Südmeers. In den Zeiten der Segelschiffahrt reichten das Strandgut und die angeschwemmte Ladung, die in Not geratene Schiffe über Bord geworfen hatten, reichlich aus, um die materiellen Bedürfnisse der Inselbewohner zu decken. Erst seit dem letzten Weltkrieg liefert der Panzerkrebsfang etwas zum Lebensunterhalt, wenn auch nicht viel mehr als das Existenzminimum; den Hauptprofit streicht die südafrikanische Konservenindustrie ein. Doch die wenigen Bewohner von Tristan da Cunha hängen mit leidenschaftlicher Zuneigung an ihrer Insel und ihrer Gemeinschaft. Als vor einem Jahrzehnt der vulkanische Kern der Insel plötzlich wieder tätig wurde und heiße Asche auf die Bewohner herabregnete, wurde die gesamte Einwohnerschaft nach England evakuiert. Nach zwei Jahren baten die Tristaner, auf ihre Heimatinsel zurückgebracht zu werden. Sie zogen das gefährliche Leben dort der Auflösung ihrer engen Gemeinschaftsbindung vor, die offenbar durch das lockere Leben in England rasch gefährdet worden war.

Die *Cape Times*, eine Zeitung mit einer langen und ehrenvollen Vergangenheit liberaler Opposition gegen die Apartheid, brachte eine rührende Geschichte aus der Zeit nach der Rückkehr der Inselbewohner, die sich wie ein Dokument entschwundener Zeiten liest. „Kürzlich brach sich ein kleiner Junge auf dem felsigen Boden der Insel ein Bein, und am nächsten Tag lief ein Schiff in den Hafen ein, um ihn hierher nach Kapstadt zu bringen. Als der Junge am Hafen auf einer Tragbahre lag, erschienen sämtliche Männer, Frauen und Kinder auf einem nahe gelegenen Hügel. Sie kamen langsam zum Hafen herab und gingen einer nach dem andern zu dem Jungen, küßten ihn und wünschten ihm viel Glück." Dieser Bericht war offensichtlich geschrieben worden, bevor die Hiobsbotschaft des *Alkis*-Vorfalles eingetroffen war, denn der Artikel der *Cape Times* schloß: „So ist also auf Tristan alles in Ordnung. Es ist tröstlich zu wissen, daß es wenigstens einen Ort auf der Welt gibt, wo die Menschen füreinander fühlen und die alten ethischen Maßstäbe noch gelten. Es gibt weder Rassismus noch Haß. Es fehlt ihnen an nichts, sie haben reichlich zu essen, schlafen ohne böse Träume und ahnen nicht, daß sie so absurd hinter der Zeit zurück sind. Wir wünschen ihnen alles Glück."

Ich war sehr berührt von diesem Bericht und seinem bitteren Postskriptum auf der ersten Seite. Nun, da sie die *Alkis* und die drohende Verschmutzung vor ihrer Küste hatten, waren die Tristaner nicht mehr hinter der Zeit zurück. Und angesichts der Möglichkeit, daß sie vielleicht schon bald großen Mangel leiden würden, wenn ihre einzige Erwerbsgrundlage Schaden nahm, schliefen sie wohl auch nicht mehr so traumlos. (Schlepper aus Südafrika holten die *Alkis* später ab, sie sank jedoch auf der Fahrt nach Kapstadt, wo die Hafenbehörden ohnehin unschlüssig waren, ob sie dem lecken Trümmerhaufen, der von dem Schiff übriggebliebenen war, die Zufahrt zum Hafen erlauben sollten. Und so liegt sie nun unter dem Südmeer und leistet von dort ihren Anteil an der Verschmutzung der See.)

Ich hatte für meine Fahrt die Zeit gewählt, da am Kap Winter herrscht, weil ich sehen wollte, wie ein Supertanker mit diesem Seegang fertig wird. Aber die Stürme kamen unmittelbar, bevor und nachdem wir das Kap umrundeten. Eine Woche nach dem Untergang der *Alkis* traf in der Table Bay der norwegische Tanker *Moster*, 70 000 t, mit Rissen in der Außenhaut wie in den vorderen und hinteren Tanks ein. Zwei Wochen danach (wir waren inzwischen im Persischen Golf angekommen), mußte der beladene englische Tanker *Globtik Mercury* Durban anlaufen, nachdem ihm schwere See die Außenhaut des Vorschiffes aufgerissen hatte.

Wir selbst waren in bester Verfassung. Vierundzwanzig Stunden, nachdem wir das Kap der Guten Hoffnung passiert hatten, dampfte die *Ardshiel* über eine stille, blaue, sonnenbeschienene See. „Weiße Uniform morgen?“ fragte Basil Thomson auf der Brücke und beantwortete seine eigene Frage damit, daß er die Weisung für die „Mittagsnachrichten“ aufschrieb. Nun, da die Anspannung, welche die Fahrt um das Kap der Guten Hoffnung mit sich brachte, offenbar gewichen war, war es auch an der Zeit, die neuen Gäste beim Dämmerschoppen willkommen zu heißen. Harry Long, ein adretter, sachlicher Anfangsvierziger, war selbst nautischer Offizier auf P & O-Schiffen gewesen, ehe er in die Verwaltung der Reederei eingetreten war. Er hatte sogar einmal als Dritter Offizier auf einem Passagierdampfer gedient, wo Basil Thomson Erster Offizier war. Seine Erinnerung daran schien weder von Nostalgie noch von Sentimentalität bestimmt. „Ja, und ich hab’ eine Unmenge Herumkommandiererei von Ihnen geschluckt, Basil“, erwiderte Long scharf, als Thomson ihn an diese Zeit erinnerte.

„Hab’ ich Sie herumkommandiert, Harry?“ fragte Thomson milde und wie bei ihm üblich in einem Ton, in dem romantische Erinnerung schwang.

„Nun ja“, setzte er hinzu, „wenn ich es getan habe, dann weil Sie sich immer so viel Zeit gelassen haben.“

„Sie haben immer einen Grund gefunden, irgendwen herumzukommandieren, Basil“, sagte Long.

„Nur, wenn er es verdient hat“, beteuerte Thomson. „Auf meinen Schiffen ist’s immer stramm zugegangen, wie man so sagt. So war es halt früher bei der P & O. Man hat den Jungen die Welt nicht auf einem Präsentierteller serviert. Und überhaupt, was macht Ihnen das jetzt aus, Sie sind ja im feindlichen Lager, Sie sind bei den andern, unter den hohen Tieren, ein Führungsmensch.“

Trotzdem war Thomson gut aufgelegt. Er war noch immer entschlossen, nostalgisch zu sein. „Erinnern Sie sich an den alten Kapitän Allan?“

„Und ob ich mich erinnere", sagte Long.

„Weil wir vom Herumkommandieren sprechen, komme ich drauf", sagte Thomson. „Eines Tages kamen ein paar seiner Offiziere zu ihm, um sich zu beschweren, weil er sie, wie sie fanden, von oben herab behandelte. Er saß mit dem Rücken zur Tür und legte gerade eine Patience."

„Wie immer", sagte Long.

„Wie immer", pflichtete Thomson im bei. „ ‚Ja! Was gibt's', hat er gefragt, als sie an die Tür klopften, und sich nicht einmal umgedreht. Er blieb einfach sitzen und schaute seine Karten an. ‚Ist das jetzt alles gewesen?' wollte er wissen, als sie ihr Sprüchlein aufgesagt hatten. ‚Ja', haben sie geantwortet. ‚Schön, dann raus mit euch', hat der alte Allan gesagt. Er war immer noch mit seinen Karten beschäftigt und hat es noch immer nicht für der Mühe wert gefunden, sich umzusehen. Und damit hatte es sich für ihn."

„Er hatte eine Taube", erzählte Long. „Einmal auf der Fahrt nach Bombay wurde die Taube durch einen Sturm fortgeweht. Er ließ das Schiff wenden und zweihundert Seemeilen zurückdampfen, und sämtliche Offiziere hatten nach der Taube Ausschau zu halten. Aber sie haben sie nicht mehr gefunden."

„Das waren noch Zeiten", seufzte Thomson.

„Wie hat er der Reederei die zweihundert zusätzlichen Meilen erklärt?" wollte James Jackson wissen.

„Die P & O hat solche Verschrobenheiten bei ihren Kapitänen immer hingenommen", sagte Long. „Die Käuze haben es mit den Passagieren verstanden. Sie brachten die Kundschaft; die Leute sind immer wieder zu ihnen gekommen."

„Heutzutage hat man keinen Respekt mehr vor einem Kapitän", sagte Thomson.

„Wie kommen Sie denn darauf, Basil?" fragte Long.

„Wenn früher ein Kapitän nach London kam, dann war es Sitte, daß die Knaben hinter ihren Schreibtischen aufstanden, wenn er in die Zentrale kam. Yes, Sir; no Sir, rutsch mir . . ., so ist es gegangen. Das gibt's heute nicht mehr. Ich bin nach Aldgate gekommen, und der Portier hat mich gefragt: ‚Sind Sie angemeldet?' Ich hab' gesagt: ‚Ich bin Kapitän Thomson, und wenn Sie mit mir sprechen, dann reden Sie mich mit *Sir* an.'"

„Er wußte wahrscheinlich nicht, wer Sie sind, Basil", sagte Long.

„Sie sollten wissen, wer ein Kapitän ist. Früher haben sie's gewußt, da kannten sie alle Kapitäne; und man ist mit Respekt behandelt worden."

Der kühle Wind, gegen den wir uns nach Süden vorangearbeitet hatten, wurde zum Rückenwind, als wir um das Kap der Guten Hoffnung gebogen waren. Er erwärmte sich sofort und wehte immer balsamischer, je weiter wir nach Norden kamen. Er blies jedoch immer noch kräftig, obwohl wir ihn nicht spürten; wir fuhren hinter seinem Geräusch her und glitten durch die Wellenkämme. Das ganze Schiff war weich in die geheimnisvolle friedliche Stille des Rückenwinds gehüllt. Die Wellen gingen so hoch, daß sie sich auf gleicher Höhe mit dem Deck brachen; ihre Kämme rauschten leise wie raschelnde Seide.

Hunderte von Seevögeln ließen sich vom Wind dahintragen, der uns so schweigend und unfühlbar umströmte. Darunter waren die größten Albatrosse, die wir bisher zu sehen bekommen hatten. Sie schwebten bewegungslos neben uns her, wie ausgestopfte Vögel, die sich unerklärlich am Himmel festhalten; so nahe an der Reling, daß man die Färbung ihrer rosaroten Pupillen erkennen konnte. Ihre zu voller Spannweite ausgebreiteten Schwingen – Stephen Tucker schätzte sie auf drei bis dreieinhalb Meter – warfen lange Schatten aufs Meer.

Der Wanderalbatros ist der größte aller Wasservögel, seine Flügelspannweite die größte im ganzen Vogelreich. Sie mißt oft bis zu vier Metern. Der Rumpf ist 1,20 Meter lang, aber der ganze Vogel ist erstaunlich leicht und wiegt im allgemeinen nur zwischen sieben und elf Kilo, was es ihm ermöglicht, Tag um Tag in der Luft zu bleiben. Der Albatros fliegt nicht so sehr selbst, sondern läßt sich von dem Auftrieb tragen, der entsteht, wenn der Wind die Meeresoberfläche trifft. Er gleitet von einer Luftwoge zur nächsten und muß sich dank dieser Technik nur ganz wenig selbst anstrengen. Die Kalmenzone hat ihn vom nördlichen Atlantik ferngehalten, wo man ihm nur sehr selten begegnet. 1879 wurde einer an der englischen Küste gefunden, ein zweiter später in Dänemark gesichtet und abgeschossen. Sein Skelett befindet sich in einem Museum in Kopenhagen.

Man sagt, daß das Aufkommen des Dampfschiffs den Albatros

vor dem Aussterben bewahrt habe. Gegen Ende des Segelschiffzeitalters wurden die Vögel in besonders großer Zahl von Seeleuten umgebracht, die sie in gefühlloser Rohheit mit Haken fingen, manchmal nur zu ihrem Gaudium, zumeist aber, um Geld an ihnen zu verdienen. Die Schwimmhäute wurden zu Geldbeuteln verarbeitet, die Knochen zur Herstellung von Pfeifenstielen verkauft, die Flaumfedern konnte man in Europa absetzen, und das Fleisch war zwar zäh, brachte aber eine Abwechslung auf der Speisekarte. Die Schönheit dieser Vögel ist so bewegend, daß man sich kaum vorstellen kann, daß irgend jemand das Verlangen hatte, sie zu töten oder zu quälen und zu mißhandeln. Aber eben diese Grausamkeit hat Baudelaire auf seiner Fahrt um das Kap miterlebt und dann in seinem Gedicht über den Albatros beschrieben.

Gewissensbisse wegen dieser Grausamkeit sind in vielen Erinnerungen der Seefahrer jener Zeit zu spüren, und dazu hatten sie auch allen Anlaß. Diese Vögel waren ihre immer gegenwärtigen, treuesten Begleiter zwischen den Hafenbesuchen auf ihren langen Fahrten. Der Albatros gehört eigentlich weder richtig zum Land noch zum Meer; er ist neun Zehntel seiner Zeit in der Luft, läßt sich auf dem Land nur zum Zweck des Brütens nieder und hält sich Tag um Tag über dem Wasser. Dr. William Beebe hat von einem Albatros berichtet, der eigens beoachtet wurde und bei dem man feststellte, daß er wenigstens sechs Tage in der Luft blieb, ohne auf dem Meer zu landen. Dr. Beebe nennt auch das Beispiel eines Vogels, der einem Schiff dreitausend Meilen weit folgte.

Zweifellos konnten die Seeleute in den Tagen der Segelschiffe viele solche oder wahrscheinlich noch bessere Beoachtungen machen. Sie schenkten ihrem Albatros große Aufmerksamkeit. Die körperliche Pracht des Vogels – namentlich des schneeweißen Wanderalbatros, des größten der Spezies – und sein majestätisch-gelassener Flug machten ihn zu einem natürlichen Symbol. Aber zu einem Symbol wessen? Das schlichte Gemüt der Seeleute glaubte, daß der Vogel etwas Zweideutiges habe. Vermutlich haben sie dem Albatros gegenüber immer mehr Furcht und Angst als Liebe empfunden. Es fällt auch schwer, diesen Vogel zu lieben, wenn man ihn betrachtet. Man spürt einen Schauder: Diese rosaroten Augen, so groß, unentwegt neben einem und mühelos über dem Meer schwebend, und pausenlos beobachten sie! In ihren einsamen und brutalen Kämpfen mit Tau und Leinwand im Südmeer müssen diese Seeleute einer früheren Zeit das beunruhigende Gefühl gehabt haben, daß diesen unermüdlichen, doch souveränen Begleitern der Schiffe etwas Unheimliches, Außerirdisches anhaftete. Diese Wächter, die aus so erhabenen Höhen unentwegt zusahen, wie sie selbst auf einem gefahrvollen und ständig bedrohten Deck ihren entmutigenden Kampf ausfochten, müssen manchmal Groll und Wut ausgelöst haben. Deshalb versteht man leicht, warum sie, wenn sie den Albatros aufs Deck bekamen und hilflos vor sich sahen (er kann von einem Schiffsdeck nicht wegfliegen), sich zu dem getrieben fühlten, was Baudelaire beobachtet hat: „Einer der Seeleute quält seinen Schnabel mit einer Pfeife. Ein anderer äfft humpelnd den Krüppel nach, der einstmals geflogen ist." Wenn der Vogel hilflos auf dem Deck zappelte, machte er endlich seine übernatürliche Macht und seine mythischen Attribute zum Gespött und ermattete ebenso wie die Männer auf dem Schiff.

Am nächsten Morgen, schon weit im Indischen Ozean, nördlich von Durban, dampften wir über ein blaues, glattes, funkelndes Meer. Und wieder ereignete sich dieser merkwürdige Zufall, daß zwei Schiffe bei perfekter Sicht ringsum ganz allein aufeinander zufuhren. Als ich nach acht Uhr auf die Brücke kam, sah ich backbord einen großen Frachter. Thomson betrachtete ihn mit kritischer Miene.

„Wie sieht's jetzt aus?" fragte er Tucker, der gerade eine Peilung vornahm.

„Kommt auf unsern Bug zu, aber der Kurs ändert sich nicht merklich", sagte Tucker. „Nach dem Radar beträgt die Entfernung zwei Meilen. Für meinen Geschmack etwas zu nahe, Sir."

„In Ordnung, Tucker, denn mir ist er auch zu nahe", sagte Thomson und gab einen kurzen, scharfen Ton auf der Schiffspfeife. Dann erteilte er Weisung, das Ruder fünfzehn Grad umzulegen und in dieser Stellung zu halten. Die *Ardshiel* begann langsam eine volle Wendung.

„Er hätte den Kurs ändern müssen", sagte Thomson. „Das ist mir schon mal passiert, im Ärmelkanal. Der Hundsfott wollte und wollte nicht nachgeben, und ich mußte den Kurs ändern, um volle dreihundertundsechzig Grad, so daß ich hinter ihn kam, wie wir es jetzt machen. Da hat er eine Unmenge Platz, Meile um Meile freies Meer, aber er kommt trotzdem auf uns zu. Aber ich hab' nachgegeben, weil man mit solchen Kerlen kein Risiko eingeht. Dieser Gipskopf. Er ist für die Klapsmühle fällig. Können Sie feststellen, was das für ein Schiff ist, Dritter Offizier?"

„Gwen Line", sagte Tucker. *„Gwencleuch."*

Durch den Pfeifenton und die Kursänderung alarmiert, war Alan Ewart-James heraufgekommen. „Schon wieder ein Cowboy?" fragte er.

„Die *Gwencleuch* von der Gwen Line", sagte Thomson.

„Was, die Gwen Line? Das ist doch allerhand!"

„Verdammter Cowboy. Vermutlich nach Singapur unterwegs. Sie können wieder auf Kurs gehen, wenn wir dahinter sind", sagte Thomson.

„In Ordnung, Sir."

Der Dampfer entfernte sich und verschwand. Thomson kehrte in seine Kabine zurück und murmelte immer noch „Gipskopf" vor sich hin.

„Wir wären an ihm vorbeigekommen, wenn wir nicht den Kurs geändert hätten", sagte Tucker. „Etwa um vierzig Meter."

„Wahrscheinlich ein Dritter Offizier ohne Erfahrung", sagte Ewart-James mit einem kleinen Seitenhieb auf Stephen Tucker. Es war eine ernüchternde, sogar erschreckende Episode, genau die Art von Beinahe-Zusammenstoß, wie er die Hauptgefahr bilden dürfte, wenn Tanker, die nach Nordamerika unterwegs sind, die transatlantischen Schiffahrtsrouten kreuzen, die von den Häfen der amerikanischen Ostküste ausgehen. Es war aber auch eine Lektion für andere Gewässer gewesen. „Wissen Sie, dieses Schiff reagiert sehr gut aufs Ruder", sagte Ewart-James, „es gehorcht sehr rasch, wenn es muß. Aber wenn es sich einmal zu drehen anfängt, wird eine Menge kinetischer Energie in Bewegung gesetzt, und man braucht eine Masse Gegenruderenergie, um das wieder auszugleichen. Wenn man dieses Manöver im Ärmelkanal ausführt, muß man sich genau bewußt sein, daß das Schiff aus dem Ruder laufen und heftig zu drehen anfangen kann, so daß es schließlich wieder in eine heikle oder vielleicht noch heiklere Lage kommt. Es könnte sein, daß man irgend etwas rammt."

„In solchen Augenblicken bin ich froh, daß wir den Alten haben“, sagte Tucker.

„Ja“, sagte Harry Long, als wir später in seiner Kabine saßen und uns über diesen Vorfall und die Sicherheitsproblematik von Tankern im allgemeinen unterhielten. „Ja, ich glaube, ein Jüngerer kann noch so viel auf dem Kasten haben, das ersetzt trotzdem nicht die Erfahrung. Und auf See zählt Erfahrung sehr viel.

In dieser Hinsicht haben wir heute eine relativ neuartige Situation, denn nicht nur die jüngeren Offiziere, sondern auch die Kapitäne sind viel jünger als früher. Nehmen Sie nur dieses Schiff, siebenundzwanzig Jahre Altersunterschied zwischen Basil Thomson und Ewart-James, seinem zweiten Mann, der sicher schon ziemlich bald sein eigenes Schiff bekommen wird. Bei der P & O war es früher Brauch, daß niemand zum Kapitänsrang befördert wurde, bevor er fünfundvierzig war. Wenn das heute noch so wäre und ich noch zur See führe, wäre ich noch immer Erster Offizier. Aber natürlich ist auch Erfahrung keine Garantie für Sicherheit. Sie kann sogar manchmal gefährlich werden. Auf einem Tanker, der einer Reederei gehört, die unser Sicherheitsprogramm übernommen hatte, war es ganz klar, daß der Kapitän von der Grundtheorie der Brandbekämpfung nicht sehr viel verstand. Wir fragten ihn, ob er an einem Brandbekämpfungskurs teilgenommen habe. Er sagte, ja, vor zehn Jahren. Wir empfahlen der Reederei, ihn auf einen Kurs zu schicken. Aber als sie ihn angerufen und ihm gesagt haben, daß sie es arrangieren würden, hat er ihnen zur Antwort gegeben: ‚Ich hab' auch mein Kapitänspatent vor zehn Jahren gemacht, soll ich das vielleicht auch noch mal ablegen?‘ Damit hat er den Hörer aufgelegt. Nun, wir kommen wirklich allmählich zu der Ansicht, daß Kapitäne von Zeit zu Zeit einen Auffrischungskurs absolvieren *müssen.*

Dann kommt noch dazu“, fuhr Long fort, „daß bei Tankern die Unfälle infolge von Fahrlässigkeit oder Unwissenheit im Verhältnis zu der Zeit zunehmen, die Offiziere und Mannschaft schon an Bord sind. Je länger, um so nachlässiger werden sie. Für mich steht das außer Zweifel. Aber es kommt in einem gewissen Maß auch darauf an, wie alt das Schiff ist. Offenbar sind ältere Schiffe öfter in einen Unfall verwickelt als neuere. Ich denke, das kommt davon, daß neuere Schiffe eine bessere Ausrüstung haben und noch nicht so heruntergekommen sind. Im Fall der Tanker liegen manchmal nur ein paar Jahre zwischen neu und alt.

Die zehn Jahre alten Schiffe heutzutage sind fürchterlich klapprig. Etliche Schiffe, die die Gesellschaft vor zehn Jahren hat bauen lassen, werden jetzt in Unterhalt und Wartung äußerst kostspielig. Nicht nur einfach in der Wartung, sondern in der Wartung nach dem Standard der P & O und nach den gesetzlichen Anforderungen. Aber weil der Tankermarkt so floriert hat, hat man sie wieder und wieder verchartert, statt sie zu verschrotten, wie es ursprünglich beabsichtigt war. Ausschlaggebend wird schließlich nur noch sein, wie teuer das Schiff im Unterhalt kommt und in welchem Verhältnis diese Kosten zu dem Geld stehen, das es bei den gegenwärtigen Charterraten einbringt.

Mit allem geht es bergab. Die Maschinenanlage geht in die Binsen, vielleicht nicht die Hauptmaschine, aber Hilfsmaschinen, Generatoren, Pumpen und besonders die Kessel. Das zweite ist, daß der Stahl im Rumpf selbst schlechter wird, und daran ist meistens der Schwefelgehalt in vielen Ölsorten, die transportiert werden, schuld. Das Schwefeldioxyd, das vom Öl in den Tanks zurückbleibt, kann sich zu Schwefelsäure verdichten, die äußerst stark korrodierend wirkt. Ein Tanker verliert jährlich im Durchschnitt zwei Prozent seines Stahls durch Korrosion. Diese wirkt punktuell nicht in gleichmäßiger Verbreitung über die gesamte Stahlkonstruktion. Mit anderen Worten, die Korrosion konzentriert sich auf einzelne Stellen. Diese Erscheinung nennt man Lochfraß. Ich hab' ein Schiff erlebt, noch keine fünf Jahre alt, bei dem die Hälfte der Stahlplatten angefressen war, und das geht, was die Entfernung oder die Tiefe der angefressenen Stellen betrifft, so weit, bis nichts anderes übrigbleibt, als die Platten zu ersetzen, was überaus teuer ist. Wenn man also Pech mit den Stahlplatten seines Tankers hat, besonders am Schiffsboden, dann muß man sich auf eine sehr kostspielige Erneuerung des Stahls in drei oder vier Jahren gefaßt machen, wenn die nächste Besichtigung fällig wird. Dann geht es meistens so, daß sie das Schiff zur Besichtigung bringen und sich die Meinung des Besichtigers anhören, und wenn er sagt, bestimmte Teile des Rumpfs müßten erneuert werden, entschließen sie sich vielleicht, den Tanker an eine Reederei zu verkaufen, die unter einer Billigflagge fährt.

Dann ist er nicht mehr der Inspektion unterworfen, zumindest nicht nach englischen oder amerikanischen Maßstäben, und kann weiter eingesetzt werden.

Was die englischen Häfen betrifft, so verlangen wir von allen Schiffen, die sie anlaufen, daß sie einem bestimmten Sicherheitsmaßstab genügen. Aber es wäre faktisch so gut wie unmöglich, jedes Schiff zu inspizieren, das einen englischen Hafen oder einen Hafen in irgendeinem anderen Land anläuft. Es spielt sich so ab: Der Reedereiagent erkundigt sich beim Kapitän nach den Daten seiner letzten Besichtigungszertifikate, und solange er ein Zertifikat vorweisen kann, das noch gültig ist, ist die Sache schon in Ordnung."

Angesichts des steigenden Ölbedarfs, warf ich ein, und angesichts der Qualitätsminderung von Schiffen wie der *Ardshiel,* die bei starker Tankernachfrage in jedem Zustand einen Käufer finden würden, müßte doch auf den Schiffahrtsstraßen der Welt eine ungeheure Sicherheitsproblematik entstehen.

„Ja, das könnte durchaus sein", sagte Long. „Ich glaube, daß das, was Sie andeuten, eintreten wird. Ja, es wird soweit kommen. Wenn nicht die Regierungen der Billigflaggen-Länder dieselben Besichtigungs- und Inspektionsmaßstäbe durchsetzen, die heute in den meisten westeuropäischen Staaten und in den USA gelten, wird es dabei bleiben, daß alte Schiffe in diese Länder gehen und daß sie weiterhin in einem gefährlichen Zustand betrieben werden. Vermutlich wird irgendwann in der Zukunft die IMCO oder irgendeine ähnliche Behörde einen gewissen Standard vorschreiben, aber die Durchführung wird nicht einfach sein."

Die Skala möglicher Unglücksfälle an Bord eines Supertankers ist naturgemäß sehr breit. Was die Besatzung betrifft, so sind die häufigsten ernsten Unfälle Gasvergiftungen, die sich zumeist im Pumpenraum ereignen. Was das Schiff insgesamt angeht, sind die häufigsten Ursachen Brände, die natürlich auch die größte Gefahr darstellen. Die meisten Brände ereignen sich im Maschinenraum und können in der Regel rasch gelöscht werden. Auf Deck ist die Sache anders, und die größte Gefahr droht bei einem Ölaustritt während des Ladens oder Löschens, wenn sich entweder Dämpfe oder tropfendes Öl und undichte Stellen entzünden.

Nach seinen eigenen Erfahrungen zu urteilen, sagte Harry Long, verfügten die meisten der heute schwimmenden Tanker weder über eine systematische Sicherheitsorganisation, noch gebe es methodische Übungen zur Brandbekämpfung. Er nehme an, daß die meisten nicht einmal Übungen an den Rettungsbooten für notwendig hielten, obwohl es kein Schiff gebe, das man so rasch verlassen müsse wie einen Tanker, wenn ein Brand nicht mehr zu kontrollieren ist. Es sei schon vorgekommen, daß die Besatzung auf den hochgelegenen Aufbauten eingeschlossen wurde und hilflos der höhersteigenden Flammenwand zusehen mußte.

Auf der *Ardshiel* wurden zweimal wöchentlich Übungen an den Rettungsbooten abgehalten. Einmal täglich wurde ein Probe-Feueralarm gegeben, und mindestens einmal in der Woche, manchmal auch öfter, wurde eine Übung abgehalten, bei der irgendein häufig vorkommender Unfall oder Alarm simuliert wurde. Während der Fahrt zum Kap der Guten Hoffnung hatten wir Bergungen aus dem Pumpenraum und aus einem der Tanks sowie verschiedene kleinere Notsituationen geübt, und jedesmal hatte die Sache geklappt. Aber Longs Ankunft hatte eine gewisse Spannung geschaffen, weil er bei diesen Inspektionsbesuchen befugt war, jederzeit nach seinem eigenen Belieben Alarm wegen einer simulierten Notsituation zu geben. Es gehörte zu seinen Aufgaben, die Erfahrungen mit Bordunfällen auf Tankern zu untersuchen und auf Gemeinsamkeiten zu prüfen sowie nach Möglichkeit Übungen zu entwerfen, für die diese Erfahrungen aus der Praxis verwertet wurden. Dieser Wissensfundus und die Erfahrungen bezüglich der Effizienz und des Einsatzes von Teams für die Schiffssicherheit und für Notsituationen waren offenbar seine „Geschäftsgrundlage" gegenüber anderen Tankerreedereien, die sich angesichts steigender Versicherungskosten zunehmend ihrer eigenen Unzulänglichkeiten in diesem Bereich bewußt wurden.

Long löste schließlich einen Probealarm aus, knapp südlich von Madagaskar. Als simulierte Notsituation wählte er einen Brand im Maschinenraum, der durch eine gebrochene Brennstoffpumpe entstanden war – ein, wie er sagte, ziemlich häufiges und höchst gefährliches Vorkommnis.

Auf diesen Ton war auch die ganze Übung gestimmt. Sie war

realitätsgetreu und hatte den geforderten Ernst. Sie dauerte zweiunddreißig Minuten, ungefähr so lange wie im Ernstfall, sagte Harry Long.

„Ihr wart wirklich großartig!“ rief Long, als sich nach der Übung in der Messe die Offiziere und die pakistanischen Warrantoffiziere*) zu einer kurzen Manöverkritik vor dem Abendessen versammelten. „Viele Kapitäne führen leider die Übung voller Begeisterung durch, wenn wir auf dem Schiff sind, doch wenn wir fort sind, nehmen sie das Sicherheitsprogramm nicht mehr so ernst. Ich lasse mich davon nie täuschen, aber heute war mir völlig klar, daß Sie absolut auf der Höhe sind.“

„Es ist ihr eigenes Verdienst, nicht meines“, sagte Thomson laut. „Die Offiziere haben selbst die Feuerwehr aufgestellt. Sie haben alles von sich aus gemacht, haben sich zusammengetan, jedem seinen Posten zugeteilt . . . und die ganzen Übungen gemacht.“

„Ganz so sieht es auch aus“, sagte Long. „Gentlemen, ich gratuliere Ihnen auch.“

„Habt ihr gehört?“ rief Thomson.

Alle wirkten erfreut und beglückt. Aber die Hochstimmung schwand während des Essens, als Alan Ewart-James, James Jackson, Harvey Phillips und Peter Dutton über die drei VLCC-Explosionen zu sprechen begannen, die noch immer ungeklärt waren, und dann auf die Risiken kamen, wenn die Tanks inspiziert werden mußten, was ihnen allen so verhaßt war.

Die Shell, sagte Phillips, habe Hunderttausende von Pfund für die wissenschaftliche Untersuchung ausgegeben und sei trotzdem noch immer nicht klüger als vorher. Sie seien nur auf Vermutungen angewiesen. Eine absolute Sicherheit werde es nie geben. Er selbst sehe keine Notwendigkeit, warum man in die Tanks hinuntersteigen sollte, keine Notwendigkeit für Tankinspektionen, nicht einmal für die Reinigung. Nach der Explosion habe sogar die Shell lange Zeit auf die Tanksäuberung verzichtet, was zeige, daß sie nicht nach jeder Fahrt, wenn überhaupt, notwendig sei. Manche Konzerne experimentierten bereits mit einer Methode, bei der die Tanks durch das Öl selbst gereinigt würden, und schienen damit Erfolg zu haben.

* In der englischen Marine Decksoffizier im Rang eines Feldwebelleutnants.

„Reinigung und Inspektion sind bei der P & O eben Grundsatz, und deshalb geh'n wir runter. Einen anderen Grund seh' ich nicht", sagte Ewart-James.

„Die Reederei kann gar nichts tun", sagte James Jackson, „wenn der Erste einfach sagt: ‚Ich geh' nicht runter in die Tanks.'"

„Gar nichts", stimmte Ewart-James ihm zu. „Man kann einfach nicht sagen, ob die Tanks gefahrenfrei sind. Die ‚Explosimeter' sind keine absolute Garantie. Auf einem der Schiffe ist ein Trupp in einen der Tanks gestiegen und hat dort anderthalb Stunden gearbeitet. Dann waren sie fertig und wollten wieder auf Deck kommen. Als sie die Leiter heraufgestiegen sind, wurden drei Männer ohnmächtig. Ganz offensichtlich waren sie auf dem Weg zur Leiter durch eine Gasblase gegangen. Das Gas sammelt sich in einzelnen Blasen, was man vielleicht gar nicht merkt, obwohl man überall im Tank gewesen ist. Ölschlamm, der nur einen Zoll hoch auf dem Tankboden liegt, kann so viel Gas absondern, daß der ganze Tank in die Luft fliegt. Jedesmal, wenn man runtergeht, setzt man sein Leben aufs Spiel."

„Aber wenn man wüßte, welches Risiko dabei ist, würde man nie auf so ein Schiff gehen", sagte James Jackson.

„Wir sind alle hier, weil wir Geld verdienen wollen", sagte Harvey Phillips. „So ist es doch. Wenn das Geld nicht wäre, dann wären wir nicht hier, ich wenigstens nicht. So muß man die Sache sehen. Wir wissen, womit wir rechnen müssen, und wir sind zu dem Resultat gekommen, daß das Geld die Risiken lohnt."

„Damit hast du zwar recht, Harvey", sagte Dutton. „Aber deswegen muß man doch nicht das Denken abschalten."

„Klar", sagte Phillips. „Das natürlich nicht."

Aber diese Sache ging ihnen offenbar im Kopf herum. Sie kam am Abend wieder zur Sprache, während eines Vortrags, den Harry Long als Nachspiel für die Alarmübung angekündigt hatte. Er hielt ein pedantisch-präzises Referat über explosive Gase, das offensichtlich oft geprobt war. Und als er fertig war, forderte er seine Zuhörer auf, Kommentare abzugeben oder Fragen zu stellen, worauf diese ungehalten über die Risiken sprachen, wenn sie in die Tanks hinuntersteigen mußten, und das Unbehagen zum Ausdruck brachten, das die meisten von ihnen deswegen empfanden. Mehrere erklärten frank und frei, sie würden nicht mehr hinuntergehen. (Tatsächlich müssen nicht bei allen Ölkonzernen die Tanks inspiziert werden; British Petroleum etwa erlaubt niemandem, die Tanks auf ihren Schiffen zu betreten, wenn nicht eine Inspektion oder Reparatur unbedingt notwendig ist.)

Wenn jemand geborgen würde, der eine Gasvergiftung erlitten hat, sagte Long im Verlauf dieser Diskussion, sei künstliche Beatmung das beste, um Sauerstoff in seine Lunge zu bringen und so sein Leben zu retten. Zweimal die Lunge voll würde schon ausreichen, aber viermal wäre am besten.

„Und wenn das Gas dick ist, wer wird dann der Beneidenswerte sein, der seine Maske abnimmt, um die künstliche Beatmung zu machen?" erkundigte sich Dave Haydon, der Elektrooffizier.

„In der kurzen Zeit, die man zum Beatmen braucht, während man seinen eigenen Sauerstoff vom Beatmungsgerät bekommt, kann dem Bergungsmann nichts zustoßen", sagte Long. „Folgendes möchte ich klarmachen: Angenommen, ein Rettungstrupp findet im Pumpenraum jemanden, der auf dem Gesicht liegt, und der Gasstand beträgt dreißig Prozent. Derjenige, der den Trupp führt, wird sich als erstes sagen: ‚Dreißig Prozent, das ist auf sehr kurze Zeit nicht tödlich. Der arme Kerl liegt hier schon eine ganze Zeit.' Bei dreißig Prozent können Sie sogar für mehrere Minuten die Maske abnehmen, ohne daß Ihnen was passiert."

„Ich möchte nicht rechthaberisch erscheinen, aber Sie verlassen sich doch bei dieser Entscheidung auf eine, wie ich finde, sehr primitive Einschätzung", sagte Haydon.

„Schön, ich will es Ihnen anders erklären", antwortete Long. „Wenn ich der Erste Offizier wäre, der die Rettungsmannschaft befehligt, und runtergehe in den Pumpenraum und weiß, daß das Gas am Boden dreißig Prozent stark ist, werde ich mir sagen, es besteht eine gute Chance, diesen armen Kerl wiederzubeleben, und dann versuche ich alles. Wenn aber der Leitende runterbrüllt, daß der Gasstand auf über hundert Prozent gestiegen ist, weiß ich, daß kaum eine Aussicht besteht, ihn wiederzubeleben. Jedenfalls, wenn ich fortfahren darf, meine Herren, steht nie mit absoluter Sicherheit fest, wieviel Gas eine bestimmte Person verträgt und wo die Grenze erreicht ist. Das hängt vom Gesundheitszustand des Betreffenden ab, ob er ein schwaches Herz hat, an Asthma leidet, ob er am Abend vorher gesoffen hat oder weiß Gott was sonst noch. Deshalb haben wir eine Tabelle aufgestellt, aus der hervorgeht, wieviel Gas für einen Menschen von normaler Gesundheit schädlich ist. Wir glauben, daß die Rettungsmannschaft darüber Bescheid wissen muß. Meine persönliche Meinung ist, daß man durch Gas in den Tanks erst dann das Bewußtsein verliert, wenn die Konzentration ziemlich hoch ist. Jeder, der in einen Tank reingeht, von dem man weiß, daß er voll Gas ist, wird sterben. Er ist durch nichts zu retten."

„Auf diesem Schaubild, das Sie da haben", fragte Peter Dutton, „gibt es da irgendeinen Anhaltspunkt für unseren Geruchssinn? Gibt es eine Stelle, die definiert, wann man Gas riecht und die Sache gefährlich ist oder wann man es riecht und es ist noch ungefährlich?"

„Es gibt keine Stelle, Peter, wo man das eine oder andere ablesen kann. Der Geruchssinn verschwindet einfach."

„Das schon", insistierte Dutton. „Wenn man runtergeht, riecht man meistens zuerst Gas. Ich möchte wissen, wenn man Gas riecht, heißt das, daß die Sache noch ungefährlich ist? Und wenn man es nicht mehr riecht, ist damit irgendein Gefahrenpunkt erreicht? Jedesmal, wenn man hört, in einem Pumpenraum oder Tank hat jemanden das Gas erwischt, denkt man sofort, es muß so stark gewesen sein, daß derjenige es nicht riechen konnte. Normalerweise aber geht man in einen Pumpenraum oder Tank rein und riecht Gas und sagt sich mehr oder weniger: ‚Schön, ich hab' noch ein paar Minuten.' Also muß es doch irgendwelche realen Anhaltspunkte geben."

„Ja, die gibt's", sagte Long. „Als ich Erster Offizier war, hab ich's genauso gemacht. Ich hab' geschnuppert und mir gesagt: ‚Da kann man ruhig rein, und jetzt werd' ich's riskieren.' Aber heute bin ich viel vorsichtiger. Leider wird der Geruchssinn durch Kohlenwasserstoffgas gelähmt. Sobald man also eine große Menge davon einatmet, läßt einen die Nase im Stich, und man kann nicht mehr sagen, wieviel Gas da ist.

Dabei fällt mir eine Geschichte ein, die mir jemand erzählt hat, dessen Reederei nichts von Explosimetern auf ihren Schiffen hielt", sagte Long und lächelte sein Publikum an. „Ich hab' ihn gefragt, wie sie dann eigentlich prüfen, ob Gas vorhanden ist. Er hat mir darauf geantwortet: ‚Ach, wir hatten einen Kumpel mit einem lockeren Zahn, der immer leise geklingelt hat. Den haben wir in den Tank runtergeschickt, und wenn der Zahn geklingelt hat, wußten wir, daß dort unten Gas ist.‘ Meine Herren, selbst wenn einer von Ihnen einen lockeren Zahn haben sollte, so empfehle ich trotzdem, daß Sie immer Ihre Explosimeter benutzen. Das ist die Antwort auf Ihre Frage, Peter. Benutzen Sie Ihr Instrument, nicht Ihre Nase.“

„Aber warum *müssen* wir eigentlich in die Tanks hinunter?“ wollte Ewart-James plötzlich wissen. Er brachte die Frage so energisch vor, als habe er sie den ganzen Tag mit sich herumgetragen. „Warum muß ich als Erster Offizier nach der Tanksäuberung diese Generalinspektion machen, die die Gesellschaft von mir verlangt, wenn man sich ja doch nur flüchtig umsehen kann? Niemand kann unter diesen Verhältnissen durch diese Tanks gehen und sie gründlich untersuchen, nur um nachzusehen, ob irgendwo ein bißchen Korrosion ist.“

„Moment, warten Sie einen Augenblick“, rief Thomson. „Diese Arbeit ist sehr wichtig, auch wenn Sie es vielleicht nicht glauben. Es geht nicht so sehr darum, nach Korrosion zu suchen, sondern nachzusehen, ob der Rumpf in Ordnung ist, ob er keine Risse hat. Sie gehn runter, um zu prüfen, ob die Konstruktion des Schiffes in Ordnung ist. Wenn das nicht geschieht und irgendwas beschädigt ist, ohne daß wir es wissen, könnte das Schiff auseinanderbrechen.“

„Warum gibt es dafür nicht so was wie einen Taucheranzug, irgendwas, um die Sache sicherer zu machen?“

„Es gibt einen Anzug“, sagte Harry Long. „Er wird gerade auf den Schiffen der Athel Line eingeführt. Das Problem dabei ist: Werden die Leute ihn anziehen?“

„Darüber wollen wir diskutieren, wenn wir den Anzug haben“, sagte Dave Haydon.

„Ein Anzug könnte eine Verbesserung sein“, sagte Peter Dutton. „Aber eine Lösung ist das auch noch nicht, und vielleicht geht es nicht darum, daß man ihn nicht anziehen will, sondern daß man ihn gar nicht tragen kann. Schon jetzt ist es ziemlich schwierig, sich drunten in den Tanks zu bewegen und von einer Abteilung in die nächste zu kommen. Man muß sich durch eine so kleine Öffnung zwängen, daß man selber schon kaum durchkommt. Mit einem klobigen Anzug und Sauerstoffflaschen kommt man auf keinen Fall durch.“

Harry Long fragte, ob noch jemand Fragen habe, und deutete damit an, daß sein Vortrag beendet war. Niemand meldete sich, aber es rührte sich auch keiner, um zu gehen. Eine Weile blieben sie noch sitzen, als zögerten sie, das Thema und die Probleme, die sie beunruhigten, schon fallenzulassen. Long stand unschlüssig neben seiner Tafel mit den Schaubildern und Diagrammen und musterte ihre Gesichter. Er wartete, ob ihr Schweigen noch irgendeinen Nachtrag ergeben werde, doch es blieb still.

Sie saßen auf den schwarzen Ledersesseln und -sofas, in ihrem makellos gewaschenen und gebügelten Dinneranzug, Pat Allan in einem hellroten Samtkleid, und hielten Gläser mit achtjährigem Glenfiddich-Whisky in der Hand, die der Barmann Lawrence auf den knappsten Blick hin nachfüllte. Der beunruhigte Gesichtsausdruck, den alle außer Long zeigten, wollte nicht zu dieser Atmosphäre komfortabelster Privilegierung passen; und dieser Stimmungseindruck verstärkte sich noch dadurch, daß jedes Gesicht seine eigene, geheimnisvolle Bindung zu dem Thema widerspiegelte. Ein Fries von Mienen, in deren Blässe Angst geschrieben stand, lief um den ganzen Raum. Und man spürte, sie hatten etwas Ursprüngliches verloren, sie waren zu zivilisiert und aufgeklärt, als daß ihnen in solchen Augenblicken eine Instinktaufwallung helfen konnte – sie konnten ihre Furcht nicht an einem Albatros auslassen.

11

Die Veränderung! Man spürte sie immer, in so vielen Aspekten, die mit der neuen Spezies von Schiffen, zu denen die *Ardshiel* gehörte, zusammenhängen. Beinahe täglich erkannte man mehr, daß die Schiffe, die Seeleute und die Seefahrt die Vergangenheit und viele ihrer Traditionen schneller ablegen, als man auf dem Festland ahnt.

Die Gesichter in der Offiziersmesse, nach Harry Longs Vortrag, auf denen sich, inmitten von Luxus und üppig strömendem teurem Whisky, ein melancholisches Sinnen über den wahren Preis dieses Spieles malte, waren in dieser Hinsicht ziemlich typisch. Diese Seeleute waren ganz anders als ihre Vorgänger aus irgendeiner Generation, was ihnen durchaus bewußt war. Und ihr Unbehagen rührte großenteils daher, daß sie, wie das Schiff mit seiner fortschrittlichen und doch so lückenhaften Technologie, gefangen waren zwischen dem neuen maritimen Zeitalter, das noch nicht ganz klar umrissen war, und der Vergangenheit, ihrem Denken und ihrer Praxis; zwischen Basil Thomsons Welt und ihrer eigenen. Und ebenso machten ihnen die unvollkommenen Beziehungen innerhalb ihrer eigenen Generation zu schaffen, zwischen den Schiffsplanern und den Managern einerseits und andererseits ihnen selbst, den Praktikern und Technikern. Sie kannten die Fehler, Schwächen und verdeckten Unzulänglichkeiten ihres Schiffes, doch es fiel ihnen schwer, eine klare Haltung dazu zu gewinnen, abgesehen von den greifbaren materiellen Vorteilen. Und sie wußten, daß sie zwar mehr oder weniger noch jahrhundertealten Regeln und Grundsätzen folgten, daß aber jene von ihnen, die auf See blieben, wahrscheinlich lange vor dem Ende ihrer Dienstzeit nur noch bloße Aufpasser auf einem Fahrzeug sein würden, das mit Druckknöpfen gesteuert und weitgehend von fremder Hand gelenkt wurde.

Manchmal schien auch die Persönlichkeit des Schiffes selbst so gespalten wie die ihrige. Beispielsweise galten auf ihm verwirrenderweise zur Hälfte englische, zur Hälfte metrische Gewichte und Maße, wie sie heute in der Welt zumeist benützt werden. Die gesamte in Japan eingebaute Ausrüstung hatte metrische, aber alles, was während des Baues aus England angeliefert und installiert worden war, englische Maßeinheiten. So kam es, daß ein Offizier ein Meßgerät ablas, das Pfunde pro Quadratzoll anzeigte, schon beim nächsten aber Kilogramm pro Quadratzentimeter; auf einer Skala Fuß und Zoll und auf der daneben Meter. Die Freibordmarkierung war in Fuß angegeben, während heute Meterangaben üblich werden, weil man bei neuen Karten von Faden auf Meter übergeht. So war die *Ardshiel* für die jungen Offiziere ein bezeichnendes, ja ärgerliches Beispiel für die englische Marotte, immer an einem Rest Vergangenheit festzuhalten, auch wenn man mit Riesenschritten in die Zukunft geht. „Man gewöhnt sich daran“, sagte Alan Ewart-James, „aber es ist lächerlich. Wenn man sich schon umstellt, dann soll man sich doch gleich ganz umstellen, und nicht diese Halbheiten.“ Genauso dachte er über den Faden und sagte mit der Entschiedenheit der neuen Generation: „Ach, damit ist's vorbei. Es wäre nett, ihn aus rein sentimentalen Gründen beizubehalten, aber ein Faden ist schließlich ja nichts anderes als sechs Fuß. Also was soll's?“ Und damit war ein nicht abzumessendes Stück maritimer Vergangenheit abgetan. Überhaupt war auf der *Ardshiel* wenig Platz für Nostalgie oder Erinnerungsseligkeit. Mußte irgend etwas aus der Vergangenheit aufgegeben werden, dann wurde es offenbar ohne viel Federlesens und langen Blick zurück zum alten Eisen geworfen. Es ist die richtige Einstellung, kein Zweifel, aber trotzdem . . .

Eine Kommission der International Hydrographic Organisation in Monaco beschloß in den sechziger Jahren, die metrische Neukartierung der Meere der Welt auf dic verschiedenen maritimen Nationen aufzuteilen, von denen jede Gebiete zugeteilt erhielt, für die sie zuständig war. Es war eine Aufteilung der Vermessungsarbeit, die früher die hydrographische Abteilung der Royal Navy für einen großen Teil des Erdballs fast ganz allein besorgt hatte. Da nach Trafalgar die Handels- und Seemacht Englands zuverlässigere Kenntnisse der Weltmeere und -wasserstraßen verlangte, hatte das 1795 gegründete Hydrographic Department während des neunzehnten Jahrhunderts die Meere und Küsten kartiert und vermessen. Frucht dieser Arbeit war eine gewaltige und umfassende Bibliothek von Admiralitätskarten, die noch heute die Standardwerke für die meisten Ozeane darstellen. In sie ist nicht nur die Arbeit hervorragender Fachleute eingegangen, sondern sie zeichneten sich noch durch etwas anderes aus, was sie wahrhaft denkwürdig machte: Sie konnten, nach einer Entscheidung aus dem Jahre 1813, von jedermann gekauft werden.

Viele der Karten waren zwar ständig verbessert, nicht aber gründlich revidiert worden. Deshalb war eine energische Anstrengung zum Zweck ihrer Revision dringend notwendig. Doch erst eine Welt, die von den kostensparenden Supertankern abhängig geworden ist und sich vor dem Unheil ängstigt, das sie möglicherweise anrichten werden, konnte sich aufraffen, die Seekarten der Welt systematisch zu revidieren. Wer aber hatte eigentlich den Vorschlag, die englische Maßeinheit des Fadens abzuschaffen, akzeptiert und gebilligt? So fragte ein A. P. Herbert 1969 in einem Leserbrief an die *Times* und erklärte zugleich, daß er eine Friends of the Fathom Society, eine Gesellschaft der Freunde des Fadens, gegründet und deren Präsidentschaft übernommen habe. Mr. Herberts Frage wurde von Captain T. K. Treadwell, dem Leiter des ozeanographischen Amtes der amerikanischen Marine, beantwortet, der, ebenfalls in der *Times*, schrieb: „Wer das metrische System akzeptiert und gebilligt hat? Praktisch dic gesamte zivilisierte Welt, mit Ausnahme des Vereinigten Königreichs und der Vereinigten Staaten . . ., nur die hydrographischen Institute dieser beiden Staaten und Malaysias halten noch am Faden fest. Die Faden-Liebhaber sind eine unbedeutende Minderheit; schon allein aus Gründen der Einheitlichkeit, von wirtschaftlichen, militärischen und wissenschaftlichen Überlegungen ganz zu schweigen, müssen wir einfach die Dinge sehen, wie sie sind." Das ozeanographische Amt der US-Marine, fügte er hinzu, veröffentliche bereits fast die Hälfte seiner Seekarten mit metrischen Angaben.

Die hydrographische Abteilung der Royal Navy hatte ihr eigenes Programm zur metrischen Neuvermessung und Kartierung

1967 in Angriff genommen. 1972 brachte sie ihre erste große internationale Seekarte aus einer geplanten Serie von fünfzehn Karten für den Bereich der Tankerrouten vom Ärmelkanal um das Kap der Guten Hoffnung zum Persischen Golf sowie zwischen dem Golf und der Straße von Malakka heraus. Damit war für die englischen Seeleute, die mit ihm am vertrautesten waren, der Anfang vom Ende des Fadens gekommen.

Der Faden – das alte deutsche Längenmaß des Klafters – hat allerdings großen Erinnerungswert. Sein Verschwinden ist für jeden schmerzlich, der je etwas mit der See zu tun gehabt hat, und sei es nur, weil er mit der gesamten seemännischen Vergangenheit der englischsprechenden Welt verbunden ist; er ist wahrscheinlich die älteste Maßeinheit in der Kunst der westlichen Seefahrt. Nichts war einfacher, instinktgemäßer – ein Faden war der Abstand zwischen den Spitzen der Mittelfinger, wenn ein Mann die Arme ausbreitete. Da dies auch die natürliche Geste war, mit der ein heimkehrender Seemann sein Eheweib und seine Kinder begrüßte, erklärt sich vielleicht auch die Abstammung aus dem angelsächsischen faeom, was umarmen bedeutet.

Der Faden war immer dem Schicksal nahe, und irgendwie noch mehr, weil er nach den Körpermaßen des Seemannes selbst bemessen war, gemäß dem uralten Instinkt, die Welt nach dem eigenen Maß zu messen. Ein zweites, das mit dem Faden dahingeht, sind die prachtvollen Seekarten des neunzehnten Jahrhunderts. Die neuen, metrischen Karten wirken im Vergleich zu ihnen funktional-nüchtern. Die alten waren Kunstwerke, die man mit Entzücken in die Hand nahm, oft herrlich illustriert, namentlich wenn es sich um eine wilde, weitgehend unbekannte Küste handelte und präzise, feine Zeichnungen des Panoramas dem Seemann einen Anhalt gaben. Wenn ich das Bedürfnis nach Zerstreuung empfand, ging ich oft zur Brücke hinauf und in den Kartenraum, wo ich unter den Karten stöberte und vielleicht eines der letzten Male ihre reiche Herrlichkeit bewunderte. Es war allein schon eine Freude, sie aus den breiten Teakschubladen herauszuholen, wo sie in schönen, weißen Leinwandhüllen aufbewahrt wurden. In fünfzehn Jahren wird man diese Leinwandhüllen mit den alten Seekarten wohl bei Sotheby's versteigern.

Was uns die Versteigerung bei Sotheby's nicht wiedergeben

kann, das ist unsere lebendige und romantische Einstellung zu Schiffen. Dies spürte ich jedesmal, wenn mich der Drang überkam, die hermetisch abgeschlossene Atmosphäre des Bordlebens hinter mir zu lassen, und ich draußen eine kurze Erholung suchte. Nur wenn man die Reling berührte, die manchmal aus Holz war, spürte man noch etwas von der alten Struktur eines Schiffes. Man wanderte zwischen hohen stählernen Mauern dahin, und manchmal betrachtete man mit Interesse die verschiedenen mathematischen Kompositionen der funktionalen Decks, die sich übereinandertürmten, doch kam einem alles vor, als sei es aufs Allerwesentlichste reduziert – ein Schiff wie auf ein Plakat gemalt.

Einer der reizvollsten Aspekte der Seefahrt in unserer Zeit und seit Generationen war und ist die Individualität der Schiffe. In der Ära der Reederfamilien, die heute rasch ihrem Ende entgegengeht, waren sie Ausdruck der schmückenden Phantasie und der oft ausgefallenen Launen ihrer Besitzer, die auf ihre Schiffe ihre persönliche Eigenart, ihren Lebensstil, ihre Träume und Eingebungen übertrugen. Solche Männer standen an der Spitze der nordeuropäischen Reederdynastien, klein und groß, die von der Mitte des vergangenen bis in die Mitte unseres Jahrhunderts von ihren imposanten Familiensitzen am Mersey, am Tyne oder an der Themse, am Vorsprung eines norwegischen Fjords, auf einer Insel im Bottnischen Meerbusen oder an der Südküste der Ostsee den Hauptteil der Weltschiffahrt dirigierten. Oft hatten die Grundlage zu ihrem Vermögen ihre seefahrenden Großväter gelegt, die in den Jahrzehnten nach den Napoleonischen Kriegen und dem Zusammenbruch der Monopolstellung der Ostindischen Kompanie, als die Industrialisierung in England und im übrigen Europa rasch an Boden gewann, eine Bark oder eine Brigantine besaßen, die Gewinne in einem zweiten oder dritten Schiff anlegten und deren Söhne das Erbe durch Dampfschiffe erweiterten.

Es war zwar nicht immer leicht, jedes der Hunderte von Tramp- und kleinen Handelsschiffen zu identifizieren, die vor dreißig, vierzig Jahren die Meere befuhren. Im allgemeinen aber konnte man die Nationalität bestimmen oder wenigstens sagen, wo das betreffende Schiff gebaut worden war. Und wenn es einer größeren Reederei gehörte, ließ sich am Fall, an der Bemalung oder nur an der Gliederung der Aufbauten fast mit Sicherheit die Linie nennen, denn in den Reedern lebte eine seltsame Mischung von Erinnerungen an Schiffe von früher, von Familientraditionen und nationalen Vorlieben fort, die immer in der Erscheinung und Gestaltung ihrer Schiffe Ausdruck fand. Überdies trug jedes Schiff einer großen Reederei den Stempel sorgfältiger, oft minuziöser, individueller Betreuung, denn es war wieder eine neue Quelle stolzer Freude. Es gab kein Handelsschiff von Bedeutung, auf dem man, wenn man an Bord ging, nicht irgendwie die gesamte Traditionsschicht der Seefahrt spürte, wie sie im vergangenen Jahrhundert gewesen war.

Nicht nur der viktorianische Nachklang, der von einem großen Teil der Innenausstattung ausging, auch die vielen Formen aus Messing und Teak, die Ecken und Winkel, die so wenig Sinn und Zweck hatten wie die Kuppeln und Nischen einer künstlichen Grotte, ja selbst die federnde Nachgiebigkeit der weißen Decksplanken, das Aussehen der Fenster und Luken und der Außenhaut, die sich leicht nach unten eingebogen ausschwang, all dies zusammen ergab diese gemütliche Wirkung. Das Gefühl, das man auf diesen Schiffen hatte, kam aus ihrem inneren Wesen wie aus ihrer äußeren Erscheinung, aus der Art, wie sie auf dem Wasser thronten, und aus einer merkwürdigen Verbindung der damaligen Einstellung zur Entfernung, der Zeit, die man zum Überqueren der Meere brauchte, des Gleichgewichts der Welt, wie sie zusammenhing und zusammenhielt; nicht unveränderlich, doch langsam im Wechsel. Vor allen Dingen aber spürte man die *Gediegenheit* der Schiffe, hatte man den Eindruck, daß sie aus dem Besten von allem zusammengefügt waren.

Schiffe waren und sind schließlich die Bauwerke des Wassers, und sie wurden in vieler Hinsicht und ähnlich bedachtsam und spielerisch wie die Bauwerke des Festlandes entwickelt, von plump zusammengezimmerten hölzernen Gefährten zu den Ritterburgen der Galeonen der Armada, dann zu den prunkvollen Ungetümen der Ostindienschiffe und fort zu den schwimmenden Vergnügungspalästen unseres Jahrhunderts. In ihren Höchstleistungen hat die Schiffsarchitektur oft mit dem Reichtum und der Pracht der Architektur auf dem Festland im Wettstreit gestanden und es vielfach noch weiter gebracht, wenn auch ihre Werke vergänglich waren, und wenn sie ausgedient hatten, zumeist keine Spur hinterließen. Es ist erstaunlich, wenn man denkt, daß wir noch in unserer eigenen Lebenszeit viele der größten und prunkvollsten Konstruktionen gesehen haben, die der Mensch je gebaut hat, die aber vielfach kein Jahrzehnt alt geworden sind. Ich denke natürlich an Schiffe wie die *Conte di Savoia, Rex, Normandie, Bremen und Empress,* die alle in den dreißiger Jahren gebaut wurden und dem Zweiten Weltkrieg zum Opfer gefallen sind.

Als der Kalif von Cordoba, 'Abd er Rahman III., im zehnten Jahrhundert den, wie Gerald Brenan in seinem Buch *Face of Spain* schreibt, vielleicht größten und luxuriösesten Palast zu errichten begann, der jemals gebaut wurde, suchte man den gesamten Mittelmeerraum nach kostbaren Materialien ab. Ähnlich brachte man aus aller Welt die Baustoffe für die Ozeanriesen zusammen, bei denen an nichts gespart wurde. Unter den Hölzern, die für die Ausstattung der *Queen Mary* verwendet wurden, waren weißes Mahagoni, japanische Kastanie, australischer Ahorn, kanadische und schwedische Birke, englischer Birnbaum, Eibe sowie mehrere Arten exotischer Hölzer. Die grandiosesten Säle, die in unserem Jahrhundert gebaut wurden, fanden sich auf Schiffen. Die beiden berühmtesten waren die barocke Säulenhalle auf der *Conte di Savoia* und der Speisesaal der *Normandie*, über hundert Meter lang, achtzehn Meter breit und acht Meter hoch. Seit der Erschaffung der Spiegelgalerie in Versailles war kein Raum mehr mit einer solchen Fülle von Spiegeln und illuminiertem Glas ausgestattet worden, das von einer stupenden dekorativen Wirkung war. Der Zugang zum Speisesaal führte durch einen Vorsaal, der mit algerischem Onyx ausgelegt war, und durch eine fast sieben Meter hohe Doppeltür aus Bronze mit vergoldeten Ornamenten. Diese Tür wurde später vor dem Verschrotten gerettet und fand einen neuen Platz in der Kirche Unserer Lieben Frau vom Libanon in Brooklyn Heights. Eine der Hauptattraktionen des Speisesaals, eine Bronzestatue der Friedensgöttin, mit dem Sockel ungefähr sechs Meter hoch, ist heute im Fontainebleau Hotel in Miami zu finden. Dies sind die beiden einzigen Stücke, die von diesem Ozeanriesen erhalten geblieben sind. Alles übrige ist ebenso spurlos verschwunden wie der Palast des Kalifen 'Abd er Rahman III., der, im Jahr 936 begonnen und 1010 zerstört, nicht viel länger bestand als zahlreiche langlebige Schiffe.

Der geheimnisvolle Reiz an großen Passagierdampfern, ja an allen Schiffen liegt unter anderem darin, daß keines von ihnen, so prachtvoll und sorgfältig sie auch entworfen, mit wieviel Detailarbeit und handwerklicher Kunst sie auch ausgeführt waren, für die Nachwelt gebaut wurde – wenn auch zuweilen für die Ewigkeit wie die Totenschiffe Cheops' oder der Oberhäupter der Wikingersippen in Oseberg und Gokstad. Zu allen Zeiten wandte man an Schiffe nicht nur das Beste, sondern noch mehr, ein flamboyantes Dekor und einen prunkvollen Stil, was ursprünglich mit dem uralten Gefühl zusammenhing, sich das Unbekannte günstig stimmen zu müssen, schließlich aber weitgehend zu reiner Freude am Spielerischen wurde, gleichsam als eine verschwenderische Geste an die Vergänglichkeit. Vielleicht spielte auch eine Rolle, daß wir selbst elegant sein wollten, wenn wir uns auf ein elegantes Element wie die See begaben. Dennoch haben sich im Lauf der Jahrhunderte nur vergleichsweise wenige Schiffe in ihrer Individualität dem öffentlichen und historischen Bewußtsein eingeprägt. Jene, denen dies gelang, trugen zumeist Entdecker auf ihre legendären Fahrten oder große Admirale zu kriegerischen Auseinandersetzungen. Für das gewöhnliche Handelsschiff war es schwer, sich aus der Anonymität seiner mühsamen und ungeheuer langen Fahrten zu erheben. Ohnedies war das Leben auf diesen Fahrzeugen zu brutal, der Dienst auf ihnen zu einförmig, um viel Gefühlsbindung zu schaffen, sowohl bei ihren einfachen Matrosen, die ein elendes Leben hatten, als auch bei der Öffentlichkeit. Ständig sickerten Horrorberichte über die Zustände auf See durch, so daß man schließlich junge Männer als Matrosen preßte, um genügend Nachschub für die Schiffsbesatzungen heranzuschaffen. Es mußte erst die Zeit einer romantischen öffentlichen Anteilnahme an der Seefahrt insgesamt kommen, die dem bloßen Stolz und Patriotismus das Gefühl zur Seite stellte, um jene Einstellung zum Schiff zu bringen, die wir bis heute behalten haben. Nötig war dafür auch eine Revolution in der Seeschiffahrt selbst, welche die ersten Jahrzehnte des neunzehnten Jahrhunderts brachten.

Die moderne Seefahrt und das moderne Seemannsleben, wie wir es kennen, und auch unsere Gefühlseinstellung dazu stammen im großen und ganzen aus dem letzten Jahrhundert und sind im wesentlichen englischen Ursprungs. Es ist unmöglich, den Seehandel in den vergangenen anderthalb Jahrhunderten zu betrachten, ohne das Übergewicht des englischen Einflusses festzustellen. Und was man auf der *Ardshiel* so stark empfand, war das allmähliche Verschwinden vieler dieser Gewohnheiten, Normen und Gefühlseinstellungen, die uns alle so stark beeinflußt haben, und dies nicht nur, weil sie einmal das Gesicht der Seefahrt bestimmten, sondern auch, weil sie in einer Welt, in der England mächtig war, untrennbar schienen vom Selbstverständnis der Insel. Es berührte einen auch, weil so viel lebendige Geschichte an diesen Gefühlen hing, weil sie so starken Einfluß auf die Literatur der Seefahrt ausgeübt haben, deren Schwergewicht immer im neunzehnten Jahrhundert liegen wird. Sie wurden weitgehend von den Schiffen und Seeleuten der großen nachnapoleonischen Ära mit ihrem kaufmännischen Unternehmungsgeist und ihrem Klima der Veränderung geformt, hinter denen als Ansporn die industrielle Revolution und der Aufstieg des Imperialismus standen – mit anderen Worten, der Geist, der sich in der Gründung von Schiffahrtslinien wie der P & O selbst niederschlug. All dies riß plötzlich eine Kluft zwischen der neuen Gegenwart und der maritimen Welt von gestern auf, mit ihren abstoßenden Brutalitäten in der Navy der Nelson-Zeit und Schiffen, die immer die gleichen blieben, und den langsamen Ostindienfahrern, die sich um das Kap der Guten Hoffnung mühselig ihren Weg nach Asien und zurück suchten.

Die großen Veränderungen, die das neunzehnte Jahrhundert mit sich brachte, wurden durch schnellere Schiffe ausgelöst, lange bevor sich der Dampfantrieb durchsetzte. Die Engländer und die Amerikaner waren die Bahnbrecher der Beschleunigung der Segelschiffahrt, die vor allem durch die Klipper gefördert wurde, sehr schnelle Segelschiffe, bei denen die Geschwindigkeit den Vorrang vor der Ladekapazität hatte. Die amerikanischen Klipper erhielten vor allem durch den Goldrausch von 1849 Auftrieb, als mit der raschen Beförderung von Ladung und Goldgräbern um das Kap Hoorn nach Kalifornien ein Vermögen zu verdienen war. Die englischen Klipper verdankten ihren Aufschwung vor allem dem Bedürfnis, auf raschem Wege Tee aus China und Wolle und Getreide aus Australien und Neuseeland nach England zu schaffen. Während der mittleren Dekaden des neunzehnten Jahrhunderts machten der Erfindungseifer und die planerische Phantasie der viktorianischen Schiffsbauer die Segelschiffe immer schneller, so daß sie praktisch bis zum Ende des Jahrhunderts ebenso schnell wie Dampfschiffe oder sogar noch schneller waren. Diese Entwicklung erreichte ihren Höhepunkt vor genau hundert Jahren im Rahsegler, als die *Cutty Sark* ihren Ruhm begründete.

Die Verbesserung, welche diese vollgetakelten Klipper für den Seeverkehr brachten, läßt sich praktisch nur mit der Einführung des Luftliniensystems in unserer Zeit vergleichen. Fahrten, die in den frühen Dekaden des Jahrhunderts noch ein halbes Jahr in Anspruch genommen hatten, schrumpften auf zwei Monate Dauer zusammen. Die Klipper machten die andere Seite der Erdkugel zugänglicher für den Handelsverkehr und die Massenauswanderung, die nötig war, um die Übervölkerung Englands abzubauen. Zum ersten Male konnten die Kaufleute mit einigermaßen festen Lieferterminen rechnen; Agenten, die in Australien Wolle aufkauften, vereinbarten mit der Reederei der *Cutty Sark*, daß ihre Ware innerhalb von achtzig Tagen in England eintreffen werde, und konnten sicher sein, daß der Vertrag eingehalten wurde. Die alljährlichen Wettfahrten, auf denen die Klipper die ersten Ladungen der neuen Tee-Ernte aus China oder Wolle und Getreide aus Australien nach England beförderten, wurden zu großen Ereignissen. Basil Lubbock schreibt dazu in seinem 1924 erschienenen Buch *The Log of the Cutty Sark:* „In den Zeiten unserer Väter machte man den großen Ozean selbst zur Rennstrecke, wobei die großen Kaps der Welt die Wendemarke bildeten . . . gewaltige Summen wurden auf die Favoriten gewettet . . . während der Gewinn, den der siegreiche Reeder einheimste, ein hübsches kleines Vermögen darstellte, und sein stolzer Skipper, der eine stattliche Prämie einstecken konnte, sicher sein konnte, daß sein berufliches Ansehen für alle Zeiten gesichert war.“

Hunderte von Schiffen, an die man sich heute kaum mehr erinnert, waren zu ihrer Zeit hochberühmt. In solch weitverbreitetem, individuellem Prestige spiegelte sich die Bewunderung für alles, was in der Welt der Seefahrt neu war und sich gewandelt hatte. Wie nie zuvor wurden einzelne Schiffe zum Gegenstand der öffentlichen Diskussion. Sie gehörten zu den erfreulichsten Wahrzeichen der Epoche, und die Viktorianer blickten mit großem Stolz auf sie. Sie sprachen zwei der stärksten Instinkte der damaligen Zeit an: den Patriotismus des Briten und seine Sportleidenschaft. Wenn die Viktorianer Wetten auf die Klipper abschlossen, hatten sie das Gefühl, ihr Geld auf die Lebensader ihres Empire und auf die Bannerträger englischer Weltgeltung zu setzen. Von wenigen Vorstellungen war die Denkart der viktorianischen Ära so verzaubert wie von der scheinbar unwiderleglichen Logik der besonderen Bestimmung und Größe Englands, und diese manifestierte sich eindrucksvoll in seinen Schiffen.

G. M. Trevelyan nennt in seiner *English Social History* die Weltmeere „die Landstraßen Englands". In der zweiten Hälfte des neunzehnten Jahrhunderts war mehr als die Hälfte aller Schiffe, die die Meere befuhren, in England registriert, bei den Dampfschiffen waren es sogar vier Fünftel. Wenn also das Schiff zum Träger der neuen Mobilität und der zunehmenden Ausdehnung der westlichen Welt wurde, so war diese Mobilität und Expansion eindeutig vor allem von England bestimmt. Und wenn die Seefahrt England groß machte, dann mußte das viktorianische Publikum mit seiner unersättlichen Neugier daran und an der Gefühlswelt seiner Seeleute teilhaben. Dies geschah stellvertretend durch die unstillbare Nachfrage nach Stichen aller möglichen Schiffe in ihren Abenteuern und Stürmen sowie durch die Emigranten und Soldaten, die zu Tausenden in alle Gegenden des Empire gingen und durch ihre ausführlichen und detaillierten Schilderungen den großen Reedereien und den Schiffen ihrer Flotten zu einer starken Identität im Bewußtsein der Öffentlichkeit verhalfen. Sie brachten den Seemann in seinem Handwerk den Menschen nahe und machten ihn zu einer vertrauteren Gestalt, als er es gewesen war.

Der Seemann selbst begann manche der Einstellungen der Öffentlichkeit zu übernehmen. Plimsoll hatte seine Kampagne zur Durchführung von Reformen bereits begonnen, doch die Zustände in der englischen Handelsmarine waren noch immer schlimm. Nach wie vor war das Leben des Seemanns voll großer körperlicher Strapazen, mußte er sich doch mit einer erbärmlichen Kost und einem Hungerlohn begnügen. Sein Dasein war nicht merklich leichter geworden und wurde es auch nicht bis weit ins zwanzigste Jahrhundert, aber es hatte sich in anderen Dingen verändert, und die Veränderung machte viel wett.

Die kürzeren Fahrten der schneller gewordenen Schiffe bedeuteten für den Seemann, daß er einem Schiff, auf dem die Zustände schlecht waren, und den Schikanen von Vorgesetzten und Schiffseignern früher und leichter entrinnen konnte, als man sich zu Beginn des Jahrhunderts hätte vorstellen können; sie gaben ihm auch eine bessere Chance, die Krankheiten und gesundheitlichen Strapazen der Segelschiffreisen zu überstehen. In derselben Zeit, die einst ein Ostindienfahrer für eine einzige Fahrt nach Indien und zurück gebraucht hatte, konnte er nun auf mehreren Schiffen sein Glück versuchen. Es entwickelten sich Treuebindungen zu bestimmten Schiffen, Reedereien und Kapitänen; besonders die Seeleute auf den Klippern hingen an ihrem Schiff mit großem Stolz und inniger Zuneigung.

„Armes altes Mädchen, daß es jetzt an so einer beschissenen Küste mit ihr aus sein soll", sagte ein Matrose zu einem Offizier, während sie in einem tosenden Sturm im Februar 1915 auf die Riffe vor Cornwall zutrieben. „Wohlgemerkt kein Gedanke an seine eigene Sicherheit, nur ein Abschiedsgruß an sein Schiff", schrieb der betreffende Offizier, als er mehr als fünfzig Jahre später in der englischen Seefahrtszeitschrift *Sea Breezes,* deren Spezialität nostalgische Erinnerungen an die große Zeit der Segelschiffe waren, die Episode schilderte. Sie sei, meinte der Autor, beispielhaft für die Einstellung, welche die Seeleute dieser ganzen Epoche gegenüber ihren Schiffen gehabt hätten.

Diese kleine Geschichte klingt wie reinster Kipling, und aus diesem romantischen Engagement, dieser Intensität des Gefühls entstand ja im neunzehnten Jahrhundert ein großer Teil der neuen, lebensvolleren und lebenswahreren Literatur über die See und das Leben des Seemannes. Die maritime Welt, die Joseph Conrad erlebte und über die er schrieb, war die des letzten Viertels des neunzehnten Jahrhunderts, als, vor allem nach der Eröffnung des Suezkanals, das Segelschiff rasch vom Dampfer verdrängt wurde. Es war die stolzeste Epoche der englischen Handelsschiffahrt; die See war zur Welt geworden, die Seeleute waren die Könige, und unser Bild davon verdanken wir Conrad, der überzeugend aus der Sicht des Seemannes schrieb. Es gibt nichts Vergleichbares; Conrad lieferte der Literatur praktisch ein Palimpsest seemännischer Sensibilität, das dem Leser ein nicht zu übertreffendes

Spektrum ineinander verwobener und übereinander gelagerter Erfahrungen und Erlebnisse bot, wie sie einem Seemann nur widerfahren können. Englisch war nicht seine Muttersprache, doch es war eigentlich unvermeidlich, daß er, der geborene Schriftsteller, es darin zu seiner schöpferischen Meisterschaft brachte. Englisch war die Sprache der See, und wohl keine andere hätte damals seine auf See gesammelte Erfahrung ganz fassen und ihren dichterischen und idiomatisch so reichen Ausdruck richtiger formen oder die Seemannssprache präziser wiedergeben können. Für uns ist es ein Glück, daß er selbst dabei war, daß er die Männer hören konnte, die noch die Royal Navy im ersten Jahrhundertdrittel und die Ostindienfahrer gekannt hatten, während er selbst die Segelschiffe in ihrer größten Pracht und den Aufstieg des Dampfschiffes erlebte. Das Segelschiff ging für immer dahin, aber es verabschiedete sich von der Welt mit seinen schönsten Exemplaren, unter ihnen die *Cutty Sark.* Und die *Great Eastern,* dieses mißglückte Symbol der Herrlichkeit des heraufziehenden Dampfzeitalters, war noch am Leben. Zwischen diesen beiden Schiffen spannte sich eine erstaunliche Skala der vielfältigsten Fahrzeuge.

Weder Conrad noch Kipling, der dem Publikum im Dichterischen das gleiche gefühlvolle, doch wirklichkeitsgetreue Bild von Schiffen schenkte, das es in Form von Stichen kaufte, hätten in ihrer Darstellung der See diese Fülle erreichen können, wenn sich ihnen nicht eine solche ständig wachsende Vielfalt an Schiffen und seemännischer Erfahrung – und dem großen Anteil Englands daran – geboten hätte. Die bunte Vielzahl der Fahrzeuge, welche die Meere und Küsten der Welt befuhren, während das Zeitalter des Dampfschiffs langsam und Schritt für Schritt die Segelschiff-Ära ablöste, hatte das Geflecht der menschlichen Beziehungen an Bord wie die bauliche Struktur völlig verändert. Das Dampfschiff, das dem Unerfahrenen ein größeres Betätigungsfeld bot, konnte das Treibgut der industriellen Revolution leichter absorbieren und bevölkerte sein Vorschiff mit einem Menschenschlag, der zahlreicher, doch nicht unbedingt erfreulicher war; aber es waren die Schiffe, die die romantische Anteilnahme trugen oder die Last der Moral.

Man kann sich schwer vorstellen, daß *Taifun* oder *Lord Jim* sich anderswo abgespielt haben könnte als auf der *Nan-Shan* oder der

Patna, so wie Conrad uns den Charakter dieser Schiffe schildert. Nur diese Schiffe vermochten die Spannung in diesen Erzählungen aufrechtzuerhalten. Nur ein Schiff wie die *Nan-Shan,* scheinbar so zerbrechlich, doch grundsolide gebaut, konnte Kapitän MacWhirrs Unentschlossenheit und den Kampf ums Überleben im Taifun so voll zur Geltung bringen; und nichts ist, selbst ohne den subtilen und machtvollen Grundton des nahenden Verhängnisses, an *Lord Jim* so bewegend wie Jims Gefühl für die Stimmung und die kleinen Dinge auf den Decks der *Patna,* seine unschuldige Liebe zu dem Schiff und der Augenblick, während er Wache geht und gleich der geheimnisvolle Aufprall erfolgen wird, der sein Leben zugrunde richtet.

Wie Joseph Conrad, so war auch Rudyard Kipling besessen von Wesen, Konstruktion und Aussehen von Schiffen. Er gab ihrer Ästhetik, wie wir sie gekannt haben, doch nicht mehr lange kennen werden, dramatisches Relief. Individualität ist heute zu kostspielig. Auf der *Ardshiel* war man sich allgemein einig, daß selbst der Luxus der Wohnräume das Schiff gewissermaßen zu einem Relikt vergangener Zeiten stempelte. Er werde nicht mehr zu finden sein auf den Schiffen der Zukunft, die wie die großen Einheiten der Universe-Klasse sein würden, „alles zweckbestimmt, alles Stahl, kein Schnickschnack drum herum". Keine Spur von Eigenart, nur noch nackter Funktionalismus. Aber, so fragten sie immer wieder, sei das wichtig? Es sei doch klar, daß man die Arbeitsperiode auf diesen Schiffen stark kürzen und nach jeder Fahrt Urlaub gewähren müsse, wenn man die Leute an Bord halten wolle. In diesem Fall, meinten sie einhellig, würden sie liebend gern auf allen Luxus verzichten und sich, statt von einem Silbertablett serviert zu bekommen, ihr Essen in Selbstbedienung holen oder abgepackt aus einem Automaten ziehen, was James Jackson vorschlug. Das Schiff würde noch mehr zu einem funktionalen Gehäuse werden, als es das bereits war, sozusagen zu einem riesigen Lastkahn. „Schon jetzt ist es ja nur ein Tank, an den man Maschinen montiert hat und einen Bereich zum Wohnen und Steuern", sagte Harvey Phillips.

Für die Männer auf der *Ardshiel* war der Abschied von der Vergangenheit bereits vollzogen, gleichgültig, wie weit die Standardisierung in der Zukunft noch getrieben wurde. Keiner von ihnen würde jemals auf ein Schiff zurückkehren, wie sie es aus früheren Tagen kannten und worüber sie so gern und unaufhörlich sprachen. Sie hatten sich, wie sie selbst es ausdrückten, für das Geld verkauft, das sie verdienten, und deshalb würden sie bleiben, wo sie waren, sosehr sie auch der Zeit nachtrauerten, als es gemütlich von einem Hafen zum anderen ging und es immer Abwechslung und Ablenkung gab. Es war klar, daß die Art von Seemannsleben, wie sie es nun führten, nichts von dem an sich hatte, was den Stoff für nostalgische Erinnerungsseligkeit liefert. Wenn sie über die *Ardshiel* oder ihre Schiffsklasse sprachen, war kein Hauch von echtem Interesse oder gefühlvoller Anhänglichkeit zu spüren. Für sie war diese ganze Kategorie abgeschrieben. Sie sprachen pauschal über „diese Schiffe", als wären sie in ihrer Individualität nur schwer zu fassen. Die einzigen Schiffe, die für sie lebendig waren, waren die einer dahingegangenen Zeit. Man hatte den Eindruck, daß sie wirklich über die ferne Vergangenheit sprachen, wenn sie Bruchstücke aus ungeglätteten und unveröffentlichten Stücken von Kipling zitierten, bis man sich plötzlich bewußt wurde, daß, von Basil Thomson abgesehen, ihre eigene Erinnerung sich auf die Nachkriegszeit beschränkte und oft nur zehn, zwölf Jahre zurückreichte. Und wie bei Conrad oder Kipling waren Kraft und Lebendigkeit ihrer Erzählungen aus vergangenen Tagen von den Schiffen selbst geprägt, ihren Farben, ihrem Aussehen, ihrer Eigenart und der strikteren Disziplin, die auf ihnen geherrscht hatte. Als wir zwischen Madagaskar und der afrikanischen Ostküste durch die Straße von Mozambique nach Norden dampften, brachte uns ein Abend eine solche Unterhaltung, an der sich der Widerstreit der Gefühle offenbarte. Plötzlich entspann sich eine anfänglich harmlose Diskussion, die die Vergangenheit gegen die Gegenwart stellte und ein stärkeres und wehmütiger stimmendes Licht auf die Veränderung der Dinge warf als alle bisherigen Debatten.

Der abendliche Dämmerschoppen ließ sich gut an. Alle waren heiter aufgelegt. Es war, seit wir zwei Wochen vorher die Tropen auf der anderen Seite Afrikas verlassen hatten, der erste richtig heiße Tag gewesen, und die Stunden am Swimming-pool hatten den Gesichtern eine frische Röte gegeben. James Jackson sprach über seine Lehrzeit bei der Blue Funnel Line und seine erste Hochseefahrt auf dem Kombifrachter *Hector*.

„Da hatte man mehr Respekt vor dem Leitenden und dem Zweiten Ingenieur", sagte er, während es sich die Runde mit ihren Gläsern bequem machte. „Der Leitende hat seine Rundgänge auf der *Hector* immer in einem makellos weißen Overall gemacht, mit blütenweißen Handschuhen, dem Hut auf dem Kopf und seinem ersten Chinesen dabei. Der Leitende bei der Blue Funnel Line war immer ein richtiger Gentleman, ein Mittfünfziger meistens. Wenn er mit der Inspektion fertig war, ist er sofort verschwunden; im Maschinenraum war er immer nur, wenn man ihn gebraucht hat. Aber die Maschinenanlage war wie geleckt, sogar auf der alten *Tyndareus,* und die war vierzig Jahre alt, als ich sie zum ersten Male gesehen habe. Das ganze Messing hat gespiegelt, alles hat nur so geglänzt. Sie hat damals Pilger befördert, nach Arabien. Auf jeder Fahrt hatte sie zwei- bis dreitausend Pilger an Bord, und die Blue Funnel hat eine Prämie bezahlt, einen Penny pro Kopf. Wenn ein Pilger gestorben ist, hat man einen Penny verloren; aber man hat ihn wiederbekommen, wenn ein Baby geboren wurde."

„Na, dann ist's Ihnen ja besser gegangen als uns auf den alten australischen Einwandererschiffen, der alten *Bendigo* und der *Ballarat*", sagte Thomson. „Aber wir hatten trotzdem unsern Spaß. Die Männer und Frauen waren getrennt, mit Eisenstangen dazwischen. Zur Routineinspektion mußte man zu zweit runter. Wenn man allein gegangen ist, haben einen die Frauen angefallen, und was sie dann mit einem gemacht haben, na ja, das geht niemand was an."

„Die Blue Funnel hatte einige von den schönsten Schiffen, die ich je gesehen hab'", sagte Harry Long. „Sie hatten die höchsten Schornsteine, die es überhaupt gab."

„Was für ein Schlaukopf der alte Alfred Holt war", sagte James Jackson. „Er hat seinen Schiffen blaue Schornsteine verpaßt, weil er billig an eine Menge blauer Farbe gekommen ist."

„Typisch für Reeder", sagte Harvey Phillips.

„Moment", sagte Basil Thomson. „So ist es nicht immer. Auf diesen Israeliten-Schiffen, auf denen ich gefahren bin, haben sie nie geknausert." Und er begann von seinen Erlebnissen im Dienst einer israelischen Reederei zu erzählen, zu der er einige Jahre vorher vorübergehend von der P & O übergewechselt war. Das Fahrzeug war ein israelischer Bananenfrachter, der zwischen New York und Südamerika verkehrte. Er hatte die Israeliten, wie er sie nannte, sympathisch gefunden. Sie waren prächtige Burschen gewesen. Sprachen tadelloses Englisch. Seine zwei Offiziersanwärter waren fünfundzwanzig und siebenundzwanzig! Der eine war zuvor Panzerkommandant gewesen und hatte Verletzungen an den Ohren erlitten, als eine Granate neben seinem Panzer detonierte. Der andere, ein Fliegeroffizier, sei im Tiefflug über das Haus einer Freundin geflogen, um einen Blumenstrauß für sie abzuwerfen, und daraufhin gefeuert worden. Das waren Jungs. Der Funkoffizier bekam zehntausend Mark jährlich als Wiedergutmachung, weil seine Eltern und Schwestern im Konzentrationslager umgekommen waren.

An ihrem Unabhängigkeitstag, an dem sie den Rückzug der Engländer aus Palästina begingen, hatte er sich angeboten, sämtliche Wachen auf der Brücke zu übernehmen. Um fünf Uhr nachmittags mußte er die Dampfpfeife betätigen. Anschließend kam der Zweite Offizier herauf und sagte, er möchte doch nach unten kommen. Die Israeliten hatten ein riesiges Festmahl vorbereitet, aber mit dem Essen gewartet, bis er hinunterkam. Er war verlegen und sagte: „Ich bin doch Engländer, und gegen uns habt ihr kämpfen müssen, um unabhängig zu werden.“ Worauf sie antworteten: „Ach, Herr Kapitän, denken Sie nicht mehr dran! Es ist doch alles vorbei! Setzen Sie sich zum Essen!“

Als von der P & O ein Telegramm kam, in dem ihm die Führung eines Tankers angeboten wurde, ging er zu der Reederei in New York und zeigte ihnen das Kabel. Obwohl sie keinen Ersatz für ihn hatten, sagten sie: „Natürlich müssen Sie das annehmen, Kapitän. Gehn Sie zu Ihren eigenen Leuten zurück.“ Sie gaben ihm noch ein Ticket für die *Queen Elizabeth*. Da er Reserveoffizier der Royal Navy war, hatte er sich, ehe er zu den Israeliten ging, bei der Admiralität erkundigt, ob es zu beanstanden wäre, wenn er unter israelischer Flagge fuhr. Aber die Admiralität hatte nichts einzuwenden. „Die Israeliten sind genau wie wir, sie sind auf unserer Seite“, hatte die Admiralität erklärt.

„Wir haben jedes Jahr dreihundert Gallonen Emailfarbe bekommen, um das Schiff anzustreichen. Niemals hat man Kosten gescheut. Das Schiff sah wie eine Jacht aus. Sie hatten einen fabelhaften Katalog, mit Abbildungen. Danach hat man bestellt. Was man brauchte, hat man bekommen, immer das Beste vom Besten, aber der springende Punkt war, daß man's bekommen hat, nicht so wie's bei uns oft zugeht. Sagen Sie doch mal, Harry", fragte er Long, plötzlich in ärgerlichem Ton, „wieso müssen wir zweimal bestellen, daß wir kriegen, was wir brauchen? Man verlangt vierundzwanzig Bleistifte, und zwölf bekommt man dann. Wenn man dann nach Kapstadt kommt, bestellt man noch mal zwölf. Das sind die Bleistifte, die man für die Kartenarbeit braucht. Was können denn die Bleistifte kosten, daß sie so ein Getue darum machen?"

„Das trifft nicht ganz zu, Basil", antwortete Long.

„Ich kann Ihnen aber aus persönlicher Erfahrung sagen, daß es so ist."

„Als ich in der Verwaltung war, hätten Sie die Bestellungen sehen sollen, die eingegangen sind. Die Leute haben nur so drauflos bestellt oder überhaupt nicht gewußt, was sie anforderten. Ein Offizier wollte irgendein Gerät für die Brücke haben, und als wir zurückfragten, worum es sich handelt, hat er geantwortet, er habe es bestellt, weil er das rausbekommen wolle", sagte Long.

„Das mag so sein, aber es entschuldigt trotzdem den anderen Blödsinn nicht, daß man sparen will und schließlich das Doppelte ausgibt mit den ganzen Telegrammen und so weiter", antwortete Thomson unbelehrt.

„Ich glaube, Sie übertreiben die Sache, Basil", sagte Long in ruhigem Ton.

Die Zeiger der Uhr hatten halb acht erreicht, und Basil Thomson war aufgestanden. Er straffte seinen Kummerbund, der Ausdruck auf seinem Gesicht war verschlossen und drückte Mißfallen aus. Wir gingen schweigend hintereinander in den Speisesaal, und als jeder die Speisekarte gelesen und sein Essen bestellt hatte, sagte Long plötzlich, wie um das Thema zu wechseln, das noch im Raum stand: „Ich habe dem Board of Trade* vorgeschlagen, die Kapitäne sollten ihre Sicherheitsüberprüfung selber machen. Was sagen Sie dazu, Basil?"

* Frühere Bezeichnung des englischen Handelsministeriums.

Thomson studierte seine Speisekarte noch einmal und gab keine Antwort. Die Sicherheitszertifikate englischer Schiffe müssen alle zwei Jahre erneuert werden. Ein Inspektor vom Department of Trade, dem Ressort, das in England für Marineangelegenheiten zuständig ist, inspiziert die Sicherheitseinrichtungen des Schiffes, einschließlich der Rettungsboote und ihrer gesamten Ausrüstung. Alle mangelhaften Gegenstände müssen repariert oder ersetzt werden, bevor das Sicherheitszertifikat, ohne das das Schiff nicht legal in See gehen kann, ausgefertigt wird. Long hatte nun vorgeschlagen, die Vollmacht und Verantwortung für diese Überprüfung dem Kapitän zu übertragen. „Was halten Sie davon, Basil?" fragte Long noch einmal.

„Well, das muß ich mir noch genauer durch den Kopf gehen lassen, genauso wie die Sache mit den Bestellungen, wo man mich der Übertreibung bezichtigt, Kapitän Long", sagte Thomson gemessen und ordnete sein Besteck um, zuerst neben, dann auf dem Teller. „Ich möchte mir das einfach noch ein bißchen überlegen."

„Was passiert, wenn der Kapitän die Kontrolle macht und feststellt, daß das Schiff nicht seetüchtig ist?" fragte James Jackson.

„Der Kapitän weiß, was auf seinem Schiff ist", sagte Long. „Wenn es vor dem Auslaufen Mängel gibt, warum hat er vorher nichts davon gewußt?"

Jackson, sonst ein friedlicher Mensch, rief aufgebracht: „Will man schon wieder dem Schiff was zuschieben, damit man einen Penny spart? Bald wird's so weit sein, daß auf den Schiffen alles gemacht werden muß, was die an Land tun sollten, außer im Trockendock den Boden abzukratzen."

„Denen paßt einfach nichts", sagte Thomson. Er hatte seinen Teller beiseite geschoben und sich auf seinem Stuhl weggedreht – die Haltung eines Mannes, den Skepsis und Ablehnung schon halb vom Tisch getrieben haben.

„Was meinen Sie, David?" fragte Long David Owen, der sonst sein Essen mit den jüngeren Offizieren einnahm, diesmal aber bei uns saß.

„Ich sehe keinen Grund, warum nicht", sagte Owen.

„Dann, Mr. Owen, haben Sie noch allerhand zu lernen", sagte

Thomson, drehte sich dabei rasch wieder zum Tisch und beugte sich in Richtung auf Owen vor. „Sie haben noch etliches zu kapieren über das Warum und Wozu in dieser Welt und die Irrwege mancher unserer Brüder mit Patent, die sich alles und jedes herausnehmen möchten. Zunächst einmal finde ich, daß Sie nicht lange genug auf See sind, um so vom hohen Roß herab bei einer so wichtigen Sache mitreden zu können, denn wenn Sie lange genug auf See wären, müßten Sie jetzt ein paar Fragen stellen, die Ihnen nicht einfallen."

„Ich lasse mich belehren", sagte Owen.

„Da haben Sie auch allen Grund dafür", sagte Thomson. „Ich will nicht mehr sagen, als daß ich die Sicherheitsinspektoren für unsere besten Freunde halte. Ich bin der Ansicht, daß man in einer solchen Angelegenheit immer die Meinung eines Außenstehenden braucht."

„Ich sehe nicht ein, warum", sagte Long. „Es überrascht mich, daß Sie so denken, Basil."

„Warum?" rief Thomson. „Sie sehen nicht, warum?"

„Nein", sagte Long. „Sie sind doch sachverständig genug dafür."

„*Ich* vielleicht schon", sagte Thomson. „Aber wie steht's mit den andern? Was geschieht, wenn kein Inspektor da ist, um einem Kapitän seine Zweifel auszureden? Und diejenigen, die nicht so zimperlich sind, um sich Zweifel zu leisten – denen geht es nur darum, schnell ein Papier zu unterschreiben, und los geht's, hinaus auf See, obwohl das Schiff in einem gefährlichen Zustand ist!"

Das Abendessen war diesmal besonders gut, Schildkrötensuppe, Heilbutt, knusprig gebratener Schweinebraten mit Spinat, Erdbeeren mit Eis. Es war bezeichnend für Thomsons große Erregtheit, daß er die köstlichen Krustenstücke, die immer ihm vorbehalten blieben, nicht anrührte.

„Sie nicht wollen?" fragte Diaz.

„Tragen Sie's ab!" rief Thomson.

Peter Dutton empfahl sich und verließ die Runde. Auch Thomson stand auf und ging in die Messe, gefolgt von Jackson, Phillips, Haydon und Ewart-James. Long und Owen, die beide mit dem Essen noch nicht fertig waren, blieben sitzen.

Dutton stand an der Reling, als ich aufs Deck hinausging. Ich begrüßte ihn, und er schüttelte trübsinnig den Kopf. „Was sagen Sie zu alledem, dort drin?“ fragte er in dem leisen, fast klagenden Singsang der Geordies. „Ich kann Ihnen sagen, manchmal frag' ich mich, ob ich es noch einen Moment länger aushalten kann. Da sitzen wir einsam und allein auf diesem schwimmenden Tank, und ich muß mir anhören, wie diese erwachsenen Männer sich das Leben schwermachen.“

Wir plauderten eine Zeitlang über andere Dinge. Dann nahm ich an, daß Basil Thomson inzwischen zu seinem letzten Kontrollbesuch auf der Brücke gewesen sei, und stieg hinauf, um wie allabendlich Stephen Tucker zu besuchen. Wenn man in der Nacht in das Brückenhaus kommt, sieht man, selbst im Sternenlicht, überhaupt nichts, es sei denn, man hat sich vorher die Hand vor die Augen gehalten. Doch selbst dann tappt man unsicher umher. Irgend jemand ging an mir vorbei, als ich so hineintappte, und die Tür, die zum Wohnbereich führte, schlug mit einem Knall zu.

„Das war Bas“, sagte Stephen Tucker. Er stand am Kartentisch. Im schwachen Licht der Tischbeleuchtung wirkte er bleich und mitgenommen. Sonst war er meistens von einer jungenhaften Lustigkeit, aber in diesem Augenblick hatte er nichts Jungenhaft-Fröhliches, seine Stimme klang vor Zorn gepreßt. Was war geschehen? Er hatte im Admiralty Pilot und in einem Tabellenband nachgesehen und beides aufgeschlagen auf dem Kartentisch liegenlassen, als er rasch mal auf die Brückennock hinausging. Es war aber bei Basil Thomson strikteste Vorschrift, Bücher, in denen man etwas nachgeschaut hatte, sofort wieder an ihren Platz zu stellen. Thomson war auf die Brücke gekommen, während Tucker draußen auf der Brückennock stand, hatte die aufgeschlagenen Bände gesehen, sie gepackt, aufgehoben und aus Schulterhöhe krachend auf den Kartentisch geworfen. Als Tucker den Lärm hörte, war er hineingehastet.

Wie oft er ihm noch sagen müsse, daß er auf seinem Schiff Ordnung haben wolle, schrie Thomson. Tucker sei schließlich schon als Offiziersanwärter mit ihm gefahren und wisse deshalb, was er, Thomson, verlange. Warum er sich also nicht an die Anweisungen halte, die ihm erteilt worden waren? „Sie haben auf meinem Schiff zu tun, was ich Ihnen sage!“ brüllte Thomson.

„Er hat mich einen Hundsfott genannt“, sagte Tucker. „Darauf hab' ich mich umgedreht und bin weggegangen. Solchen Quatsch läßt sich heute niemand mehr bieten. Diese Zeiten sind vorbei. Endgültig. Ich hab' gehört, daß er sich unten geärgert hat. Deshalb ist er raufgekommen, um sich an mir abzureagieren!" Tucker ging wieder an seine Karten, und ich ließ ihn allein. Peter Dutton stand noch immer an der Reling auf dem Hauptdeck und starrte hinab auf die schwarze See. Niemand sonst war zu sehen auf dem riesigen Fahrzeug, das in diesem Augenblick wie ein Schiff einsamer und betroffener Männer wirkte, zu denen nicht zuletzt dieser zornige große Mann in den Wohnräumen gehörte, aus denen durch die zugezogenen Vorhänge schwach ein Lichtschimmer drang, als ich vorbeiging. Aber so ist es auf Schiffen immer gewesen. Immer waren die Seeleute – eine natürliche Folge ihrer Isolation – große Grübler, und besonders die Kapitäne, die so lange sich selbst und ihrer einsamen Verantwortung überlassen sind, haben kaum je als besonders ausgeglichene Naturen gegolten. Was eben auf der Brücke der *Ardshiel* vorgefallen war, war in seiner Art noch ein relativ milder Temperamentsausbruch des Kapitäns gewesen, zumindest für jemanden, der an den bisherigen Schlag von Kapitänen gewohnt war oder auch nur zugehört hat, wofür auf der *Ardshiel* selbst oft Gelegenheit war, wenn Seeleute von früheren Schiffen und dem Temperament ihrer „Alten" erzählten.

Der disziplinversessene und unbeherrschte Kapitän ist ein Inventarstück der maritimen Mythologie, und sein Mythos wird sich weiterhin und so lange anreichern, bis auf den Schiffen eine Befehls- und Kontrollstruktur eingeführt ist, die sich grundlegend von der bisherigen unterscheidet. Die Machtstellung des Kapitäns ist außerordentlich, aber sie hat sich aus einer außerordentlichen Situation entwickelt: eine zerbrechliche Gemeinschaft wird, von der übrigen Menschheit getrennt, aufs Meer hinausgeschickt, bei schlechter Kost, mit unzulänglichen Instrumenten, gegen die beängstigende Gewalt der Elemente, die sie mit aller Macht hindern wollen, an ihr Ziel zu gelangen. Seit ewigen Zeiten und bis in unsere Tage hat sich an diesen Bedingungen kaum etwas geändert.

Der Kapitän und seine Befehle hatten dafür zu sorgen, daß das Fahrzeug, einerlei unter welchen Bedingungen und Risiken, doch sein Ziel erreichte und daß, wenn dies nicht gelang, die Schuld weder am mangelnden Willen noch am fehlenden Einsatz lag. Seine Macht ließ die meuterisch Gesinnten verzagen und richtete die Verzweifelten wieder auf. Sein Regime war absolutistisch wie nur das von Päpsten und Königen. Die Autorität, die dem Schiffsführer noch heute verblieben ist, verdankt viel dem Bewußtsein, daß er vor noch nicht so langer Zeit die Gewalt über Leben und Tod in Händen hielt, wenn die Lage es rechtfertigte, und den Verfügungen eines Kapitäns haftet noch heute etwas von ihrer ehemaligen Macht und Unfehlbarkeit an, wie es sich im Text eines englischen Konnossements zeigt: „. . . auf dem er Herr ist, nach Gott."

Selbst als die Route, die er befuhr, großenteils kartiert und vertraut und sein Fahrzeug robuster, schneller und solider geworden war, blieb die Reise dennoch eine Herausforderung an das Schicksal, er selbst der mit Vollmacht ausgestattete Überbringer dieser Herausforderung. Er konnte jeden erschießen, der seine eigene Sicherheit oder die des Schiffes bedrohte. Er konnte Gehorsamsverweigerer in Ketten legen lassen. Das Schiff war sein Lehen, auf dem er innerhalb der vorgeschriebenen Grenzen der Reise nach eigenem Belieben schalten und walten durfte. Er bestimmte seinen Kurs, suchte die günstigen Winde und Strömungen, bestimmte, was und wieviel seine Besatzung zu essen erhielt, wieviel Geld sie bekam und wie oft, und kümmerte sich um den größten Teil der Schiffsgeschäfte selbst. Doch als die Gefahren allmählich geringer wurden, fand die Autorität des Kapitäns zunehmend um ihrer selbst willen Bewunderung und Wertschätzung, namentlich im England der Viktorianischen Ära.

Dies konnte nicht anders sein angesichts der Abhängigkeit Englands von seinem Überseehandel und seiner Schiffahrt, doch der Herr des Schiffes verkörperte auch viel vom viktorianischen Ethos. Von unerschütterlicher Autorität, unermüdlichem Pflichtbewußtsein, profundem Wissen, in seinem beruflichen Können unerreicht und obendrein fest in Frömmigkeit und Glauben, entsprach er den meisten Maßstäben, die seine Zeit an ihre Helden anlegte. Nächst einer Einladung an den vizeköniglichen Hof galt nichts als ehrenvoller als eine an den Tisch des Kapitäns, ganz besonders auf einem P & O-Liner, der nach Bombay ging.

Auf jedem Schiff, groß oder klein, verlangte er – so das Bild des

Kapitäns – von keinem, was er selbst nicht tun wollte oder konnte. In einer Ausgabe der Zeitschrift *The Nautical Magazine* aus dem Jahr 1973 beschrieb Alan Villiers die beispielhafte Tat eines Kapitäns, die ganz diesen Erwartungen entsprach. Es handelte sich um Finlay Murchison, einen legendären Segelschiffkapitän und seinen Mut und Einfallsreichtum, als während eines Orkans vor dem Kap Hoorn die Pardunen der Großmast-Stänge seiner Bark *Wathara* rissen:

Der Mast begann wie betrunken hin und her zu schwanken. Die Rahen waren aus Stahl. Wenn sie herunterstürzten, konnten sie die hölzernen Decks durchbohren, daß das Wasser hereinströmte; die Barke konnte dann binnen weniger Augenblicke auf Grund laufen. Finlay Murchison rief nach Freiwilligen, um in übermenschlicher Eile eine starke Sicherungspardune hinaufzuschaffen und zu befestigen. Dieses Wagnis zu versuchen, hieß mit dem Tod zu spielen. Wieviel konnte der Mast aushalten? Hatte der Versuch, ihn und das Schiff zu retten, überhaupt noch einen Sinn? Die gesamte Wache meldete sich freiwillig. Die Männer der Freiwache kamen herausgetaumelt. Auch sie meldeten sich.

„Ich schicke keinen andern hinauf", sagte Kapitän Murchison. „Ich gehe selbst. Helft mir!"

Und er stieg hinauf und hinauf an dem fürchterlich schwankenden, geschwächten Mast, der auf dem gewaltig schlingernden Schiff immer heftiger taumelte. Die Wanten hinauf, während zwei Matrosen das Tau zu ihm hinaufhoben; hinaus über die Püttingeisen, wo er wartete, bis das Schiff scharf leewärts rollte, so daß sie fast waagerecht standen; hinauf an der schwankenden Stange, gefährlich und Stück um Stück, während das schwarze Drahtseil sich bald ringelnd lockerte, bald durch die plötzliche, überstarke Belastung sich zum Zerreißen spannte, als wollte es ihn wegschleudern. Wenn diese paar dünnen Drähte rissen, war es um Finlay Murchison – und auch um die Wathara geschehen . . . Stunden schienen zu vergehen, während Finlay Murchison kämpfte, schwankte, sich anklammerte und dieses ungeheuer schwere Tau zum Masttopp hinaufhievte, um es dort mit einem provisorischen Auge zu befestigen, als eine Hilfspardune, die stark genug für ihre schwere Arbeit war. Und er schaffte es.

Das Vorbild, das Beispielhafte war untrennbar mit der Autorität des Kapitäns verbunden, und für die Auffassung der Viktorianischen Zeit konnte es sich nicht stärker ausdrücken als in dem Entschluß, das Kommando bis zum letzten Augenblick zu führen und mit dem Schiff unterzugehen. Es ist zu bezweifeln, ob jemals ein Seemann dieses Ereignis mit einer solchen falschen Heldenpose erlebt hat; wenn ein Kapitän bewußt mit seinem eigenen Schiff unterging, dann lag der Grund darin, daß er zu gebrochen war, um noch am Leben zu hängen. Die aktive Macht und der Ausdruck der Führungsrolle jedoch waren höchst real für alle Seeleute; die Autorität des Kapitäns auf dem Schiff duldete keine Verletzung und mußte notfalls durch schiere körperliche Überlegenheit verteidigt werden. Basil Lubbock gibt in *The Log of the Cutty Sark* als Beispiel die Schilderung eines Augenzeugen einer Auseinandersetzung zwischen Tom Bowling, dem Kapitän des Klippers *Invercargill,* und einem körperlich sehr kräftigen Vollmatrosen, der an Bord Brighton Bill genannt wurde.

Bowling sagte etwas ziemlich Scharfes, und Bill erwiderte: „Nur Ihre Jacke schützt Sie.“ Darauf erwiderte Bowling in scharfem Ton: „Komm raus aufs Achterdeck, wenn es vier glast (sechs Uhr), dann zieh' ich die Jacke aus.“ Wir befanden uns im Südostpassat, und das Wetter war schön. Also sind, als es vier geglast hat, alle Matrosen nach achtern gekommen, um bei dem Kampf zuzuschauen. Die beiden Männer entkleideten sich bis zu den Hüften und kämpften zwei Stunden miteinander, aber Bowling war eine Spur besser als der andere und wurde deswegen als Sieger betrachtet. Es war ein homerisches Ringen, wie es nur wenigen mitanzusehen vergönnt ist, denn beide Männer waren in bester Kondition (obwohl Bowling damals schon ziemlich über fünfzig war), und beide verstanden ihre Kräfte einzusetzen. Aber danach hat niemand mehr gewagt, ein Wort gegen Tom Bowling zu sagen, wenn Brighton Bill dabei war.

Wenn das Wort eines Kapitäns Gesetz war, so mußte sich das in seiner Haltung ausdrücken. Distanz mußte gewahrt werden; am besten ein ehrfurchtsvoller Abstand. Mit Bescheidenheit näherte man sich dem Herrn des Schiffes, achtungsvoll zog man sich zurück. Manchmal allerdings war ein eiliger Rückzug geraten. Sir Benjamin Chave, ein Commodore der Union Castle Line zwischen den Kriegen, bestellte einmal zum Abendessen eine sämige Suppe, bekam statt dessen aber ein dünne. Er war darüber so ergrimmt, daß er inmitten seiner 1.-Klasse-Passagiere, in Smoking und Abendtoilette, aufstand und, während die Gesellschaft sich vergeblich duckte, dem retirierenden Steward den Teller samt Inhalt nachschleuderte.

Diese Tradition ehrfurchtsvoller Distanz und demütiger Achtung gegenüber dem Kapitän ist in der englischen Handelsmarine heute noch nicht ganz ausgestorben. Es kann nicht überraschen, daß sie am stärksten bei den älteren Seeleuten fortlebt. Die führende Schicht der englischen Handelsschiffahrt, schon immer erzkonservativ, hielt zu lange zu starr am Gewohnten fest. Die Familienreedereien, die die dominierende Rolle spielten, bewahrten ihre Traditionen, Sitten und Gebräuche, jeder Neuerung abhold, und dabei kam ihnen zustatten, daß der englische Seemann seit jeher von seinem überlegenen Wert in der Seeschiffahrt überzeugt ist, was ihm immer seine vielbewunderte Tüchtigkeit in einem Handwerk gegeben hat. Das angenehme Bewußtsein unbestreitbarer Überlegenheit schon auf Grund des zahlenmäßigen Gewichts hat ebenso Generationen englischer Seeleute die Überzeugung gegeben, wie sie die Seefahrt betrieben, das sei die natürliche Ordnung der Dinge, und dabei werde es ewig bleiben.

Aber es gab auch unerfreuliche soziale Gründe, warum dieser altmodische Disziplinkodex sich so lange behaupten konnte.

In der langen Epoche, in der die Briten die Seewege der Welt beherrschten, lieferten sie die Arbeitspferde, die notwendige Zuverlässigkeit und das ebenso notwendige Vorbild standfester Normeneinhaltung. Doch je älter unser Jahrhundert wurde, um so weiter blieben sie, was die Bedingungen auf ihren Schiffen betrifft, hinter den anderen zurück, vor allem den Skandinaviern, Amerikanern, Deutschen und Japanern, die zwischen den beiden Weltkriegen ihre maritimen Hauptkonkurrenten waren. Die dunkle Seite des neunzehnten Jahrhunderts hielt sich in den Vorschiffen eines großen Teils der englischen Handelsmarine hartnäckiger als schließlich überall auf der Insel selbst. In der Depressionszeit der dreißiger Jahre war es eine gängige Redensart, daß die Slums auf See viel schlimmer seien als die auf dem Land. Die englischen Seeleute hatten gelernt, mit einer langen Tradition langsamer Beförderung, kärglicher Entlohnung und miserabler Unterbringung wie mit ihrer täglichen Dosis von Zucht und Strenge zu leben.

Es kann nicht überraschen, daß englische Seeleute neben ihrem wohlverdienten Ruf hervorragender seemännischer Leistungen und großen Mutes auch in dem Ruch beispiellosen Rowdytums und jähzorniger Grausamkeit standen. Als beispielsweise Angehörige der Besatzung der *Queen Mary* einmal während des Zweiten Weltkrieges mit ihrer Kost unzufrieden waren, steckten sie den Koch in seinen eigenen Herd. Er starb an den Brandverletzungen. So rechtfertigte sich der Disziplinarkodex auch dann noch, als er anderswo längst verschwunden war. Zudem entsprach er einer unerfreulichen englischen Einstellung: dem einst unerschütterlichen Bedürfnis nach sozialer Abgrenzung, einer hartnäckigen Unterscheidung zwischen unsereinem und den anderen, dem ständigen Mißtrauen, daß Vertraulichkeit die notwendigen Schranken tödlich erschüttern werde.

Das harte Leben beschränkte sich jedoch nicht auf das Mannschaftslogis. Auch die nautischen und Ingenieuroffiziere kannten schlechte Bezahlung, verschmutzte Unterkünfte und armselige Verpflegung. Die Wirtschaftskrise legte so viele Schiffe lahm, daß manche Fahrzeuge mit einer Besatzung fuhren, deren Mitglieder, mit sämtlichen Decksmatrosen und Hilfsheizern, alle ein Offizierspatent besaßen. Ein englischer Frachterkapitän kam zu Anfang und in der Mitte der dreißiger Jahre auf achtundzwanzig bis zweiunddreißig Pfund im Durchschnitt, und ein längerer Landurlaub war praktisch unbekannt. Ein rangniedriger Offizier konnte erst nach langen Jahren ernstlich eine Beförderung erwarten. Ein Mann wie Basil Thomson zum Beispiel stammt aus einer ganz eigenen Generation. Man trifft eine Unzufriedenheit, Skepsis und oft große Bitterkeit bei Kapitänen seiner Generation, jenen Männern, die sich in den zwanziger Jahren und während der Wirtschaftskrise der dreißiger mühsam und zäh nach oben gearbeitet haben und dann auch noch die Belastungen und Gefahren des Zweiten Weltkriegs auf sich nehmen mußten. Sie waren die letzte Generation, die es schwer gehabt hat.

Wie für so vieles im Leben des heutigen England haben die sechziger Jahre auch hier eine rasche Veränderung gebracht. Angesichts ihrer ungünstigen Entwicklung und zunehmenden Personalmangels reorganisierte sich die Schiffahrtsindustrie und legte viel von ihrem alten Image ab. Ein unterer Offizier verdient heute so viel wie ein englischer Minister in der Vorkriegszeit. Man geht auf seine kleinsten Wünsche ein, nur damit er zufrieden ist und auf See bleibt.

Obwohl seine Machtbefugnisse über Betragen und Bestrafung stark eingeschränkt wurden und nur noch auf der Brücke oder in den Luxussälen der letzten großen Passagierschiffe seiner Persönlichkeit noch ein schwacher Abglanz vizeköniglicher Aura anhaftet, hat der Kapitän doch eine große Machtfülle behalten, die nur dann wirklich verschwinden wird, wenn die Verantwortung für das Schiff entweder beseitigt oder radikal neu definiert worden ist; bis dahin wird er sie ungeschmälert behalten. In Sturm und allen Gefahrensituationen hat er die letzte Entscheidung; Sicherheit und Überleben liegen noch immer in seiner Hand.

Der Kapitän ist nach wie vor Wächter und Sachwalter der Gesetze seines Landes und der Vorschriften seiner Reederei; und natürlich muß man sich auch nach seinen eigenen Vorschriften und Launen richten. Weiterhin kann er jeden, der Frieden und Sicherheit des Schiffes gefährdet, hinter Schloß und Riegel setzen, wenn er auch keine Waffe mehr trägt; dafür ist er befugt, Besatzungsmitglieder durch Gehaltskürzung zu bestrafen. Er kann die Kleidung seiner Besatzung bestimmen, ihr Benehmen und ihre Manieren. Er kann, wie Basil Thomson es tut, seine eigene Zeit einführen, indem er die Uhren nicht nach der Sonne stellen läßt. Er kann bestimmen, was seine Männer trinken und was sie zu essen bekommen.

Man mußte immer einen starken Charakter haben, um den mühsamen Aufstieg zum Kapitän und die Belastungen des Kommandos selbst auszuhalten, aber auch, um sich einigermaßen von dem Größenwahn freizuhalten, den diese Machtstellung auslösen kann. In einer so begrenzten Welt wie der eines Schiffes geht der Sinn für das Maß leicht verloren. Gleichmut und eine heitere Natur können dazu beitragen, den Abnutzungserscheinungen durch Sorge, Angst, Niedergeschlagenheit, Einsamkeit, Tadel von außen und Grübelei entgegenzuwirken, denen der Kapitän an seinen immer gleichen Tagen auf See ausgesetzt ist. Oder man nimmt, um sich zu wappnen, eine kräftige Portion Gin oder auch zwei. Allzuoft jedoch vermögen weder Gleichmut noch Gin gegen die Paranoia zu helfen, die, von milden bis zu unbeherrschbaren Formen, das vernünftige Denken so vieler Männer verbogen hat, die ihr tätiges Leben auf See verbracht haben. Und es war ein beunruhigender Gedanke, daß es wahrscheinlich kein bloßer Zufall, sondern bezeichnend für die Häufigkeit solcher Erscheinungen war, daß mir auf der *Ardshiel* zwei der merkwürdigsten Fälle psychischer Störungen bei Kapitänen erzählt wurden, die ich je gehört hatte. David Owen berichtete mir von einem Supertanker-Kapitän, dessen Zeitvertreib darin bestand, lange, weitschweifige Briefe an die Zentrale seiner Reederei zu verfassen.

In einem dieser Briefe meldete er, in der Tropenzone sei ein Papagei auf das Schiff gekommen. Er wisse, schrieb er, daß es gegen die Vorschriften der Gesellschaft sei, einen Papagei zu halten, aber er habe sich trotzdem gedrängt gefühlt, den Vogel in seiner Kabine zu pflegen. In darauffolgenden Briefen schilderte er des langen und breiten, wie der Papagei gefangen worden sei, wie er gepflegt und gefüttert werde und wie es um seine Gesundheit bestellt sei, wobei er neuerlich Besorgnis äußerte, weil er den Vorschriften zuwiderhandle. Schließlich gab er in einem abschließenden Brief von ähnlicher Länge eine detaillierte Darstellung, wie er den Vogel erdrosselt hatte.

Alan Ewart-James schilderte mir den anderen Fall. Es handelte sich um einen „Alten“, der, nachdem er auf das Schiff gekommen war, als erstes die gesamte Einrichtung seiner Kabine hinauswarf – Sofas, Teppiche, Tische, Schreibtische und den ganzen Rest – und nur einen einzigen Stuhl in einer Ecke stehenließ, daneben ein Radio und darüber eine Glühbirne an einer Strippe. Dort verbrachte er die Fahrt beim Radiohören. Er knipste nicht einmal die Glühbirne an, so daß, wenn man nachts die Kabine betrat, um eine Meldung zu machen, nur das leise Murmeln des Radioapparats und die schwach rote Skalenbeleuchtung menschliche Gegenwart oder überhaupt Leben andeuteten. So war es denn auch keine Überraschung zu erfahren, daß es sich bei diesem Mann um den Kapitän gehandelt hatte, der seinen Zweiten Offizier angewiesen hatte, im Ärmelkanal den Kurs so einzutragen, daß das Schiff vorschriftswidrig die „Gegenfahrbahn“ benützte.

Unbeherrschtheit hat ihre Ursache nicht so oft in Größenwahnvorstellungen, als vielmehr in einer kaum mehr zu zügelnden Verzweiflung. Für einen Kapitän, der dreißig, vierzig oder noch mehr Jahre zur See gefahren ist, haben sich die Sommer und Winter seines Lebens zumeist zu unterschiedlichen Wasserverhältnissen reduziert. Seine Ehefrau ist in seiner Abwesenheit gealtert, die Kinder sind zu Fremden herangewachsen. „Meine Frau will mich nicht zu Hause haben“, bemerkte Basil Thomson einige Male, als über das Thema Urlaub gesprochen wurde. „Ich störe ihren Lebensablauf. Sie hat sich ihr Leben genau eingerichtet, und dann komm' ich daher und bringe alles durcheinander. Ich kann nicht von ihr erwarten, daß sie alles aufgibt, wenn ich zurückkomme. Und so sitze ich halt in einem Liegestuhl im Hof und langweile mich.“– „Bas will im Grund nie von seinem Schiff weg“, sagte wiederholt ein Besatzungsmitglied, das schon mehrmals unter Thomson gedient hatte. „Er will eigentlich gar nicht an Land.“ Für viele Kapitäne seiner Art wird das Leben, das sie an Bord führen, und die Form der Schiffsführung, die sie entwickeln, zur Grundstruktur ihres Daseins. Sie hüten sie eifersüchtig und dulden keinen Verstoß dagegen, wie geringfügig er auch sein mag, wie etwa Tuckers Fehltritt, als er für ein paar Minuten den Kartenraum verließ, um den Horizont abzusuchen, und vorher versäumte, die Bücher wieder an ihren Platz im Regal zu stellen.

Für eine skeptische Generation, die keine tiefverwurzelte Angst um ihre Sicherheit und keine Wertschätzung der Disziplin rein um ihrer selbst willen kennt, erschienen vieles an Thomsons Verhalten und viele seiner Vorschriften und autoritären Entscheidungen nur launenhaft oder absurd. Ihn wiederum ärgerte die scheinbare Verantwortungslosigkeit seiner Untergebenen. Sie hatten die Selbstsicherheit und die freundliche Ungezwungenheit einer neuen Zeit, die vielleicht jeden Mann geärgert hätten, der sich erinnerte, wie er sich seinerzeit hatte behaupten und seine eigene Aufsässigkeit zügeln müssen. Wenn am Abend in der Offiziersmesse die Beleuchtung abgedunkelt und das Tonbandgerät laut gestellt wurden, wirkten sie nicht sosehr wie Seeleute in irgendeinem herkömmlichen Sinn, sondern wie junge Fans, die sich ausgelassen im schwimmenden Plastik-Penthouse eines der gerade gefeierten Pop-Stars vergnügten. Allein der Lärm muß ein Affront für Thomsons Einstellung zur Disziplin gewesen sein, aber er bat nur dann um geringere Lautstärke, wenn er nach dem Abendessen zum Kaffee in die Messe kam, was, von besonderen Anlässen abgesehen, der einzige Augenblick des Tages war, an dem er sich hier zeigte.

Ohnedies waren seine Zornausbrüche, wenn sie auftraten, niemals mörderisch, sondern eher grämlich. Vielleicht kam das davon, daß es ihn, wenn er zornig war, unablässig hin und her trieb, so daß seine große Gestalt sich etwas verlor, statt sich zu einer drohenden und einschüchternden Statue zu sammeln. Vielleicht auch, weil seine Ausbrüche schon längst nicht mehr von wirklicher körperlicher Kraft getragen wurden. Sie waren mehr klagend als kraftvoll, und es klang recht wehmütig, als er beim Dämmerschoppen von den Tagen auf den Passagierschiffen sprach, als er hatte „dazwischengehen" und raufende australische Passagiere, die betrunken waren, voneinander trennen müssen, die er, wie er erzählte, zuweilen die Treppe hinunterwarf, um sie abzukühlen. Zudem hatte er eine Eigenschaft, die von allen geschätzt wurde: Er suchte niemals Anlaß zum Streit. Er blieb in seinen luxuriösen Gemächern und erschien nur zu Zeiten, die er selbst festgesetzt hatte, und zu Inspektionen und Rundgängen, die vorher festgelegt waren, außer natürlich wenn eine Notsituation eintrat oder von der Brücke ein Vorkommnis gemeldet wurde, um das er sich seiner Ansicht nach zu kümmern hatte. Er war vor allem ein pflichtbewußter, peinlich sorgfältiger Seemann.

Jeder Kapitän geht anders mit seinem Schiff um, und wenn man überhaupt eine grobe Einteilung treffen soll, bei der persönliche Eigenheiten außer Betracht bleiben, dann muß als Maßstab immer gelten, ob sie gute und verantwortungsbewußte Seeleute sind oder nicht. Aber selbst darin gibt es große Verschiedenheiten. Thomson war ein Mann der alten Schule, ein Mann der Vorschriften. „Er handelt immer wie vorgeschrieben", sagte der Funkoffizier der *Ardshiel*, nachdem ihn Thomson eines Abends gerügt hatte, weil er in der Messe weiße statt der P & O-vorschriftsmäßigen schwarzen Socken trug. Und reuevoll fügte er hinzu: „Deswegen behält er immer recht."

Thomson selbst hatte es gern, wenn man ihn als Traditionalisten betrachtete. Er hatte seit seiner Jugend auf englischen Schiffen gedient. Er sprach gern davon, wie es in den „alten Zeiten" zugegangen sei, und bestand unnachgiebig darauf, daß sämtliche Informationen von der Brücke zu ihm hinuntergeleitet werden müßten. Wenn ein Schiff der Navy vorbeikam, pflegte er auf der Brücke zu erscheinen, die Mütze auf dem Kopf, und sich in die Brückennock zu stellen, während die Flagge feierlich zum Gruß gedippt wurde. Als Stephen Tucker einmal über einen Kapitän sprach, dessen lässige Art der Schiffsführung er bewunderte, sagte er: „Er ist jetzt auf Urlaub, und es wird komisch werden, wenn er am Ende dieser Fahrt unsern alten Basil ablöst, weil ich auf dem Schiff bleibe und mich automatisch weiter an Bas' Anweisung halten werde, ihm unbedingt alles zu melden. Es ist mir schon mal passiert, daß der andere ihn abgelöst und daß ihn das nervös gemacht hat. ‚Schon gut, schon gut', hat er gesagt, ‚benützen Sie Ihr Köpfchen, mein Junge, Sie brauchen mir nicht jede Möwe und jeden Klumpen Seegras zu melden. Rufen Sie mich nur an, wenn Sie es für nötig halten.'"

„Ach ja", meinte darauf Alan Ewart-James. „Ich hab' eine Menge von denen kennengelernt, die sie ‚gute' Kapitäne nennen, gesellige, umgängliche Burschen, mit denen es Spaß machte, einen zu heben oder in der Messe zu plaudern, aber wenn's kritisch wird, zeigt sich, was der Mann wert ist. Dann stellt sich oft heraus, daß er nichts taugt in der Navigation, oder, noch schlimmer, er ist gar nicht da, er hat sich versteckt und alles einem selber überlassen. Dann hat man niemanden, den man um Rat fragen kann, außer sich selbst. Bei Basil weiß man wenigstens, was man hat." Ewart-James war auf der *Ardshiel* gewesen, als das Schiff vor der südafrikanischen Küste in Schwierigkeiten gekommen war und Thomson vor seiner schweren Entscheidung stand, ob er den Schlepper zu Hilfe holen solle oder nicht. „In diesen paar kritischen Tagen war Basil ein ganz anderer", sagte er. „Alle seine kleinen Marotten und Mäkeleien waren vergessen. Die Sache, um die es jetzt ging, war zu wichtig dafür. Aber sobald die Krise vorbei war, sind sie alle wiedergekommen."

Solange sie nicht seinem echten Zorn ausgesetzt waren, betrachteten die jungen Offiziere Thomson gern mit der amüsierten

Respektlosigkeit von Schuljungen gegenüber einem gestrengen Direktor. Jeder Zusammenstoß mit dem Kapitän schien nach ein, zwei Tagen wieder völlig abgeklungen zu sein. Die neue Generation war anscheinend nicht sehr nachtragend veranlagt. Ohnehin untergrub Thomson ständig jede Mißstimmung. Er brachte immer einen kleinen Vorrat Geschenke für besondere Anlässe wie Geburts- und Jahrestage mit aufs Schiff, dazu Schokoladeneier und Glückwunschkarten für Ostern, Geschenke und Karten für Weihnachten. „Er ist immer an der Landungsbrücke, um sich von allen zu verabschieden, die in Urlaub gehen, wie er es in Le Verdon getan hat", sagte Ewart-James. Patricia Allen erzählte, wie rücksichtsvoll er auf einem anderen Schiff gewesen sei, auf dem sie mit ihm gefahren war. Als ihm in einem Hafen der Reedereiagent eine Limousine zum eigenen Gebrauch beschafft habe, habe er sie den Frauen an Bord für Besichtigungen und Einkaufsfahrten zur Verfügung gestellt.

Thomson hatte nicht mehr lange bis zu seiner Pensionierung, und schon in ein paar Jahren werden nur noch wenige aus seiner Generation auf See sein. Das endgültige Urteil über ihn und seine Art findet sich vielleicht in einem Akrostichon, das der Chefsteward des Schiffes, der Goanese Wilson D'Costa, verfaßte, nachdem Thomson die *Ardshiel* verlassen hatte. Es wurde unlängst in der P & O-Hauszeitschrift *Wavelength* veröffentlicht.

C aptain, o Captain, o mein Captain, die
A *rdshiel* gehört Ihnen auf alle Zeit,
P rächtig schreibt sich Ihr Name, Ihre Worte sind mild wie
T au, so gewaltig sehn Sie aus, doch immer lächeln und plaudern
Sie
A llzeit gleich und unverändert;
I nder, Pakistani, Chinesen, Europäer, für Sie sind alle gleich,
N iemand auf der Welt kann Sie vergessen.
B asil Thomson, Ihr Name ist eingerahmt auf dem Schiff *Ardshiel*,
A n jedem Tag pünktlich bei der Arbeit, immer zur festen Zeit,
S treng sind Sie zwar, das ist Ihre Pflicht,
I nspektionstag, alles glänzt, was Sie am liebsten haben,
L iebreiche Worte flüstern Sie, wenn jemand einen Fehler macht.
T agein, tagaus geht alles streng nach der Zeit, eine

H albe Minute, nicht mehr, die Glocke kommt zur rechten Zeit,
O hne zu warten, holt jeder rasch seine Mütze, jeder
M ann sammelt sich auf Deck bei seinem Boot,
S tewards, die für Sie gearbeitet haben, denken gut an Sie zurück,
O h, wie Sie sich am Sonntag auf Ihr Bier freuen,
N un wollen wir Sie wiederhaben, damit Sie uns das Bier geben.

12

Nach den häuslichen Gewittern war ich wie alle anderen ernst und nüchtern schlafen gegangen, aber am nächsten Morgen erwachte ich mit einem Hochgefühl, das mich betreten machte, als hätten die Vorfälle am Abend vorher in mir ein boshaftes und schamloses Vergnügen erweckt, für das ich vor meinem Gewissen Rechenschaft würde ablegen müssen. Es gab keine andere Erklärung, warum mir danach zumute war zu schreien, ja sogar zu singen, bis mir plötzlich bewußt wurde, daß, als ich um halb sechs die Augen aufschlug, die Kabine voll Licht war, das allmählich stärker wurde. Es war das erste Frühlicht, seit wir den europäischen Sommer auf der anderen Seite der Welt, oder vielmehr Afrika, hinter uns gelassen hatten. Die östliche Tropenzone hatte über Basil Thomsons Uhren und ihren erzwungenen Gehorsam gegen die Greenwicher mittlere Sonnenzeit gesiegt. In ungläubigem Staunen ging ich hinaus und schwamm mit langsamen, genießenden Zügen um den Pool herum, unter einem Äquator-Tagesanbruch blasser Grün-, Gelb- und Blautöne – all die warmen, schönen Farben, die kommende Hitze anzeigen.

Noch eine andere Freude erwartete mich. Um uns lagen die Komoren, von Vulkanausbrüchen blau auf die grüne See geworfen. Wie sie so steil aus dem Meer emporstiegen, boten sie den scheu verschlossenen Anblick tropischer Inseln, wenn ein Schiff sich ihnen aus breiter, flacher See nähert: Feucht und geheimnisvoll in sich geschlossen, blicken sie aufwärts in die Wolken statt übers Meer hinaus und lassen jedes Fahrzeug, das sich ihnen nähert, völlig unbeachtet.

Ich erinnerte mich, daß ich hier vor zwanzig Jahren auf den Postdampfern der Messageries Maritimes vorbeigekommen war, als Madagaskar noch zum französischen Kolonialreich gehörte. Es waren köstliche Schiffe, mit seltenen Hölzern getäfelt und vielköpfigem Personal aus den Kolonien, Mittag- und Abendessen an

Bord hatten eine Atmosphäre endloser tropischer Entspanntheit. Man erlebte oft einen solchen Morgen auf diesen Postdampfern, wenn sie in eine Lagune, einen Meeresarm oder eine kleine Bucht glitten, umkränzt von weißen Häusern mit rostigen Wellblechdächern, wo die Strahlen der heißer werdenden Sonne durch eine Dunstwolke aus den Gerüchen von tropischem Erdreich, Gewürznelken, Kokosnußöl, Curry, Kaffee und überreifen Früchten drangen. Von der *Ardshiel* aus sah alles noch genauso aus: ein Bild der Erinnerung, das man durch klares Glas wiedersah, doch unerreichbar.

Die Ausbrüche vom vorhergehenden Abend hatten Stephen Tuckers gute Laune nicht nachhaltig erschüttert. Er wirkte sogar noch besser aufgelegt als sonst, denn der schöne Morgen hatte in ihm ein dringendes Bedürfnis nach einem Ausflug irgendwohin ausgelöst. Er beschloß, die Ausrüstung der Rettungsboote zu überprüfen. Wir stiegen in das Boot Nr. 1, dem ich selbst für den Notfall zugeteilt war, und man kam sich wirklich so vor, als hätte man einen Ausflug vom Gewohnten gemacht. Da man praktisch außerhalb der *Ardshiel* saß, boten sich neue und interessante Aussichten auf das Schiff, das man im ganzen sah, so, als dampfte es neben uns davon. Doch Tucker hatte dafür wenig Zeit; mit der Bestandskarte in der Hand begann er alles in dem Boot methodisch zu überprüfen, Gegenstand für Gegenstand.

Rettungsboote sind Wunder der Vorsorge oder, zutreffender, Frucht von Generationen tragischer Erfahrungen, namentlich aus den beiden Weltkriegen. Die *Ardshiel* hatte zwei Boote, von denen jedes einundsechzig Personen aufnehmen konnte, mehr als die gesamte Schiffsbesatzung. Sie waren aus Fiberglas und hatten Motorantrieb, nicht jedoch das brandsichere Schutzdach, mit dem heute viele Rettungsboote auf Tankern ausgerüstet sind. Sie hatten Eß- und Trinkvorräte für nur eine Woche: ein englisches Pfund Gerstenzucker, ein Pfund Kekse, knapp dreieinhalb Liter Wasser und 45,6 Gramm Kondensmilch pro Person. Dies gilt für Friedenszeiten als ausreichend, zumal hinter einer nahe gelegenen Eingangstür ein starkes Funkgerät in Bereitschaft steht, das als erstes in das Rettungsboot gebracht wird, sobald es auf Deckshöhe herabgelassen ist. Neben der Verpflegung, die in stark eingefetteten Dosen unter den Sitzbänken verstaut war, waren Ausrüstungsgegenstände in beträchtlicher Zahl vorhanden: vier Ruder und ein Steuerriemen, ein Mast, eine Ruderpinne, ein Treibanker, Kompaß, Bootshaken, Öl zur Glättung von Wellen, ein voll Werg gestopfter Ölsack zum Nachschleppen, der die gleiche Funktion hatte, eine Lampe mit Öl für zwölf Stunden; unter Wasser brennende Zündhölzer, Beile, Eimer, Feuerlöscher, verschiedene Leuchtkugeln, darunter vier mit Fallschirm für weite Entfernungen bei Nacht, zwei Rauchsignale, um tagsüber Flugzeuge aufmerksam zu machen, sechs Handfackeln, einen Signalspiegel mit Kelle; Messer, Büchsenöffner, Handpumpe, eine Steigleiter achtern, sehr wichtig für einen erschöpften Schwimmer, der sich nicht mehr ins Boot ziehen kann; eine wasserdichte Taschenlampe mit Ersatzbirnen und -batterien, ein schwimmfähiger Verbandskasten, eine Pfeife mit schrillem Ton, Schlepptaue, Trinkbecher mit Maßangaben für eine halbe Ounce, eine und zwei Ounces; Werkzeugkasten und Gebrauchsanweisung für den Motor, Treibstoff für vierundzwanzig Stunden Betrieb sowie ein leuchtend orangerotes Schutzdach für die Insassen und um Aufmerksamkeit zu erregen. Sämtliche dieser Gegenstände waren mit Bändseln am Boot selbst befestigt, so daß nichts versinken oder wegtreiben konnte, wenn dieses kenterte oder voll Wasser lief.

Tucker arbeitete mit einem jungenhaften Eifer, als ginge es zu einem Robinson-Abenteuer. Mit überraschten Pfiffen, „Ho-ho"-Rufen, Schnalzen und einem bunten Gemisch von Seemannsausdrücken quittierte er Mängel oder auch unerwartete Ordentlichkeit. Er war sichtlich stolz auf das Boot und seinen allgemein einwandfreien Zustand, rückte Dinge zurecht, die schon in mustergültiger Ordnung zu sein schienen, rollte Taue und Drähte auf, glättete dies und jenes. „Nur für den Fall, daß wir im Monsun runter müssen", sagte er.

Der Südwest-Monsun erwartete uns mit voller Gewalt am Äquator. Sein erstes Flüstern lag schon über der See, als wir in nördlicher Richtung die Komoren hinter uns zurückließen – es war freilich nur ein ganz sachtes Wispern, denn das Schiff war in warme, unbewegte, weiche Luft gehüllt, die in diesem Augenblick zu jedem Temperamentsausbruch unfähig zu sein schien. Die *Ardshiel* glitt so leicht dahin, als streifte sie nur die Wasseroberfläche, die sich in einem ausdrucksvollen Grünblau darbot, doch von so zarter Tönung, daß es einem schwerfiel, das Auge abzuwenden. Das Wasser wirkte anheimelnd und einladend; es könnte einen hinunterziehen, sagte plötzlich Patricia Allan, die neben dem Swimming-pool in einem Liegestuhl saß. Sie meinte das Meer, auf das sie längere Zeit unverwandt geblickt hatte. „Ich kann verstehen, warum manchmal Offiziere plötzlich über Bord springen", sagte sie. „Es wird unwiderstehlich."

Alan Villiers erzählt in *The Voyage of the Parma* einen klassischen Fall von einem Seemann, „der eines Tages bei gutem Wetter ruhig auf der Reling saß und den Ersten Offizier fragte, ob er ihm einen stählernen Fußblock leihen könne. Er wolle ihn an seinen Beinen festmachen und über Bord springen. Der Offizier, der alles für einen Scherz hielt, sagte, er könnte den Block nehmen, und alle Matrosen schauten belustigt zu, als er ihn befestigte. Dann schwang sich der Seemann über Bord und stürzte wie ein Stein in die Tiefe. Niemand wußte irgendeinen Grund, warum er Selbstmord begehen wollte; und es war auch keiner mehr belustigt."

Diese eigenartige Lockung des Meeres und die seltsame Ruhe, mit der Menschen ihr folgen, hatten auch andere ergriffen. „Ich weiß von einem Dritten Offizier, der sich auf diese Weise umgebracht hat", sagte David Owen nach dieser Geschichte. „Er ging die Wache von acht bis zwölf und rief beim Kapitän an und bat ihn, auf die Brücke zu kommen, was dieser tat. ‚Ich habe unsere Position auf der Karte eingetragen. Hier ist sie', sagte der Dritte. ‚Ja?' meinte der Kapitän und wunderte sich, was das sollte. Er konnte sich nicht erklären, warum er auf die Brücke geholt worden war, nur um das zu hören. Während er dastand und die Karte betrachtete, drehte sich der Dritte Offizier um und ging aus dem Ruderhaus hinaus. Der Kapitän dachte, er sei in die Brückennock, um was zu kontrollieren. Im nächsten Augenblick kam der Quartiermeister hereingerannt und sagte, daß der Dritte über Bord gesprungen sei. Sie haben das Schiff gewendet, ihn aber nicht mehr gefunden."

„Ja", rief Ewart-James. „Ich habe den Dritten gekannt, der ihn dann ersetzt hat." Die Seefahrt ist eine kleine Gemeinde.

„Er hat immer davon gesprochen", sagte Ewart-James. „Er war nämlich mit dem Flugzeug hinausgebracht worden und noch nicht lange an Bord, als ihm eines Nachts, auf der gleichen Wache, übel wurde und er den Alten anrief, um ihm das zu sagen. Sekunden später war der Kapitän auf der Brücke, hat ihn in den Schwitzkasten genommen, das Telefon gepackt, den Ersten Offizier angerufen und hineingeschrien, er soll auf die Brücke kommen. Das wollte er nicht noch einmal erleben."

„Auf jeder Fahrt hören wir mindestens ein paar Funksprüche von anderen Schiffen mit, bei denen jemand über Bord gegangen ist", sagte der Funker.

„Hört auf!" rief Patricia Allan. „Ihr werdet ja alle ganz makaber an so einem herrlichen Tag."

„Du hast selbst damit angefangen", sagte ihr Ehemann.

„Ich weiß", sagte sie reuevoll.

Immerhin gab es zur Ablenkung einen kurzen, chaplinesken Stummfilm. Den ganzen langen, trägen Nachmittag hindurch war ein pakistanischer Matrose damit beschäftigt gewesen, auf dem Brückendeck hoch über uns die Reling und die Stahlteile anzustreichen. Er hatte zuerst alle Teile abgewischt, ganz langsam und gründlich, beinahe zärtlich. Es war eine Arbeit für einen sonnigen Tag und zum Nachdenken, nicht zur Eile gedacht. Dann holte er seine Farbtöpfe und begann mit ebensolch zärtlicher Hingabe seine Malerarbeit. Es war Sonntag, und deshalb wehte Basil Thomsons blaue Flagge seit acht Uhr stolz über dem Schiff. Die Flaggleine war dem Matrosen bei der Arbeit im Weg. Er machte sie los, um richtig streichen zu können, und als dies geschehen war, knotete er sie wieder fest, vermutlich aber nicht fachmännisch, denn sie lockerte sich bald.

Die Leine wurde ganz langsam länger, bog sich sacht, als die Brise sie erfaßte, und die Flagge begann ihren Platz über dem Union Jack zu verlassen und davonzusegeln. Wild flatterte sie im Luftstrom des Schornsteins. Der Pakistani stand einen langen Augenblick da und betrachtete, was da geschah. Schließlich machte er Anstalten, mit dem Besen, mit dem er die Speigatts gesäubert hatte, nach dem Ende der entwischenden Leine zu haschen. Im Hintergrund erschien nun Basil Thomson, der seinen täglichen Anteil an der Wache des Zweiten Offiziers übernommen hatte und auf der Brücke hin und her ging, um seine Marschübungen zu machen. Er schwenkte die Arme, und sein Blick war, noch ahnungslos, zum Bug und dem Horizont dahinter gerichtet. Der Pakistani schaute auf den auf und ab schreitenden Kapitän, überlegte offensichtlich einen Augenblick hektisch, drehte sich um und verschwand. Er erschien wieder aus dem Schornstein, über dem Union Jack, wo er sich niederkauerte und verzweifelt zu der Flagge hinunterschaute, die hoffnungslos außer Reichweite war. Man sah ihm an, wie sehnlich er sie zurückwünschte, doch sie trieb immer weiter nach achtern und flatterte blau und mit pflichtvergessener Würdelosigkeit davon. Er warf einen kurzen kläglichen Blick zu uns, seinem Publikum, herab und zog sich dann mit einem matten, niedergeschlagenen Lächeln zurück.

Basil Thomson hatte endlich den Anschlag auf sein Banner bemerkt, und *sein* Gesicht drückte das zornige Staunen eines fahrenden Ritters aus, dessen Wappen bei einer feierlichen Zeremonie besudelt worden ist. Wahrscheinlich war er durch das heftige klatschende Geräusch aufmerksam geworden, mit dem die Flagge von der Brise getragen davonsegelte. Er begab sich erzürnt an den Schauplatz des Geschehens, und der Unmut auf seinen Zügen wurde noch merklich stärker, als er zu seinen dienstfreien Offizieren herabschaute, die träge, von der Sonne gerötet und scheinbar teilnahmlos dalagen; er schien drauf und dran zu sein, dem gesamten Swimming-pool eine schallende Rüge zu erteilen, begann aber dann rasch und geschickt das Nächstliegende zu tun. Er gab noch mehr Leine, so daß die Flagge allmählich tiefer sank. Sie verhedderte sich in den Funkantennen, doch Thomson machte sich seine Körpergröße und die Reichweite seiner Arme zunutze und manipulierte so lange mit der Leine, bis er sie frei bekam. Während sie langsam niedersank, jagte sie der Pakistani, der sich wieder mit seinem Besen bewaffnet hatte, hierhin und dorthin, wie ein Mann, der mit einem Netz einen Schmetterling fangen will, der dafür hoffnungslos zu groß ist. Schließlich war sie tief genug gesunken, daß er sie mit der Hand ergreifen konnte. Ängstlich brachte er sie Thomson zurück, der den Mund zu einem Wortstrom auf- und zuklappte, den barmherzig die gleiche Strömung davontrug, die vorher die Flagge entführt hatte. Thomson packte die Flagge und begann die Flaggleine festzumachen, wobei er den Matrosen auszankte, während er seine Knoten knüpfte. Dann stieg das blaue Tuch wieder empor und entfaltete sich an seinem angestammten Platz. Mit zornigen Gesten wies Basil Thomson noch einmal auf seine Knoten, dann drehte er sich um und schritt davon.

Der Pakistani blieb in strammer Haltung stehen, als wäre er diesen Ausdruck reuevollen Respekts schuldig, bis der Kapitän wieder auf der Brücke war. Und als Thomson dort seine Wanderung wiederaufnahm und dabei rasche, wachsam-zornige Blicke auf seine Flagge warf, kehrte der Pakistani fröhlich zu seiner Malerarbeit zurück. Und wir, die wir Zeugen des kleinen Dramas gewesen waren, das sich dort oben vor dem hochragenden schwarzen Schornstein und dem blauen Himmel darüber so lebendig abgespielt hatte, waren plötzlich ohne Zerstreuung. Uns blieben nur die herabsinkende Hitze, das Meer, das gegen das Heck schlug, der klare, ungestörte Horizont und die stärker werdenden Schaumkronen auf dem Wasser, während wir langsam in die Bahn des Monsuns kamen.

Der Monsun im Indischen Ozean ist einer der großen und bedeutenden Winde der Welt; der Südwest-Monsun weht vom April bis zum September vom Äquator in nordöstlicher Richtung, dann dreht er sich und wird zum Nordost-Monsun, der in südlicher Richtung zum Äquator weht.

Die vollständige Richtungsumkehr des Monsuns hat ihn seit frühesten Zeiten zu einem natürlichen Antriebsmittel für den Seehandel nach und von Asien werden lassen. Keinen anderen Wind haben sich die Seefahrer konsequenter zunutze gemacht, und wie wohl kein anderer hat er den Welthandel und die Beziehungen zwischen den Hemisphären beeinflußt. Möglicherweise trieb er die ersten Segel an, die sich aufs Meer wagten: mesopotamische Flußschiffe, die sich über die geschützten Gewässer des heutigen Persischen Golfs hinaus in die offene See begaben. Die Seewege zwischen dem Indus und dem Persischen Golf und dem Roten Meer wurden im Altertum zu einer der wichtigsten Handelsbrücken des Nahen Ostens. Mesopotamien besaß schon im zweiten Jahrtausend vor Christus durch den Persischen Golf eine Seeverbindung nach Indien; aber es dauerte fast weitere zweitausend Jahre, bis ein griechischer Kapitän begriff, wie man den Seehandel ganz nach der Richtung des Monsuns ausrichten konnte. Die Entdeckung dieses Griechen, Hippalus, wird im allgemeinen in die Regierungszeit des Kaisers Claudius, 41–54 n. Chr., verlegt, kann aber auch aus einer früheren Epoche, der Zeit der Ptolemäer, stammen. Jedenfalls erkannte Hippalus, daß die Monsunwinde nicht nur eine exakte Planung der Handelsfahrten ermöglichten, was eine große Zeitersparnis brachte, sondern – in einer Zeit, die den Kompaß noch nicht kannte – auch die Schiffe präzise zum Indus führten.

Der Südwest-Monsun beginnt im Frühling mit solcher Zuverlässigkeit, daß er überall auf seinem Weg jedes Jahr annähernd zur gleichen Zeit eintrifft. Römische Handelsschiffe warteten vor dem Roten Meer auf ihn und ließen sich von ihm nach Indien tragen, wo sie indische und chinesische Luxusgüter wie Pfeffer, Duftstoffe, Ebenholz, Elfenbein, Perlen, Seide und Drogen an Bord nahmen. Sie warteten den Nordost-Monsun im Januar ab, der sie zum Roten Meer zurücktrieb, von wo aus die Waren auf dem Landweg nach Alexandria gebracht und dort wieder auf Schiffe zum Transport über das Mittelmeer verladen wurden.

Wenn wir der Ansicht sind, daß der Mensch den größten Teil seiner zivilisierten Existenz hindurch den Begriff ungeheuerer Entfernung in der Distanz zwischen den beiden Hemisphären faßte und daß, was den Westen betrifft, die Geschichte beständig von der aggressiven, gierigen Besessenheit, die Hemisphären zu verbinden und daraus Macht und materielle Vorteile zu gewinnen, direkt oder indirekt getrieben und geformt worden ist, dann war der Ausbau der Erfindung des Hippalus der erste Schritt, der diesem Impuls festen Boden gab. Er leitete die Entwicklung zur modernen Welt ein, denn der den Monsun ausnützende Seeverkehr brachte die erste wesentliche Verkürzung der Entfernungen durch die Erhöhung der Geschwindigkeit und blieb fast anderthalb Jahrtausende der Angelpunkt des Handels zwischen Ost und West. Er schuf einerseits die strategische Schlüsselstellung der Levante mit allen Auswirkungen, die dies künftig haben sollte, und bewirkte andererseits Aufstieg und Größe der Stadtstaaten am Mittelmeer wie bespielsweise Venedigs.

Die Römer benannten den Monsun zu Recht nach Hippalus. „... Sie segeln mit dem Hippalus genannten Winde in vierzig Tagen zum ersten Handelsplatz in Indien", schreibt Plinius in seiner *Naturgeschichte* bei der Beschreibung der Seefahrt zwischen dem Roten Meer und Indien. Und er fährt fort: „. . . Sie beginnen die Rückreise von Indien zu Beginn des ägyptischen Monats Tybis, der (ungefähr) unserem Dezember entspricht. So geschieht es, daß sie noch innerhalb desselben Jahres zurückkehren." Dank den Monsunen, die so zuverlässig und richtungsbeständig die Schiffe vorantrieben, wurde der Indische Ozean zum meistbefahrenen Meer auf der Erde, und seine Stimmungen und Launen waren schon in den frühen Jahrhunderten des christlichen Zeitalters den Seefahrern so vertraut, wie sie es heute sind. Im ersten nachchristlichen Jahrhundert, zwischen 50 und 80, verfaßte ein unbekannter griechischer Seefahrer den *Periplus maris Erythraei,* ein Handbuch für Handel und Schiffahrt auf dem Indischen Ozean zwischen dem Roten Meer, der Küste Afrikas, Indien und Ostindien. Doch die wahren Beherrscher des Indischen Ozeans wurden die Araber, und ihre Dhaus mit den dreieckigen Lateinsegeln nutzten den Monsun in ganzen Flotten. Sie richteten ihre Herrschaft längs der ostafrikanischen Küste auf und begannen, mit tausend Jahren Vorsprung gegenüber ihren europäischen Konkurrenten in Westafrika, den Handel mit schwarzen Sklaven, der bis vor wenigen Jahren betrieben wurde und vielleicht den ältesten und beständigsten Zweig des Überseehandels auf der Erde darstellt.

Einer dieser frühen Monsunreisenden war Suleiman der Kaufmann, aus dessen Schilderungen seiner Reisen im neunten Jahrhundert der Seefahrerroman Sindbad entstand. Selbst noch nachdem die Portugiesen den Seeweg nach Indien um das Kap der Guten Hoffnung entdeckt hatten, behielten die Monsunwinde ihre hilfreiche Bedeutung; die Ostindienfahrer nutzten sie ebenso wie früher die Römer. Der Vorteil der Route um das Kap lag darin, daß der Seeweg – obwohl er länger war – die hohen Transitzölle in der Levante wie die politische Unsicherheit des Landweges vermied. Nichts, so scheint es, verändert sich.

Die *Ardshiel* erreichte den Monsun über Nacht. Eines Morgens waren wir bei Tagesanbruch mitten drin. Er trieb das Schiff mit stetig wachsender Kraft, daß es leicht auf den sehr hohen Wellen dahinglitt. Kein Horizont war zu sehen. Der Dunst aus der hochgewirbelten Gischt und die Hitze färbten das Licht und die

See feuchtsilbern, und man spürte das drückende Gewicht dieser Luftfeuchtigkeit um uns, die dem indischen Subkontinent zuwirbelte, um sich dort in schweren Regenfällen über das Land zu ergießen. Das Schiff, das wochenlang wie eine riesige Fliege in Bernstein eingeschlossen gewirkt hatte, wie ein groteskes, im Wasser gefangenes Insekt, es schien nun doch einigermaßen rasch seinem Ziel zuzustreben.

Mittags waren die nasse Luft und der Dunst durch das mit voller Gewalt durchbrechende Sonnenlicht so grell geworden, daß einen die Augen schmerzten. Die Reling fühlte sich schleimig an, und es kam einem vor, als würde man an dieser dichten Atmosphäre ersticken.

Wir kamen an der Insel Socotra vorbei, einst Zwischenstation für den Ost-West-Handel, aber sie blieb im Dunst unsichtbar. Man konnte sich kaum vorstellen, wie irgendein kleines und primitives Fahrzeug sich gegen diese gewaltigen Seen zu halten vermochte, die, wenn sie sich achtern auftürmten, für eine arabische Dhau ebenso furchterregend gewesen sein müssen wie die Weststürme in den „roaring forties" für die Klipper. Die Wogen taumelten neben der *Ardshiel* dahin, und selbst innerhalb des Schiffes hörte man sie krachen und donnern, als wären wir auf ein Riff aufgelaufen. Der Tanker rüttelte und vibrierte so heftig, daß es einem manchmal tatsächlich so vorkommen konnte.

Wenn man vom Kap der Guten Hoffnung oder vom Suezkanal kommt, führt die Zufahrt zum Persischen Golf um zwei Ecken, Ras al Hadd, das Kap, wo sich die Südküste der arabischen Halbinsel scharf nach Norden wendet, und die Quoin-Inseln in der Straße von Hormuz, durch die es in den Golf selbst hineingeht. Im allgemeinen jedoch gilt Ras al Hadd als Ziel und Umkehrpunkt.

Ob man auf einem Tanker zum Persischen Golf fährt oder ihn verläßt, der Name Ras al Hadd wird stets mit einem ängstlichen Beiklang ausgesprochen. „Wenn wir um die Ecke biegen" heißt der Satz, den man immer wieder hört, und danach folgt irgendeine bedeutungsschwere Warnung. Wenn es zum Golf ging, war die Rede von der Hitze: „Morgen können Sie auf dem Vordeck Spiegeleier braten. Ich hab's selbst schon gesehen. Warten Sie ab, die Hitze trifft einen wie ein Keulenschlag, wenn's um die Ecke geht." Auf der Rückfahrt vom Golf hörte man Ungutes über die Gewalt des Monsuns, wenn das Schiff in ihn hineinstieß, statt seine Richtung zu nehmen: „Warten Sie ab, bis wir um die Ecke biegen, dann kann man sich auf Deck nicht mehr aufrecht halten!"

In beiden Fällen bestätigten sich die schlimmsten Erwartungen nicht, aber das Gefühl, das hinter ihnen stand. Ras al Hadd ist eine der natürlichen Trennmarken in Geographie und seemännischer Erfahrung, hier liegt die Schnittlinie zweier Welten. Es ist einer jener Orte, wo einem die Mythologie der Seefahrt verständlich wird, wie sie sich in den phantastischen Schilderungen im Sindbad-Roman oder bei Homer findet, wenn Seefahrer in widervernünftig raschem Übergang aus einem exotischen Reich in das andere gelangen, was einem sonst nur als Frucht antiker Phantasie erscheint. In Ras al Hadd jedoch wird all dies Realität, und man versteht, warum die Seefahrer der Frühzeit, wenn sie auf den Schwingen des stürmischen Monsuns hierhergelangten, voll Staunen und Betroffenheit feststellten, daß sie plötzlich mit fast schlaffen Segeln auf einem noch heißen Meer dahintrieben, dessen nacktes Gestade neue und furchtbare Gefahren anzudeuten schien.

Der Geist dieser alten Erfahrung scheint unverändert fortzuleben, wenn Seeleute von heute davon sprechen. Ras al Hadd ist für die Männer auf den VLCCs eine ebenso reale Wendemarke, wie sie es für die Araber in ihren Dhaus war. Der Südwestmonsun weht vom Äquator herauf und prallt auf die gebirgige Mauer der arabischen Südküste, die ihn ablenkt, so daß bei Ras al Hadd, wo die Südküste endet, der Wind in direkter Richtung über den Golf von Oman geführt wird, der eigentlich nur das heiße Vorzimmer zum noch heißeren Innern des Golfs selbst darstellt. Wenn man das Kap umfährt, überquert man eine Linie, die aus stürmischer Luft in eine feuchte, schweißtreibende Windstille führt – ein unheimliches Gefühl. Und während man dieses uralte Vorgebirge umrundet, geht einem der seltsame Gedanke durch den Sinn, daß in den langen Jahrhunderten, die es der Seefahrt schon dient, die wichtigste Ladung, die auf diesen Punkt zusteuerte, immer Energie war. Ras al Hadd war die Landspitze, auf die die aus Afrika kommenden Dhaus im Monsun mit ihrer Sklavenfracht zustrebten: schwarzer menschlicher Treibstoff, um die uralten Räder Arabiens anzutreiben.

Eine leichte Brise wehte hinter der *Ardshiel* her, als wir an Ras al Hadd vorbei in den Golf von Oman eingelaufen waren. Noch immer war kein Horizont zu sehen. Aber man konnte ohnehin nicht aus der Kabine blicken, denn die Fenster waren mit einer dicken Kruste von Salz bedeckt, das der Wind angeweht hatte.

Während wir an der Küste entlangfuhren, ging Basil Thomson auf die Brücke und meldete sich über die Lautsprecheranlage: „Bitte zuhören, bitte zuhören! Wir fahren jetzt zur Insel Hallul, um einen Teil der Ladung aufzunehmen, und dann nach Mina al-Ahmadi in Kuwait, wo die Ladung vervollständigt wird. Danach geht es nach Tarent in Italien, wo die gesamte Ladung gelöscht wird."

Um diese Meldung im Lautsprecher dreht sich das gesamte Leben auf einem Tanker. Nichts wird sehnlicher erwartet oder freudiger aufgenommen. Mit einemmal hatte alles einen Rahmen: drei Ziele, darunter der Bestimmungshafen. Eine geheimnisvolle, formlose Reise hatte nun Einheit und Struktur. Man wußte, wohin es ging. Das schlug sich erstaunlich in Stimmung und Laune aller an Bord nieder. Beim Mittagessen ging es lebhaft zu. Hallul und Mina al-Ahmadi kannte jeder, aber wer war schon einmal in Tarent gewesen? Offensichtlich niemand. – Harvey Phillips kannte jemanden, der einmal dort gewesen war, und so weit er sich erinnern konnte, wurden die Tanker an einem Terminal meilenweit vor der Küste gelöscht, so daß es keinen Landurlaub für die geben würde, die nicht vom Schiff gingen und nach Hause fuhren. Da die meisten in Urlaub gehen wollten, machte diese unerfreuliche Nachricht keinen sonderlich großen Eindruck.

Thomsons Ankündigung brachte jedoch Alan Ewart-James neue Sorgen. Dies war seine erste Fahrt als Erster Offizier, und während sich die *Ardshiel* dem Golf näherte, war ihm immer stärker bewußt geworden, daß er die Verantwortung dafür trug, daß das Schiff richtig beladen wurde. Die Nachricht, die *Ardshiel* werde an zwei verschiedenen Stellen Fracht an Bord nehmen, mithin zwei verschiedene Ölsorten, brachte eine unerwartete Erschwerung seiner Aufgabe, die nicht so unkompliziert ist, wie es scheint.

Die beiden Hauptbelastungen, die auf jedes Schiff wirken, sind die Scherkraft und das Biegemoment, wobei erstere eine vertikal wirkende und letztere im wesentlichen eine horizontal wirkende

Kraft ist. Die Scherkraft entsteht wiederum durch das Zusammenwirken zweier anderer Kräfte, der Schwerkraft, die das Schiff ins Wasser zieht, und des Auftriebs, der es nach oben drückt; wenn diese beiden Kräfte sich ausgleichen, schwimmt das Schiff.

Je schwerer die Ladung, um so stärker ist die Schwerkraft, und dies würde im Fall eines Tankers zu einer ernsten Situation führen, wenn einer seiner riesigen Tanks gefüllt und der nächste daneben leer wäre. In diesem Falle würde das Gewicht des vollen Tanks am Schott zwischen den beiden Tanks nach unten, der Auftrieb auf der anderen Seite nach oben wirken. Diese beiden Kräfte, die an dem Punkt, der die beiden Tanks trennt, gegeneinander wirken, bilden die Scherkraft. Deshalb ist sachgemäßes Laden ein entscheidender Sicherheitsfaktor auf einem Supertanker. Eine sorgfältige Ausbalancierung der gewaltigen Fracht bildet die Voraussetzung, daß es nicht zu ungleichen Beanspruchungen kommt, die Brüche im Rumpf bewirken könnten.

Alle diese Kräfte stehen wiederum in Interaktion mit dem Biegemoment. Ein Schiffsrumpf läßt sich in etwa mit einem Plastiklineal vergleichen, das elastisch ist, wenn man damit spielt. Er muß sich auf den Wellen biegen können, und die Bedingungen, die dies erfordern, treten gewöhnlich dann auf, wenn das Fahrzeug an beiden Enden von zwei verschiedenen Wellen getragen, dazwischen aber nicht gestützt wird, oder wenn es von einer einzigen großen Welle unter der Rumpfmitte getragen wird, während Bug und Heck aus dem Wasser ragen. Es liegt auf der Hand, daß bei Supertankern wegen ihrer Länge dem ersteren Fall mehr Bedeutung zukommt als dem letzteren. Ist ein Tanker falsch beladen, mit zuviel Gewicht in der Mitte, so wird seine Biegsamkeit beeinträchtigt, und er liegt unelastisch auf den Wellen. Dies kann dazu führen, daß die zulässige Biegespannung überschritten wird – der Rumpf reißt, was zur Katastrophe führt. Wenn das Öl nicht gleichmäßig und in ausgewogener Verteilung in die Tanks gepumpt wird, kann der Rumpf sogar am Liegeplatz reißen oder, ohne daß es bemerkt wird, so geschwächt werden, daß er eine schwere See nicht übersteht. Dies war zweifellos die auslösende Ursache zahlreicher Tankerkatastrophen.

Auf der *Ardshiel* würde es nun die Aufgabe von Alan Ewart-James sein, all diese Aspekte in seine Überlegungen einzubeziehen.

Diese komplizierten Berechnungen sind zuviel für einen Mann, der unter Druck arbeiten muß, was beim Laden für jeden Ersten Offizier gilt. Deshalb haben die Supertanker eine Computerausrüstung, die auf die spezifischen Werte des Schiffes programmiert ist.

Der Ladecomputer auf der *Ardshiel*, Lodicator genannt, war eine schwedische Anlage, die es dem Ersten Offizier ermöglichte, binnen weniger Sekunden die Zahlen für den richtigen Trimm seines Schiffes zu ermitteln. Sein Arbeitsmaterial ist das Gewicht des Schiffes während verschiedener Phasen des Ladevorgangs, und er speichert in den Lodicator das Gewicht von Fracht, Wasser und Treibstoff in den verschiedenen Abteilungen des Schiffes ein. Der Lodicator gibt die Scherkräfte und Biegemomente des Schiffes an bestimmten Positionen längs des Rumpfes an.

Ewart-James war der Überzeugung, daß der Computer absolute Sicherheit gegen sämtliche Belastungen und Beanspruchungen garantiere; wenn er richtig eingesetzt werde, könnten sie einfach nicht auftreten. Nichtsdestoweniger war ein exakter, zeitlich genau eingeteilter Ladeplan notwendig, besonders wenn zwei verschiedene Ölsorten an Bord genommen wurden. Das Hallul-Öl mußte gleichmäßig über das Schiff verteilt werden, damit keinerlei Schlagseite oder Rumpfbeanspruchung auftrat; und ebenso war sorgfältige Planung für die Ölzuführung durch das komplexe Rohrsystem nötig, um zu verhindern, daß sich die beiden Ölsorten vermischten, was einem finanziellen Desaster gleichkäme.

So sah man Ewart-James immer wieder lange neben seinem Lodicator stehen, während er seine Fragen einspeicherte. Mit gespanntem, sorgenvollem Ausdruck wartete er auf die Antworten, nicht viel anders als ein junger Mann, der Stunde um Stunde vor einem Spielautomaten verbringt und darauf hofft, daß er seinen Einsatz doch noch herausbekommen wird. Ewart-James brachte seinen Ladeplan zusammen, aber dann stürzte er sich in einer plötzlichen Eingebung auf den Haufen Papierkram, über den er sich zu Anfang der Fahrt so lebhaft beklagt hatte, und entdeckte zu seiner Freude, daß das Schiff auf seiner Jungfernfahrt exakt den gleichen Ladeplan gehabt hatte. Der alte Plan, von einem erfahrenen Ersten Offizier ausgearbeitet, half ihm, noch einige Verbesserungen anzubringen. Voller Freude hob er die Füße und trommelte mit den Absätzen auf seinen Schreibtisch.

Wie in einer Verkehrsmaschine, vergißt man auch auf einem Supertanker niemals ganz die potentiellen Gefahren. Ich selbst bin ein Frühaufsteher und neige daher abends zu einer gewissen geistigen Abschlaffung. So kamen mir meist um diese Zeit Bedenken, aber nur als ein masochistisches Vergnügen, wenn ich in meinem Prachtsalon gemütlich zu Bett ging. Manchmal, wenn ich vom Kino in meine Kabine kam, betrachtete ich befriedigt, wie sorgfältig der Steward den Raum für die Nacht hergerichtet hatte. Es war vollendete P & O-Butlerarbeit, die Vorhänge zugezogen, die karierte Decke zurückgeschlagen und die Kissen aufgeschüttelt. Alles, was tagsüber umhergelegen hatte, war geordnet und aufgeräumt. Neben dem Bett standen eine Thermosflasche mit eisgekühltem Wasser und eine Schale Obst, die Lampen an der Decke waren abgedreht, und nur die Leselampe neben dem Bett warf einen begrenzten Kreis sanften Lichts. Kein A-Deck-Steward auf der *Queen Mary* hätte es besser machen können. Und dann, als ich die Lampe ausschaltete, die Vorhänge zurückzog, um das Licht der Sterne hereinzulassen, ins Bett ging und mir überlegte, wie behaglich und komfortabel es sich darauf lag, dann kam manchmal plötzlich der Gedanke: Wie entsetzlich wäre es, in ein paar wenigen Augenblicken all dies verlassen zu müssen und hinaus auf diese fahle, tobende, monsungepeitschte See geworfen zu werden, vorausgesetzt, man kam überhaupt so weit! Aber der Luxus wiegt einen in einer wunderbaren falschen Sicherheit, ähnlich wie wenn man in der Vorderkabine eines Verkehrsflugzeugs über dem Atlantik ein vom Maxim geliefertes Diner einnimmt. Deshalb war es gewissermaßen eine Erleichterung, daß der erste ernste Zwischenfall, der während der Fahrt auf der *Ardshiel* eintrat, sich nachmittags ereignete, außerdem in Sichtweite der Quoin-Inseln, denen wir uns rasch näherten.

„Feuer im Kesselraum!“ hieß es im Lautsprecher, nachdem die Klingeln nervenaufreibend gegellt hatten, gefolgt von den dumpferen Tönen der Schiffspfeife. Die Reaktion ließ keinen Augenblick auf sich warten. Türen flogen krachend auf, man hörte, wie Leute rannten. Ich sah kurz Patricia Allan, die mit einem Handtuch um den Kopf auf die Treppe zustürzte. Ich nahm meine Schreibmaschinentasche, die meine sämtlichen Notizen enthielt und die ich seit den ersten Tagen an Bord neben der Tür in Bereitschaft gehalten hatte, und folgte ihr zur Brücke, wo wir uns bei Notfällen einzufinden hatten. Ob es eine Übung sei, fragte ich sie, als ich sie wiedersah. Nein, ein Ernstfall, sagte sie. Dies war auch Thomsons Gesicht anzusehen.

Stephen Tucker, der beim Schwimmen gewesen war, stand in tropfender Badehose neben seinem Kapitän, der mit dem Maschinenraum sprach. Abgesehen von dem schrecklichen Getöse der Alarmhupe, war die Stimmung sehr kühl, gelassen und beherrscht. Dann sprach Thomson ins Mikrophon: „Alarm vorüber, Alarm vorüber. Situation normal."

Im Maschinenraum war irgend etwas vorgefallen, was man rasch unter Kontrolle gebracht hatte. Aber der Zwischenfall war allen in die Knochen gefahren. Graham Allan hatte sich gerade rasiert, als Alarm gegeben wurde, und noch die Rasiercreme auf dem Gesicht, als er aus der Notzentrale zurückkam. Sie standen alle vor ihren Kabinen und wirkten nervlich entspannt. Ich ging in meine eigene zurück und betrachtete sie mit einiger Überraschung, als hätte ich nicht erwartet, sie wiederzusehen.

13

Nach der Einfahrt in den Meerbusen werden die Tanker zu den politisch brisantesten Schiffen in diesen politisch brisantesten aller Gewässer.

Der Persische Golf, wie er zumeist genannt wird, oder der Arabische Golf, wie er nach dem Willen der angrenzenden Scheichtümer und Sultanate fortan heißen soll, oder schlicht „der Golf", wie wir ihn ab jetzt nennen wollen, hat nie für lange Zeit Abschied genommen von seiner Rolle als strategischer Drehpunkt der Welt. Niemand mit einem Instinkt für globale Vorherrschaft konnte den Golf ignorieren, von Alexander dem Großen bis zu Stalin. Er war von jeher eine ganz besondere Beute, ja er hat immer mit Recht als *die* politische Beute schlechthin gegolten. Keines der großen Imperien des Westens oder des Nahen Ostens hat hier nicht Erkundung betrieben, nicht versucht, sich dieses Gebiet zu unterwerfen, oder sich tatsächlich festgesetzt; und während sich das politische Schicksal des Abendlandes und des Orients zunehmend verflocht, konnte kein Staat Anspruch darauf erheben, die Verbindungen zwischen beiden zu kontrollieren, solange er nicht den Golf beherrschte. Konteradmiral Mahan schrieb dem Golf weit größeren Wert für England zu als all seinen asiatischen Besitzungen, denn er kontrollierte die Verbindung nach Indien und zum Indischen Ozean und mithin den Weg in alle östlichen Weltgegenden. Für den Admiral lag die Expedition der russischen Flotte gegen die Japaner 1904, die mit einer katastrophalen Niederlage endete, sehr im Interesse Großbritanniens, denn sie erschöpfte Rußlands überschüssige Energie und „wird es aus dem Golf entfernen".

Immer wieder im Verlauf der Geschichte hat sich diese Einstellung geltend gemacht, wenn nicht in Worten, so in Taten. Es bestand, zumindest im Westen, gleichsam ein Drang, die Steine und Abfallgruben der frühesten Kultur der Hemisphäre für sich zu beanspruchen; doch so hübsch diese Idee auch scheint, das wahre Motiv lag und liegt in der ungewöhnlichen Einflußmöglichkeit, die der Golf für den Seeweg nach Indien und den Fernen Osten sichert, sowie in der Beherrschung Arabiens und des Mittleren Orients. Der Handel, der durch ihn ging oder der von ihm aus zu kontrollieren war, hatte zu keiner Zeit seinesgleichen in der Welt, ob es nun um Pfeffer, Perlen, Gummiharz oder Rohöl ging. Besonders seit dem Mittelalter hat sich kein Imperium ohne den Besitz des Golfes ganz sicher gefühlt, und keine der nahöstlichen Vormächte, weder das Osmanische noch das Russische Reich, hörte jemals auf, danach zu streben, sich zum Golf hin auszudehnen, in ihm und in seinem Umfeld zu manövrieren. Doch die europäischen Mächte Portugal, Holland und England, die sich nacheinander auf Kosten des anderen aufschwangen, waren immer vor allem darauf bedacht, sich den Golf zu sichern – soweit sie konnten, denn die Araber und Perser, die an seinen Küsten lebten, waren immer zähe, unabhängig gesinnte, hartnäckige und entsprechend kriegerische Verteidiger ihres Heimatbodens. Von allen Mächten, die von außen kamen, gelang es allein den Briten, über eine längere Epoche eine Art effektiver Oberhoheit zu behaupten. Es war eine gute und, alles in allem, lobenswerte Leistung.

Die Interessen der Ostindischen Kompanie und das arabische Piratentum hatten während des achtzehnten Jahrhunderts zu einer verstärkten Präsenz der englischen Flotte im Golf geführt, und im neunzehnten Jahrhundert behaupteten sich Präsenz und Schutzmachtstellung Großbritanniens, auch wenn sie von den Einheimischen – und außerdem Rußland – unablässig angefochten wurden.

Abgesehen von dem offen zutage liegenden strategischen Wert des Golfs untermauerten die Engländer ihre Stellung dort mit der moralischen Rechtfertigung, daß sie den Sklavenhandel unterdrücken wollten, was sie zwar mit Entschlossenheit, nie aber mit vollem Erfolg betrieben; noch vor einem Jahrzehnt, Anfang der sechziger Jahre, gelangten nach Angaben der Londoner Gesellschaft zur Bekämpfung der Sklaverei Sklaventransporte in den Golf. Doch was für die Briten wirklich zählte, erklärte Lord Curzon im Jahre 1903 den Chefs der „Vertragsstaaten“ am Golf: „Wir fanden Hader und Streit und haben Ordnung geschaffen. Sowohl unser Handel als auch eure Sicherheit waren bedroht und verlangten Schutz . . . wir haben euch vor der Ausrottung durch eure Nachbarn bewahrt. Wir haben diese Gewässer für die Schiffe aller Nationen geöffnet und dafür gesorgt, daß ihre Flaggen im Frieden wehen können . . ."

Die zivile und militärische Präsenz Englands im Golf war praktisch die letzte seiner großen imperialen und strategischen Garnisonen, die es zurückzog, als das Empire sich auflöste. Dies geschah 1971, lange nachdem anderwärts die britischen Fahnen eingeholt worden waren. Damit war für immer das Bindeglied zu diesen gewaltig ausgedehnten Einflußsphären und Besitzungen des Empire gebrochen, die Rudyard Kipling die Herrschaft über Palme und Fichte genannt hatte.

Aber die ansteigende Ölförderung im Nahen Osten und der wachsende Rohölbedarf Europas, der Vereinigten Staaten, Japans und anderer Industriestaaten waren nicht dazu angetan, das traditionelle Interesse, dem der Golf ausgesetzt war, zu vermindern. Der Druck machte sich viel früher geltend, als irgend jemand erwartet hatte, nämlich kurz vor dem Termin für den Abzug der Briten während des indisch-pakistanischen Konflikts Ende 1971, in den indirekt die Vereinigten Staaten, die Sowjetunion und China hineingezogen wurden. Damit war das Zukunftsmuster abgesteckt. Danach setzten die Schachzüge um die Kontrolle über den Golf in vollem Ernst ein. Der arabisch-israelische Krieg vom Oktober 1973 beschleunigte die unvermeidliche Entwicklung und verlagerte den Brennpunkt der politischen Krise im Nahen Osten, die nach dem Zweiten Weltkrieg entstanden war, vom Suezkanal zum Golf.

Tanker und ihre Ladungen sind ein nicht herauszulösender Bestandteil aller Nahostkriege der jüngeren Zeit; sie waren schließlich der Anlaß für den bewaffneten Konflikt von 1956. Die Verstaatlichung des Suezkanals durch Ägypten war für die Engländer und Franzosen ein direkter Anschlag auf die Durchfahrt der Öltanker, von denen die Wirtschaft ihrer Länder inzwischen abhängig geworden war.

1956 und 1967 fiel die Rolle des Golfs noch nicht ins Gewicht. Der Nahe Osten insgesamt besaß damals nicht die entscheidende Stellung in der Erdölförderung wie heute. Noch 1967 betrug die nahöstliche Produktion nur 505 Millionen Tonnen gegenüber einer Gesamtförderung von 737 Millionen Tonnen in der westlichen Hemisphäre. Schon 1972 hatte sich dieses Verhältnis gravierend verschoben: 931 gegen 801 Millionen Tonnen.

In den Kriegen von 1956 und 1967 waren, infolge der Schließung des Suezkanals, nur England und Westeuropa in Gefahr, zu den Verlierern außerhalb des eigentlichen Konfliktgebietes zu gehören. Doch beide Male kamen sie glimpflicher davon, als sie befürchtet hatten. Das Öl floß weiter. 1956 sorgte dafür noch die britische Präsenz am Golf, und 1967 kam es nur zu einem lässig gehandhabten und schon bald gelockerten Embargo gegen Großbritannien und die Vereinigten Staaten. Beide Male war das Problem eine Frage der Logistik, der Entfernung, der Fahrtgeschwindigkeit und Zahl von Tankern, und für all dies sollten die Supertanker und VLCCs die Lösung bringen. Doch nach dem Krieg von 1956 führten die Ägypter, unter einem hochtalentierten jungen Ingenieur, Mahmud Younes, den Suezkanal viel besser und effizienter, als die frühere Suezkanal-Gesellschaft es je getan hatte, und zeigten sich ungleich eher bereit, Geld für Verbesserungen auszugeben.

An diesen beiden Krisen von 1956 und 1967 war auch bemerkenswert, daß Japan davon profitierte und keineswegs zu den Leidtragenden gehörte wie nach dem Krieg von 1973, der die wirtschaftliche Existenz des Landes in Frage stellte und auf jeden Fall seinen ökonomischen Aufstieg nach dem Zweiten Weltkrieg beendete. Das Aufkommen der VLCCs, die wirtschaftliche Alternative für die Suez-Passage, trug in erheblichem Maße zum japanischen Exportboom bei. Und dank der VLCCs war der Krieg von 1967 für Europa viel weniger traumatisch als der von 1956; und dies so sehr, daß die Schiffahrtsbranche selbst sich darauf einstellte, auf den Suezkanal völlig zu verzichten, ohne viel sichtbares Bedauern. Der Suezkanal verlor seine lebenswichtige Bedeutung, und die Mühelosigkeit, mit der er ersetzt wurde, gab allen ein falsches Gefühl ein, die Dinge in der Hand zu haben – was schon 1956 England und Frankreich nach Suez geführt hatte. So war niemand auf den Schock vorbereitet, daß der Suezkanal schließlich überhaupt nichts mit der Ölversorgung zu tun hatte.

Die sechs Jahre zwischen dem Junikrieg von 1967 und dem

Oktoberkrieg 1973 hatten eine Entwicklung in Gang gesetzt, die dazu führte, daß das nahöstliche Spannungsfeld sich auf den Golf konzentrierte. Als nach dem Oktoberkrieg schließlich nach langem Zögern, vielen Prophezeiungen und Drohungen das Öl selbst zur großen Waffe wurde, übernahm der Golf unbestreitbar eine dominierende Rolle, die er fortan behalten wird, auch seitdem der Suezkanal wieder geöffnet ist. Denn nun bestimmen über den Strom des Öls nicht mehr die politischen Aspekte des Transports, entscheidend ist geworden, ob die Hähne auf- oder zugedreht werden.

Hinter alledem steht natürlich die Tatsache, daß das Nahost-Öl, insbesondere das saudiarabische, für die industrialisierte Welt unentbehrlich geworden ist. Zu Beginn dieses Jahrzehnts hieß es in einer Prognose der Shell, daß die Welt während der siebziger Jahre mehr Öl als in ihrer ganzen Geschichte verbrennen werde. Ein führender Geologe der British Petroleum, Harry Warman, äußerte 1970 die Überzeugung, Mitte der neunziger Jahre würde die Hälfte der bekannten und noch zu entdeckenden Ölvorräte der Welt in Rauch aufgegangen sein. Zwischen 1920 und 1971 lag der Weltverbrauch bei 200 Milliarden Barrel Öl (auf eine Tonne kommen etwa 7,3 Barrel): zwischen 1971 und 1985 werden dazu schätzungsweise noch einmal 300 Milliarden Barrel kommen. Wenn diese Verbrauchsprognosen zutreffen, steht zumindest noch für die nächsten zwanzig bis fünfundzwanzig Jahre genügend Öl zur Verfügung, der Mindestzeitraum, den, wie man annimmt, die hochentwickelten Staaten benötigen werden, um alternative Energiequellen zu erschließen. Diese Verbrauchsschätzungen stammen aus der Zeit vor dem Oktoberkrieg 1973, den höheren Ölpreisen, die er brachte, und dem neu erwachten Bewußtsein, daß man mit der Energie haushalten müsse. Die wirtschaftlichen Störungen und Unsicherheiten, welche diese Faktoren überall auslösten, werden Schätzungen des Ölkonsums in den nächsten Jahren schwierig machen, aber es sieht trotzdem nicht so aus, daß der Verbrauch in der industrialisierten Welt zurückgeht oder auch nur stagnieren wird. So geben die Prognosen aus der Zeit vor dem Oktober 1973 noch immer eine leidlich gute Vorstellung davon, wie die Situation des globalen Ölbedarfs aussieht.

Natürlich weiß niemand, wie groß die Ölvorräte der Welt insgesamt sind, doch wissen wir immerhin, daß der Hauptteil davon unter dem Wüstenboden des Nahen Ostens liegt, besonders in Saudi-Arabien.

Saudi-Arabien verfügt bei weitem über die größten Ölreserven. Anfang 1973 wurden sie auf 138 Milliarden Barrel gegenüber 65 Milliarden Barrel im Iran und 64,9 Milliarden in Kuwait geschätzt, den nach Saudi-Arabien ölreichsten Staaten am Golf. Von den damals bekannten Ölvorräten der Welt, 667 Milliarden Barrel, vereinigten die Nahoststaaten 355,9 Milliarden auf sich.

Die saudiarabischen Reserven sind möglicherweise doppelt so hoch, wie heute geschätzt wird, und wir wissen noch nicht, welche Vorräte vor den Küsten der Kontinente, unter der Tiefsee oder in großen Teilen der Arktis und Antarktis lagern. Man rechnet zuversichtlich mit weiteren großen Funden wie in Alaska oder unter der Nordsee. Aber so bedeutend diese Lagerstätten auch sind, an der Gesamtrechnung vermögen sie nicht viel zu verändern. Bestenfalls können sie die jährliche Zunahme des Verbrauchs in den Vereinigten Staaten beziehungsweise Europa decken, aber sie garantieren, zumindest vorläufig, keine Unabhängigkeit von Importen. Deshalb ist es klar, daß, sofern die Situation sich nicht ändert und solange keine anderen Energiequellen erschlossen sind, das Öl aus dem Nahen Osten im Mittelpunkt der diplomatischen, strategischen und wirtschaftlichen Kalkulationen beider Hemisphären und aller Machtblöcke stehen wird. Doch was auch die Diplomatie und die Strategie äußerer Mächte ins Auge fassen und wie sehr sie die Entwicklung am Golf zu beeinflussen versuchen mögen, lokale Faktoren werden zunehmend ausschlaggebend sein.

Die Verhältnisse zwischen den Anliegerstaaten des Golfs selbst sind schon seit längerer Zeit gespannt und krisenträchtig. Die politischen Probleme am Golf hängen mit seinem Namen zusammen. Kein arabischer Staat wird die Bezeichnung Persischer Golf hinnehmen. Die Iraner hingegen betrachten den Namen Persischer Golf als historischen Beweis für ihren eigenen Anspruch. Zwar hat Persien wiederholt erklärt, es habe außer seinem rechtmäßigen Besitz – der gesamten Nordostküste des Meerbusens – keine territorialen Ambitionen, doch dies hat es nicht gehindert, einen

Tag vor dem Termin des offiziellen Abzugs der Briten die Großen und Kleinen Tanb-Inseln zu besetzen, die inzwischen befestigt wurden. Dank des Besitzes dieser Inseln hat der Iran die effektive Kontrolle über die Tankerrouten, die durch den Eingang des Golfs führen. Tatsächlich war dies eine der Begründungen, welche die Perser für die Besetzung gaben; die andere bestand darin, daß die Eilande ohnedies ursprünglich persischer Besitz gewesen seien.

Ein großer Teil des Erdölreichtums am Golf gehört einem Kunterbunt kleiner unabhängiger Scheichtümer, Sultanate und Emirate wie Kuwait, Bahrein, Abu Dhabi, Dubai und Katar. Die großen Golfstaaten, der Iran, Irak und Saudi-Arabien, haben wiederholt gegen diesen oder jenen der kleinen Staaten – und auch gegeneinander – Ansprüche erhoben oder Rechte durchgesetzt.

Bei all diesen Zwistigkeiten hat es sich bisher um relativ kleine Gewitter gehandelt, aber die Furcht und das Mißtrauen, die dadurch ausgelöst wurden, wirken nach. Die wichtigste Folge davon war und ist ein Wettrüsten in dieser Region, das zwar durch den arabisch-israelischen Konflikt in den Hintergrund gerückt wurde, aber schon vor dem Nahostkrieg 1973 eine ganze neue Kategorie von Gefahren entstehen ließ. Dabei geht es um die Frage, wer die dominierende Macht in diesem Gebiet sein soll, wie sie ihre Rollen formt und in welchem Maß die Funktionen, die sie sich zulegt, von den übrigen Staaten am Golf hingenommen werden.

Da gegenwärtig der Iran eindeutig die erste Macht in dieser Region ist und dies auch zu bleiben gedenkt, geht es im wesentlichen um die Beziehungen zwischen ihm und seinen Nachbarn. Wie groß auch der Wirrwarr der Zwistigkeiten, Ansprüche und Gegenansprüche unter den arabischen Staaten und Emiraten am Golf sein mag, es wird zweitrangig gegenüber ihrem heiklen Verhältnis zum Iran.

Durch die Besetzung der Tanb-Inseln hatte Persien seine Stärke im Golf demonstriert, und es setzte diese Demonstrationspolitik auch weiterhin fort, vor allem dadurch, daß es seiner Marine die Befugnis gab, Schiffe anzuhalten und zu durchsuchen, die sich innerhalb einer Fünfzig-Meilen-Zone vor der iranischen Küste befanden und von den Persern verdächtigt wurden, das Meer zu verunreinigen. Dadurch wurden die iranischen Hoheitsgewässer faktisch so weit ausgedehnt, daß sie den größten Teil des Golfs selbst einschlossen und praktischerweise auch die Zufahrten zur Straße von Hormuz. Dort wurde bei Bandar Abbas ein großer neuer Flottenstützpunkt errichtet, den eine Militär- und Luftbasis in Tschah Bahar, unweit der Grenze zu Pakistan, unterstützt, fast direkt gegenüber von Ras al Hadd gelegen.

Das Recht, Schiffe anzuhalten und zu durchsuchen, das der Iran sich 1973 selbst gewährte, mag durchaus ein gutes Mittel gegen Schiffe sein, die das Meer verschmutzen, und der Golf wird ja ständig von Tankerunfällen undÖlleckagen heimgesucht, aber diese Maßnahme demonstriert zugleich auch, wer derzeit über das Zutrittsrecht zur Straße von Hormuz bestimmt.

Wenn der Iran seine gegenwärtigen Absichten verwirklicht, wird er nicht nur den Golf beherrschen, sondern auch zur ersten Militärmacht im Nahen Osten aufsteigen. 1973 hatte das Militärbudget des Landes bereits zwei Milliarden Dollar erreicht, die hauptsächlich für Waffenlieferungen aus Amerika ausgegeben wurden.

Neben dem Iran und dem Irak haben auch Saudi-Arabien und die anderen Golfstaaten nicht versäumt, sich dem Wettrüsten anzuschließen. Leider aber hat jedes Wettrüsten überall die Tendenz, seine eigene Dynamik zu entwickeln und außer Kontrolle zu geraten. Es schafft ungleich mehr neue Gefahren, als es ursprünglich beseitigen sollte. Dies gilt besonders für ein instabiles und unberechenbares politisches Klima, wo große Waffenarsenale, die plötzlich in unerfahrene Hände gelangen, Konsequenzen auslösen können, welche die Waffenverkäufer und ihre strategisch denkenden Hintermänner, aber auch die Kunden selbst entweder übersehen oder allzu leichthin abtun. In vielen Golfstaaten ist mit ansteigendem Bildungsgrad auch ein Geist politischer Aufsässigkeit eingezogen, der durch die Militarisierung noch gefördert wird. Feudale Wüstenreiche, in denen bisher Gefügigkeit gegenüber der patriarchalischen Ordnung herrschte, die biblische Verbindung milder Leutseligkeit mit rascher Justiz auf dem Marktplatz Tradition war und im gastlichen Zelt umständliche Höflichkeiten ausgetauscht wurden, müssen nun feststellen, daß ihnen der schwarze Reichtum unter anderem auch eine Generation beschert hat, die sich vom hergebrachten Respekt und Pflichtgefühl befreit und sich statt dessen einem planlosen Wunschdenken, unzufriedenem Mißmut und unberechenbaren Ambitionen hingibt. Die Männer, die von diesen Mißstimmungen möglicherweise nach oben getragen werden und deren Vorbild wir vielleicht in Oberst Gaddafi von Libyen erlebten, werden dem Schah noch mehr Kopfzerbrechen bereiten, als ihm lieb sein dürfte – entweder indem sie seine Machtposition im Golf anfechten oder aber sich von mächtigeren Kräften im Hintergrund vorschieben lassen.

Schon vor dem Abzug der Briten aus dem Golf Ende 1971 gab der Schah zu erkennen, daß er keine aktive Präsenz irgendeiner Supermacht in diesen Gewässern zu sehen wünsche, die unter der dichten Überwachung durch seine patrouillierenden Zerstörer, Fregatten und bewaffneten Schwebekissenfahrzeuge stehen. (Die iranische Kriegsmarine besitzt die größte Flotte von Hovercrafts in der Welt; diese in England gebauten Fahrzeuge eignen sich in idealer Weise für den Golf mit seinem normalerweise ruhigen Seegang.) Doch dies war ein vergeblicher Wunschtraum. Wo das Öl liegt und wo die Tanker fahren, läßt sich die Großmachtpolitik nicht fernhalten.

Ernst genug ist schon die Konkurrenz zwischen den Amerikanern und Sowjets, die beide entschlossen sind, durch eine starke Flottenpräsenz im Indischen Ozean ihren Einfluß auf den Golf zu wahren, und damit um die Vormachtstellung wetteifern, die von Großbritannien aufgegeben wurde. Aber die Beteiligung Chinas am Spiel um die Macht im Golf, motiviert durch die chinesische Unterstützung arabischer Revolutionäre und Guerillas, die Furcht vor der russischen Bedrohung und, keineswegs zuletzt, vor einem remilitarisierten Japan, gibt der Situation eine viel gefährlichere, unberechenbare Brisanz. Dazu kommt noch das ebenso unberechenbare Element der amerikanisch-japanischen Konkurrenz um das Öl des Golfes, und welche Folgen dies möglicherweise für das seit Kriegsende noch anhaltende enge Verhältnis zwischen den beiden Staaten nach sich ziehen wird.

Mit Sicherheit ist zu erwarten, daß Japan aus Eigeninteresse künftig große Anstrengungen unternehmen wird, um seine Ölversorgung zu sichern, unabhängig von Nahostkrisen. Dies muß Japan wieder in eine Position unabhängigen strategischen Denkens führen, wie das Land es seit der Zeit vor dem Zweiten Weltkrieg nicht mehr gekannt hat; und man erinnert sich mit Unbehagen, daß das amerikanische Ölembargo gegenüber Japan, das 1940 verhängt wurde, dazu beitrug, daß das Inselreich sich zum Angriff auf Pearl Harbor entschloß. Japan ist heute völlig abhängig vom ungestörten Verkehr der Hunderte von Tankern zwischen seinen Inseln und dem Golf, der für seinen Fortbestand ungleich wichtiger ist als seinerzeit Roosevelts Öl. Zu dieser Situation erklärte Chinas Ministerpräsident Tschou En-lai im Dezember 1971 in einem Interview mit der englischen Sonntagszeitung *Sunday Times,* daß die Tanker, die Nahostöl nach Japan transportieren, durch ihre Massierung die Gewässer der Malakka-Straße verschmutzten. „Die japanischen Militaristen behaupten, die Straße von Malakka sei Japans Lebensader", sagte er. „Dies erregt in Malaysia und Indonesien Mißfallen. Beide Länder haben nicht vergessen, wie der japanische Militarismus im Zweiten Weltkrieg auf ihrem Gebiet gehaust hat."

Japan ist in einem solchen Maße von der Durchfahrt durch die Straße von Malakka abhängig, daß man dafür nicht Militaristen zu zitieren braucht, aber das Entscheidende ist die Gedankenverbindung, die Tschou En-lai zieht. Tatsächlich ist das Mißfallen, von dem er sprach, durchaus vorhanden, denn die Straße von Malakka hat ähnlich wie das Kap der Guten Hoffnung unter ständigen Tankerhavarien und Ölteppichen zu leiden. Auch eines der Schwesterschiffe der *Ardshiel* stieß hier mit einem anderen Tanker zusammen. Zudem sind die Gewässer so seicht, daß schwer beladene Tanker häufig den Meeresgrund streifen, der aus Granit besteht.

Dies hat dazu geführt, daß Malaysia und Indonesien über die Lage der Dinge Ärger bekundeten und eine entschiedene Stellung bezogen. Beide Staaten haben sich die vollkommene Kontrolle über die Meerenge gesichert, indem sie ihre Hoheitsgewässer auf zwölf Meilen ausdehnten. Malaysia schlug eine Passagegebühr für die Schiffe vor, die die Meerenge durchfahren, Indonesien sogar ein Passageverbot für alle Schiffe mit 200000 Tonnen und darüber, was diese zu einem 1200 Seemeilen langen Umweg durch die Lombok- und Makassarstraße zwingen würde. Keiner der beiden Staaten ist bislang so weit gegangen, diese Vorschläge zu verwirklichen, vielleicht weil sie befürchten, ein derartiger Schritt könnte noch unheilvollere Folgen als die Meeresverschmutzung auslösen. Möglicherweise hinderte sie auch ein Vorschlag der thailändischen Regierung, zur Lösung dieses Problems eine Art Suezkanal über den Isthmus von Kra, die engste Stelle der Halbinsel Malaya, zu bauen, wodurch der Tankerverkehr unter thailändische Kontrolle käme. Die Japaner selbst haben den Bau einer Pipeline über den Isthmus vorgeschlagen, die an einem Terminal an der Andamanensee Öl aus dort anlegenden Tankern aufnimmt und zu einem zweiten am Golf von Thailand befördert, wo es von anderen Tankern übernommen wird. Aber es bedeutet weder politisch noch strategisch einen großen Unterschied, ob das Öl über den Isthmus von Kra oder durch die Straße von Malakka transportiert wird; in beiden Fällen bleibt Japan auf eine Lebensader angewiesen, die es gegen alle Eventualitäten sichern muß. Deshalb dürfte es nicht mehr lange dauern, bis die Japaner mit einem gewichtigen Beitrag im Verzeichnis der Kriegsflotten der Welt vertreten sein werden. Auch die Chinesen haben inzwischen ein neues Flottenbauprogramm begonnen, und es ist durchaus möglich, daß ihre Besorgnis vor den sowjetischen und japanischen Absichten schließlich zu einer ähnlichen Ausdehnung der militärischen Präsenz Chinas auf den Meeren führen wird, wie die Sowjetunion sie nach der Kubakrise 1962 unternahm.

Wie groß die Besorgnisse Japans wegen einer Beschränkung der Durchfahrt von Tankern durch die Malakkastaße sind, zeigte sich deutlich, als im Januar 1975 der japanische VLCC *Showa Maru* vor Singapur auf Grund gelaufen war. Zur Entschuldigung für den Zwischenfall wurde eigens eine diplomatische Mission in die drei betroffenen Staaten, Singapur, Malaysia und Indonesien, entsandt, und die japanische Regierung gab zu verstehen, daß sie bereit wäre, für den Rest der Schadenssumme aufzukommen, falls die Versicherung der Reederei keine volle Wiedergutmachung leiste.

Letzten Endes ist jedoch der Golf der entscheidende Punkt, denn selbst die Schwierigkeiten, die den Tankern an Stellen wie der Malakkastraße erwachsen können, sind offensichtlich nicht so schwerwiegend wie die potentielle Gefahr, die ihnen dort droht, wo sie beladen werden. Auch Nordamerika und Europa haben lange und verwundbare Verbindungswege zum Golf. Wie Japan könnten auch sie Veranlassung sehen, zu ihrer Sicherung beträchtlichen Druck auszuüben, Streitkräfte bereitzustellen oder sogar militärisch zu intervenieren. Aber dies gilt allenfalls längs der Tankerrouten, der Golf selbst bietet dazu keine Möglichkeit. Jede Aggressions- oder Strafaktion zum Zweck des Schutzes der Ölschiffe oder der Sicherung der Ölversorgung würde mit Sicherheit dazu führen, daß die Förder- und Transportanlagen am Golf in die Luft fliegen und die goldene Gans geschlachtet wird – zu schweigen davon, daß dann wahrscheinlich auch die ganze Erde in die Luft fliegen würde. Freilich, wie die Dinge heute stehen, ist es nicht gesagt, daß man den Versuch nicht doch unternehmen wird.

Wie jedoch das Ölembargo nach dem Oktoberkrieg 1973 gezeigt hat, dürfte es immer ein Produzentenland geben, das sich der Boykottfront nicht anschließt und weiterhin Öl liefert. Im Oktober 1973 stoppten weder der Iran noch der Irak die Öllieferungen, wenn auch aus sehr unterschiedlichen Gründen. Nach wie vor floß aus dem Golf eine beträchtliche Menge Öl in die Länder, die vom arabischen Embargo betroffen waren, allerdings bei weitem nicht genug, um die Wirkung des Lieferboykotts entscheidend zu schwächen. Während Ägypten eine Seeblockade über das Rote Meer verhängte, um Schiffen die Durchfahrt nach Israel zu verwehren, geschah nichts Derartiges am Eingang zum Golf, beispielsweise gegen Tanker, die iranisches Öl nach Amerika transportierten. Der Gedanke muß jedoch vielen gekommen sein und wird bei einer zukünftigen Krise, in deren Mittelpunkt die Ölgebiete am Golf stehen, mit Sicherheit wieder aktuell werden. Andererseits werden dann die Araber selbst stark im Tankergeschäft engagiert sein, wie sie bereits angedeutet haben, und sie könnten die gleiche Wirkung dadurch erzielen, daß sie ihre Schiffe einfach aus dem Markt abziehen. Aber wie eine künftige Krise im Golf aussehen wird, läßt sich heute nicht vorhersagen. Vorhersagen läßt sich nur, daß sie wahrscheinlich kommen wird.

Angesichts all dessen erscheint das Landeunternehmen der Engländer und Franzosen 1956 am Suezkanal vielleicht in seinem richtigen Licht. Nicht als eine der letzten Zuckungen des Imperialismus, wie wir es bis heute zu sehen geneigt sind, sondern als die erste kriegerische der Energiekrisen, wie sie heute, in universalem Maßstab, unsere ganze Zukunft beeinflussen, nicht nur unsere

Politik, Diplomatie und Strategie, sondern auch unsere Bündnistreue und -treulosigkeit.

Abgesehen von diesen Aspekten gibt es noch ein ernstes Problem, das mit dem Golf im Zusammenhang steht. Alle wollen das Öl des Nahen Ostens, und in einer Krisensituation sind sie, wie wir im und nach dem Oktoberkrieg 1973 erlebt hatten, bereit, jeden Preis zu zahlen, finanziell, moralisch oder sonst. Die Frage ist jedoch, ob sie es in den Mengen bekommen sollen, die sie wünschen. Von allen moralischen Problemen, die mit dem Erdöl im Zusammenhang stehen, ist dieses vielleicht das gravierendste und am wenigsten diskutierte.

Die wichtigste und menschlich begründete Frage, welche Saudi-Arabien und die anderen Golfstaaten immer wieder stellen, lautet, was aus ihnen werden soll, wenn die Erdölvorräte unter dem Wüstensand erschöpft sind und die Supertanker die letzten Tropfen zu den Fabriköfen der hochentwickelten Staaten fortgeschafft haben. Dann wird sich niemand mehr um sie und ihr Wohlergehen kümmern, genauso wie es früher war. Durch das Erdöl aus ihrer mittelalterlich-feudalen Vergangenheit gerissen, werden sie im einundzwanzigsten Jahrhundert von jenen, die sie reich gemacht haben, wieder zurückgestoßen werden, und der Sand der Wüste wird sie und die Denkmäler ihres jähen Reichtums zuwehen, wie es schon wiederholt in der Vergangenheit geschehen ist, als der Transithandel Stadt um Stadt am Golf zu Glanz und Pracht erhob und Zufall oder Krieg sie ins Elend stürzte. Abgesehen von weitgestreuten Auslandsinvestitionen besteht nach ihrer Ansicht die einzige Sicherheit, die sie ihren Nachkommen hinterlassen können, darin, daß sie einen Teil des Öls als Reserve unter dem Wüstensand ruhen lassen. Dies ist kein unbilliger Wunsch und von ihrem Standpunkt aus vernünftige Zukunftsplanung: Das in der Erde verbleibende Öl gewinnt rascher an Wert als Geld, das man in unsicheren Währungen anlegt, oder selbst Goldbarren in Gewölben. Und selbst wenn die wirtschaftlich starken Mächte der Welt neue Energiequellen finden sollten, so werden doch viele andere diese sich nicht leisten können, so daß Erdöl auf jeden Fall auch in der Zukunft gebraucht wird, ebenso wie Kohle, nach der noch heute Bedarf besteht. Aber diese Einstellung, die das Erdöl allein als Energieträger sieht – wie sie sich so deutlich in der Hoffnung spiegelt, nach der Entdeckung einer alternativen Energieform würden die Araber auf ihrem Öl sitzenbleiben –, zeigt die unglaubliche Unterschätzung seines Werts als Rohstoffreserve, vielleicht das bemerkenswerteste an unserer gegenwärtigen Denkart in diesem Punkt. Es könnte leicht sein, daß die Nachwelt uns wegen dieser Einstellung verfluchen wird, denn sie war und ist daran schuld, daß der vielseitigste aller Naturstoffe so bedenkenlos verschleudert wird.

Kein anderer Rohstoff leistet dem Menschen mehr Dienste. Das Erdöl ist ein Füllhorn, das ihm nicht nur die Treib- und Brennstoffe für seine Fahrzeuge, für Heizung und Beleuchtung spendet, sondern auch einen großen Teil seiner Bekleidung, Schuhe, Dünge-, Pflanzenschutz- und Waschmittel, Kerzen, Langspielplatten, Salben und Gesichtscremes, Medikamente, Dachplatten, Dachrinnen und sanitäre Rohre, Möbel und Vorhänge, Haushaltsgeräte und Farben, um nur ein paar zu nennen. Erdöl ist der unentbehrliche Grundstoff für unsere Kunststoffe, synthetischen Fasern und für zahlreiche weitere Chemieprodukte. Falls wir es einmal nicht mehr für unsere Autos und Fabriken brauchen sollten, werden wir es doch sicher weiter für zahllose Dinge unseres täglichen Bedarfs benötigen. Noch bedeutsamer ist, daß es dank einer erstaunlichen Entdeckungs-, Forschungs- und Entwicklungsleistung von Wissenschaftlern, die für British Petroleum arbeiten, zur wichtigsten Proteinquelle für eine Welt werden könnte, der es an Nahrungsmitteln mangelt.

Die Bevölkerung der Erde wird sich bis zum Jahr 2000 verdoppeln. Um diese große Zahl von Menschen angemessen zu ernähren, ist es notwendig, die Produktion von hochwertigem Eiweiß auf mindestens sechzig Millionen Tonnen jährlich zu verdreifachen. Die Erzeugung herkömmlichen tierischen Proteins in Form von Fleisch, Milch und Fisch vermag keinesfalls den geschätzten Zusatzbedarf von zwanzig Millionen Tonnen zu decken, der für dic Ernährung der Weltbevölkerung im Jahr 2000 notwendig sein wird. Ohnehin dürfte es für die Mehrzahl der Menschen unerschwinglich teuer sein. Da das Problem der Ernährung im wesentlichen eine Frage der Eiweißbeschaffung ist, stellt der Eiweißmangel eine der traurigsten Zukunftsaussichten dar. Nach Schätzungen der BP würde die gegenwärtige Erdölförderung ausreichen, um jährlich mindestens zwanzig Millionen Tonnen aus Petroleum gewonnne Proteine zu erzeugen – ebensoviel wie der für das Jahr 2000 angesetzte zusätzliche Bedarf.

Die Wissenschaftler der BP konnten eine Trockenhefe entwickeln, die reich an biologisch wertvollem Eiweiß ist. Diese Hefe, Toprina genannt, läßt sich bei der Umwandlung der Paraffine bestimmter Ölsorten in Aromate züchten. Sie greift auf die animalisch-vegetabilische Herkunft des Öls zurück und ist, wie die BP-Forscher erklären, ebenso natürlich wie die Hefen, mit denen Brot gebacken oder Bier gebraut wird. Inzwischen ist sie bereits ausgiebig als Tierfutter getestet worden. Ihre möglicherweise wichtigste Rolle, in der menschlichen Ernährung, erwartet sie in der Zukunft. Voraussetzung dafür ist allerdings, daß genügend Erdöl übrigbleibt, aus dem sie gewonnen werden kann.

Unter ihren unfruchtbaren Sandwüsten verfügen die Araber anscheinend über das größte Nahrungspotential in einer Welt, in der die landwirtschaftlich nutzbaren Flächen bereits heute bis zum äußersten belastet sind und die Meere sich der Erschöpfung nähern. Wir können uns auch mit der größten Anstrengung der Phantasie nicht ausmalen, welche Zauberrezepte die Wissenschaftler der Zukunft für die Verwendung des Erdöls noch ersinnen mögen, aber diese eine Entdeckung ist schon genug, um dankbar zu sein. Es darf jedoch niemanden von uns überraschen, wenn, sollte sich an unserer heutigen Einstellung nichts ändern, dieser Notvorrat der Menschheit innerhalb der nächsten Jahrzehnte von den Verbrennungsmotoren auf den Straßen Nord- und Südamerikas, Australasiens, Europas und Japans restlos verzehrt wird.

14

Das Öl des Golfes, das die *Ardshiel* zu holen gekommen war, ist keineswegs erst in der jüngeren Gegenwart entdeckt worden. Schon im Altertum spielte es eine Rolle. Der alexandrinische Geograph Eratosthenes von Kyrene (276 bis 194 v. Chr.) schrieb, wie Strabon drei Jahrhunderte später berichtet: „In Babylonien findet sich Asphaltus in großer Fülle." Strabon führt auch an, daß Posidonius (135 bis 51 v. Chr.) Quellen in Babylonien beschrieben habe, aus denen sowohl weißes als auch schwarzes Naphta strömte – „das zweite oder schwarze Naphta ist Asphaltus und wird an Stelle von Öl in Lampen verbrannt". Plinius schildert die ständig brennenden „Öffnungen" in Babylonien, womit vermutlich Erdöl- und Erdgasquellen gemeint sind. „Auf der Ebene von Babylon schießen an einer einem Fischweiher ähnlichen Stelle von der Fläche eines Morgens Flammen empor." Die eigentliche Ölförderung im modernen Sinn ist jedoch noch jungen Datums. Vor dem Zweiten Weltkrieg war Persien der größte Erdölproduzent. 1939 wurden in dem ganzen Gebiet jährlich weniger als zwanzig Millionen Tonnen gefördert. Wie wir gesehen haben, bedurfte es einer ganz neuen Nachfrageentwicklung, bis die dickbäuchigen Tanker wie unserer im Golf erschienen. Aber sie kommen und gehen und haben vom Golf doch nur ein ebenso dürftiges und geheimnisvolles Bild wie Eratosthenes oder Plinius.

Wir waren zur Frühstückszeit vor der Insel Hallul, aber der Vormittag verging mit behutsamem Manövrieren, bis wir an der Boje zum Laden festgemacht hatten und die Schläuche der Pipeline, die in leuchtendem Orange auf dem Wasser schwammen, mit dem Röhrensystem des Tankers verbunden waren. Die Insel selbst sah braun, unfruchtbar und menschenleer aus, abgesehen von einer kleinen Gruppe weißgetünchter Verwaltungsgebäude und etlichen silbern glänzenden Tanks. Sobald die Pipelineschläuche angeschlossen waren, wurden die Ventile geöffnet, und die *Ardshiel* sank stündlich tiefer ins Wasser.

Nach der Monotonie der Fahrt empfand man die Abwechslung um so stärker. Das Schiff hatte sich völlig verändert. Es lag still, und zum ersten Male seit beinahe fünf Wochen war Ruhe eingekehrt. Die Schritte hallten wie in einem großen unbewohnten Haus.

Kein leichtes Schwanken war zu spüren, kein Säuseln des Winds, kein Knarren der Plastikdielen zu hören, auch die Vibrationen erloschen. Nach so vielen Wochen kam man sich fast wie an Land oder an einem anderen Ort vor. Die Air-condition machte die Atmosphäre innerhalb des Schiffes kühl und frisch, und als der Tag vorrückte, legte sich die Hitze dicht, schwer und in einem blendenden Weiß vor die Fenster. Selbst bei zugezogenen Vorhängen brachen die Lichtstrahlen wie Lanzen durch, und ihr zuckender Schein auf dem Teppichboden erinnerte an Speere, die kraftlos zu Boden gefallen waren. Das Fensterglas war heiß wie glühende Kohle, und das Schondeck des Rettungsbootes unmittelbar davor strahlte vor Hitze.

Als es dunkel wurde, verschwand das blendende Licht, doch die Temperatur blieb gleich, und wenn man auf Deck ging, umströmte einen die Nachtluft heiß und schwer, wie erhitzt von einer schwarzen, unsichtbaren Sonne.

Rings um das Schiff loderten riesige, wilde Fackeln zum Nachthimmel hinauf; es waren die Brände vom abgefackelten Gas vieler Meilen weit entfernter Bohrinseln, die im dichten Hitzedunst des Tages verborgen geblieben waren. Überall blühten sie empor wie riesige Nachtblumen und warfen einen rötlichen Schimmer über den ganzen Horizont. Vom heißen Dunst über dem Meer widergespiegelt, färbten sie den Himmel darüber bis zum Horizont mit flammenden Farben abgestufter Grade. Man ging über das Deck wie durch einen Schreckensgarten, und in einer Ecke saß, getaucht in die rote Glut dieser brennenden Urgase, Peter Dutton und hörte Charlies Pfeifen zu, wie er es anscheinend jeden Abend eine Zeitlang tat.

Charlie aber hatte heute leider Schwierigkeiten mit seinen Pfeifen. Der steife Wind, der vom Wasser her wehte, störte sie in ihrem Spiel, und wie er sich auch drehte, die Töne kamen nicht richtig heraus. Er spielte „Auld Lang Syne“ und noch andere Weisen, die wie schottische Melodien klangen, doch es fiel ihm sehr schwer. Er stellte sich mit dem Rücken ganz gegen den Wind, was jedoch auch nichts half. Kichernd sagte er schließlich: „Hat keinen Sinn.“ Kicherte wieder und verschwand, vermutlich, um irgendwo im Innern des Schiffes weiterzuspielen, abgeschirmt und unsichtbar wie Pan.

Dutton grübelte wieder einmal, wie er es so oft tat, über den Wert seines Lebens auf See im Vergleich zu dem, was er an Land hätte tun können. Wahrscheinlich wäre er in die Sozialarbeit gegangen, der er am liebsten sein Leben gewidmet hätte. „In aller Bescheidenheit gesagt“, meinte er, „ich glaube, für diese Art Arbeit wäre ich der Richtige gewesen. Einmal als ich auf Urlaub war, hab' ich mich um eine Stelle als Sozialarbeiter beworben und bis zum Bescheid vorläufig eine Arbeit auf einer Baustelle angenommen. Es war großartig. Ich konnte den ganzen Tag mit Schaufel oder Mörteleimer werkeln. Es war, als wär' ich tausend Meilen weit weg. Ich kam mir vor, als wäre ich mein ganzes Leben Maurer gewesen. Daß ich mal Ingenieur gewesen war, das war ganz vergessen.

Na ja, aber dann kam der grausame Schicksalsschlag, als diese Frau, bei der ich mich vorstellen mußte, mir sagte, ich würde die Probleme von Eheleuten nicht verstehen, weil ich nicht verheiratet sei. Und mir Dussel ist nicht eingefallen zu sagen, daß ich ja bald heiraten werde. Unglaublich, daß mir das nicht eingefallen ist. Man hat mir gesagt, daß der andere Bewerber die Stelle bekommen würde. Als Ingenieur hatte ich ungefähr zweitausend Pfund im Jahr verdient, und in diesem Job, den ich annehmen wollte, wäre ich auf etwa zwölf Pfund zehn Shilling in der Woche gekommen. Meine Verlobte hat gearbeitet, und wenn man die Stelle kriegt, bekommt man dazu eine Sozialwohnung, womit wir über die Runde gekommen wären. Es wär' knapp geworden, aber irgendwie doch eine Berufung gewesen.

Ich bin nicht zum Ingenieur geboren. O ja, ich bin gewissenhaft, ich komme zurecht, und ich bin stark. Als neulich ein Gelenk festgehämmert werden mußte, hab' ich mir einfach einen Hammer genommen, bin runtergegangen und hab' draufgeschlagen und draufgeschlagen, bis ich nicht mehr konnte. Aber ich weiß genau, wenn mir der Himmel die Chance gäbe, daß ich Lehrer in irgend so was wie einer Jugendstrafanstalt werden könnte, dann würde ich ohne Bedauern nie mehr an eine Maschine rangehen. Ich bin gut in meinem Job, weil das immer wieder von mir verlangt wird. Aber es ist wahr, ich würde ohne jedes Bedauern nie mehr an eine Maschine rangehn.

Das einzige, was mir an dieser Arbeit hier Hoffnung und Freude gibt, ist, daß ich für die jungen Offiziere und ihre Ausbildung verantwortlich bin; daß ich was aus ihnen machen und mit ihnen reden kann. Es freut mich, daß ich anscheinend wirklich mit ihnen zurechtkomme. Aber es ist trotzdem schade, daß ich diesen Job in der Sozialarbeit nicht bekommen hab'."

Dutton war ein ausgeprägt nordenglischer Typ. Eine mächtige Statur barg ein ernstes, leidenschaftliches, doch sanftes Wesen; er war aus dem Stoff, aus dem Armeen von Missionaren im neunzehnten Jahrhundert gemacht waren. Neben seinem Bett lag immer die Bibel. Sein christlicher Glaube gab Peter Trost, wenn er auf seinen Fahrten das Elend der Welt sah und sich fragte, warum dies alles sein müsse. Jeden Abend kniete er sich neben seinem Bett nieder und betete. Ohne das Gebet sah er für sich keinen Weg durchs Leben.

Nun, in Wahrheit wisse er nur zu gut, daß er auf See bleiben werde, fuhr Dutton nach einer kurzen, nachdenklichen Pause fort, während der er schweigend den leuchtenden Himmel über uns betrachtet hatte. Es sei das beste für ihn, aber es fehle ihm das Familienleben. Auch würden seine Eltern allmählich alt und hätten ihn an ihrem Lebensabend gern noch bei sich gesehen. In Nordengland seien die Familienbindungen sehr stark. Sein Vater habe früher oft über die Stränge geschlagen und eine Vorliebe fürs Bier gehabt, aber dann sei seine Mutter krank geworden, und das habe ihn völlig verändert. Er tue alles für die alte Dame, der es wahrscheinlich gar nicht so schlecht gehe. Aber sie übertreibe wohl ein bißchen, weil sie sich gern von ihm verwöhnen lasse. Er kaufe beim Krämer ein, koche das Essen und lese ihr jeden Wunsch von den Augen ab. Und natürlich fehle ihm, Peter, seine Frau. Er könne gar nicht sagen, wie sehr. Er hatte wie alle anderen ein breites Doppelbett in seiner Kabine, schlief aber darin nicht gern. Ein Doppelbett sei schlimm, wenn man allein darin liege, und mache einen nur melancholisch. Deshalb schlief er während der ganzen Fahrt auf dem Sofa. Er setzte sich gegen die Lehne, schloß die Augen und blieb in dieser Stellung, bis er am nächsten Morgen aufwachte.

Wir verließen Hallul während der Nacht, und nachdem wir den ganzen nächsten Tag den Golf hinaufgefahren waren, trafen wir im Morgengrauen vor der Ladeplattform von Mina al-Ahmadi ein. Ringsum auf dem Meer lagen Tanker, als hätten sie sich für einen riesigen Geleitzug versammelt.

Alle möglichen Formen, Größen und Altersklassen waren vertreten, besonders aber VLCCs und Supertanker der letzten Generationen. Ihre Nationalität war im Hitzedunst nicht festzustellen, und man sah praktisch nichts von der Küste, die neun Meilen entfernt lag, bis auf ein paar grellweiße Flecke, weißer als der Dunst: der Wüstenstrand.

Die Plattform war eine große künstliche Insel, an der zugleich zwei VLCCs oder vier kleinere Schiffe abgefertigt werden konnten. Das Wasser ringsum und, so weit man sehen konnte, in der dunstverschleierten Bucht von Kuwait war glatt und schimmerte ölig. Ölflecke zierten dicht wie Konfetti die Oberfläche des schläfrig-verdrossenen Meeres. Am Liegeplatz gegenüber hatte ein großer Onassis-Tanker, die *Olympic Adventurer*, festgemacht. Ihre kühlen, weißen Bordwände und grüngestrichenen Decks schienen die Luft zu kühlen und zu reinigen, und auf ihnen bewegten sich Männer aus Mittelmeerländern mit ihrer vollendeten Mischung aus Energie und Entspanntheit: vollkommene Beweglichkeit, wenn sie genau die gleichen Arbeiten verrichteten wie wir, und vollkommene Entspanntheit in der Haltung, wenn sie nichts taten. Alle betrachteten das andere Schiff mit großem Interesse, und jemand sagte, wie angenehm es sein müsse, wenn man auf dem Schiff grüne Decks habe wie der Grieche; so erfrischend auf der breiten, kahlen Fläche des Hauptdecks – wie Gras.

Die zunehmende Hitze trieb jedoch allmählich alle ins Innere, und die Luftfeuchtigkeit zog einen Dunstvorhang zwischen die beiden Schiffe. Im gesamten Wohnbereich roch es immer stärker nach Gas, und geraucht werden durfte nur in der Offiziersmesse,

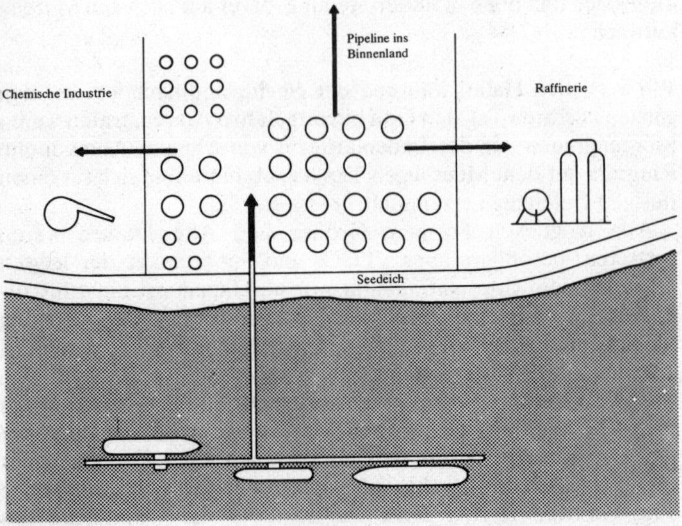

Rohöl-Tanklager mit angrenzenden Industrien. An der ins Meer hinausragenden Pier werden die Tanker an den Ölüberwachungsstationen gelöscht.

nicht einmal in den Kabinen. Die Teppiche waren mit Tüchern belegt, um sie vor öligen Fußabdrücken zu schützen, und die Decks wurden staubig vom Sand, den der Wind aus der Wüste herauswehte.

Auf einem Supertanker ist der Ladevorgang ein unsichtbares und weitgehend automatisiertes Geschäft. Der ganze Kreislauf hat etwas Unaufhörliches. Alan Ewart-James sagte dazu: „Das Öl wird vom Bohrturm in Tanks geleitet, dann kommt es von der Küste in Rohren unter dem Meer direkt in die Tanks des Schiffes, von wo es schließlich in Lagertanks gepumpt wird, später in die Raffinerien geht und zuletzt durch einen Schlauch in den Benzintank eines Autos, ohne daß irgend jemand es berührt oder zu sehen bekommt."

Die Automatisierung bringt es mit sich, daß auch jede Arbeit, die noch bleibt, unsichtbar und jedem Handgriff entzogen ist. Ein japanischer VLCC, der vor uns an der Insel Hallul festgemacht hatte, war beladen worden, ohne daß jemand einen Finger rührte. Der Erste Offizier hatte das Ladeprogramm erarbeitet und in den Computer gefüttert, der sämtliche notwendigen Ventile zur rechten Zeit öffnete und schloß, das Ballastwasser aus den Tanks pumpte, bevor der Ladevorgang begann, und den Abstand zwischen dem Niveau des einströmenden Öls und der Tankdecke maß, eine wichtige und Präzision erfordernde Aufgabe, da wegen der Ausdehnung des Öls in den Tropen genügend Raum bleiben muß.

Die *Ardshiel* war längst nicht im gleichen Grad automatisiert, aber Ewart-James, der in seinem Kontrollraum stand und die Konsolen mit den Skalen und Meßgeräten ringsum überblickte, steuerte ganz allein per Druckknopf den Ölzustrom. „Es ist wie in einem Güterbahnhof", sagte er und wies auf das Steuerpult mit dem Funktionsschema des Leitungssystems an Bord. Rote und grüne Lämpchen glühten an verschiedenen Stellen des Leitungsschemas. „Von seinem Stellwerk hat der Rangiermeister alle seine Züge im Blick, die auf den verschiedenen Gleisen rollen, und ich stehe hier und stelle mir vor, wie das Öl durch die verschiedenen Rohre fließt. Optisch hab' ich dadurch die Sache völlig in der Hand. Ein rotes Lämpchen heißt, daß ein Ventil geöffnet, ein grünes, daß es geschlossen ist. Andere Pulte sagen mir, ob eine Pumpe arbeitet, wie hoch ihre Saughöhe, ihre Arbeitsgeschwindigkeit ist und so weiter. Ich kann sie langsamer oder schneller stellen, wie es notwendig ist." Sogenannte Whessoe-Anzeiger zeigten die Füllhöhe in den verschiedenen Tanks an, die bis zu achtundneunzig Prozent ihres Fassungsvermögens gefüllt wurden. Theoretisch kann keiner der Tanks beim Füllen überlaufen. Das Ladeventil schließt sich automatisch, wenn die 98-Prozent-Marke erreicht ist. Bei diesem Stand sollte der Ölspiegel sechs Fuß und achteinhalb Zoll unter dem Deck liegen, aber voller Mißtrauen gegen die Automatik, die die Tanks füllte und den Ölspiegel kontrollierte, gingen die Offiziere auf dem Deck von Tank zu Tank und prüften noch einmal genau mit einem altmodischen Meßstab die Füllhöhe nach.

Das Öl strömte durch zwei Leitungssysteme ins Schiff, von denen jedes zwei Verteiler, sogenannte Manifolds, auf dem Hauptdeck hatte. Für das Öl von Hallul hatte man das eine System benutzt, und nun in Mina wurde das zweite verwendet, mit einem Durchsatz von 7800 Tonnen pro Minute. Wenn beide Systeme zugleich in Aktion waren, konnte die *Ardshiel* technisch etwa 20 000 Tonnen Öl stündlich an Bord nehmen, mehr als das Fassungsvermögen der größten Tanker am Ende des Zweiten Weltkriegs.

Harry Long und David Owen sollten uns verlassen. Am Abend vorher hatte es eine Abschiedsparty gegeben, aber der Abschied selbst fiel steif aus. Leider war es kurz vor der Ankunft in Mina noch einmal zu einer Reiberei zwischen Long und Thomson gekommen. Long war bei Tagesanbruch durch Fußschmerzen aufgewacht, hatte die Brücke angerufen und Thomson, der ans Telefon kam, ersucht, „Alan" möchte kurz zu ihm herunterkommen und seinen Arzneikasten mitbringen. Wenn Mr. Long den Ersten Offizier meine, antwortete Thomson, müsse er ihm leider mitteilen, daß dies die Wache des Ersten Offiziers sei und er, während er im Dienst war, keine Zeit habe, sich um Nicht-Besatzungsmitglieder in ihren Kabinen zu kümmern. Ob ihm dann, fragte Long, nicht die Schlüssel zur Bordapotheke hinuntergeschickt werden könnten. Er werde dann selbst hingehen. „Auf meinem Schiff, Mr. Long", antwortete Thomson in gemessenem Ton, „erlaube ich nicht, daß jeder Tom, Dick und Harry* die Schlüssel bekommt!"

Ich selbst hatte den Auftrag erhalten, die Kisten mit den Filmen an Land zu begleiten und dort unter den neuen Filmen die besten auszusuchen. Die lange, langsame Fahrt durch die dunstige, mit Öllachen bedeckte Bucht von Kuwait endete an einem stählernen Kai und einem Gebäude, das früher von der NAAFI betrieben wurde. Es war ein barackenartiger Komplex aus Restaurant, Lesesaal, Kino und Läden. Die einzigen Gäste waren fünf Seeleute von einem englischen Tanker, von denen einer nach dem Schiff fragte, von dem wir kamen.

* Wortspiel: „Tom, Dick und Harry" bedeutet etwa: jeder hergelaufene Kerl; Harry ist auch der Vorname von Kapitän Long.

„*Ardshiel.*“
„Britisch?“
„Ja.“
„Habt ihr ein paar Messer und Gabeln übrig?“
„Keine Ahnung.“
„Habt ihr eine Mannschaftsbar?“
„Nein, die Mannschaftsmitglieder sind Moslems. Sie trinken keinen Alkohol.“
„Mit euch ist nicht viel anzufangen.“

„Mit euch ist eben nicht viel anzufangen“, wiederholte Basil Thomson, als er in die Offiziersmesse kam, um zu sehen, welche Filme wir mitgebracht hatten. Die allgemeine Auswahl bei der NAAFI war mager gewesen, aber die drei Kisten, mit denen wir zurückgekommen waren, enthielten *Paint Your Wagon* und *Far from the Madding Crowd*, wie uns schien, das Beste, was es gab. Thomson war der einzige an Bord, der beide Filme schon gesehen hatte. „Ich hätte mir denken können“, raunzte er, „daß ihr Quatsch macht.“

Am nächsten Nachmittag um 4.15 Uhr legten wir ab; eine Viertelstunde später war der Terminal im Dunst verschwunden. Aber es war ohnehin kein Ort gewesen, der der Erinnerung wert war.

Für die Seeleute, deren Dienst heute darin besteht, zum Golf und zurück zu fahren, bleibt – und so wird es auch in Zukunft sein – nicht die Erinnerung an einen Ort, sondern nur der Name; oder vielmehr eine Reihe von Namen, nämlich der verschiedenen Terminals, an denen die Schiffe laden: Mina, Hallul, Kharg, Abadan und so weiter. Es sind Fahrten, die keine Erinnerung an das feste Land hinterlassen. Früher war die Erinnerung des Seemanns von seinen Schiffen und den Häfen bestimmt, die sie anliefen, und diese waren immer eine Bereicherung für jene. Die Besuche in den Häfen förderten die Bindungen außerhalb der eng umschriebenen Beziehungen auf dem Schiff selbst; Freundschaften auf See halten nur selten lang, wenn sie sich überhaupt entwickeln. Aber ein Landgang brachte wenigstens Saufereien und Streifzüge, die gemeinsame Erinnerungen schufen, anders als die gesichtslosen Monate auf See.

Tanker aber kommen nirgendwo an. Nach einer Fahrt, die einen vollen Monat dauerte, legten wir an einem Terminal vor einer trostlosen und unerreichbaren Insel an. Die Insel Hallul war, abgesehen von den Quoin-Inseln, das einzige, was wir im Golf an Landschaft erlebten. Alle hörten aufmerksam zu, als einer der Hallul-Lotsen von hübschen Buchten mit feinem Sand und prachtvollen Muscheln erzählte. Es war, als spräche er von einem herrlichen Atoll im Pazifik, so verlockend erschien in seiner armseligen Schilderung dieser kahle, sonnenverbrannte Klumpen Erde.

Nach Hallul kam es noch schlimmer: der schwarz gestrichene Stahl der Ladeplattform in Mina, von Sandstaub bedeckt, vor Hitze Blasen werfend und neun Meilen weit im Meer; nur noch ein zweites Schiff und seine Besatzung zum Anschauen. Als ich mit den Filmen zurückgekommen war, fragten mich die anderen: „Wie war's denn an Land? Haben Sie was gesehen?" Und es klang wie eine zage Hoffnung, daß es dort auch etwas gegeben habe, was die Sehnsucht erfüllte, wie feinen Sand und Muscheln. Und was sie stellvertretend berühren konnten.

Distanz und Wesenlosigkeit, sie haben von allem Besitz ergriffen, womit der Tankerseemann zu tun hat, und es wurde mit echtem Entsetzen aufgenommen, als zu Beginn der Rückfahrt in der Offiziersmesse jemand erwähnte, daß auch Liverpool einen Offshore-Terminal bekommen werde. „Könnt ihr euch vorstellen, wie das sein wird?" fragte Harvey Phillips. „Daß man den englischen Nebel riecht und daß man nicht rüber kann, über die paar Meilen Wasser, um in einen Pub zu gehn und sich ein Glas Bitterbier zu genehmigen?"

Nun, da sie beladen war, hatte die *Ardshiel* eine majestätische Gelassenheit. Der Propeller war tief unter dem Wasser begraben, und kein Zittern, kein Hauch von Vibration störte die Ruhe, mit der das Schiff dahinglitt – so ruhig, daß ich nach der Abfahrt von Mina mehrmals nach oben ging, weil ich glaubte, wir hätten gestoppt. Die See war nun dem Deck näher, und später würden wir diese Nähe zweifellos als angenehm empfinden, nicht aber im Golf, in dem es von Seeschlangen wimmelt. Das eklige Gewürm ist lang, gelb und dick wie Königskobras und ebenso tödlich. In solchen

Massen schwimmen die Schlangen auf der Oberfläche, daß man alle paar Sekunden eine von ihnen sah.

Als vor ein paar Jahren der englische Liniendampfer *Dara* im Golf in Brand geriet und sank, fanden manche Passagiere, die von den brennenden Decks ins Wasser sprangen, durch diese gräßlichen Nattern den Tod.

Wir umrundeten Ras al Hadd, und der Monsun blies stark, beständig und warm. Über dem Bug hing der Gischt in der Luft wie ein nicht enden wollender Gewitterregen, und gewissermaßen als Festschmuck wölbten sich bunte Regenbogen über dem Schiff. Es schien, als würden wir in einer leuchtenden, vielfarbenen Wolke nach Hause fahren. Die Brechung war derart intensiv, daß die Luft mit ihrem feuchten, tropischen Licht um uns mit kleinen Spektren durchsprenkelt war, die wie bunte Staubkörner dahinsegelten und täglich dichter wurden, während wir tiefer in den Monsun hineinfuhren. Selbst nachts brachte der Wind ein seltsames Leuchten; während wir durch die Dunkelheit fuhren, erschien unmittelbar vor dem Bug ein weißer Strand, auf dem sich wie ein Flutlicht die Brandung brach, und ein paar Augenblicke später stieß die *Ardshiel* hinein, in eine weiche, fahl brennende See, wie mondbeschienen, nur daß weder der Mond noch andere Gestirne zu sehen waren. Es lag eine geisterhaft unerklärliche Helligkeit auf dem Wasser, die von unten herauf zu kommen schien. Wir waren in eine „weiße See" gefahren, ein Naturphänomen, das dem Arabischen Meer und auch dem nördlichen Indischen Ozean eigentümlich ist.

Das Meer war nur dort dunkel, wo das Schiff es zerteilte, und der Gischt selbst stand als eine kleine schwarze Wolke vor der glänzenden Wasserfläche, die sich vor dem Bug dehnte. Am Morgen leuchteten die Decks blendend hell, als hätten sie etwas von diesem Licht bewahrt, aber es war das Salz der Gischtlachen, aus denen das Wasser verdampft war. Schwarze Fußabdrücke markierten Pfade durch das getrocknete Salz wie Spuren im ersten Schnee des Winters.

Wenn man diese Helligkeit als etwas Festliches empfand, so spiegelte sich darin vielleicht die gehobene Stimmung auf dem Schiff selbst. Denn nun hatte die letzte Etappe begonnen, die Heimfahrt, die für die meisten wirklich eine Heimkehr bedeutete, nicht eine Umkehr zu einer neuerlichen Fahrt zum Golf und zurück. Die Lampen in der Offiziersmesse brannten abends länger als sonst, und oft war Gesang zu hören, meistens Lieder aus *Paint Your Wagon.* Man hatte die Musik aus dem Film auf Tonband aufgenommen, und nun erschallte sie pausenlos überall auf dem Schiff in ohrenbetäubender Lautstärke. In der Messe war sie zu hören, aus den Kabinen und am Swimming-pool; im Bordkino lief der Film anscheinend ständig. Er hatte eine latente Stimmung getroffen, die sich zu einem natürlichen Crescendo bei der Nummer „There's a Coach Comin' In" steigerte, die die Freude an einer bevorstehenden Ankunft so anschaulich ausdrückt. Sie drängten sich in der Mitte der Offiziersmesse zu einem improvisierten Square-Tanz oder etwas Ähnlichem zusammen, brüllten die Worte mit, schaukelten, drehten sich und machten Luftsprünge. „Ich könnte ganze Telefonbücher zerreißen", sagte Ewart-James und schien damit die allgemeine Stimmung auszudrücken.

„Ja", sagte Basil Thomson mit segnender Milde, „jetzt, da Harry Long und sein Kumpan fort sind, können wir uns wieder entspannen."

„Nun ja", sagte Graham Chalmers, „leben und leben lassen."

„Wie? Wie meinen Sie das?" fragte Thomson.

„Ich fühl' mich glücklich, Herr Kapitän", antwortete Chalmers schlicht und erbot sich, ihm einen Drink zu spendieren.

„Nun, vielen Dank, junger Mann", sagte Thomson. „Ein Riegel Marsschokolade wäre mir lieber." Chalmers brachte den Riegel Schokolade auf einem silbernen Serviertablett und sagte: „Zum Wohl, Herr Kapitän." Thomson erwiderte: „Zum Wohl, Gott mit Ihnen, mein Junge." Und Chalmers schloß sich dem Tanz an, der wieder begonnen hatte.

Im Monsun verloren wir unser einziges Maskottchen, eine Taube, die in Le Verdon zugeflogen und während der ganzen Fahrt bis zum Golf auf dem Schiff geblieben war. Sie war jeden Tag an der Tür der Kombüse erschienen, um ihr Essen in Empfang zu nehmen, und hatte im Golf einen Kameraden mit an Bord gebracht. Aber die Winde waren für die beiden Vögel zuviel gewesen, und wir sahen sie nie wieder. Soweit ich feststellen konnte, war vorher noch nie ein Tier auf der *Ardshiel* gewesen.

Manche Tanker führen zwar Maskottchen mit, doch auf Schiffen wie der *Ardshiel* wechselte die Besatzung zu häufig, und das Fehlen von Tieren macht die Atmosphäre noch etwas kälter. Es war undenkbar, daß, wie auf Schiffen vergangener Zeiten, Generationen von Tieren das Fahrzeug zu ihrer Behausung machen könnten. Als die *Aquitania* 1950 verschrottet wurde, brachte man Katzen an Land, deren Vorfahren 1914 an Bord gekommen waren, als das Schiff in Dienst gestellt wurde.

Die *Ardshiel* fuhr wieder in die Tropenzone, ließ sie hinter sich und dampfte in den südlichen Winter. Durban mit seinen nur schwach erkennbaren Hochhäusern glitt vorüber, Sonnenaufgang und -untergang wechselten auf die andere Seite des Schiffes, als wir das Kap der Guten Hoffnung umrundeten und mit Kurs auf Europa durch den Atlantik fuhren. Die Männer an Bord begannen die letzten Schritte nach Hause zu zählen, manche nüchterner als die anderen. „Sobald man die Fahrt nach Hause und die ganze Aufregung der Vorfreude hinter sich hat", sagte Dave Haydon, „ist plötzlich die ganze Spannung weg, wenn man vor der Haustür steht.

Man hat sich in was reingesteigert, was eigentlich gar nicht da ist. Das einzige ist meine Frau, für sie ist das ja eine aufregende Sache, daß ich wieder zu Hause bin, aber ich brauche, um ehrlich zu sein, ungefähr vierzehn Tage, um mich daran zu gewöhnen, daß ich wieder bei ihr bin. Man kommt heim in die Welt einer Frau, und deshalb fühlt man sich ein bißchen wie ein Fremder. Ein bißchen wie ein Ausgestoßener, der nicht dazugehört. Weil's zu Hause so aussieht, wie sie es haben will, mit ihren Sachen; nach einiger Zeit hat das Haus eine ausgesprochen weibliche Atmosphäre. Weil sie die ganze Zeit da ist, das ist ja ganz natürlich. Die eigenen Sachen sind weggeräumt.

Ich will nicht sagen, daß es Absicht ist, aber man muß sie suchen gehn oder danach fragen. Sie sind in einer Schachtel verstaut und in einen Schrank gesperrt worden, und man muß sie wieder rausholen, damit man ungefähr das Gefühl hat, man ist wirklich daheim. Aber wenn man auf irgendwas Lust hat, dann ist es halt da. Eine der liebsten Sachen ist mir, wenn ich zum Kühlschrank gehe, eine Flasche frische Milch rausnehme und ein Glas trinke. Auf solche Dinge kommt's schließlich an."

„Ich kenne jeden Schritt, wenn's nach Hause geht", sagte Peter Dutton. „Das Flugzeug geht in Newcastle runter, und ich nehme mir ein Taxi, aber es pressiert mir nicht besonders, nach Hause zu kommen. Ich sag' zum Fahrer, er soll sich Zeit lassen, schau' mir all die altbekannten Sachen an und sauge alles ein. Und alles läuft immer genau wie beim letzten Mal ab: Man fährt die Straße lang, biegt in die eigene ein, sieht die Nachbarn und die Kinder. Es sind die gleichen Kinder, nur eben fünfzehn Zentimeter gewachsen. Man schaut sich um, und sie deuten auf einen, und die Frauen, die gerade ihre Fenster putzen, die drehn sich her. Sieh an, Jolly Jack ist wieder zu Hause, scheinen sie zu sagen. Wenn wir vor unserem Haus angekommen sind, steig' ich gemütlich aus dem Taxi, es eilt mir nicht, weil alles so hübsch ist. Und es spielt sich immer gleich ab: In unserer Haustür ist Glas, eine Mattglastür, und ich steh' neben der Tür und kann das Licht aus der Küche hinten sehen. Ich seh' meine Frau, wie sie auf die Tür zukommt, und sie rennt beinahe; sie hat die Schürze um. So wird's sein, so wie ich's sage, wird's sein, und nur noch zwei Wochen. Sie hat was Hübsches an, und sie ist so nett, wie sie nur sein kann, und sie kommt auf mich zu, kommt durch den Flur gelaufen."

Ich verließ das Schiff nicht in Tarent, sondern in Las Palmas. Südlich der Kanarischen Inseln hatte die *Ardshiel* von ihrer Reederei die Anweisung erhalten, Las Palmas anzusteuern, um dort zwei japanische Techniker an Bord zu nehmen, die auf der Fahrt nach Tarent verschiedene Schwierigkeiten untersuchen sollten, die im Maschinenraum aufgetreten waren. Es war eine günstige Gelegenheit, meine eigene Reise um fast eine Woche abzukürzen. Ich holte bei den verschiedenen zuständigen Stellen die Erlaubnis ein, an Land gehen zu dürfen, und sah mich zu meiner Überraschung schließlich vor dem Ende meines Abenteuers.

Zuerst muß gesagt werden, es erschien mir nun als eine gewisse Unfairneß, daß ich das ganze Drama der Supertanker in den Rahmen meiner Fahrt auf der *Ardshiel* gestellt hatte. Man würde die Schwächen und Mängel der Gattung auch auf sie übertragen, und darunter würde sie in einem gewissen Grad zu leiden haben, während doch, zumindest was Sicherheit, Navigation und das Wohl der Besatzung betrifft, das Niveau auf diesem Schiff erstrangig war. Schließlich war die *Ardshiel* praktisch ein Flaggschiff in der Flotte der größten, stolzesten und traditionsbewußtesten englischen Reederei. Ihr Kapitän war, der Tradition bei der P & O gemäß, ein hervorragender Seemann, und er führte sein Schiff nach älteren Maßstäben, ohne Rücksicht darauf, ob ihn dies beliebt macht oder nicht. Das aber ist das Entscheidende, denn nur erstrangige Seemannskunst und Gewissenhaftigkeit werden uns helfen, die Meere zu retten, nicht Umgänglichkeit und ein geschliffenes Wesen.

Wenn jeder Tanker, der unter einer der Billigflaggen fährt, einen Basil Thomson als Kapitän hätte, hätten wir vielleicht nicht so viel Grund zur Besorgnis, abgesehen natürlich von der Konstruktion der Schiffe selbst, und in dieser Hinsicht lieferte auch die *Ardshiel* berechtigten Anlaß zur Beunruhigung.

Sie war absolut typisch für ihre Generation und Schiffsklasse – die erste Generation der 200 000-Tonner –, und sie war sogar zweifellos besser als die meisten, dank der großen Sorgfalt, welche die Reederei auf das Schiff verwandte, dem Luxus, mit dem die Besatzung verwöhnt wurde, und dem strengen Sicherheitsstandard. Aber trotz der prachtvollen Wohnräume, der Annehmlichkeiten des Bordlebens und der Qualität der Männer, die das Schiff führten, mußte jeder ständig seine geistigen und körperlichen Fähigkeiten einsetzen, um es in Form zu halten. Wie sieht es da bei anderen Tankern aus, mit einer schlechteren Schiffsführung und einem weniger anspruchsvollen Standard?

Zumindest in einer Hinsicht löste die Fahrt in mir eine Betroffenheit aus, die ich keinesfalls erwarten konnte, und zwar wegen der breiten Skala von schrecklichen Vorfällen, die an Bord erzählt wurden, aber mit unserer eigenen Reise nichts zu tun hatten. Ich meine Erzählungen, wie die Geschichte von dem Kapitän, der im Ärmelkanal einen Kurs verlangte, der zu einer katastrophalen Kollision hätte führen können, oder den Vorfall von Ceylon, als gleich mehrere Tanker Defekte erlitten, und Peter Duttons verschiedene Schilderungen von Notsituationen und Schadensfällen, um nur ein paar zu nennen. Wenn man dazu nur eine einzige Episode aus der zurückliegenden Fahrt der *Ardshiel* rechnete, den Beinahe-Zusammenstoß mit dem englischen Frachter im Indischen Ozean, und dann noch die zahlreichen Tankerunfälle und -desaster, die sich im Zeitraum unserer Fahrt längs unserer Route ereigneten – die Havarie der *Simfonia* und der *World Miracle,* die Schäden, die auf der *Texaco Venezuela,* der *Grafton,* der *Blyth Adventurer,* der *Moster* und der *Globtik Mercury* auftraten, und der Untergang der *Alkis* im Südmeer –, dann mußte man sich sagen: Wenn schon in einer so kurzen Periode und einem so begrenzten Seegebiet so viel geschehen kann, wie sieht dann in jedem beliebigen Augenblick die Summe solcher Defekte und Fehler auf den gesamten Meeren der Welt aus? Wie man es auch betrachtete, man begegnete katastrophalen Mißständen und Mängeln auf allen Ebenen im Bereich der Schiffe und ihrer Führung und sah nur eine geringe Hoffnung, daß sich diese Situation bessern werde, zuallerletzt, was die Flotten unter den billigen Flaggen betrifft.

Abgesehen von ihren ständigen Fehlern, Verstößen und kriminellen Handlungen hat sich der Einfluß der in Billigflaggen-Ländern beheimateten Flotten in dreierlei Hinsicht besonders bemerkbar gemacht. Sie haben durch ihre lässige Normeneinhaltung selbst auf den modernsten Schiffen eine Atmosphäre der Gleichgültigkeit gegenüber dem Schiff und der See und ihrem Verhalten gefördert, deren Auswirkungen sich weithin bemerkbar machen. Vor allem ist ein Schlag von Seeleuten entstanden, der schon bald die stärkste Gruppe bilden dürfte und zu Schiffen und zur See eine Einstellung hat, die ganz von den Fahrzeugen bestimmt ist, auf denen sie gelernt und gedient haben. Sie haben die „Beglaubigungspapiere" des Seemannsberufs in Mißkredit gebracht, indem sie sie durch minimale Anforderungen oder gegen eine bescheidene Gebühr leicht erreichbar machen oder überhaupt nicht verlangen. Sie entziehen sich dem Zwang, Rechenschaft abzulegen, und haben damit die Herrschaft des Rechts auf See praktisch suspendiert und dem ältesten Begriff internationaler Zusammenarbeit und Verantwortlichkeit in der Welt Schaden zugefügt.

Die besten Vorschriften sind keine Garantie gegen Unfälle, aber sie fördern ein Klima der Wachsamkeit und des Verantwortungsgefühls, und das Verantwortungsgefühl wird wiederum dadurch gestärkt, daß man gegebenenfalls Rechenschaft ablegen muß.

Jeder englische, amerikanische oder skandinavische Kapitän weiß, daß er für seine Irrtümer, wenn sie zu einem Unglücksfall geführt haben, vor einer amtlichen Untersuchungskommission Rede und Antwort zu stehen hat. Er weiß, daß es ihn sein Patent kosten oder ihn mit einem dauernden Makel belegen könnte, aber er weiß auch, daß man unvoreingenommen und unbestechlich über seinen Fall verhandeln wird.

1971 gab die Regierung Liberias bekannt, sie werde ein eigenes Schiffsbesichtigungs- und -inspektionsamt einrichten, das alle Schiffe zu prüfen habe, die unter liberianischer Flagge fahren. Dies war die erste praktische Geste dieses Landes, daß es sich den strengen Maßstäben anzupassen gedenke, die in der Handelsmarine Amerikas, Englands, Japans und der meisten europäischen Staaten für Sicherheit, Wartung, Ausbildung der Besatzung, Verleihung von Offizierspatenten und Arbeits- und Lebensbedingungen gelten.

Welche Auswirkungen dieser Schritt haben wird, bleibt noch abzuwarten. Aber ein Jahr nach dieser Ankündigung stieß ein liberianischer Tanker, die *Tien Chee,* in der La-Plata-Mündung mit dem englischen Frachter *Royston Grange* zusammen, der in einem riesigen Feuersturm verbrannte, ähnlich dem, der beim Brand der *Polycommander* die spanischen Städte Panjón und Bayona mit einem schwarzen Regen überschüttet hatte. Durch die Kollission der *Tien Chee* mit der *Royston Grange* kamen einundachtzig Menschen ums Leben, und wegen der vielen Toten konnten die Umstände des Unglücks nicht vollständig geklärt werden. Die Untersuchung ergab jedoch unter anderem, daß drei Offiziere der *Tien Chee,* unter ihnen der Dritte Offizier, kein Patent gehabt hatten. Die verschärften Bestimmungen in Liberia hatten den Tanker offensichtlich noch nicht eingeholt.

Diese Situation wird zusehends beunruhigender, da die Flotten Liberias und anderer Billigflaggen in anhaltendem Wachstum begriffen sind. Mittlerweile haben auch die Japaner, die derzeit die größte Handelsflotte der Welt besitzen, begonnen, ihre Schiffe unter liberianischer Flagge fahren zu lassen, und zwar mit der gleichen Begründung wie die Amerikaner. Angesichts dieses Phänomens wird es dringend erforderlich, eine internationale Behörde zu schaffen, vor der solche Schiffe Rechenschaft ablegen müssen. Zwar hat die Zwischenstaatliche Beratende Schiffsorganisation IMCO, das einzige internationale Gremium der Gegenwart, das sich mit Fragen des Seeverkehrs befaßt, eine gewisse Kontrollbefugnis. Doch die Jurisdiktion in Schiffahrtsangelegenheiten liegt nach wie vor in der Zuständigkeit der einzelnen Staaten, und dies nützt so gut wie nichts, was unsere Befürchtungen über den heutigen und künftigen Zustand der Meere betrifft. Daran wird sich höchstens dann etwas ändern, wenn die Welt einheitliche Strafvorschriften und den gemeinsamen Willen und die *Möglichkeit* besitzt, sie anzuwenden, was im Fall der Billigflaggen-Staaten kaum ernsthaft anzunehmen ist.

Es ist völlig unmöglich, sich irgendeine wirklich schlagkräftige internationale Behörde vorzustellen, die in der nahen oder absehbaren Zukunft die Mittel, die Organisation und die Exekutivvollmacht hätte, die Meere zu kontrollieren. Dies wäre vielleicht nicht so schlimm, bestünde nicht die Hälfte der Welttonnage aus Tankern – und unglücklicherweise kommen nun zu den Tankern noch andere Gefahrenträger.

Die Risiken, Gefahren und das Unheil mit seinen gesellschaftlichen Auswirkungen und Folgen für die Umwelt, welche die Tanker den Meeren gebracht haben, werden nun noch durch die Schiffe vergrößert, die giftige Substanzen und Flüssiggase verschiedener Art transportieren.

Diese Schiffe werden zusehends größer. In einem Artikel in der Zeitschrift *Safety at Sea International* befaßte sich Kapitän W. L. D. Bayley, redaktioneller Berater der Publikation, mit dem ganzen Spektrum chemischer und schädlicher Stoffe, die heute über See befördert werden, und schrieb dazu:

„Nach einer Untersuchung der Markenbezeichnungen und der chemischen Substanzen unter verschiedenen Namen wurde festgestellt, daß 250 verschiedene Arten, von achtzig englischen und zehn ausländischen Herstellern produziert, als Bulkladung über See transportiert werden. Die wahrhaft gewaltige Arbeit, Daten über diese Chemikalien zu sammeln, wurde zuweilen durch die mangelnde Auskunftbereitschaft von Herstellern erschwert und erbrachte schließlich 230 Datenbogen. Worum es sich bei den zwanzig nicht in der Liste enthaltenen Horrorsubstanzen handelt, läßt sich nur ahnen und muß künftigen gesetzgeberischen Maßnahmen auf internationaler Ebene, die ich aufrichtig erhoffe, überlassen bleiben."

Es gibt jedoch, wie Bayley selbst ausführt, gegenwärtig keine internationalen Vorschriften, die die Verschmutzung des Meeres durch schädliche Substanzen außer Öl verbieten, obwohl diese Frage von der IMCO angeschnitten wurde.

Flüssigkeits- und Flüssiggastanker waren früher kleine Schiffe, zumeist in der 500- bis 1000-BRT-Klasse, inzwischen haben sie sich jedoch bereits auf 24 000 t vergrößert. Die Ladung, die sie befördern, reicht in ihrer Gefährlichkeit von leicht entzündlichen Stoffen bis zu Produkten, die bei der Berührung und beim Einatmen hochgradig toxisch wirken. Chemikalien zum Entlauben des vietnamesischen Dschungels wurden in solchen Fahrzeugen befördert. Im Februar 1971 explodierte ein amerikanischer Chemikalien-Transporter, die *V. A. Fogg,* 21 000 t, auf See; das Schiff wurde in Trümmer zerrissen auf dem Meeresgrund gefunden. Die Unkenntnis über die vollen Auswirkungen von Öl, das ins Meer abgelassen wird, ist wahrhaft lächerlich im Vergleich zu unserem nicht vorhandenen Wissen, was solche Chemikalien anrichten können, wenn sie in eine der großen Meeresströmungen wie etwa den Golfstrom gelangen – ja, wenn sie überhaupt *irgendwo* ins Meer geraten. Auf einem Seeschiffahrts-Symposium in Liverpool, das sich mit der Behandlung von Schadstoffen befaßte und an dem Kapitän Bayley teilnahm, wurde zugegeben, daß es keinerlei gesetzliche Vorschriften gebe, die Chemikalien-Transporter davon abhalten können, ihre Tankrückstände ins Meer abzulassen, was sie bei der Tanksäuberung zweifellos tun. „Offensichtlich bleibt noch viel zu tun", schrieb Bayley. „Lotsen und Hafenbehörden tragen eine hohe Verantwortung für die gefahrlose Bewegung der Chemikalien-Transporter. Soll der gesamte übrige Verkehr angehalten werden, wenn ein solches Fahrzeug sich bei verminderter Sicht innerhalb des Hafenbereichs bewegt? Oder auch sonst? Oder, fragt Kapitän Bayley, sollte man der Sicherheit den Vorrang geben und die Frage stellen, ob es nicht besser wäre, den Seetransport dieser Chemikalien überhaupt zu verbieten?

Es sind jedoch die Flüssiggastanker, die seit dem Erscheinen des Supertankers die gefahrenträchtigste aller gefährlichen Entwicklungen symbolisieren. Das Erdgas stellt ein Drittel der Kohlenwasserstoffreserven der Welt und entwickelt sich gegenwärtig rasch zu einem wichtigen Brennstoff. In den Vereinigten Staaten, auf die sechzig Prozent des Weltverbrauchs entfallen, hat man früher das gesamte Gas direkt von der Quelle in ein Verteilungsnetz geleitet.

Infolge des kostspieligen und schwierigen Transports wurde in abgelegenen Gegenden der Welt wie im Nahen Osten und auf Borneo das Erdgas einfach an der Quelle abgefackelt. Auf diese Weise wird in Kuwait jährlich so viel Gas verbrannt, wie in England verbraucht wird. Die Energiekrise hat jedoch die Einstellung gegenüber solcher Verschwendung begreiflicherweise verändert; heute lohnen sich die gewaltigen Kosten für den Bau von Schiffen, auf denen das Gas in verflüssigter Form transportiert wird. Die Flüssiggastanker sind, abgesehen von Kriegsschiffen, die teuersten Seefahrzeuge der Welt und kosten pro Einheit zwischen achtzig und hundert Millionen Dollar. Ihr Fassungsvermögen ist gewaltig: 75 000 Kubikmeter Flüssiggas, das sich, wenn es wieder in den gasförmigen Zustand überführt wird, zum sechshundertfachen Volumen ausdehnt.

Vor noch nicht einem Jahrzehnt gab es nur zwei solche Schiffe auf den Meeren; heute hat der Weltbestand zwar noch keine dreißig Schiffe erreicht, aber man rechnet damit, daß bis 1985 200 bis 250 in Dienst gestellt sein werden, von denen jedes so viel Energie wie ein Öltanker von 250 000 bis 300 000 Tonnen befördern kann.

Das Gas wird von den Feldern durch Röhren zu einer Gefrieranlage geleitet und dort verflüssigt. Diese Flüssigkeit strömt dann in die Schiffstanks, wo sie auf einer konstanten Temperatur von minus 160 Grad Celsius gehalten wird. Das Flüssiggas ist, wie die Erfahrung gezeigt hat, so kalt, daß schon der kleinste Tropfen genügt, um das Metall eines Schiffsdecks so spröde zu machen, daß es bricht. Deshalb sind die Kontrolltechniken so gründlich, daß man im Röhrensystem sogar Löcher entdecken kann, die nur stecknadelkopfgroß sind. Wenn bei einer Kollission einer der großen Tanks aufgerissen würde, würde theoretisch das Wasser ringsum zuerst gefrieren, bis die Flüssigkeit zu verdampfen beginnt und eine tödliche Wolke dicht über der Meeresoberfläche bildet.

Das Gas ist leichter als Luft, und die meisten bisher durchgeführten Experimente sprechen dafür, daß es sich rasch verteilen würde. In den Vereinigten Staaten haben Tests ergeben, daß das Flüssiggas, das durch eine Kollision vor Staten Island aus einem der großen Tanks dieser Schiffe ausliefe, eine Gaswolke bilden würde, die sich von der Stelle des Zusammenstoßes sieben bis zwölf Meilen ausdehnen würde. Sie würde sich rasch auflösen, wie es hieß.

Was aber an einem Frosttag ohne Wind? „Über die tatsächliche Menge des ausgetretenen Flüssiggases wurden keine näheren Angaben gemacht“, schrieb die englische Schiffahrtszeitschrift *Fairplay* zu einem von der Shell veröffentlichten Bericht über Experimente im Golf von Biscaya, bei denen der Austritt von Flüssiggas untersucht wurde. „Aber die Tests sprechen dafür, daß die Gefahren geringer sind, als zunächst befürchtet – vorausgesetzt, das Ablassen des Gases wird sorgfältig gesteuert.“ Das Experiment sollte feststellen, ob ein havarierter Flüssigkeitstanker sich leichtern könnte, indem er die Gasladung abläßt, ohne sich zusätzlich in Gefahr zu bringen. Aber das Gas wurde bei ruhigem Wetter abgelassen, bei einer Windgeschwindigkeit von sechs Knoten und in einer Rate, die nur einen Bruchteil dessen darstellt, was bei einem Unfall eintreten könnte. Bleibt noch anzumerken, daß in einer Notsituation oder bei einer Kollision die Verhältnisse vermutlich nicht so günstig sind.

Das Flüssiggas stellt, abgesehen vom Explosionsrisiko, auch einen neuen Gefahrenfaktor bei Zusammenstößen und anderen Schiffsunglücken dar. Wenn eine große Menge der tiefgekühlten Flüssigkeit entweicht, wird dadurch der Rumpf des Schiffes so brüchig, daß eine schon bestehende Beschädigung rasch noch schlimmer wird durch Risse und Sprünge, die von der Kälte verursacht werden. Möglicherweise entstehen auch in anderen Tanks Risse und Brüche.

Den einzigen Leitfaden gibt die Erfahrung, und ein besonders beunruhigendes Beispiel aus den bisherigen Erfahrungen mit Flüssiggastankern führt Kapitän Bayley in seinem Artikel in der

Zeitschrift *Safety at Sea International* an. Im Herbst 1968 fuhr der kleine schwedische Gastanker *Claude* mit 900 Tonnen verflüssigtem Butangas bei nebligem Wetter aus dem Hafen von Southampton. An Bord war ein Lotse. Die *Claude* kollidierte mit einem englischen Frachter, der in den Hafen einlief. „Sekunden nach dem Zusammenstoß", schreibt Kapitän Bayley, „befand sich der Lotse allein auf der Brücke des havarierten Schiffes, da die Besatzung in das nebelverhangene Wasser gesprungen war. Die Maschine des Gastankers lief noch, im leichten Rückwärtsgang! Der Lotse hatte keine Ahnung von der Ladung, die sich unter ihm befand, aber da er annahm, die Besatzung müsse wissen, was für ihre Sicherheit das beste sei, setzte er sich ebenfalls ab." Die aufgegebene *Claude* trieb den Weg zurück, den sie gekommen war, voranbefördert durch ihre Schraube und die Flut, und lief schließlich auf Grund.

Das Drama war damit jedoch noch nicht beendet. Der Tanker wurde flottgemacht und zu einer Raffinerie geschleppt, und die Reederei charterte ein portugiesisches Schiff, das die Ladung der *Claude* übernehmen sollte. Während des Umladens wurde ein Schlauch undicht, und, wie Kapitän Bayley schreibt, „eine riesige Gaswolke wurde vom Wind auf die Raffinerie und die Stadt Southampton zugetragen.

In einem klassischen Anfall von Panik dampfte der portugiesische Tanker davon, unbekümmert darum, daß Schläuche und Rohre abgerissen wurden, und erhöhte damit die Explosionsgefahr beträchtlich. Das rasch verdampfende Flüssiggas bildete Eis, und Freiwillige, die ohne Gasmasken arbeiteten . . . hatten alle Mühe, die Ventile zu schließen, die der davonfahrende Held aus Portugal offengelassen hatte."

Zweierlei an diesen Schiffen und an den Supertankern gibt zu besonderer Beunruhigung Anlaß. Zum einen werden diese Schiffe immer größer und stärker technisiert, sie sind zusehends schwieriger zu handhaben und befördern außerdem noch nicht dagewesene Mengen gefährlicher und schädlicher Substanzen über die Meere. Zum anderen bestehen ihre Besatzungen aus ungeschulten oder unzulänglich ausgebildeten oder nachlässigen Leuten, deren Anspruchslosigkeit sich Reeder und Nutzer zunutze machen, die Profite einstreichen wollen, wie sie sich die Gier nach Geld noch niemals erträumt hat.

Wenn ich aus meiner eigenen Sicht der Tankerproblematik ein einfaches Resümee ziehen konnte, so bestand es darin, daß man sich, wie immer man es ansieht, darauf gefaßt machen muß, daß die Meere der Welt unter den Ölschiffen zusammenbrechen werden, wenn die Tanker weiterhin nach den Maßstäben gebaut, genutzt und betrieben werden, wie sie heute weithin normal sind. Jedenfalls, was von den Meeren übrigbleibt, wenn sie sie zugrunde gerichtet haben, wird sich nicht mehr lohnen. Wenn dabei die Chemikalien-Transporter die führende Rolle übernehmen, sieht die Zukunft noch düsterer aus.

Wenn wir uns aber dagegen auflehnen wollen, müssen wir den Kampf gegen die Supertanker aufnehmen, und wenn wir dabei etwas erreichen, wird sich die Besserung wie selbstverständlich auch auf die anderen Schiffe übertragen. Deshalb müssen wir im Augenblick unser ganzes Interesse den Tankern zuwenden. Wir können von uns verlangen, daß wir die Abwässer kontrollieren, die wir selbst den Flüssen und Ozeanen zuführen, und es wäre sinnlos, die Tanker aufs Korn zu nehmen, solange wir dazu nicht bereit sind, aber sie vor allem verbreiten die zerstörerische Verschmutzung draußen auf der hohen See; und heute gibt es kein einziges Gesetz auf der ganzen Welt, das sie wirkungsvoll daran hindern könnte.

Wir können nicht mehr tun, als sie am Schlimmsten zu hindern, indem wir sie zur Rechenschaft ziehen. Das heißt, wir müssen dafür sorgen, daß diejenigen, die mit ihnen Geschäfte machen, verpflichtet werden, ihre Schiffe so gut wie möglich gegen ein Versagen zu sichern. Ebenso müssen sie verantwortlich gemacht werden für den Gesundheitszustand, für die Qualität und Tüchtigkeit ihrer Schiffsbesatzungen und für jeden Tropfen Öl, der an Bord ihrer Tanker gelangt. Wenn wir sie für all dies verantwortlich machen, werden wir zwar noch keine Garantie für ein absolut reines Meer haben, da gewöhnliche Handelsschiffe weiterhin ihr Bilgenwasser ablassen werden, wo es ihnen gefällt. Aber die Hauptübeltäter werden Respekt bekommen, und dies wird die tödliche Gefahr für die Ozeane vermindern und ihnen eine größere Überlebenschance geben.

Zwei Gruppen, die diese Situation hätten beträchtlich bessern können, sind einerseits die Versicherungsfirmen und Klassifikationsgesellschaften und andererseits die großen Ölkonzerne in ihrer Rolle als Chartergesellschaften. Die Versicherungsfirmen behaupten, sie gingen mit Strafprämien gegen gewisse Nutzer vor, die wegen anhaltender Schadenshäufigkeit auffielen. Aber man kann sich des Gefühls nicht erwehren, daß es der Schockwirkung einer VLCC-Katastrophe wie der der *Torrey Canyon* in einem Gebiet bedürfte, wo öffentliche Meinung und Politiker empfindlich reagieren, und daß die nicht abzuschätzenden Schadensersatzansprüche, die ein solcher Fall nach sich ziehen würde, notwendig wären, bis die Versicherungsfirmen endlich einen Katalog der Anforderungen aufstellten, der sich nicht allein auf die Seetüchtigkeit eines Fahrzeugs beschränken würde. Gegenwärtig herrscht bei Versicherungs- und Klassifikationsgesellschaften anscheinend die Auffassung, daß alles Sache der Schiffseigner sei, solange sie und die Nutzer die Normen für Seetüchtigkeit und Brandsicherheit einhalten. Das heißt, daß man keinen Versuch unternimmt, durch Vorschriften Einfluß auf Konstruktion und eingebaute Anlagen zu nehmen. Es gibt zwar strenge Bestimmungen für den *Zustand* von Rumpf und Maschinen, aber keinen Anweisungskatalog, der einer Reederei vorschreibt, wie sie ihr Schiff zu entwerfen hat oder wie die Ausrüstung und die maschinellen Anlagen des Fahrzeugs beschaffen sein sollen. Dies ist, nach traditioneller Ansicht, allein Sache des Eigners. Auf diese Weise ist eine ganze Schiffsklasse mit nur einem einzigen Dampfkessel oder unzureichenden Hilfsanlagen entstanden.

In einem „Technologie und Navigationssicherheit" betitelten Vortrag, den J. A. H. Paffett, Leiter der Schiffsabteilung des National Physical Laboratory, 1971 vor der Institution of Engineers and Shipbuilders in Glasgow hielt, beschäftigte er sich mit der jeweiligen Verantwortung von Eignern, Schiffsbauern, Klassifikations- und Versicherungsgesellschaften. „Sicherheit kostet Geld", erklärte er, „und in einem so ungemein individualistischen und konkurrenzintensiven Wirtschaftszweig wie dem Reedereiwesen muß man Verständnis dafür haben, daß selbst eine aufgeklärt denkende Reederei zögert, die Sicherheit voranzustellen, während ihre Konkurrenten Risiken eingehen und dabei gute Geschäfte machen. Die Reedereien ziehen es verständlicherweise vor, daß Sicherheitsvorschriften von einem neutralen Gremium festgesetzt und gleichermaßen allen Beteiligten auferlegt werden, damit das Gleichgewicht der Konkurrenzfähigkeit nicht gestört wird ..." Die Werften, sagte er, seien Innovatoren in der Bautechnologie, doch an Dingen, die die Navigation betreffen – Ruderanlage, Sensoreneinrichtungen, Anlage der Brücke und so weiter –, bauten sie nur das ein, was der Eigner von ihnen verlange. „Den Klassifikationsgesellschaften geht es vor allem um die Stärke der Konstruktion, die mechanische Ausrüstung und die Antriebsmaschinerie des Schiffes. Diese sind zwar für das Überleben des Schiffes nach einem Unglücksfall wichtig, spielen aber kaum eine Rolle für die Verhütung von Unfällen. Man kann von den Werften und Klassifikationsgesellschaften nicht erwarten, daß sie eine technologische Entwicklungsarbeit in die Wege leiten, die den besonderen Zweck der Verhütung von Schiffsverlusten hat." Es wäre zu erwarten, sagte Paffett, daß die Versicherer ein starkes Interesse für Fragen der Schiffssicherheit zeigten und einigen Einfluß auf Fragen wie Navigationsausrüstung und Schulung der Besatzung hätten.

Aber: „Anscheinend üben die Versicherer ihren Einfluß zumeist dadurch aus, daß sie die Prämien der Schadenshäufigkeit der betreffenden Reederei anpassen." Tatsächlich scheinen hingegen die Reedereien einen beträchtlichen Einfluß auf die Versicherungsgesellschaften zu besitzen. In einem Artikel zu Fragen der Seeversicherung schrieb 1974 E. D. Rainbow, Präsident des Institute of London Underwriters, in der Juli-Nummer des Fachblattes *Tanker and Bulk Carrier:* „Als die ersten 200000-Tonner erschienen, sahen mehrere von uns, die sich an technischen Untersuchungen der damit verbundenen Probleme beteiligten, Schwierigkeiten voraus, die eine viel höhere Prämienstruktur zu rechtfertigen schienen, als wir sie für kleinere Fahrzeuge anwandten; doch die Reaktion der Reedereien veranlaßte uns, den Vorschlag zu übernehmen, wir sollten ein niedrigeres Prämienniveau akzeptieren, bis der Fall einträte, daß unsere Befürchtungen sich als begründet erwiesen."

Die großen Ölkonzerne wiederum üben offenbar nur eine geringe oder überhaupt keine Kontrolle über den betrieblichen Zustand der von ihnen gecharterten Schiffe privater Eigner aus. Im Fall der P & O ist dies natürlich nicht notwendig. Auch die konzerneigenen Schiffe entsprechen in der Regel den höchsten Anforderungen, aber die großen Ölfirmen lassen zu, daß von ihnen gecharterte Fahrzeuge in beklagenswertem Zustand und von einem erbärmlichen Betriebsniveau unter den Augen ihrer nautischen Inspektoren und Manager ihre Terminals anlaufen und wieder verlassen.

Die IMCO kann für sich in Anspruch nehmen, mit ihrer neuen internationalen Konvention zur Verhütung der Meeresverschmutzung einen bedeutenden Beitrag zur Bekämpfung der Verunreinigung der See durch Ölschiffe geleistet zu haben. Diese Übereinkunft wurde auf einer internationalen Sonderkonferenz 1973 in London angenommen. Die neue Konvention, die alle bis dahin gültigen internationalen Vorschriften zur Meeresverschmutzung ablöste, schreibt unter anderem eine Begrenzung der Tankgröße in großen Schiffen vor, wodurch bei einem Unfall der Ölaustritt reduziert werden soll; außerdem enthält sie die Bestimmung, daß jeder neue Tanker mit 70 000 Tonnen und darüber gesonderte Ballasttanks haben muß. Dies bedeutet, daß man künftig nicht mehr Ballastwasser in Ladetanks pumpen wird, um dem Schiff nach dem Löschen der Ladung Stabilität zu geben. Damit wird das Ablassen von ölhaltigem Ballastwasser ins Meer schrittweise unter sichere Kontrolle gebracht, zumindest, soweit es Tanker und Chemikalien-Transporter betrifft. Diese Bestimmungen stellen den ersten entschlossenen Schritt dar, auf internationaler Ebene auf die Planung von Supertankern Einfluß zu nehmen. Darüber hinaus wird zum erstenmal die Abhängigkeit von der Korrektheit der Schiffsbesatzungen in einem wesentlichen Punkt vermindert: Gemäß der Konvention müssen sämtliche Tanker mit einem amtlich genehmigten Überwachungs- und Steuerrungssystem für das Löschen der Fracht ausgerüstet werden. Leider werden diese Vorschriften für bereits in Dienst gestellte Tanker erst drei Jahre nach dem Inkrafttreten der Konvention wirksam, das möglicherweise noch Jahre auf sich warten lassen wird. Man darf nicht vergessen, daß nicht weniger als acht Jahre vergingen, bis die erste wichtige internationale Übereinkunft gegen die Meeresverschmutzung, die von der IMCO initiierte Konvention von 1954, in Kraft treten konnte. Immerhin ist ein so ernsthafter Anlauf zweifellos besser als nichts.

Inzwischen sollte kein künftiger Tanker der VLCC-Klasse und vor allem nicht von ULCC-Größe gebaut und betrieben werden dürfen, wenn er nicht mit zwei Propellern, einer starken Ruderanlage (in England wurde ein neues Ruder entwickelt, das nicht nur großen Schiffen mit großer Leichtigkeit zu manövrieren erlaubt, sondern auch das Bremsen verbessert), einem doppelten Boden und einem großen Hilfskessel ausgerüstet ist, der ausreicht, das gesamte elektrische und automatische System des Schiffes sowie seine Maschinen zu versorgen. Es sollte nicht zugelassen werden, daß künftig irgendein VLCC der heutigen Generation den Besitzer wechselt (schon aus dem Verkauf kann der Schluß gezogen werden, daß damit ein Zustand erheblicher Qualitätsminderung und kostspieliger Wartung eingeräumt wird) und weiterhin betrieben werden darf, ohne daß er nach den strengsten Maßstäben geprüft wurde, vor allem hinsichtlich Rumpfkorrosion und des Zustandes der Maschinenanlage. Wie wir gesehen haben, kann die Korrosion in den Tanks das Metall ebenso rasch zerstören, wie früher der Bohrwurm den Rumpf eines Holzschiffes zerfraß. Außerdem herrscht heute noch keine vollkommene Klarheit über ihre Auswirkungen auf große Tanks. Eine nicht entdeckte Korrosion könnte die Außenhaut des Fahrzeugs in ernstem Maß schwächen.

Die Beulfestigkeit der Rumpfplatten ist proportional zum Quadrat ihrer Stärke. Dies heißt, daß eine ursprünglich zehn Millimeter starke Platte, die infolge Korrosion nur noch sieben Millimeter stark ist, eine um fünfzig Prozent verringerte Beulfestigkeit aufweist. Schiffe, die sich in einem derartigen Zustand befinden, werden keinen schweren Seegang verkraften, weder vor dem Kap der Guten Hoffnung noch vor Maine; sie geraten in die höchste Gefahr. Eine von der amerikanischen Küstenwache erstellte Analyse von Tankerunfällen in den Jahren 1969 und 1970 ergab, daß an neun der größten Tankerunfälle, die zur Verschmutzung des Meeres führten, Versagen der Konstruktion beteiligt war; insgesamt wurde in dieser Periode die Hälfte der Ölunfälle durch Konstruktionsversagen verschuldet. Anscheinend waren bei den neun betreffenden Tankern Strukturschäden aufgetreten; alle waren auf See verlorengegangen und, wie man annahm, bei extremen Wetterbedingungen auseinandergebrochen.

Wenn die Piloten von Verkehrsflugzeugen sich Gesundheitsprüfungen unterziehen müssen, warum nicht auch die Kapitäne von Supertankern? Allein der Gesundheitszustand des *Torrey-Canyon*-Kapitäns Rugiatti hätte Anlaß geben sollen, dies zu einer Selbstverständlichkeit zu machen.

Ebenso sollte kein Kapitän das Kommando über einen Supertanker übernehmen dürfen, ohne vorher eine intensive Simulator-Schulung, wie in der Pilotenausbildung üblich und wie sie heute in Delft und, auf Modellschiffen, in Frankreich durchgeführt wird, absolviert zu haben.

Was die Besatzungen betrifft, so gaben die Reedereien als einen der Gründe für den Bau übergroßer Schiffe die Schwierigkeit an, in den reichen Industriestaaten Seeleute zu finden, da es die jungen Leute nicht mehr zur Seefahrt ziehe. Dies hat auch als Begründung dafür gedient, Schiffe unter einer Billigflagge registrieren zu lassen, weil man dann sogenannte Dritte-Welt-Seeleute anheuern könne. Hier bot sich eine einzigartige Chance, einen Beruf, der für die gesamte Welt von großem Wert ist, in den unterentwickelten Ländern einzuführen und zugleich Arbeitsplätze zu schaffen. Es hätte die Ölkonzerne und Tankerreedereien nur wenig gekostet, in diesen Ländern gemeinsam Seemannsschulen zu gründen, von denen sie sich ihre Seeleute hätten holen können und wo der Seemannsberuf noch nach strengen Maßstäben gelehrt worden wäre.

Statt dessen werden die Seeleute aus der Dritten Welt nur auf dem Schiff angelernt, und häufig verstehen sie nicht einmal Englisch, die Sprache der See.

Daß Tanker, die unter Billigflaggen fahren, alle bisher gültigen Normen und hergebrachten Maßstäbe in der Seeschiffahrt völlig verändert haben, wurde in einem Referat bestätigt und erörtert, das 1971 zwei Holländer, Dr. F. J. Buzek, Kapitän und promovierter Völkerrechtler, und Kapitän z. S. A. Wepster von der Holland-Amerika-Linic und Träger der Goldmedaille des Royal Institute of Navigation 1970 für dieses Gremium verfaßten. Für den Kapitän, schrieben die Autoren, habe sich eine neue und schwere Verantwortung herausgebildet, nämlich gegenüber der Gesellschaft und der Umwelt, und dies wiederum verlange neue Maßstäbe der Schulung und neue Normen in der Sicherheitsausbildung. „Um dieser neu definierten Verantwortung gegenüber ‚der Umwelt' gerecht zu werden, werden die Kapitäne vielleicht künftig ihre Tätigkeit mehr als zuvor auf die Sicherheit konzentrieren müssen", heißt es in dem Aufsatz.

„Die Ausbildung für den Seemannsberuf sollte besonders auf dieses Ziel ausgerichtet sein . . . Derzeit können nach einer längeren Nebelperiode zahlreiche ausländische Schiffe, annähernd zehn Prozent aller vor dem Neuen Fahrwasser (zum Rotterdamer Hafen) auf die Einfahrt wartenden Fahrzeuge, nicht vom Land durch Anker- und Lotsenanweisungen über das Radarsystem erreicht werden, weil selbst die einfachste Unterhaltung auf englisch unmöglich ist. Schiffe mit solchen Besatzungen sind eine Gefahr für die Allgemeinheit. In der Verkehrsluftfahrt sind solche Zustände undenkbar, weil die Gefährdung von Umwelt und Menschen von Anfang an erkannt wurde. Dies ist nur ein einziges Beispiel dafür, daß Schulung und Patentanforderungen nicht einmal mehr den heutigen Erfordernissen entsprechen."

Buzek und Wepster sehen die Notwendigkeit einer neuen internationalen Instanz und sprechen sich für die Gründung eines internationalen Schiffahrtsgerichtshofes aus, der für die Rechtsprechung in allen Fragen maritimer Vorschriften- und Normenbeachtung zuständig sein soll. Dieser Gerichtshof, so meinen sie, sollte unter der Ägide der IMCO eingerichtet werden. Dies ist ein kluger Vorschlag, tatsächlich der einzig praktisch zu verwirklichende, und doch zugleich ein müßiger Traum. Nur jemand, der sich unerfüllbaren Hoffnungsträumen hingibt, kann hoffen, daß eine solche Institution in der absehbaren Zukunft geschaffen wird. Und dann wird es wahrscheinlich zu spät sein, wenn eine ihrer wichtigsten Aufgaben darin bestehen soll, die Meere und die Umwelt zu retten. Nur noch rücksichtsloses einseitiges Handeln kann dieses Ziel erreichen. Sonst hilft nichts mehr.

Ein solches einseitiges Handeln ist relativ einfach, da die großen Tanker-Terminals sich in vergleichsweise wenigen Ländern und vor allem in den Hauptverbrauchergebieten befinden, in Nordamerika, Europa und Japan. Wenn die Tanker von den Staaten, die sie vor allem anlaufen, gezwungen werden, unter Androhung strenger Strafen oder sogar der Sperrung der von ihnen angelaufenen Häfen rigorose Normen für die Sicherheit, den Betrieb der Schiffe und die Gesundheit der Besatzung zu beachten, dann werden sie sich auch danach richten. Das Mittel, sie dazu zu zwingen, würde darin bestehen, sie nach dem Einlaufen einer gründlichen Überprüfung zu unterziehen. Sie sollten gezwungen werden – wie es künftig von den Tankern verlangt wird, die auf der Alaska-Route längs der amerikanischen Westküste fahren –, die Rückstände von der Tanksäuberung unter Überwachung zu entleeren. Inspektoren der amerikanischen oder kanadischen Küstenwache, des englischen Department of Trade oder entsprechender Behörden sollten die Besichtigungs- und Sicherheitszeugnisse der Schiffe, den Zustand aller wichtigen Teile der Ausrüstung und die Qualifikationen und Dienstbedingungen der Besatzungen überprüfen dürfen und die Befugnis haben, für offensichtliche Gesetzesverstöße und Mängel drakonische und geringere Geldstrafen und Verwarnungsgebühren zu verhängen. Besichtigungszertifikate sollten nur dann als gültig betrachtet werden, wenn die ausstellende Behörde nach Maßstäben verfährt, wie sie beispielsweise vom Department of Trade oder der amerikanischen Küstenwache akzeptiert werden. Wir überprüfen an unseren Landesgrenzen die Einfuhr von Geflügel, Schlachtvieh und Saatgut, um Krankheiten fernzuhalten, die die Gesundheit des Volkes bedrohen könnten – warum sollten wir nicht auf die gleiche Weise Schaden für die Küsten und Küstengewässer und *ihre* Fauna und Flora zu verhüten versuchen?

Wie wirkungsvoll solch einseitiges Vorgehen sein kann, zeigt ein weiteres anschauliches Beispiel. Auf Drängen der Vereinigten Staaten billigte die IMCO vor einigen Jahren neue, strenge Bau- und Sicherheitsvorschriften zur Verhütung von Bränden auf Passagierdampfern. Ohne die Ratifizierung durch andere Staaten abzuwarten, erließen die Vereinigten Staaten ein Gesetz, das bestimmte, daß jeder Dampfer, der in einem amerikanischen Hafen Passagiere an Bord nehmen will, sich nach den Forderungen der Küstenwache zu richten habe. Dies löste unter ausländischen Reedereien große Betroffenheit aus, aber sie mußten sich entweder fügen oder ihre Schiffe aus der Nordamerikafahrt zurückziehen. Und da der amerikanische Markt für die Passagierschiffahrt wichtig ist, führte diese Maßnahme dazu, daß die Vorschriften der US-Küstenwache faktisch weltweit befolgt wurden. Kein neues Passagierschiff wurde gebaut, bei dem die neuen Normen nicht voll berücksichtigt wurden. Schiffe, die für einen kostspieligen Umbau zu alt waren, wurden außer Dienst gestellt oder auf Routen eingesetzt, wo die Bestimmungen für das Anlaufen von Häfen nicht so streng waren. Tanker wechseln wie Kreuzfahrt-Dampfer ihre Routen je nachdem, wo sie gebraucht werden. Wenn eines der großen Ölimport-Länder verschärfte Bestimmungen erließe, würde sich dies schon bald auf *alle* neuen Ölschiffe und auch auf sämtliche älteren auswirken, bei denen sich die Kosten eines Umbaus noch lohnen.

Die Kanadier haben diesen Weg einseitigen Handelns bereits eingeschlagen. Ihr Gesetz gegen die Verschmutzung der arktischen Gewässer ist eine erste Maßnahme, die schrittweise auf alle Küstengewässer des Landes ausgedehnt wird; in zunehmendem Maße werden Schiffe, die in die kanadischen Hoheitsgewässer einlaufen, gezwungen, ihren baulichen und betrieblichen Zustand auf Übereinstimmung mit den kanadischen Vorschriften überprüfen zu lassen.

Allein ein solches Vorgehen kann die Tankernutzer zwingen, sich von einem größeren Teil ihrer Profite als bisher zu trennen und in einem umfassenden Maß in Sicherheit und Seetüchtigkeit zu investieren, das ihre Schiffe schon von Anfang an hätten aufweisen sollen; und es erübrigt sich zu sagen, daß solche Maßnahmen, wenn sie kraftvoll durchgeführt werden, nicht nur für die Küsten und die Gewässer davor, sondern auch für die hohe See Erleichterung bringen werden.

Ein solcher Schritt ist doppelt notwendig, weil die Diskussion, wie Schiffe in Zukunft sicherer konstruiert werden können, ob sie einen doppelten Boden und stärkere Antriebssysteme haben sollen und dergleichen mehr, heute zum Teil akademisch geworden ist. Es ist keine Frage, daß Tankerneubauten mit all diesen Dingen ausgerüstet werden sollten, aber da angesichts der heute vorhandenen Tonnage nur wenig Aussicht besteht, daß in Zukunft noch viele – wenn überhaupt – Superschiffe gebaut werden, müssen wir die Tausende von Tankern, die heute auf den Meeren fahren, ins Visier nehmen. Denn diese Schiffe werden so lange wie möglich betrieben und bis aufs äußerste strapaziert werden, wo immer dies möglich ist.

Die Eigner und Nutzer von Tankern haben bislang wenig sichtbare Begeisterung an den Tag gelegt, einen Dollar auszugeben, wenn es sich vermeiden ließ, und zu ihren Schwierigkeiten, bestellte, nun aber plötzlich nicht mehr gebrauchte Schiffe zu bezahlen, und dem Konkurrenzkampf um Frachten kommt noch die Inflation hinzu, die ihnen schwer zu schaffen macht. In dieser Hinsicht sind Superschiffe ein wahrer Alptraum, denn ein überlanger Rumpf bedeutet entsprechend hohe Wartungs- und Reparaturkosten, die in letzter Zeit steil angestiegen sind. Dies ist abermals ein Fall, wo die vielgepriesene Wirtschaftlichkeit dieser Giganten durch die rauhe Wirklichkeit widerlegt wird. Daher wird man, nehme ich an, versuchen, so lange wie möglich ohne kostspielige Wartung und Reparaturen weiterzuwursteln oder sich so gut wie möglich selbst zu behelfen. Dies birgt neuerlich große Gefahren für die Meere, besonders deswegen, weil die schiere Zahl der bereits vorhandenen VLCCs – die zudem immer älter und schadensanfälliger werden – bedeutet, daß wir nun erst richtig in das Zeitalter der Ölkatastrophen eingetreten sind. Die Fälle *Metula* und *Showa* demonstrieren dies aufs deutlichste. In der Ausgabe der internationalen Schiffahrtszeitschrift *Fairplay* vom 10. Oktober 1974 rät E. D. Rainbow den Seeversicherungsgesellschaften, weniger an den Wettbewerb untereinander zu denken und das Augenmerk auf die steigende Zahl von Schiffsverlusten zu richten. „Unwiderlegliche statistische Zahlen . . . beweisen einen steigenden Trend auf dem Gebiet der Totalverluste von Superschiffen . . .“, schrieb Rainbow.

Wenn diese Entwicklung sich weiter verstärkt und zu einer permanenten Krise in der Seeschiffahrt führen sollte, werden die Versicherungsgesellschaften mit Sicherheit einen Weg finden, sich besser zu schützen, vermutlich durch eine zusätzliche Anhebung der Prämien, die für diese Schiffe bezahlt werden müssen. Aber höhere Prämien sind keine Schutzgarantie für die Ozeane, die beim gegenwärtigen Tempo der Zerstörung die Ära der VLCCs, und das heißt die nächsten fünfzehn bis zwanzig Jahre, vielleicht nicht überleben werden.

Das Erdöl geht seiner Erschöpfung entgegen; es ist und war

immer eine begrenzte Ressource. Die Meere aber waren unbegrenzt und hätten es bleiben sollen. Wir werden etwas anderes finden, das statt des Öls unsere Lampen brennen läßt und unsere allzu vielen Räder antreibt. Die Meere aber werden wir nicht ersetzen können. Wir haben in den vergangenen zwei Jahrzehnten einen großen Teil des Erbes von Äonen verwirtschaftet; möglicherweise werden wir es bis zum Ende dieser Dekade, in ein paar Jahren, ganz zerstört haben und damit das einzig Ewige an unserem Planeten. Warum sollen wir diesen entsetzlichen Raubbau zulassen, der doch zu einem so großen Teil nur der hemmungslosen Habgier von ein paar skrupellosen Tankerkönigen und -konzernen mit ihren ebenso rücksichtslosen wie mißbrauchten Seeleuten dient? Es gibt keinen vernünftigen Grund, warum wir es tolerieren sollten. Für die Landbewohner war einst ein Schiffbruch ein nicht unwillkommenes Ereignis; er zog die Plünderer von nah und fern an. Generationen sprachen davon, in wehmütiger Erinnerung an das Drama und die Beute. Doch der Schiffbruch, früher vor allem von den Menschen auf den Schiffen gefürchtet, ist heute für den Landbewohner zu einer ernsteren Bedrohung geworden als für den Seemann. Zum erstenmal haben wir auf dem Festland mehr zu verlieren und nichts zu gewinnen. Die Besatzungen werden durch Hubschrauber von den Wracks geholt, wir räumen den Dreck weg. Und deswegen ist die Verantwortung für die Schiffe nun unsere Sache, nicht mehr die der Seeleute. Uns sind sie fortan verpflichtet, nicht mehr einander.

„Sie verlassen uns also“, sagte Basil Thomson. „Wenn wir so weitermachen wie jetzt, dann braucht das Schiff bald eine Passagierlizenz.

Erst sind Sie dahergekommen, und dann Harry Long und sein Kumpan; Harry Long und seinen Kumpanen sind wir losgeworden, aber Sie sind geblieben; und jetzt, da Sie gehen, kommen die zwei Japsen an und werden heute abend vermutlich überall ihre Verbeugungen machen und herumsäuseln.“

Die Japaner kamen die Leiter herauf, und ich stieg hinunter in die winzige Barkasse, die sie herausgebracht hatte. Die *Ardshiel* ragte wie ein steiler Berg neben uns hoch, und dann fuhren wir ab. Basil Thomson verabschiedete sich mit einigen Tönen auf der Pfeife, und alle winkten, aber das große Schiff war schon verschwunden, als wir in den Hafen von Las Palmas einliefen. Bald danach saß ich auf dem Balkon meines Hotelzimmers, hörte den Vögeln im Geäst der Bäume auf dem Gehsteig zu, beobachtete den Verkehr und die Menschen auf der Straße und sog tief den charakteristischen, aber nicht besonders vornehmen Geruch einer spanischen *Calle* ein, dieses Gemisch aus schlechtem Öl, billigem Parfüm, minderwertigem Benzin, zertretenen Gamba-Muscheln, Lokaltoiletten ohne Wasserspülung und starkem Kaffee. Es hatte alles die Wirkung und die Atmosphäre eines wiedergewonnenen Paradieses, und ich bemerkte, daß ich zufrieden vor mich hin summte: „There's a coach comin' in . . .“